2010年国家精品课程
普通高等教育"十一五"国家级规划教材
中国地质大学"十一五"教材建设项目资助
"互联网+地球科学"教材系列

地球物理勘探概论

（修订本）

DIQIU WULI KANTAN GAILUN

刘天佑　编著

中国地质大学出版社
ZHONGGUO DIZHI DAXUE CHUBANSHE

内 容 提 要

本书面向高等学校地学专业中非物探学生,较系统全面地介绍地球物理勘探专业的内容。第一章简要叙述岩(矿)石的物性与各类矿床的地球物理特征,第二章—第五章介绍重力勘探、磁法勘探、电法勘探和地震勘探的基本原理及其在资源勘查中的应用,第六章简要介绍地球物理方法的综合运用,第七章介绍地球物理勘探方法找矿案例。与以往教科书相比,本书增加了近年来应用较多的地球物理勘探新方法新技术。

本书是《地球物理勘探概论》(地质出版社,2007)的修订版。采用二维码阅读方式,可以扩展学习地球物理勘探及综合找矿的原理与应用、地球物理勘探野外工作方法与找矿案例等多媒体、视频资料。

图书在版编目(CIP)数据

地球物理勘探概论/刘天佑编著. —修订本. —武汉:中国地质大学出版社,2017.12
(2025.2 重印)
("互联网＋地球科学"教材系列)

ISBN 978-7-5625-4071-7

Ⅰ.①地…
Ⅱ.①刘…
Ⅲ.①地球物理勘探-教材
Ⅳ.①P631

中国版本图书馆 CIP 数据核字(2017)第 326554 号

地球物理勘探概论(修订本)			刘天佑　编著
责任编辑:王　敏	选题策划:毕克成　唐然坤		责任校对:徐蕾蕾
出版发行:中国地质大学出版社(武汉市洪山区鲁磨路388号)			邮政编码:430074
电　　话:(027)67883511	传　真:67883580		E-mail:cbb@cug.edu.cn
经　　销:全国新华书店			http://cugp.cug.edu.cn
开本:787 毫米×1092 毫米 1/16		字数:522 千字	印张:20.375
版次:2017 年 12 月第 1 版		印次:2025 年 2 月第 4 次印刷	
印刷:武汉市籍缘印刷厂		印数:6001—8500 册	
ISBN 978-7-5625-4071-7			定价:62.00 元

如有印装质量问题请与印刷厂联系调换

前　言

本书是为普通高等学校中的"地质资源与地质工程专业"学生学习地球物理勘探方法编写的通用教材,也可作为其他地质专业学生和从事矿产普查与勘探的工程技术人员学习地球物理勘探方法的参考书。本教材是"普通高等教育'十一五'国家级规划教材",也是国家精品课程"地球物理勘探概论"的配套教材。

20世纪80~90年代,原地矿部课程教学指导委员会曾组织编写出版了《勘查地球物理概论》通用教材(于汇津,邓一谦,1991),全国各高等地质院校大多采用此教材作为非地球物理专业学生学习地球物理勘探方法的教学用书。2007年,我们根据教育部专业目录与课程体系设置的调整,以及教育理念和教材内容更新的需要,编写了《地球物理勘探概论》教材(地质出版社,2007)。从2007年至今十年的教学实践,我们发现教材有必要进一步更新完善,特别是互联网技术的广泛应用,教材也必须与时俱进,必须充分利用互联网与云计算技术,将地球物理勘探方法原理、发展趋势、应用及近年我国找矿勘探的新成果反映在教材中。

2007年出版的《地球物理勘探概论》教材与以往的教材不同之处有如下几个方面。

(1)以矿产资源为主线。以往教材大多开门见山地介绍重力、磁法、电法、地震等地球物理方法,而不引导学习者首先认识矿产资源类型与特征。本书首先介绍不同矿产资源(外生矿床、内生矿床和变质矿床)的成矿模式与地球物理特征,再详细介绍各种地球物理勘探方法的原理,最后介绍如何综合应用各种地球物理方法来寻找矿产资源。这样做的目的是使学习者从接触本课程开始,就牢固掌握不同类别矿产资源的地球物理性质与特征,认识到必须用综合地球物理方法去处理与解决普查勘探中的问题。这符合人们认知的过程,即首先是认识矿床类型,再根据它们的特征去选择方法技术。

(2)注重综合地球物理方法及地球物理与地质、地球化学等方法的综合。以往教材大多以单一方法为主线,列举的实例也多为单一方法的找矿效果。这不利于培养学习者的综合分析能力和解决问题的能力,也与实际不尽符合。本书除了列举单一方法的找矿效果外,还注意列举综合方法的找矿效果,并介绍一些综合地质地球物理方法技术,如在第六章介绍模糊数学、灰色系统和人工神经网络方法等。

(3)删去了较陈旧的内容,增加了一些近年来得到较多应用的地球物理原理、采集处理与解释的方法技术内容。如第四章电法勘探压缩直流电法部分,增加了大量电磁法和新的直流电法等内容(高密度电法、频率电磁剖面法、瞬变电磁法、大地电磁测深法、可控源音频大地电磁法、甚低频法、探地雷达法等)。为了使培养的学生有更坚实的理论基础,在内容上适当地增加了新方法技术的原理,如重力勘探、磁法勘探中,位场转换增加了频率域重磁场的转换处理、维纳滤波与匹配滤波、分离区域与局部重磁场、解析延拓、高次导数、归一化总梯度等方法,正反演中增加密度界面反演、线性回归法反演、频率域反演、沃纳(Werner)反褶积、欧拉齐次方程、3D可视化反演法等,地震勘探部分增加了地震勘探数据处理的一般流程,较系统与

I

简要地介绍地震资料处理的解编、抽道集等预处理,静校正、动校正、水平叠加、修饰处理、偏移处理,滤波与反滤波等各种方法,以及地震地质解释的一般方法,使地震勘探部分与旧教材相比有一个较完整的知识体系,学习者容易掌握地震勘探的原理与应用。目的是想尝试改变以往的教材由于受学时限制,只讲方法的具体应用,不讲方法的原理,学习者只知其然,不知其所以然的状况。但是,地质资源与地质工程专业的学生毕竟不是应用地球物理专业的学生,没有必要把对地球物理专业学生要求的标准搬到地质资源与地质工程专业。因此,这些涉及较多数学物理原理的新方法技术可以适当介绍,或作为阅读材料(用 * 号标出)。

(4)附有多媒体光盘。由于纸介质教材篇幅有限,表达形式也受限制,本书附有多媒体光盘。多媒体光盘充分利用了现代计算机和多媒体技术的优势,内容与形式比纸介质教材丰富且形象,同时还增加了一些野外实习视频、实验、图书资料等内容,有利于学习者获取更多的信息。

2017年对《地球物理勘探概论》在如下几个方面作了更新完善。

(1)删去了教材中一些旧的、生产实际中已经不用的方法、仪器等内容,补充增加了新的内容。删去了磁法勘探的特征点法、沃纳(Werner)反褶积,在电法勘探中删去频率电磁剖面法、甚低频法,补充完善目前常用的可控源音频大地电磁法(CSAMT)和音频大地电磁法(AMT)。增加了目前常用的 CG-5 重力仪、ZSM-6 国产重力仪。将第六章综合地质地球物理方法中的第三节实例分析单独列为第七章,增加了《资源危机矿山接替资源勘查物探找矿百例》(刘士毅,颜廷杰,2013)中的部分案例。

(2)运用互联网与云技术,扩展教材的阅读内容,删去第一版教材所附的多媒体光盘。延伸了对知识点解读分析,补充野外实践、实验教学视频与地球物理勘探文献资料。读者可以以二维码方式阅读这些丰富的内容。

矿产资源包括固体矿产资源和石油天然气。固体矿产资源是以固体形式产于地壳中的有用矿产资源的总称,矿产资源的勘探开发已由近地表矿产向深部转移,必须采用地球物理、地球化学和地质多种勘探方法综合找矿。

地球物理是物理学与地质结合的边缘科学,与传统地质学不同,它们根据物理学的原理来研究各种地质现象和勘探矿产资源,在基础地质研究和资源勘探中发挥了重要作用。

地球物理勘探方法(或称应用地球物理,简称"物探")是以岩矿石等介质物理性质差异为物质基础,利用物理学原理,通过观测和研究地球物理场的空间与时间分布规律以实现地质、环境工程勘察和找矿的一门应用科学。在地球物理勘探中,广泛应用各种岩矿石等介质物理性质或物性参数:密度、磁性(磁导率、磁化率、剩余磁性)、电性(电导率、极化率、介电常数)、放射性、导热性及弹性(弹性波速度)。相应的地球物理勘探方法为:①重力勘探;②磁法勘探;③电法勘探;④地震勘探;⑤放射性勘探;⑥地热勘探。其中前4种勘探方法是地球物理勘探的主干方法。

各种地球物理勘探方法有不同的实质和不同的应用。

(1)重力勘探。它是以地壳中岩矿石等介质密度差异为基础,通过观测与研究天然重力场的变化规律以查明地质构造、寻找矿产、解决工程环境问题的一种物探方法。它主要用于探查含油气远景区的地质构造、研究深部构造和区域地质构造;与其他物探方法配合,也可以寻找金属矿。近年来重力勘探方法在城市工程环境方面也得到应用。

(2)磁法勘探。它是以地壳中岩矿石等介质磁性差异为基础,通过观测和研究天然磁场及人工磁场的变化规律以探查地质构造、寻找矿产的一种物探方法。它主要用于各种比例尺的地质填图、研究区域地质构造、寻找磁铁矿、勘探含油气构造、预测成矿远景区以及寻找含磁性矿物的各种金属非金属矿床等。近年来,磁法勘探在开发区工程勘察、核电站选址、大坝选址、寻找沉船、炸弹等金属遗弃物、地下管道、考古等方面得到较多应用。

(3)电法勘探。它是以地壳中岩矿石间的电性差异为基础,通过观测和研究天然电磁场和人工电磁场的空间与时间分布规律进行地质勘探、找矿的一种物探方法。电法勘探利用的参数较多,其应用范围较广。主要用于探查区域与深部地质构造、寻找油气田、寻找金属与非金属矿产,解决水文地质(寻找地下水资源等)和工程地质(探查喀斯特溶洞、断裂破碎等)中有关问题,以及工程建设中的路基、桥基和环境勘察中的一些问题。近年来应用电法勘探原理的新方法技术,如探地雷达、管线探测及核磁共振找水等,在工程环境中得到广泛应用,成为解决城市工程问题的重要物探方法。

(4)地震勘探。它是以地壳中岩矿石的弹性差异为基础,通过观测和研究地震波在地下岩石或介质中的传播特性,以实现地质勘查目标的一种物探方法。它主要应用于探查油气田地质构造,地壳测深及工程地质勘察。在资源勘查中,地震勘探的投入费用最多,占所有地球物理方法投入的90%以上,是油气勘探的最有效方法。近年来,地震勘探在解决城市工程问题方面,如浅层地震勘探、测桩等得到广泛应用,成为解决城市工程问题的重要物探方法。

本书共分为七章,第一章为岩(矿)石与各类矿床的地球物理特征,叙述外生矿床、内生矿床和变质矿床的成矿模式和地球物理特征,岩矿石及地层的密度、磁性、电性和波速;第二章—第五章为重力勘探、磁法勘探、电法勘探和地震勘探,介绍这些地球物理方法的理论基础、野外数据采集、资料处理与反演解释,以及在基础地质研究、固体矿产勘探及其他方面的应用;第六章是综合地质地球物理方法,介绍不同勘探阶段综合地球物理方法的运用,综合地质地球物理评价的数学方法;第七章为找矿案例,分析安徽罗河铁矿等实例与危机矿山接替资源勘查物探找矿案例。

本课程是为非地球物理专业的学生开设的,教材的编写注重基本原理及应用,避免烦琐的数学推导,内容力求精练,强调各种地球物理勘探技术方法的综合运用。通过本课程的学习,学生应当了解和掌握各种地球物理勘探方法的基本原理,了解这些勘探方法在基础地质研究、矿产资源勘查、城市工程环境评价中的应用,学会在自己的专业中运用地球物理勘探方法;学会利用地球物理资料去分析和解决各种地质问题;通过多学科的交叉拓宽自己的知识面和提高自己应用多学科知识的能力和综合素质。具备了高等数学、大学物理等基础知识的大学生完全能掌握这些地球物理勘探方法,并且利用它们为自己从事的专业服务。

本书参考与引用了于汇津、邓一谦《勘查地球物理概论》(地质出版社,1993),曾华霖《重力场与重力勘探》(地质出版社,2005),管志宁《地磁场与磁法勘探》(地质出版社,2005),李金铭《地电场与电法勘探》(地质出版社,2005),张胜业、潘玉玲《应用地球物理原理》(中国地质大学出版社,2004),刘天佑、罗孝宽、张玉芬等《应用地球物理数据采集与处理》(中国地质大学出版社,2004),姚姚、陈超、昌彦君等《地球物理反演基本理论与应用方法》(中国地质大学出版社,2003),李大心、顾汉明、潘和平等《地球物理方法综合应用与解释》(中国地质大学出版社,2003)等教材中的部分内容及部分作者发表的论文,在此表示衷心的感谢。

感谢中国地质调查局孙文珂先生,是他把尚未公开发表的《重要矿床(田)综合信息剖析图集》的书稿提供给作者,使得本书第一章二维码阅读材料增色不少。本书前言二维码阅读材料还引用了袁学诚先生主编的《中国地球物理图集》(地质出版社,1996)及国家地震局地震、地质研究所主编的《中国活动构造典型卫星影象集》(地震出版社,1982)中的部分图片、中国百科全书、百度等网站上的一些图片、文字及 avi 资料,在此表示衷心的感谢。

本书的编写和多媒体的制作得到教育部"地球物理勘探概论"精品课程建设项目、中国地质大学"十一五"教材建设项目和"地球物理学"品牌专业建设项目的资助,得到中国地质大学教务处、中国地质大学出版社的支持和帮助,在此表示衷心的感谢。

感谢潘玉玲教授、张胜业教授、王传雷教授、张玉芬教授和胡祥云教授百忙之中审阅了本书并提出了宝贵意见。

感谢张世晖副教授、杨宇山副教授在本次重新修订的《地球物理勘探概论》教材中帮助整理、编辑二维码阅读资料。

感谢参加文字录入和多媒体制作的历届博士、硕士研究生、本科生,他们是徐天吉、崔德海、李媛媛、乔计花、陈爱萍、冯杰、刘大为、李曼、吴小羊、张恒磊、李曙光、曾琴琴、习宇飞、刘小龙、宋双、朱丹、刘诚、甄慧祥、徐航宇、秦熠等同学。

笔　者

2017 年 9 月

目 录

第一章 岩(矿)石物性与各类矿床的地球物理特征 …………………………… (1)
  第一节 岩(矿)石的密度 ………………………………………………………… (1)
  第二节 岩(矿)石的磁性 ………………………………………………………… (3)
  第三节 岩(矿)石的电性 ………………………………………………………… (11)
  第四节 岩石层的地震波速度 …………………………………………………… (19)
  第五节 各类矿床的地球物理特征 ……………………………………………… (20)

第二章 重力勘探 ………………………………………………………………… (28)
  第一节 重力勘探的理论基础 …………………………………………………… (28)
  第二节 重力仪 …………………………………………………………………… (32)
  第三节 重力勘探工作方法 ……………………………………………………… (37)
  第四节 重力资料的整理及图示 ………………………………………………… (38)
  第五节 重力异常的地质-地球物理含义 ……………………………………… (41)
  第六节 重力异常正演 …………………………………………………………… (46)
  第七节 重力异常反演 …………………………………………………………… (58)
  第八节 重力异常的转换处理 …………………………………………………… (66)
  第九节 重力异常的地质解释及应用 …………………………………………… (81)

第三章 磁法勘探 ………………………………………………………………… (97)
  第一节 地球的磁场 ……………………………………………………………… (98)
  第二节 地磁场的解析表示 ……………………………………………………… (104)
  第三节 磁力仪 …………………………………………………………………… (108)
  第四节 磁测的野外工作方法 …………………………………………………… (113)
  第五节 磁异常的正演 …………………………………………………………… (117)
  第六节 磁异常的反演 …………………………………………………………… (126)
  第七节 磁异常的转换处理 ……………………………………………………… (135)
  第八节 磁异常的地质解释及应用 ……………………………………………… (153)

第四章 电法勘探 ………………………………………………………………… (171)
  第一节 电阻率法 ………………………………………………………………… (171)
  第二节 充电法和自然电场法 …………………………………………………… (190)
  第三节 激发极化法 ……………………………………………………………… (197)
  第四节 电磁法 …………………………………………………………………… (207)

＊第五节　瞬变电磁法 ……………………………………………………………… (209)
　＊第六节　大地电磁测深法 …………………………………………………………… (221)
　第七节　可控源音频大地电磁法 ……………………………………………………… (224)
　第八节　音频大地电磁法 ……………………………………………………………… (233)
　＊第九节　探地雷达法 ………………………………………………………………… (237)
　＊第十节　地面核磁共振找水方法 …………………………………………………… (241)

第五章　地震勘探 ………………………………………………………………………… (246)
　第一节　地震勘探理论基础 …………………………………………………………… (247)
　＊第二节　地震波理论时距曲线 ……………………………………………………… (249)
　第三节　地震仪和地震勘探工作方法 ………………………………………………… (253)
　＊第四节　地震资料的处理 …………………………………………………………… (255)
　第五节　地震资料的解释 ……………………………………………………………… (263)
　第六节　固体矿产地震勘探的应用实例 ……………………………………………… (277)

第六章　综合地质地球物理方法 ………………………………………………………… (281)
　第一节　不同勘探阶段的综合地质地球物理方法 …………………………………… (281)
　＊第二节　综合地质地球物理评价的数学方法 ……………………………………… (287)

第七章　找矿案例 ………………………………………………………………………… (299)
　第一节　罗河铁矿 ……………………………………………………………………… (299)
　第二节　村前多金属矿 ………………………………………………………………… (301)
　第三节　小南山铜镍矿区 ……………………………………………………………… (302)
　第四节　小热泉子铜矿床 ……………………………………………………………… (306)
　第五节　危机矿山接替资源勘查物探找矿案例 ……………………………………… (312)

主要参考文献 …………………………………………………………………………… (316)

第一章 岩（矿）石物性与各类矿床的地球物理特征

固体矿产资源是以固体形式产于地壳内的有用矿产资源的总称，是人们最早发现和利用的矿产资源，目前仍然是国民经济建设最需要的和寻找的主要对象之一。我国国民经济的高速发展，对矿产资源的需求日益增大。固体矿产的勘探开发已由寻找近地表矿产向深部隐伏矿产发展，加之固体矿产矿种繁多，矿床类型复杂，地质情况千变万化；因此寻找固体矿产必须采取地质、地球物理等方法联合综合找矿。实际上，一个地质异常体，本身产生的地球物理场和地球化学场异常，可以也必须用综合勘探方法来寻找。

第一节 岩（矿）石的密度

地壳内不同地质体之间存在的密度差异，是进行重力勘探地质-地球物理的前提条件，有关的密度资料是对重力观测资料进行一些校正和对重力异常做出合理解释的极为重要的参数。根据长期研究的结果得出，影响岩石、矿石密度的主要因素为：组成岩石的各种矿物成分及其含量；岩石中孔隙大小及孔隙中的充填物成分；岩石所承受的压力等。

一、火成岩的密度

它主要取决于矿物成分及其含量的数值大小，由酸性→中性→基性→超基性岩，随着密度大的铁镁暗色矿物含量的增多，密度逐渐增大（图1-1-1）。此外，成岩过程中的冷凝、结晶分异作用也会造成不同岩相带的密度差异；不同成岩环境（如侵入与喷发）也会造成同一岩类的密度有较大差异。

二、沉积岩的密度

沉积岩一般具有较大的孔隙度，如灰岩、页岩、砂岩等，孔隙度可达30%～40%。这类岩石密度值主要取决于孔隙度大小，干燥的岩石随孔隙度减少而密度呈线性增大；孔隙中如有充填物，则充填物的成分（如水、油、气等）及充填孔隙占全部孔隙的比例也明显地影响着密度值。此外，随着成岩时代的久远及埋深的加大，上覆岩层对下伏

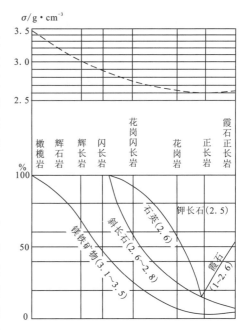

图1-1-1 火成岩成分与密度关系

岩层的压力加大,这种压实作用也会使密度值变大。

三、变质岩的密度

对这类岩石来说,其密度与矿物成分、矿物含量和孔隙度均有关,这主要由变质的性质和变质程度来决定。通常区域变质作用的结果是使变质岩比原岩密度值加大,如变质程度较深的片麻岩、麻粒岩等要比变质程度较浅的千枚岩、片岩等密度值大些。经过变质的沉积岩,如大理岩、板岩和石英岩比其原岩石灰岩、页岩和砂岩更致密些。如果是受动力变质作用,则会因原岩结构遭受破坏,矿物被压碎而使密度值下降;但若同时使原岩硅化、碳酸盐化以及重结晶等,又会使密度值比原岩增大。由于变质作用的复杂性,所以这类岩石的密度变化显得很不稳定,要具体情况具体分析。

对于各类固体矿产来说,矿体的密度主要由其成分和含量决定。表1-1-1列出了常见岩石、矿石的密度值。

表1-1-1 常见岩石、矿石密度值表

名称	密度/ $g \cdot cm^{-3}$	名称	密度/ $g \cdot cm^{-3}$	名称	密度/ $g \cdot cm^{-3}$
纯橄榄岩	2.5~3.3	大理岩	2.6~2.9	钛铁矿	4.5~5.0
橄榄岩	2.6~3.6	白云岩	2.4~2.9	磁黄铁矿	4.3~4.8
玄武岩	2.6~3.3	石灰岩	2.3~3.0	铬铁矿	3.2~4.4
辉长岩	2.7~3.4	页岩	2.1~2.8	黄铜矿	4.1~4.3
安山岩	2.5~2.8	砂岩	1.8~2.8	重晶石	4.4~4.7
辉绿岩	2.9~3.2	白垩	1.8~2.6	刚玉	3.9~4.0
玢岩	2.6~2.9	干砂	1.4~1.7	岩盐	3.1~3.2
花岗岩	2.4~3.1	黏土	1.5~2.2	硬石膏	2.7~3.0
石英岩	2.6~2.9	表土	1.1~2.0	石膏	2.2~2.4
流纹岩	2.3~2.7	锰矿	3.4~6.0	铝钒土	2.4~2.5
片麻岩	2.4~2.9	钨酸钙矿	5.9~6.2	钾盐	1.9~2.0
云母片岩	2.5~3.0	赤铁矿	4.5~5.2	煤	1.2~1.7
千枚岩	2.7~2.8	磁铁矿	4.8~5.2	褐煤	1.1~1.3
蛇纹岩	2.6~3.2	黄铁矿	4.9~5.2		

第二节 岩(矿)石的磁性

位于地壳中的岩石和矿体处在地球磁场中,从它们形成时起,就受地球磁场磁化而具有不同程度的磁性,其磁性差异在地表引起磁异常。研究岩石磁性,其目的在于掌握岩石和矿物受磁化的原理,了解矿物与岩石的磁性特征及其影响因素。有关岩石磁性的研究成果,亦可直接用来解决某些基础地质问题,如区域地层对比、构造划分等。

一、物质的磁性

任何物质的磁性都是带电粒子运动的结果。原子是组成物质的基本单元,它由带正电的原子核及其核外电子壳层组成。电子绕核沿轨道运动,具有轨道磁矩。电子还有自旋运动,具有自旋磁矩。这些磁矩的大小,与各自的动量矩成正比。

原子核带正电,呈自旋转动,亦具有磁矩,但数值很小。

因此,原子总磁矩是电子轨道磁矩、自旋磁矩及原子核自旋磁矩三者的矢量和。各类物质,由于原子结构不同,它们在外磁场作用下,呈现不同的宏观磁性。

(一)抗磁性(逆磁性)

在外磁场 H 作用下,这类物质的磁化率为负值,且数值很小,如图 1-2-1 所示。抗磁性物质没有固有原子磁矩,受外磁场作用后,电子受到洛仑兹力的作用,其运动轨道绕外磁场作旋进(拉莫尔旋进),此旋进产生附加磁矩,其方向与外磁场相反,形成抗磁性。

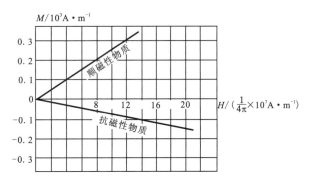

图 1-2-1 抗磁性与顺磁性物质的磁化

可以推导证明,抗磁性物质的磁化率为

$$\kappa = -\frac{\mu_0}{4\pi} \cdot \frac{Ne^2}{6m_e} \sum_{i=1}^{Z} \overline{r_i^2} \qquad (1-2-1)$$

式中:μ_0 为真空磁导率;N 为单位体积物质的原子数;e 为元电荷;m_e 为电子静质量;Z 为每个原子中的电子数;$\overline{r_i^2}$ 为电子轨道半径的均方值。抗磁性磁化率很小,约为 10^{-5} 数量级。

(二) 顺磁性

如图1-2-1所示,顺磁性物质受外磁场作用,其磁化率为不大的正值,这类物质中原子具有固有磁矩,当无外磁场作用时,热骚动使原子磁矩取向混乱。有外磁场作用,原子磁矩(电子自旋磁矩所作的贡献)顺着外磁场方向排列,显示顺磁性。

理论上可以证明,顺磁性物质的磁化率为

$$\kappa = \frac{\mu_0}{4\pi} \cdot \frac{N \cdot \mu_a^2}{3kT} = \frac{C}{T} \qquad (1-2-2)$$

式中:μ_a 为原子磁矩;N 为单位体积物质的原子数;k 为玻耳兹曼常数;T 为热力学温度。上述关系最初是由居里从实验结果中确定的,C 为居里常数,表明顺磁性物质其磁化率与绝对温度成反比,亦即居里定律。通过这层关系,发展了通过磁化率测量确定原子磁矩的重要实验方法。

(三) 铁磁性

在弱外磁场的作用下,铁磁性物质即可达到磁化饱和,其磁化率要比抗磁性、顺磁性物质的磁化率大很多。它具有下述磁性特征。

(1) 磁化强度与磁化场呈非线性关系。如图1-2-2所示,对未磁化样品施加磁场 H 作用,随 H 值由零增至 H_s,而后减至零,反向由零减至 $-H_s$,再由 $-H_s$ 增至 H_s,变化一周,样品的磁化强度 M 沿 O、A、B、C、D、E、F、A 变化,诸点所围之曲线,称磁滞回线。表明铁磁性物质磁化强度随磁化场的变化呈不可逆性。其中 H_c 称为矫顽磁力,不同铁磁性物质它的变化范围较大。

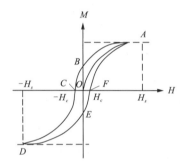

图1-2-2 铁磁性物质的磁滞回线

(2) 磁化率与温度的关系,服从居里—魏斯定律。即

$$\kappa = \frac{C}{T - T_c} \qquad (1-2-3)$$

式中:C 为居里常数;T 为热力学温度;T_c 为居里温度。当 $T > T_c$,铁磁性消失,转变为顺磁性。一般铁磁性的 T_c 很高,例如铁为1 043K,钴为1 388K。但是,随着低温测量技术的发展,又发现了一些稀土元素低温下会转变为铁磁性,如铒(Er)、钬(Ho),其 T_c 均为20K。

(3) 实验结果说明,铁磁性物质的基本磁矩为电子自旋磁矩,而轨道磁矩基本无贡献。实验证明,铁磁性物质内,包含着很多个自发磁化区域,叫作磁畴。在无外磁场作用时,各磁畴的磁化强度矢量取向混乱,不呈磁性。当施加外磁场时,磁畴结构将发生变化,随外磁场增加。通过畴壁移动和磁畴转动的过程,显示出宏观磁性。

由于磁畴内原子间相互作用的不同,原子磁矩排列情况有别,铁磁性又分为3种类型,如图1-2-3所示。

铁磁性:磁畴内原子磁矩排列在同一方向,例如铁、

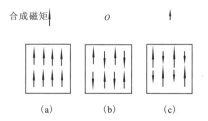

图1-2-3 各种铁磁性原子磁矩的排列示意图
(a)铁磁性;(b)反铁磁性;(c)亚铁磁性

镍、钴即属于此。

反铁磁性：磁畴内原子磁矩排列相反，故磁化率很小，但具有很大的矫顽力。

亚铁磁性：或称铁淦氧磁性，磁畴内原子磁矩反平行排列，磁矩互不相等，故仍具有自发磁矩。此类物质具有较大的磁化率和剩余磁化强度。

二、岩（矿）石的磁性特征

（一）表征磁性的物理量

1. 磁化强度和磁化率

均匀无限磁介质受到外部磁场 H 的作用，衡量物质被磁化的程度是以磁化强度 M 表示，它与磁场强度之间的关系为

$$M = \kappa H \tag{1-2-4}$$

式中：κ 是物质的磁化率，它表征物质受磁化的难易程度，是一个量纲为1的物理量。实际工作中，磁化率仍注以单位。SI 单位制用 SI(κ) 标明，CGSM 单位制用 CGSM(κ) 标明，两者的关系是 $1\text{SI}(\kappa) = \dfrac{1}{4\pi}\text{CGSM}(\kappa)$。在两种单位制中，磁化强度的单位，分别是 A/m 及 CGSM(M)，二者的关系是 $1\text{A/m} = 10^{-3}\text{CGSM(M)}$。在国际单位制中，磁化强度和磁场强度量纲相同，都为安（培）/米（A/m）；在 CGSM 制中，磁化强度用高斯（Gs），磁场强度用奥斯特（O_e）。

2. 磁感应强度和磁导率

在各向同性磁介质内部任意点上，磁化场 H 在该点产生的磁感应强度（磁通密度）为

$$B = \mu H \tag{1-2-5}$$

式中：B 以 T［斯拉］为单位；μ 为介质的磁导率，单位为 H/m［亨（利）/米］；H 以 A/m［安（培）/米］为单位。

若介质为真空，则有：

$$B = \mu_0 H \tag{1-2-6}$$

式中：μ_0 为真空的磁导率，$\mu_0 = 4\pi \times 10^{-7} \text{H} \cdot \text{m}^{-1}$。令 $\mu_r = \mu/\mu_0$（相对磁导率），由式（1-2-5）得：

$$B = \mu_0 \mu_r H = \mu_0 H + \mu_0(\mu_r - 1)H = \mu_0(1+\kappa)H = \mu_0(H+M) \quad (\kappa = \mu_r - 1) \tag{1-2-7}$$

式（1-2-7）为物质磁性与外磁场的关系。显然，在同一外磁场 H 作用下，空间为磁介质充填与空间为真空相比，B 增加了 κH 项，即介质受磁化后所生产的附加场，其大小与介质的磁化率成正比。磁介质的 $\mu_r = 1 + \kappa$ 是一个纯量。μ 与 μ_0 二者之间的关系为

$$\mu = \mu_0(1+\kappa) \tag{1-2-8}$$

3. 感应磁化强度和剩余磁化强度

位于岩石圈中的地质体，处在约为 0.5×10^{-4} T 的地球磁场作用下。它们受现代地磁场的磁化，而具有的磁化强度，叫感应磁化强度（M_i），它表示为

$$M_i = \kappa(T/\mu_0) \tag{1-2-9}$$

式中：T 为地磁场总强度（感应磁化强度）；κ 为岩（矿）石的磁化率，它取决于岩（矿）石的性质。

岩（矿）石在生成时，处于一定条件下，受当时的地磁场磁化，成岩后经历漫长的地质年代，所保留下来的磁化强度，称作天然剩余磁化强度，它与现代地磁场无关。

岩石的总磁化强度 M 由两部分组成，即

$$M = M_i + M_r = \kappa(T/\mu_0) + M_r \qquad (1-2-10)$$

磁法勘探中，表征岩石磁性的物理量是 $\kappa(M_i)$、M_r 及 M。

（二）矿物的磁性

矿物组合成岩石，岩石的磁性强弱与矿物的磁性强弱有直接的关系。

1. 抗磁性矿物与顺磁性矿物

自然界中，绝大多数矿物属顺磁性与抗磁性，其中几种常见矿物的磁化率见表 1-2-1。

表 1-2-1 常见矿物的磁化率

抗磁性物质				顺磁性物质			
名称	$\kappa_{平均}/10^{-5}$SI(κ)	名称	$\kappa_{平均}/10^{-5}$SI(κ)	名称	$\kappa_{平均}/10^{-5}$SI(κ)	名称	$\kappa_{平均}/10^{-5}$SI(κ)
石英	−1.3	方铅矿	−2.6	橄榄石	2	绿泥石	20~90
正长石	−0.5	闪锌矿	−4.8	角闪石	10~80	金云母	50
锆石	−0.8	石墨	−0.4	黑云母	15~65	斜长石	1
方解石	−1.0	磷灰石	−8.1	辉石	40~90	尖晶石	3
岩盐	−1.0	重晶石	−1.4	铁黑云母	750	白云母	4~20

由此可见：

（1）抗磁性矿物，其磁化率都很小，在磁法勘探中通常视为无磁性。

（2）顺磁性矿物，其磁化率要比抗磁性矿物大得多，约两个数量级。

2. 铁磁性矿物

自然界中不存在纯铁磁性矿物，最重要的磁性矿物当推铁-钛氧化物，它的三元系统如图 1-2-4 所示。由 FeO、Fe_2O_3 和 TiO_2 组合成的固熔体的主要矿物及其他磁性矿物，见表 1-2-2。

地壳中纯磁铁矿少见，大多是由不同比例的铁、钛、氧组成复杂的固熔体，它是典型的亚铁磁性。在我国鲁、冀、鄂、苏、皖等省的铁矿区，磁铁矿的磁化率一般为 (0.002~0.2)SI(κ)，其剩余磁化强度一般为 2.2~2 325A·m^{-1}。可见，磁铁矿不仅有较强的磁化率，且具有较强的剩余磁性，其变化范围较大。表 1-2-2 列出了一些铁磁性矿物的磁化率。

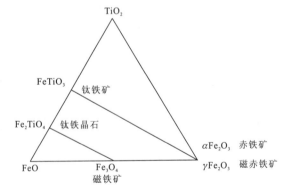

图 1-2-4 铁-钛氧化物的三元系统

表 1-2-2 铁磁性矿物磁化率

矿物	分子式	$\kappa/\mathrm{SI}(\kappa)$
磁铁矿	Fe_3O_4	$0.07 \sim 0.2$
钛磁铁矿	$xFe_3O_4 \cdot (1-x)TiFe_2O_4$	$10^{-7} \sim 10^{-2}$
磁赤铁矿	γFe_2O_3	$0.03 \sim 0.2$
赤铁矿	αFe_2O_3	$10^{-6} \sim 10^{-5}$
磁黄铁矿	FeS_{1+x}	$10^{-3} \sim 10^{-4}$
铁镍矿	$NiFe_2O_4$	0.05
锰尖晶石	$MnFe_2O_3$	2.0
镁铁矿	$MgFe_2O_4$	0.8
针铁矿	$\alpha FeOOH$	$(0.02 \sim 80) \times 10^{-4}$
纤铁矿	$\gamma FeOOH$	$(0.9 \sim 2.5) \times 10^{-4}$
菱铁矿	$FeCO_3$	$(20 \sim 60) \times 10^{-4}$

磁黄铁矿属铁-硫二元系,它常见于汞、砷、锑层控矿床。当 $0<\kappa<0.1$ 时,它是反铁磁性,当 $0.1<\kappa<0.25$ 时,它是亚铁磁性,它亦分为 α 型和 γ 型,后者磁化率较大。

(三)各类岩石的一般磁性特征

地壳岩石可分为沉积岩、火成岩及变质岩三大类。

1. 沉积岩的磁性

一般来说,沉积岩的磁性较弱,见表 1-2-3。沉积岩的磁化率主要决定于副矿物的含量和成分,它们是磁铁矿、磁赤铁矿、赤铁矿及铁的氢氧化物。造岩矿物如石英、长石、方解石等,对磁化率无贡献。沉积岩的天然剩余磁性,与由母岩剥蚀下来的磁性颗粒有关,其数值不大。

表 1-2-3 地壳岩石的磁化率和天然剩余磁化强度

岩石类型	$\kappa/10^{-6}\mathrm{SI}(\kappa)$	$M_r/\mathrm{A \cdot m^{-1}}$	岩石类型	$\kappa/10^{-6}\mathrm{SI}(\kappa)$	$M_r/\mathrm{A \cdot m^{-1}}$
超基性岩	$10^1 \sim 10^3$	$10^{-1} \sim 10^1$	变质岩	$10^{-1} \sim 10^2$	$10^{-3} \sim 10^{-1}$
基性岩	$10^0 \sim 10^3$	$10^{-3} \sim 10^1$	沉积岩	$10^{-1} \sim 10^1$	$10^{-3} \sim 10^{-1}$
酸性岩	$10^0 \sim 10^2$	$10^{-3} \sim 10^1$			

注:表中数字表示数量级。

2. 火成岩的磁性

依据产出状态,火成岩又可分为侵入岩和喷出岩。

(1)不同类型的侵入岩(花岗岩、花岗闪长岩、闪长岩、超基性岩等),其 $\kappa_{平均}$ 值随着岩石的基性增强而增大。它们的磁化率均具有数值分布范围宽的相同特征。

(2) 超基性岩是火成岩中磁性最强的。超基性岩体系在经受蛇纹石化时,辉石被蚀变分解形成蛇纹石和磁铁矿,使磁化率急剧增大,可达到几个 SI(κ) 单位。

(3) 基性、中性岩,一般来说其磁性较超基性岩要低。

(4) 花岗岩建造的侵入岩,普遍是铁磁-顺磁性的,磁化率不高。

(5) 喷出岩在化学和矿物成分上与同类侵入岩相近,其磁化率的一般特征相同。由于喷出岩迅速且不均匀地冷却,结晶速度快,因而其磁化率离散性大。

(6) 火成岩具有明显的天然剩余磁性,其 $Q=M_r/M_i$ 称为柯尼希斯贝格比。不同岩石组成的 Q 值范围,可在 0~10 或更大范围内变化。

3. 变质岩的磁性

变质岩的磁化率和天然剩余磁化强度的变化范围很大。按磁性,变质岩可分为铁磁-顺磁性和铁磁性两类,与原来的基质有关,也与其形成条件有关。由沉积岩变质生成的,称副变质岩,其磁性特征一般具有铁磁-顺磁性;由岩浆岩变质生成的,称正变质岩,其磁性有铁磁-顺磁性与铁磁性两种。这和原岩的矿物成分,以及变质作用的外来性或原生性有关。

具有层状结构的变质岩,表现有磁各向异性。其 M_r 方向往往近于片理方向。磁化率各向异性可用下式来评价:

$$\lambda_k = \frac{\kappa_{最大} - \kappa_{最小}}{\kappa_{平均}} \tag{1-2-11}$$

式中:λ_k 为磁化率各向异性系数。在强变质沉积岩石中,λ_k 值最大可达 1.0~1.5。

(四) 影响岩石磁性的主要因素

岩石的磁性是由所含磁性矿物的类型、含量、颗粒大小与结构,以及温度、压力等因素决定的。

1. 岩石磁性与铁磁性矿物含量的关系

根据实验资料和理论计算,侵入岩的磁化率与铁磁性矿物含量之间存在统计相关关系。一般来说,岩石中铁磁性矿物含量愈多,磁性愈强。

2. 岩石磁性与磁性矿物颗粒大小、结构的关系

实验结果表明,在给定的外磁场 $H=\frac{1.35}{4\pi}\times 10^3 A\cdot m^{-1}$ 作用下,铁磁性矿物的相对含量不变,颗粒粗的较之颗粒细的磁化率大。可用于衡量剩磁大小的矫顽力 H_c,与铁磁性矿物颗粒大小的关系恰好相反,H_c 随铁磁性矿物颗粒的增大而减小。喷出岩的剩磁常较同一成分侵入岩的剩磁大。

此外,铁磁性矿物在岩石中的结构对岩石的磁化率也有影响。当磁性矿物相对含量、颗粒大小都相同,颗粒相互胶结的比颗粒呈分散状者磁性强。

3. 岩石磁性与温度、压力的关系

高温与高压,对矿物和岩石的磁性会产生影响。顺磁体磁化率与温度的关系,已由居里定律确定。

铁磁性矿物的磁化率与温度的关系,有可逆及不可逆两种。前者磁化率随温度的增高而增大,接近居里点则陡然下降趋于零;加热和冷却的过程,在一定条件下磁化率都有同一个数值。后者其加热和冷却曲线不相吻合，即不可逆。它是温度增高后不稳定的那类铁磁性矿物的特征。此外，温度增高还能引起矿物矫顽磁力 H_c 的减小。

岩石磁化率与温度的相互关系比单纯矿物的复杂，岩石的磁化率-温度曲线与铁磁性矿物的成分有关，岩石的居里温度 T_c 分布仅与铁磁性矿物成分有关，而与矿物的数量、大小及形状无关。因此，热磁曲线（磁化率-温度曲线）可用于分析确定岩石中的铁磁性矿物类型。

温度增高，还导致岩石剩余磁化强度退磁。

铁磁体磁化，同时发生机械变形，其形变与晶体大小变化有关。铁磁体变化时，其形状和体积的改变称为磁致伸缩。

岩石在机械应力作用下，由于铁磁体的磁致伸缩，其磁性大小会有变化。比如在弱磁场中，当磁铁矿受到 40MPa 的单向压力时，其磁化率减小，且其减小与磁化场强度还有关系。同样，岩石磁化率随着所受机械压力的增加而减小。垂直于受压方向所测得的磁化率，与压力的相依关系较弱。

岩石的剩余磁化强度，亦随着岩石受压的增大而减小。

三、岩石的剩余磁性

岩石在成岩过程中获得天然剩余磁化强度，它是岩石磁性的重要组成部分。不论是磁法勘探，还是古地磁测定，都要十分注意研究岩石的剩余磁性。

（一）岩石剩余磁性的类型及特点

由于形成剩余磁性的磁化历史（如磁化场、矿物成分、温度及化学反应等）的不同，因而岩石剩余磁性的类型、特点各不相同。

1. 热剩余磁性（TRM）

在恒定磁场作用下，岩石从居里点以上的温度，逐渐冷却到居里点以下，在通过居里温度时受磁化所获得的剩磁，称热剩余磁性（简称热剩磁）。

应当注意，热剩磁并非全都是在居里温度时产生的。如将岩石自居里点逐渐冷却至室温，且只在某一温度区间施加外磁场，由此得到的热剩余磁性，称部分热剩磁。

热剩磁具有如下的特点：

(1) 强度大。在弱磁场中，其热剩磁强度大致正比于外磁场强度，并同外磁场方向一致。因此，火成岩的天然剩余磁化强度方向，一般代表了成岩时的地磁场方向。

(2) 具有很高的稳定性。剩磁随时间衰减的现象，叫作磁性弛豫。热剩磁的稳定，表现为其弛豫时间很长。实验表明，外磁场的变化，温度在 200～300℃ 内的热作用，很难影响热磁的变化。

(3) 实验证明，总热剩磁是居里温度至室温，各个温度区间的部分热剩磁之和，即热剩磁服从叠加定律（特里埃第一定律）。

(4) 若将已具有热剩磁 M_{rt} 的标本，在零磁场空间内，从室温加热到某一个温度 t_1，然后再冷却至室温，则标本中温度以下的部分热剩磁全部被清洗掉，称部分热退磁（或热清洗）。此过程可通过不断提高加热温度来重复进行，最终得到一个热剩余磁化强度，说明热退磁过程也服从叠加定律（特里埃第二定律）。因此，岩石的热剩磁是古地磁研究的重要对象之一。

2. 碎屑剩余磁性（DRM）

沉积岩中含有从母岩风化剥蚀带来的许多碎屑颗粒，其中磁性颗粒（磁铁矿等）在水中沉积时，受当时的地磁场作用，会沿地磁场方向定向排列，或者是这些磁性颗粒在沉积物的含水孔隙中转向地磁场方向。沉积物固结成岩石，按其碎屑的磁化方向保存下来的磁性，称为碎屑剩余磁性（沉积剩余磁性，简称碎屑剩磁）。

碎屑剩磁具有如下的特点：

(1) 它的强度正比于定向排列的磁性颗粒数目，其强度比热剩磁小得多。

(2) 形成碎屑剩磁的磁性颗粒大都来自火成岩，这些颗粒的原生磁性来自热剩磁，因此，碎屑剩磁比较稳定。

(3) 等轴状颗粒，其碎屑剩余方向和外磁场（地磁场）方向一致。

3. 化学剩余磁性（CRM）

在一定磁场中，某些磁性物质在低于居里温度的条件下，经过相变过程（重结晶）或化学过程（氧化还原）所获得的剩磁，称化学剩余磁性（简称化学剩磁）。

化学剩磁具有如下的特点：

(1) 在弱磁场中，其强度正比于外磁场的强度。

(2) 有较高的稳定性。

(3) 在相同磁场中，化学剩磁强度只有热剩磁强度的几十分之一，但大于碎屑剩磁强度。

上述 3 种剩余磁性，统称为原生剩磁。

4. 黏滞剩余磁性（VRM）

岩石生成之后，长期处在地球磁场作用下，随时间的推移，其中原来定向排列的磁畴，逐渐地弛豫到作用磁场的方向，这一过程中所形成的剩磁称黏滞剩余磁性。

黏滞剩余磁性具有如下的特点：

(1) 强度与时间的对数成正比。

(2) 随温度增高，黏滞剩磁增大。裸露于地表的岩石，受昼夜及季节温差变化的热骚动影响，随时间增长，会形成较强的黏滞剩磁。具有较大黏滞剩的岩石样品，不宜用于古地磁研究。

5. 等温剩余磁性（IRM）

在常温没有加热的情况下，岩石因受外部磁场的作用（比如闪电作用），获得的剩磁称等温剩余磁性。等温剩磁是不稳定的，其大小和方向随外磁场变化。

上述第 4、第 5 两种剩磁，是在岩石生成之后，因受某些外部因素的作用而获得的，因此称它们为次生剩磁。

地壳岩石具有的原生剩磁，既是磁法勘探，也是古地磁研究的对象。但是，次生剩磁不能作为古地磁研究的"化石"。

（二）各类岩石剩余磁性的成因

岩石的天然剩磁，其形成的因素是复杂的。由成岩至今，经历各种地质作用，物理和化学的变化过程，这些都会影响剩余磁性。岩石的原生剩磁，不同类型的岩石，其形成的原因不同。

1. 火成岩剩磁的成因

大量实际资料与实验资料表明，热剩磁是形成火成岩原生剩磁的原因。熔融岩浆由高温冷却,通常当温度降至 1 073K 时开始凝固,形成各种固熔体。铁磁性矿物的居里点一般在 673~853K 以下。当火成岩由高于居里点温度,下降到铁磁性组分的居里点以下,受地磁场的磁化作用,磁性矿物磁畴排列到地磁场方向上而获得强的磁性。随着温度继续下降,磁畴热扰动能量减少,不够使磁畴体积变化和使磁畴转向,从而保留下来剩余磁性,即热剩磁。

2. 沉积岩剩磁的成因

沉积岩的生成与火成岩完全不同,没有高温冷却过程。沉积岩的剩余磁性,是通过沉积作用和成岩作用两个过程形成的。前者形成碎屑剩磁,后者成岩作用经氧化和脱水过程,获得化学剩磁。因此,沉积岩的剩磁系碎屑与化学剩磁。

3. 变质岩剩磁的成因

变质岩的剩余磁性与其原岩有关。由火成岩变质生成的正变质岩,它可能有热剩磁。由沉积变质生成的副变质岩,它可能有碎屑剩磁与化学剩磁。

第三节 岩(矿)石的电性

到目前为止,电法勘探利用的电学性质有导电性、电化学活动性、介电性和导磁性。一般情况下,研究目标(或介质)与其周围介质的电性差异愈大,在其周围空间产生的电(磁)场的变化愈明显。当人们利用专门的电测仪器观测地壳周围电(磁)场的变化并研究电(磁)场分布规律时,便可以推断引起电(磁)场变化的地下目标体(地质构造或有用矿产或其他目标物)的电性特征和赋存状态。

一、岩(矿)石的导电性

表征物质导电性的参数是电阻率 ρ。在国际单位制中,物质的电阻率被定义为电流垂直通过每边长度为1m的立方体均匀物质时,所遇到的电阻值。电阻率的单位为欧姆·米,西文符号为 $\Omega \cdot m$。显然,物质的导电性愈好,其电阻率值愈小;反之,如果物质的电阻率很大,则该物质的导电性很差。

我们知道,自然状态下的岩石或矿石是由各种固体矿物组成的,并且或多或少都含有一定数量的孔隙水。因此,研究岩石和矿石的导电性,必须分别考察它的组成成分——固体矿物和孔隙水的导电性。

(一)岩(矿)石的导电机制

1. 固体矿物的导电机制

按照导电机制可将固体矿物分为 3 种类型:金属导体、半导体和固体电解质。

在金属导体和半导体中,导电作用都是通过其中的某些电子在外电场作用下定向运动来实现的,它们都是电子导体。

(1)各种天然金属属于金属导体。这类矿物在地壳中并不经常出现,但当其出现时便具有一定的经济价值。比较重要的天然金属有自然铜、自然金。此外,石墨是具有某些特殊性质的一种电子导体。

在金属导体中,对传导电流起贡献的粒子(载流子)是基本上脱离了金属离子束缚、能在晶体中比较自由运动的价电子。当不存在外电场的情况下,金属内部的自由电子呈不规则的运动,沿各个方向运动的几率相同,故总的看来不显出电荷的定向运动,即没有电流。当存在外电场时,自由电子趋于反电场方向运动,因而在导体内出现电流。金属导体的导电性十分好,其电阻率 ρ 值很低,一般 $\rho \leqslant 10^{-6} \Omega \cdot m$。

(2)大多数金属矿物属于半导体,其电阻率高于金属导体,通常 $\rho = 10^{-6} \sim 10^6 \Omega \cdot m$。这是因为半导体中能参与导电的电子数目较少。自然界中矿物半导体的性质多半同其所含杂质的种类和含量有关,有时微量(例如含量 10^{-5})的杂质便可使半导体导电性提高几个级次。由于这些原因,半导体矿物的电阻率值都有较大的变化范围。表 1-3-1 列出了若干常见的半导体矿物及其电阻率值的变化范围。

表 1-3-1 常见半导体矿物的电阻率值

矿物名称	电阻率值/$\Omega \cdot m$	矿物名称	电阻率值/$\Omega \cdot m$
斑铜矿	$10^{-6} \sim 10^{-3}$	赤铁矿	$10^{-3} \sim 10^6$
磁铁矿	$10^{-6} \sim 10^{-3}$	锡石	$10^{-3} \sim 10^6$
磁黄铁矿	$10^{-6} \sim 10^{-3}$	辉锑矿	$10^0 \sim 10^3$
黄铜矿	$10^{-3} \sim 10^0$	软锰矿	$10^0 \sim 10^3$
黄铁矿	$10^{-3} \sim 10^0$	黑铁矿	$10^0 \sim 10^3$
方铅矿	$10^{-3} \sim 10^0$	铬铁矿	$10^3 \sim 10^6$
辉铜矿	$10^{-3} \sim 10^0$	闪锌矿	$10^3 \sim 10^6$
辉钼矿	$10^{-3} \sim 10^0$	钛铁矿	$10^3 \sim 10^6$

(3)绝大多数造岩矿物(如辉石、长石、云母、方解石、角闪石、石榴石等)在导电机制上属于固体电解质。固体电解质是由正、负离子靠静电力(离子键)结合的离子晶体。通常,固体电解质的电阻率很高,一般 $\rho > 10^6 \Omega \cdot m$。

2. 孔隙水的导电机制

几乎所有的天然岩石都或多或少地含有水分。这些存在于岩石裂隙或孔隙中的水分(统称孔隙水)通常对岩(矿)石的导电性质有影响。纯的蒸馏水的导电性极差,几乎可以看成是绝缘体。但是,天然岩石中的孔隙水总是在不同程度上含有某些盐分(电解质)。当电解质溶于水形成电解液时,其中一部分电解质的正、负离子会彼此分开,并可在溶液中互不依赖地自由运动,即所谓电离或离解。电解液正是借助于其中处于电离状态的正、负离子而导电,故为离子导体。孔隙水的电阻率一般都远小于造岩矿物。大量实测资料证明,岩石孔隙水的电阻率值很少超过 $100 \Omega \cdot m$,通常在 $1 \sim 10 \Omega \cdot m$ 之间。

(二)影响岩(矿)石导电性的因素

岩石和矿石都是矿物的集合体,并且常常含有一定的孔隙水。因此,岩(矿)石的电阻率必然和它的组成矿物及所含水的导电性、含量、结构、构造及其相互作用等有关。

1. 岩(矿)石电阻率与其成分和结构的关系

大多数岩石和矿石,可视为由均匀相连的胶结物和不同形状的矿物颗粒所组成。岩(矿)石的电阻率决定于这些胶结物和矿物颗粒的电阻率、形状及其百分含量。

2. 岩(矿)石电阻率与所含水分的关系

除含有良导电矿物的金属矿石或矿化岩石外,绝大多数岩石由造岩矿物组成。这样看来,似乎岩石的电阻率应与固体电解质的电阻率具有相同的数量级,都在 $10^6 \Omega \cdot m$ 以上;但实际并非如此,通常自然状态下岩石电阻率都低于此值,甚至有低达 $n \times 10 \Omega \cdot m$ 以下的情况。这是因为岩石都在不同程度上含有导电性较好、并且彼此有相互连通的水溶液之故。

岩石的电阻率不仅与岩石孔隙度的大小有关,而且还决定于孔隙的结构。通常当孔隙连通较好时,其中水分对岩石电性影响较大;而空穴式孔隙(如喀斯特溶洞或喷出岩的气体等),因其彼此不相连通,即使充满了水分,对岩石整体电阻的影响也较小。节理或裂隙式孔隙,具有明显的方向性,往往使岩石电阻率具有各向异性,沿节理或裂隙方向电阻率较低,垂直方向上电阻率较高。

3. 岩(矿)石电阻率与温度的关系

电子导电矿物或矿石的电阻率随温度的增高而上升;离子导电岩石的电阻率随温度的增高而降低。

4. 岩(矿)石电阻率与压力的关系

在压力极限内,压力大使孔隙中的水挤出来,则电阻率变大,压力超出岩石破坏极限,则岩石破裂,使电阻率降低。

(三)岩(矿)石的电阻率

综上所述,由于影响岩(矿)石电阻率的因素众多,自然状态下某种岩石、矿石的电阻率并非为某一特定值,而多是在一定范围内变化。顺便指出,在岩石、矿石的所有物理性质中,以电阻率的变化范围最大。在电法勘探所研究的深度范围内,岩石的导电作用几乎全是靠充填于孔隙中的水溶液来实现的。仅有少数情况下,如当岩石中含有相当数量、并且彼此相连的磁铁矿、石墨或黄铁矿等导电矿物,或是在相当深处,岩石的孔隙结构被上覆地层的压力所封闭时,岩石、矿石中矿物颗粒的作用才占主导地位。前一种情况下的矿石可能具有很低的电阻率(小于 $10 \Omega \cdot m$);而后一种情况下的岩石电阻率往往高达 $10^4 \Omega \cdot m$ 以上。

含水岩石的电阻率与其岩石学特征的地质年代有某些间接关系,因为这两者对岩石的孔隙度或储水能力以及水分的盐量都有影响。表 1-3-2 概括了这种关系的一般特征(Keller & Frischnecht,1966),表中从左到右岩石的孔隙度逐渐减小,如海相碎屑岩其孔隙度高达40%,其电阻率相应较低;化学沉积岩实际上可认为不含水分,其电阻率最高。表中自上而下岩石的地质年代由新到老,显然,越老的岩石胶结程度和致密程度越高,因而孔隙度和储水能力越低,电阻率越高。

表 1-3-2　不同地质年代各种岩石电阻率的变化范围/Ω·m

地质年代	岩石类型				
	海相碎屑沉积岩	陆相碎屑沉积岩	喷出岩（玄武岩、流纹岩）	侵入岩（花岗岩、辉长岩）	化学沉积岩（灰岩、盐岩）
新生代	1～10	15～50	10～200	500～2 000	50～5 000
中生代	5～20	25～100	20～500	500～2 000	100～10 000
晚古生代	10～40	50～300	50～1 000	1 000～5 000	200～100 000
早古生代	40～200	100～500	100～2 000	1 000～5 000	10 000～100 000
前寒武纪	100～2 000	300～5 000	200～5 000	5 000～20 000	10 000～100 000

二、岩（矿）石的自然极化和激发极化特性

一般情况下物质都是电中性的，即正、负电荷保持平衡。但是，某些岩石和矿石在特定的自然条件下，在岩石中产生的各种物理化学过程作用下，岩石可以形成面电荷和体电荷。岩石的这一性质称为岩石极化。岩石极化分为两种类型：

（1）自然极化是由不同地质体接触处的电荷自然产生的（表面极化）或由岩石的固相骨架与充满空隙空间的液相接触处的电荷自然产生的（两相介质的体极化）。

（2）激发极化，是在人工电场作用下产生的极化。

由岩石自然极化和激发极化产生的面电荷和体电荷形成自然电场或激发极化电场。

（一）岩（矿）石的自然极化特性

1. 电子导体的自然极化

当电子导体和溶液接触时，由于热运动，导体的金属离子或电子可能具有足够大的能量，以致克服晶格间的结合力越出金属进入溶液中，从而破坏了导体与溶液的电中性，使金属带负电，溶液带正电。金属上的负电荷吸引溶液中过剩的阳离子，使之分布于界面附近，形成双电层，产生一定的电位差。此电位差产生一反向电场，阻碍金属离子或电子继续进入溶液。当进入溶液的金属离子达到一定数量后，便达到平衡，此时，双电子层的电位差为该金属在溶液中的平衡电极电位。它与导体和溶液的性质有关。若导体和溶液都是均匀的，则界面上的双电层也是均匀的，这种均匀、封闭的双电层不产生外电场。如果导体或溶液是不均匀的，则界面上的双电层呈不均匀分布，产生极化，并在导体内、外产生电场，引起自然电流。这种极化所引起电流的趋势是减少造成极化的导体或溶液的不均匀性。所以，如果不能继续保持原有的导体或溶液的不均匀性，则因极化引起的自然电流会随时间逐渐减小，以至最终消失。因此，电子导体周围产生稳定电流场的条件必须是：导体或溶液的不均匀性，并有某种外界作用保持这种不均匀性，使之不因极化放电而减弱。

如图1-3-1所示，当赋存于地下的电子导电矿体被地下潜水面切过时，往往在其周围形成稳定的自然电流场。我们知道，潜水面以上为渗透带，由于靠近地表而富含氧气，使潜水面以上的溶液氧化性较强；相反，潜水面以下含氧较少，那里的水溶液相对来说是还原性的。潜水面上、下溶液化学性质的差异通过自然界大气降水的循环总能长期保持。这样，电子导体的

上、下部分总是分别处于性质不同的溶液之中,在导体和溶液之间形成了不均匀的双电层,产生自然极化,并形成自然极化电流场,简称自然电场。

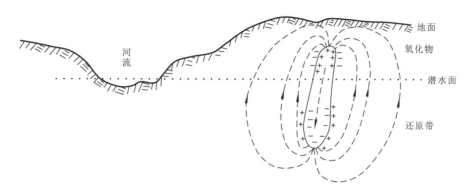

图 1-3-1　电子导电矿体的自然极化及自然电场

通常,在硫化金属矿上可观测到几十到几百毫伏的自然电位负异常。

顺便指出,在化学性能十分稳定的石墨矿或石墨化程度较高的地层上,自然电位负异常的幅度可达 $-900\sim-800$ mV,甚至 $-1\,000$ mV以上。这一类化学性质稳定的电子导体在形成电场的过程中,可视为惰性体,不直接参加化学反应。当围岩溶液物质在氧化和还原环境中进行氧化和还原电化学反应形成氧化还原电位差时,矿体将起传输电子的作用,从而在导体周围形成自然电场。

2. 离子导体的自然极化

在离子导电的岩石上所观测到的自然电场主要是由于动电效应产生的流动电位所引起的。

(1)过滤电场。当地下水流过多孔岩石时,在地表就可以观测到过滤电场。

地壳中自然形成的过滤电场主要包括裂隙电场、上升泉电场、山地电场和河流电场等。例如,地下的喀斯特溶洞、断层、破碎带或其他岩石裂隙带,常成为地下水的通道。当地下水向下渗漏时,上部岩石吸附离子,下部岩石出现多余的正离子,这就形成裂隙电场。与以上的情况相反,当地下水通过裂隙带向上涌出形成上升泉时,由于过滤作用,在泉水出露处呈现过剩的正电荷,而在地下水深处留下过多的负电荷,于是形成上升泉电场。此外,由于河水和地下水之间的相互补给和地下水流产生的过渡电场为河流电场。山地电场常常是雨水渗入多孔的山顶岩层向山脚流动形成的。山地电场总是山顶电位为负,山脚电位为正,电场的分布与地形成镜像关系。

(2)扩散-吸附电场。当两种浓度不同的溶液相接触时,会产生扩散现象。溶质由浓度大的溶液移向浓度小的溶液里,以达到浓度平衡。正、负离子将随溶质移动,但因岩石颗粒的吸附作用,正、负离子的扩散速度不同,使两种不同离子浓度的岩石分界面上分别含有过量的正离子和负离子,形成电位差,这种电场称为扩散-吸附电场。

以上各种原因产生的自然电场不是孤立存在的。应用自然电场找矿时,主要研究电子导体周围的电化学电场,而把河流电场、裂隙电场视为找矿的干扰;应用自然电场解决水文地质问题时,将矿体周围的电场视为干扰。

(二)岩石和矿石的激发极化成因

1. 电子导体的激发极化成因

在讨论电子导体的自然极化时,我们已经知道:浸于同种化学性质溶液中的单一电子导体表面形成的双电层为一封闭系统,它不显示电性,也不形成外电场[图1-3-2(a)]。这种自然状态下的双电层电位差是导体与溶液接触时的电极电位,又称平衡电极电位。当有电流通过上述系统时,导体内部的电荷将重新分布:自由电子逆着电场方向移向电流流入端,使这里相当于等效电解电池的"阴极";而在电流流出端呈现出相对增多的正电荷,相当于等效电解电池的"阳极"。与此同时,溶液中的带电离子(如H^+、Na^+、OH^-、Cl^-等)也在电场作用下发生相应的运动,分别在"阴极"和"阳极"处形成正离子和负离子的堆积[图1-3-2(b)],使通电前的正常双电层发生了变化:"阴极"处,导体带负电,围岩带正电;而"阳极"处,导体带正电,围岩带负电。在电流作用下,导体的"阴极"和"阳极"处双电层电位差相对于平衡电极电位的变化值称为超电压。超电压的形成过程即是电极极化过程。不难理解,随供电时间的延长,导体界面两侧堆积异性的电荷逐渐增多,超电压值随之增大,最后达到饱和状态。

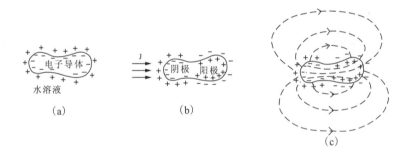

图1-3-2 电子导体的激发极化效应(据丁绪荣,1984)
(a)供电前的均匀双电层;(b)供电时的极化现象;(c)断电后的放电现象

断去供电电流之后,界面两侧堆积的异性电荷通过界面本身、导体内部和周围溶液放电,使整个系统逐渐恢复到供电之前的均匀双电层状态,超电压也随时间的延续逐渐减小,最后消失[图1-3-2(c)]。

顺便指出,除了电极极化过程外,通电时"阴极"和"阳极"处发生的氧化-还原过程也是形成电子导体激发极化的因素之一。

对于化学性质活泼的硫化金属矿来说,电极极化和氧化还原是不可分的统一过程,两种作用产生的超电压符号一致。对于化学性质十分稳定的石墨或碳质岩石,电极极化作用将是产生激发极化效应的主要原因。

实践表明,在人工电场作用下,电子导体与离子导电溶液接触时的激发极化效应产生在固相与液相的接触面上。致密状结构的电子导电矿体产生的正是这样的极化效应,故又称为面极化。对于浸染状电子导电矿体或矿化岩石而言,其中每个电子导电颗粒都相当于一个小"电池",并且分布在岩石(或胶结物)中的所有小"电池"都通过围岩放电,因此,对于整个矿体(或矿化岩石)来说,极化效应发生在它的全部体积内,故称为体极化。虽然每个小颗粒与围岩(胶结物)的接触面很小,仍然可以产生明显的激发极化效应,这就是激发极化法能够成功地寻找浸染状矿体的基本原因。

2. 离子导体的激发极化成因

一般造岩矿物为固体电解质，属离子导体。野外和室内观测资料表明，不含电子导体的一般岩石，也能产生明显的激电效应。关于离子导体的激发极化机理，所提出的假说和争论均较电子导体的多，但大多认为岩石的激电效应与岩石颗粒和周围溶液界面上的双电层结构有关[图1-3-3(a)]。主要假说都是基于岩石颗粒-溶液界面上双电层分散结构和分散区内存在可以沿界面移动的阳离子这一特点提出来的。其有代表性的假说是双电层形变说。现简述如下：在外电流作用下，岩石颗粒表面双电层分散区之阳离子发生位移，形成双电层形变[图1-3-3(b)]；当外电流断开后，堆积的离子放电，恢复平衡状态[图1-3-3(c)]，从而可以观测到激发极化电场。

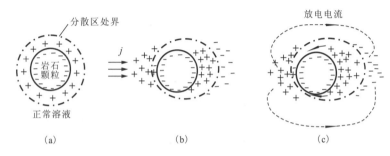

图1-3-3 岩石颗粒表面双电层形变引起的激电效应
(a)供电前的均匀双电层；(b)供电时的极化现象；(c)断电后的放电现象

双电层形变形成激发极化的速度和放电的快慢，决定于离子沿颗粒表面移动的速度和路径的长短，因而较大的岩石颗粒将有较大的时间系数(即充电和放电时间长)，这是用激电法寻找地下含水层的物性基础。

(三)岩石和矿石的激发极化特征

1. 时间特征

在激发极化法的理论和实践中，为使问题简化，将岩石、矿石的激发极化分为理想的两类。第一类是"面极化"，其特点是激发极化均发生在极化体与围岩溶液的界面上，如致密的金属矿或石墨矿属于此类。第二类是"体极化"，其特点是极化单元(指微小的金属矿物、石墨或岩石颗粒)呈体分布于整个极化体内，如浸染状金属矿石和矿化、石墨化岩石以及离子导电岩石均属这一类。

应该指出，面极化和体极化的差别只具有相对意义。严格来说，所有激发极化都是面极化的，因为从微观来看，体极化中每一个极化单元的激发极化也都是发生在颗粒与其周围溶液的界面上。然而，实践中应用激电法都是宏观地研究矿体、矿带或地层等大极化体的激电效应。

2. 频率特征

激电效应也可在交变电场激发下，根据电场随频率的变化(频率特性)观测到激电效应(即频率域激电法)。当保持交变电流的幅值 I_r^* 不变,而逐渐改变频率 f 时,人们发现电位差 $\Delta \tilde{U}$ 将随之而变。这种在超低频段上($f=n\times10^{-2}\sim n\times10^2$ Hz)电场随频率变化的现象,与介电极化和电磁耦合效应无关,而是岩石、矿石激发极化的结果。

交变电流场中的激电效应以总场(或交流电阻率)的频率特性为标志,并且与稳定电流场中激电效应的时间特性有对应关系,故可仿照直流激电特性参数——极化率的表达式,定义下列参数以描述交流激电特性:

$$P(f_D, f_G) = \frac{\Delta U_{f_D} - \Delta U_{f_G}}{\Delta U_{f_D}} \tag{1-3-1}$$

式中:ΔU_{f_D} 和 ΔU_{f_G} 分别为在两个频率(低频 f_D 和高频 f_G)时测得的总场电位差幅值。参数 $P(f_D, f_G)$ 为电场幅值在该两频率间的相对变化,称为频散率。

三、表征岩石和矿石介电极化的参数

在利用交变电场进行电法勘探的情况下,岩石、矿石的电性除显示出与电阻率有关的传导电流外,还显示出与岩石、矿石介电常数 ε 有关的"位移电流"。

绝大多数造岩矿物的相对介电常数 ε_r 均很小,且变化范围不大(4~12),金属矿物一般具有较大的 ε_r(10~$n\times10$)。纯水的 ε_r 最大,其值达80。见表1-3-3。对于广泛分布的岩石,尤其是沉积岩,影响介电常数的主要因素是其含水性,且水分子的张弛极化是介电极化的重要原因。只是对于坚固和干燥的岩石,矿物成分才成为影响介电常数值的重要因素。

表1-3-3　20℃条件下岩石、矿石的相对介电常数

矿物	ε_r	岩石	ε_r
石英	4.2~5.5	火成岩	7~15
长石	4~10	变质岩	5~12
云母	5~8	沉积岩	—
氯化物	5~6	石灰岩	8~12
硫化物	8~17	砂岩	5~11
石油	10~30	砂	3~25
水	80	泥岩	4~30

频率范围:10~10^7 Hz。

火成岩的相对介电常数 ε_r 变化范围为7~15。在超基性岩石和基性岩石中其值相对偏高,而在酸性岩石中其值较低。变质岩的 ε_r 在5~12范围内变化,而沉积岩的 ε_r 变化范围较宽(3~40)。

四、岩石和矿石的导磁性

磁导率是电磁感应法中利用的另一重要特性参数,它表征物质在磁化作用下集中磁力线的性质。

除极少数铁磁性矿物(磁铁矿、磁黄铁矿和钛铁矿)外,其他矿物的磁导率 μ 皆与 μ_0 值相差很小。只当岩石或矿石中含有大量铁磁性矿物时,其相对磁导率 μ_r 才明显大于1。

由于大多数岩(矿)石的相对磁导率值接近于1,而铁磁性岩(矿)石的剩余磁性在观测交变电磁场时无影响,故在电磁法中,可以利用岩(矿)石导磁性的差异来寻找磁性铁矿或评价磁法异常。这种方法所受干扰比按导电性找矿时所受干扰小得多。

第四节 岩石层的地震波速度

地震波的速度是地震勘探中最重要的参数。它将波传播的时间和空间联系起来,用以研究地下地质构造形态。不仅如此,地震波的速度在地震勘探的各个阶段均起着重要作用。在地震资料处理和解释过程中,速度资料始终是许多环节的重要参数。例如,水平叠加、偏移叠加、时深转换、制作剖面图和构造图,层位的构造解释和岩性解释等都离不开速度参数。

一、地震波在岩层中的传播速度

实际岩层不是由同一种岩石组成,沉积岩也有不同的沉积环境和年代,导致岩石的密度、孔隙度及充填物有很大变化。因此,各类岩石的速度值都在一定范围内变化,表1-4-1是几种主要岩石的波速值。

表1-4-1 各类岩石的波速

岩石类型	地震波速度 $v_p/\text{m} \cdot \text{s}^{-1}$
沉积岩	1 500~6 000
花岗岩	4 500~6 500
玄武岩	4 500~8 000
变质岩	3 500~6 500

由表1-4-1可见,火成岩速度大于变质岩和沉积岩速度,且速度变化范围小些。变质岩速度变化范围较大。沉积岩速度较小,但因其结构复杂,影响因素众多,速度的变化范围最大。根据大量的资料统计,各种沉积岩的速度由表1-4-2给出。

表1-4-2 各种沉积岩的波速

岩石成分	地震波速度 $v_p/\text{m} \cdot \text{s}^{-1}$
砾岩、碎石、干砂	200~800
砂质黏土	300~900
湿砂	600~800
黏土	1 200~2 500
疏松岩石	1 500~2 500
致密岩石	1 800~4 000
白垩	1 800~3 500

续表 1-4-2

岩石成分	地震波速度 $v_p/\text{m} \cdot \text{s}^{-1}$
泥质页岩	2 700～4 100
石灰岩、致密白云岩	2 500～6 000
石膏、无水石膏	3 500～4 500
泥灰岩	2 000～3 500
冰	3 100～3 600
岩盐	4 200～5 500

二、影响速度的主要因素

影响波速的基本因素是岩石的孔隙度。一切固体岩石都是由矿物颗粒构成的岩石骨架和充填有各种气体或液体的孔隙组成,波在孔隙的气体或液体中传播的速度要低于在岩石骨架中的传播速度。孔隙度增大时,岩石密度变小,速度也要降低。

岩石中的波速还与岩石的生成时代和埋藏深度有关。埋藏深、时代老的岩石要比埋藏浅、时代新的岩石速度大。

值得指出的是,地表附近岩石受风化作用而变得疏松,波在其中的传播速度很低,一般为 $400 \sim 1\,000\,\text{m} \cdot \text{s}^{-1}$,这种地带称为低速带。地震波穿过低速带将使其旅行时间增大,消除低速带的影响是处理地震资料必不可少的环节。

第五节 各类矿床的地球物理特征

一、外生矿床成矿模式与地球物理特征

外生矿床的地质-地球物理模型取决于风化壳的特征。风化壳的厚度可由几米至30m,在破碎带内可达150m以上。风化壳的上部接口通常是冲蚀接口,或者比较平坦,或者呈波浪状,而风化壳底部通常是很不平坦,往往具有囊状深坑和凹陷。在裂隙岩石和不太稳定的原生岩中,风化作用强烈,也会产生很深的凹陷。

风化矿床的地质断面按物理性质可分成密度、磁化率和电阻率不同的3个基本层位。断面的底层一般由高电阻率、磁性分异良好的致密火成岩和变质岩组成。这些岩层上面常覆盖着低电阻和无磁性的海相沉积层,两层之间埋藏有物性分布具有垂直分带性的风化壳。

原生砂矿床或含矿地层由于地质营力作用破坏,外力搬运、分选、沉积,在一定条件下富集成有经济价值的砂矿床。原生矿床的规模越大,含矿岩石的出露面积越大,提供的成矿物质也越多,形成砂矿的可能性也越大。如金刚石、金、铂、钛矿物、钛铁矿和金红石、黑钨矿和钨锰矿、锡石、独居石、钽-铌酸盐类、铬尖晶石、重晶石、锆石及其他重矿物——钛铁矿、金红石、水晶、刚玉等都可以形成砂矿床。

所有砂矿床的地质-地球物理模型由两个基本层位组成:含矿层(或砂层)与含矿层下面的

基岩。砂矿区主要由第四纪或古代疏松沉积物与基岩两大类物质组成。由于疏松沉积物在物质成分、结构构造、岩性、含水性、地质年代和经历都与基岩不同,因此疏松层与基岩在电阻率、极化率、地震波速、磁性与密度等物理性质方面存在有较明显的差异。

锰矿石的主要储量和大型低品位铁矿床都与铁和锰的沉积矿床有关。含铜砂岩和有铅锌矿化的含铜页岩矿床都是沉积成因的。此外大多数铝土矿床,非金属矿床中的磷灰岩、硫矿物盐、石膏、重晶石、高岭土、耐火黏土、硅藻土、石灰岩、许多建筑材料矿床都属于沉积矿床和火山沉积矿床。

这类矿床的特点是矿层在断面中占有一定的地层层位,形状以层状或透镜状为主,所以地球物理方法主要用于查明具有某种矿产聚集的有利条件的构造和岩性-地层标志。地台型盖层和基底岩石之间的物性差异最大。例如,基底岩石的有效剩余密度平均为 $0.4\mathrm{g \cdot cm^{-3}}$,电阻率比沉积盖层高 2~3 个数量级,后者的电阻率不超过几至几十欧姆·米。沉积岩的特征是弹性波传播速度低($1.4\sim2.2\mathrm{km \cdot s^{-1}}$)和磁化率不高。弹性波在基底岩石中的传播速度相当大,可能达到 $5.6\sim6.7\mathrm{km \cdot s^{-1}}$,磁化率等于 $(0.03\sim0.3)\mathrm{SI}(\kappa)$。磷灰石矿床有地台型与地槽型两类。由于沉积岩中磷、铀和钍的共生关系,含磷灰石地层有较高的放射性。磷灰石的放射性为 $1.8\sim3.6\mathrm{Bq \cdot kg^{-1}}$,而围岩往往不超过 $0.7\mathrm{Bq \cdot kg^{-1}}$。

沉积硫矿床产于断裂交叉带、平缓的短轴背斜和基底的凸起中。硫的积聚与含有石膏-硬石膏的石灰岩、泥灰岩和白云岩有关。而石膏-硬石膏沉积具有高阻率和高密度。因此可以用它来作电性基准层。

实例:滇南某盐矿。盐矿产于上白垩统,其密度比下伏侏罗纪、白垩纪地层密度低($0.42\sim0.52\mathrm{g \cdot cm^{-3}}$)。勐野井区布格重力异常幅度为 $-70\mathrm{g.u.}$;近等轴状重力低,北侧重力梯度大,推测北侧含盐盆地陡,异常外围向西南、东南方向突出,反映矿体由中心向四周变薄。为了研究盐矿的边界,突出盐岩异常,作了 g_{zz} 异常计算,结果发现异常等值线与实际矿体边界基本一致(图 1-5-1、图 1-5-2)。

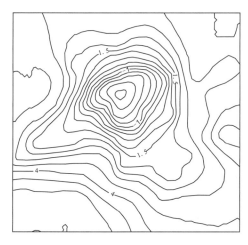

图 1-5-1 盐矿区布格重力异常图

(重力异常以 10g.u. 为单位;据云南物探队资料,吕梓龄整理,1965)

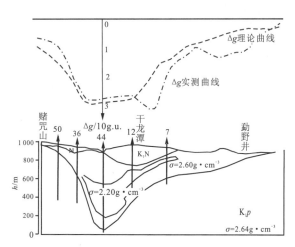

图 1-5-2 穿过盐矿区某剖面布格重力异常的解释结果

(据云南物探队资料,吕梓龄整理,1965)

实例:贵州某金矿综合信息剖析。金矿床属微细粒浸染型,受上、下二叠统间区域滑脱面及高角度断层控制。矿体产于茅口组灰岩侵蚀面之上,底部的硅化灰岩角砾岩及黏土岩角砾岩中。矿区均分布在布格重力异常南北向梯级带上出现等值线弯曲变异部位;航磁异常呈平缓变化的相对磁力低向磁力高过渡的边缘(图1-5-3～图1-5-5)。

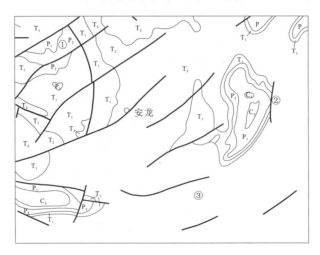

图1-5-3 贵州某金矿地质图

符号同地质时代符号,①②③是大型和中型金矿位置;据孙文珂资料,1999

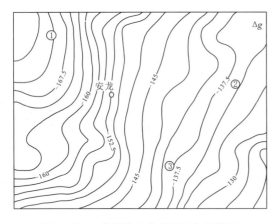

图1-5-4 贵州某金矿布格重力异常图
（单位:10^{-5}m·s^{-2}）
①②③是大型和中型金矿位置;据孙文珂资料,1999

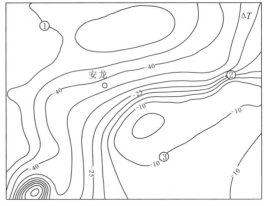

图1-5-5 贵州某金矿航磁异常图
（单位:nT）
①②③是大型和中型金矿位置;据孙文珂资料,1999

二、内生矿床成矿模式与地球物理特征

内生矿床一般均与岩浆岩体及其热液活动有关,主要可分为分异侵入型、未分异侵入型、伟晶岩-云英岩型、矽卡岩型、碳酸盐岩型、裂隙交代细脉与网脉型6种类型,这些矿床包括镍矿、钛磁铁矿、某些铬铁矿、铂矿以及磷灰石-霞石和稀土-含铌的矿床

(1)分异侵入型矿床。含矿侵入体一般呈扁平的岩盆状、岩盘状以及岩床状。矿床往往产

于侵入体内的顶板和底部附近,仅个别位于侵入体范围以外。侵入体在物性(磁化率、密度、导电性、地震波速)方面差异相当大,并具有明显的产状要素。

(2)未分异侵入型矿床。金伯利岩体具有筒状、岩墙状和脉状。在大多数情况下金伯利岩的岩墙和岩脉含金刚石很贫,或者根本不含金刚石。呈漏斗状、具有等轴状横截面(面积达10 000m²,少数达数十万平方米)的垂直和倾斜岩体称为金伯利岩筒。在苏联,围岩是下古生界黏土质-碳酸盐类岩层,而在非洲是各种不同成分的岩石,其中包括花岗岩。金伯利岩体可能被不厚(达20m)的疏松沉积覆盖,或者被厚(由数十到数百米)的中生界-新生界或暗色生成物盖层所覆盖。

金伯利岩筒和围岩的磁性差异最大。金伯利岩体的磁化率取决于磁铁矿和钛磁铁矿的含量,达$10 000×10^{-5}$ SI(κ)以上,平均为$(300～2 000)×10^{-5}$ SI(κ)。剩余磁化强度值M_r不大,而比值M_r/M_i(M_r为剩余磁化强度,M_i为感应磁化强度)平均为0.5～1.0。金伯利岩的围岩和上覆沉积层实际上无磁性。上覆暗色岩层的特征是磁性变化范围很宽,由强磁性到实际上无磁性。金伯利岩和围岩的密度差异很小。在某些情况下,金伯利岩具有不大的负剩余密度$(0.1～0.2g·cm^{-3})$。相对于金伯利岩和围岩,只有暗色岩层具有稳定的正剩余密度$(0.5～0.7g·cm^{-3})$。

金伯利岩、沉积盖层和暗色岩层的电阻率差异不大,在一些地区,受气候影响在很大程度上因为有冻结和融解岩石带存在而复杂化。于是,最有利的普查对象是被厚度不大的疏松沉积覆盖的金伯利岩筒,而最复杂的则是产于暗色岩岩层下的岩筒。

(3)伟晶岩-云英岩型矿床。伟晶岩矿床是陶瓷原料(长石)、白云母、锂、铯、钽矿和绿柱石、压电石英和光电萤石以及刚玉的来源。伟晶岩一般在成因上和空间上与原生侵入体有密切关系。伟晶岩带产于不同时代构造的衔接处、地台的褶皱边缘、古老的构造带上,延伸数十和数百千米。稀有金属伟晶岩带一般在成因上与黑云母花岗岩体有关。伟晶岩有较高的电阻率、压电效应和放射性。

(4)矽卡岩型矿床。矽卡岩型矿床主要有铁、钨、钼钨、铜、铅锌和含铜多金属的矿床。金矿床及其他类型的矿床与矽卡岩的关系较小。矽卡岩体的形状有透镜体、似层状体、等轴状和柱状体、脉状体。矽卡岩与围岩在磁性与放射性方面差异明显。矽卡岩具较强的磁场和放射性场,而且波速最低。根据电性和密度特征也能加以确定,但是金属元素的含量高总是使矽卡岩的电阻率降低。

(5)碳酸盐岩型矿床。这种矿床是有工业品位的铌、钽、稀土、锆和锶,以及磁铁矿、磷灰石、蛭石和用于水泥工业的碳酸盐原料的来源。

碳酸岩矿床在成因上与超基性—碱性岩岩体有关,岩体在平面上呈等轴状,面积达$50km^2$以上。碳酸岩矿具有较高的Nb_2O_5含量。矿体通常产于侵入体的内部,在平面上为等轴状,面积由数百平方米到$15km^2$。超基性—碱性岩体和碳酸岩由于磁铁矿含量大于围岩而呈现出高磁化率特征。而碳酸岩具有铀钍性质的高放射性。

(6)裂隙交代细脉与网脉型矿床。绿岩带岩石的特征是高密度$(2.8～2.9g·cm^{-3})$和高磁化率$[达2 000×10^{-5}$ SI(κ)$]$。矿床产于构造破碎带的背斜顶部,或者产于岩石角砾化带。围岩的特征是热液变质,呈石英化、绢云母化、碳酸盐化和黄铁矿化等形式。这种岩石组合的密度随着时代的增长而由中、上古生界岩层的$2.65g·cm^{-3}$增大到下古生界沉积的$2.7g·cm^{-3}$和寒武系沉积的$2.8g·cm^{-3}$。

锡矿床产于花岗岩类侵入体和区域深断裂呈羽状分布的次级断裂带内。含锡花岗岩类岩体本身无磁性或呈弱磁性；但是，沿外接触带往往出现由角岩化岩石磁黄铁矿化所引起的弧形磁异常。断裂构造往往造成线状磁异常，主要也是由于其中含有磁黄铁矿。

实例：山东某金刚石矿。 山东某金刚石矿床属金伯利岩（角砾岩）型，分别产于某金伯利岩带的岩脉和岩管中（图1-5-6～图1-5-8）。矿区主要有元古宙二长花岗岩，断裂以北西向为主。金伯利岩的岩性主要为凝灰质金伯利岩（角砾岩），围岩主要是二长花岗岩。矿区①分布在布格重力异常北西向梯度级带范围内局部正异常之北侧，矿区②在北西西向带状局部重力高中

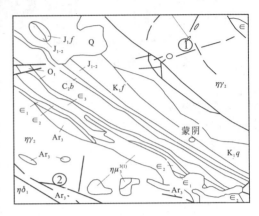

图1-5-6　山东某金刚石矿地质图
（图中符号同区调图例；图中①②为大、中型金刚石矿床；据孙文珂资料，1999）

等值线膨胀部位；矿区①在航磁局部负异常向正异常过渡边部梯级带上，矿区②在弱负场中相对正异常边部；化探有Cr、Ni、Nb、La、P等元素异常显示，且与矿区对应较好；遥感解译显示线性构造比较发育，北西向、北东向线性构造与北北东向线性构造相交汇部位出现矿床。此矿区金伯利岩规模小，在小比例尺的航磁图上看不到与金伯利岩对应的磁异常。

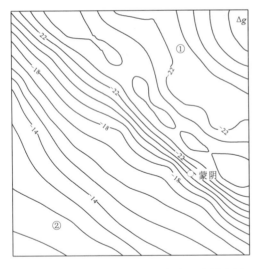

图1-5-7　山东某金刚石矿布格重力异常图
（单位：10^{-5} m·s^{-2}；据孙文珂资料，1999）

图1-5-8　山东某金刚石矿航磁异常图
（单位：nT；据孙文珂资料，1999）

实例：某热液交代型铜矿。 某热液交代型铜矿以黄铜矿、闪锌矿、黄铁矿为主，多呈星散状或细脉状。硅化程度较高时，矿化较好，故矿体一般对应于高极化率和高电阻率。图中在η_s异常较高处布置的ZK1孔见到了多层矿体。以后又沿矿带倾斜方向布置了3个钻孔，均打到多层厚矿体，有的孔内见矿总厚度达46m（见第四章第三节图4-3-12）。

实例：西藏某铬铁矿。 西藏某超基性岩体位于藏北地块南缘，侵入于泥盆系结晶灰岩和板岩

中,上覆侏罗系砂岩、砾岩。铬铁矿产于东巧岩体内,与围岩界线清楚,密度差达1.5g·cm⁻³。17号矿体西段已出露地表,重力异常最大值为6g.u.,向东形态变宽展,推断东段埋藏较深。钻探结果在ZK106、ZK108、ZK110、ZK111这4个孔连续见矿,矿体埋深25~60m,视厚度28~40m。

三、变质矿床成矿模型与地球物理特征

通过变质作用产生的矿床包括世界上的最大型铁矿床、大型锰矿床、钛矿床。在非金属矿产中,变质成因的矿床有石墨、蓝晶石、矽线石、金云母、刚玉,压电石英矿床,大理石、石英岩等许多矿床等。

在大多数情况下,铁矿床的分布受褶皱构造的控制,并有明显较高的磁场和重力场。例如,含铁石英岩的磁化率由3×10^{-3}~8×10^{-2}SI(κ),密度由3.1g·cm⁻³~3.8g·cm⁻³,而围岩实际上无磁性,其密度也低得多(2.7~2.9g·cm⁻³)。

实例:冀东某沉积变质铁矿。图1-5-9为冀东某地前震旦纪沉积变质铁矿区南部的重磁异常平面图。1973年第一个钻孔(ZK1)证实,该异常是由沉积变质铁矿所引起的,并发现了次生风化淋滤型富铁矿的迹象。此后,对物探工作提出的地质任务是:对异常做出远景评价;进一步提供矿体的空间分布情况,以指导钻探工作;希望找到次生淋滤富铁矿,并指出富矿的有利部位。

本区的原生磁铁矿(黑矿)和次生赤铁矿(红矿)的密度都在3.2g·cm⁻³以上,围岩(混合花岗岩等)的密度均在2.7g·cm⁻³以下;黑矿磁性很强,红矿和围岩都为弱磁性或无磁性的。

由图1-5-9可见,存在东、西两个磁异常,分别称为Ⅰ、Ⅱ号磁异常,Ⅰ、Ⅱ号异常的等值线都是近南北向的,两磁异常间的等值线发生局部畸变,称为Ⅲ号磁异常,3个磁异常相互叠加使它们各自面目不清。在磁异常的范围内,仅有一个重力异常,在重力高的东南部等值线有向外突的趋势,区域场自东南向北西逐渐增高。为区分叠加异常,对磁异常向下延拓了400m,其结果如图1-5-10所示。对重力异常用圆周法进行了区域场和局部场的划分,并用艾尔金斯公式计算了重力异常的垂直二阶导数g_{zz},如图1-5-11所示。

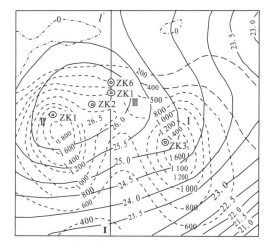

图1-5-9 冀东某地的Δg和Za平面图
实线为Δg等值线(单位:10g.u.);虚线为Za等值线
(单位:nT)

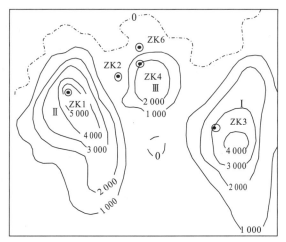

图1-5-10 冀东某地Za向下延拓400m的平面图
(单位:nT)

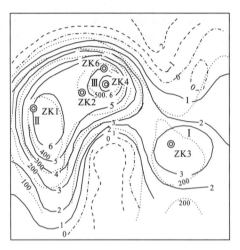

图 1-5-11 冀东某地的局部重力异常和 g_{zz} 平面图
实线为局部重力异常等值线（圆周平均法，半径 $r=800\mathrm{m}$，单位：10g.u.）；
点线为 g_{zz} 等值线（艾尔金斯公式，半径 $r=300\mathrm{m}$，单位：0.1pMKS）

由图 1-5-10 可见，Ⅰ、Ⅱ号磁异常已明显分离且形态清晰；Ⅲ号磁异常明显存在且异常值大于 2 000nT。由图 1-5-11 可知，存在 3 个局部重力异常且与 3 个磁异常的形态、位置大体一致。Ⅲ号磁异常值较Ⅰ、Ⅱ号的小，而Ⅲ号重力异常值较Ⅰ、Ⅱ号的大。推断 3 个异常可能由 3 个矿体引起，其中Ⅲ号异常可能由强磁异常、高密度的黑矿和高密度弱磁性的红矿共同引起。

练习与思考题

1. 举例说明为什么必须用综合方法勘探矿产。
2. 简述外生矿床的地球物理特征。
3. 简述内生矿床的地球物理特征。
4. 简述变质矿床的地球物理特征。
5. 简述岩矿石的密度特征及影响岩矿石密度的因素。
6. 简述岩矿石的磁性特征及影响岩矿石磁性的因素。
7. 简述岩矿石的电性特征及影响岩矿石电性的因素。
8. 简述岩石与地层的波速特征及影响岩石与地层波速的因素。
9. 岩石的密度与弹性波速度有什么关系？这种关系对于综合地球物理勘探有何意义？
10. 一块岩石标本（火成岩）分别在海口、武汉、哈尔滨测量磁性，结果有何不同？为什么？

发展趋势

岩矿石地球物理性质的研究主要在两个方面:第一是岩矿石物理性质的测定更趋于精细化,如建立岩石物理性质实验室,模拟研究地下不同温度压力下岩石波速、电性、磁性的变化,仪器设备也更完善与精确;第二是通过获得的岩石物性参数建立地质地球物理模型,并把这一模型用于资料处理解释阶段。

进一步阅读书目

特尔福德 W M. 应用地球物理学[M]. 吴荣祥译. 北京:地质出版社,1982.

吴功建,林清媛,高锐. 地球物理方法及在地质和找矿中的应用[M]. 北京:地质出版社,1988.

谢苗诺夫 A C,等. 电法勘探文集[M]. 北京:地质出版社,1958.

Keller G V, Frischnecht F C. Electrical Methods in Geophysical Prospecting[M]. Oxford: Pegamon Press,1966.

Pelton W H, Ward S H, Hallof P G, et al. Mineral discrimination and removal of inductive coupling with multifrequency IP[J]. Geophysics,1978,43:588-609.

第二章　重力勘探

第一节　重力勘探的理论基础

一、重力场与重力位

地球上任何物体都要受到重力作用,物体的重量和自由落体运动都是重力作用的表现。

地面上一切物体都要受到两种力的作用:其一是地球的全部质量对物体的引力 F;其二是物体在自转的地球上受到的惯性离心力 C,重力 P 就是它们的矢量和(图2-1-1)。

地球对物体的引力遵从万有引力定律。按照这个定律,质量分别为 m_1 和 m_2 的两个质点间的引力 F,与它们质量的乘积成正比,与它们之间的距离 r 的平方成反比,其模量为

$$F = G\frac{m_1 m_2}{r^2} \quad (2-1-1)$$

式中:G 为万有引力常量,在 SI 制(国际单位制)中,$G = 6.67 \times 10^{-11} \, \text{m}^3/(\text{kg} \cdot \text{s}^2)$。$F$ 的方向沿着两质点的连线,单位为牛(N)。

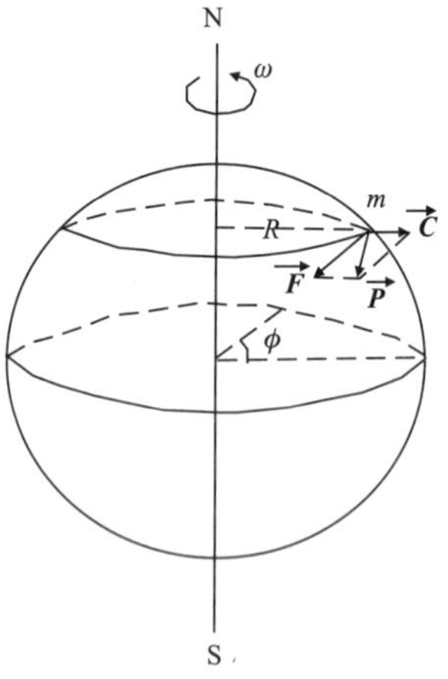

地球对某一质点的引力,就是地球内所有质点对该质点引力的合成。如果知道地球的形状、大小和密度分布,原则上可以通过积分算出这个合力,它的方向近似地指向地心。

质量为 m 的质点在自转的地球上要受到惯性离心力 C 的作用,C 的大小与地球自转角速度 ω 的平方和该质点到自转轴的距离 R 成正比,其模量为

$$C = m\omega^2 R \quad (2-1-2)$$

图 2-1-1　重力的组成
(φ 为纬度角,C 的长度夸大了近百倍)

C 的方向垂直于地球自转轴,并沿着 R 指向球外。显然,惯性离心力是由赤道向两极逐渐减小的。

事实上,惯性离心力是相当小的,其最大值也仅为平均重力值的0.3%,因此重力基本上是由地球的引力确定,其方向大致指向地心。

地球周围具有重力作用的空间称为重力场。根据牛顿第二定律,作用于质量为 m_0 的质点上的重力 P 的模值可表示为

$$P = m_0 g$$

式中:g 为重力加速度。显然:

$$g = P/m_0 \qquad (2-1-3)$$

式(2-1-3)左端表示单位质量所受的重力,即重力场强度。由此可见,空间某点的重力场强度,无论在数值或量纲上都等于该点的重力加速度,且二者的方向也一致。为叙述方便,今后如无特殊说明,我们提到的重力即指重力加速度或重力场强度。

SI 制中重力的单位为 $m \cdot s^{-2}$,常用 $10^{-5} m \cdot s^{-2}$ 表示。它的百万分之一称为一个重力单位(gravity unit),简写为 g.u.,即

$$1 \text{g.u.} = 10^{-6} m \cdot s^{-2}$$

在 CGS 制(厘米·克·秒制)中,重力的单位为 Gal(伽),它的千分之一为 mGal(毫伽),百万分之一称为 μGal(微伽),即

$$1\text{Gal} = 10^3 \text{mGal} = 10^6 \mu\text{Gal} = 1 cm \cdot s^{-2}$$

两种单位的换算关系为

$$1 \text{g.u.} = 10^{-1} \text{mGal}$$

从场力做功的观点出发,重力场的特征还可以用重力位来表示,重力场中某点的重力位 W 等于单位质量的质点由无穷远移至该点时场力所做的功。

二、地球的重力场

地球的重力场可分为正常重力场、重力场随时间的变化及重力异常三部分。

1. 正常重力场

地球的形状实际上并不规则,为便于计算正常重力值,我们选择一个内部物质呈均匀同心层分布,且与大地水准面偏差最小的旋转椭球体作为地球的形状,这个椭球体称为参考椭球体。其赤道半径约 6 378.160km,两极半径约 6 356.755km。

我国采用计算正常重力值的公式为 1909 年的赫尔默特公式:

$$g_\varphi = 9\,780\,300(1 + 0.005\,302 \sin^2\varphi - 0.000\,007 \sin^2 2\varphi)(\text{g.u.}) \qquad (2-1-4)$$

式中:φ 为地理纬度角。式(2-1-4)表明,地球的正常重力是由赤道向两极逐渐增加的。赤道处为 9 780 300 g.u.,两极处为 9 832 155 g.u.,相差 51 855 g.u.。

2. 重力场随时间的变化

重力场随时间的变化包括长期变化和短期变化两类。

长期变化主要与地壳内部的物质变动,如岩浆活动、构造运动、板块运动等有关。重力的长期变化是地球物理研究的重要内容。

短期变化是指重力的日变,它与太阳、月亮和地球之间的相互位置有关。由于地球的自转,地表各点与日、月的相对位置不断发生变化,使得日、月对这些点的引力也不断改变,从而造成了重力的变化。地球并非刚体,引力的变化除形成海潮外,还引起地球固体部分周期性的变形,这种变形称为"固体潮"。固体潮可引起大地水准面的位移,从而造成重力的变化。日变即是这两种重力变化的总效应。图 2-1-2 是北京地区的一条日变曲线。重力日变的幅度为 2~3 g.u.,这在高精度重力测量中是不可忽略的。

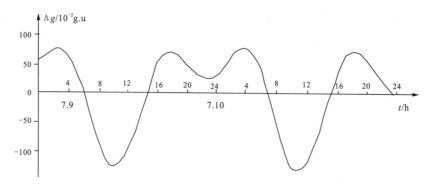

图 2-1-2　1976 年 7 月 9 日至 10 日北京重力日变曲线

3. 重力异常

将地面上某点的重力观测值与该点的正常重力值比较,我们会发现二者之间总是存在一些偏差。造成这些偏差的原因有以下几个方面。

(1)重力观测是在地球自然表面而不是在水准面(大地水准面或人为选定的某一水准面)上进行的,自然表面与水准面间的物质及观测点与水准面间的高差会引起重力的变化。

(2)地壳内部物质并不是呈同心层分布的,地壳内物质密度的不均匀分布,会造成实测值与正常值的差异。

(3)地球内部物质的变动及重力日变也会引起重力场的变化。

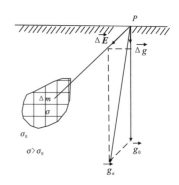

图 2-1-3　重力异常的实质

对于重力勘探而言,第一种因素属于干扰,应予以消除。第三种因素的影响很小,除高精度重力测量外,一般都可以忽略。只有第二种因素引起的重力变化才是我们需要的重力异常。为了说明重力异常的实质,我们举一个简单的实例。如图 2-1-3 所示,设地下有一个体积为 V、密度为 σ 的地质体,围岩的密度为 σ_0,两者的密度差 $\Delta\sigma=\sigma-\sigma_0$ 称为剩余密度,地质体与同体积围岩间的质量差 $\Delta m=\Delta\sigma \cdot V$ 称为剩余质量。当 $\Delta\sigma<0$ 时,$\Delta m<0$;$\Delta\sigma>0$ 时,$\Delta m>0$。图 2-1-3 属于后一种情况,由于质量盈余,就在地面某点 P 产生了一个指向地质体质量中心的附加引力(场强度)ΔE,根据式(2-1-3),该引力的模值为

$$\Delta E=\frac{\Delta F}{m_0}=G\frac{\Delta m}{r^2} \quad (2-1-5)$$

式中:m_0 是置于 P 点处的质点的质量。该附加引力在正常重力方向(铅垂方向)上的投影,即为重力异常。重力异常 Δg 就是剩余质量 Δm 产生的附加引力位 W 在该点沿铅垂方向的偏导数值,即

$$\Delta g=\frac{\partial W}{\partial z} \quad (2-1-6)$$

应当指出,引起重力异常的必要条件是岩层密度必须在横向上有变化,即岩层要有一定的构造形态,或岩层内要有密度不同的地质体赋存。对于一组横向上密度均匀分布的岩层,则无

论它们在纵向上密度变化有多大,也不能引起重力异常。

要获得探测对象产生的重力异常,一般应具备如下条件:

(1)必须有密度不均匀体存在,即探测对象与围岩间要有一定的密度差(图2-1-4),当地质体密度 σ 大于围岩密度 σ_0 时,可观测到重力高;当 σ 小于 σ_0 时,可观测到重力低;当 $\sigma=\sigma_0$ 时,则观测不到重力异常。

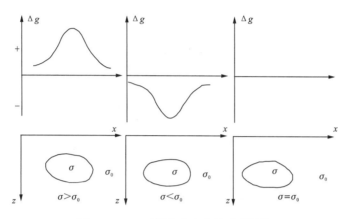

图 2-1-4　不同密度产生的重力异常

(2)仅有密度不均匀体的分布,并不一定能产生重力异常。例如一组水平岩层,虽然各层密度不同,但沿水平方向没有变化,也不能引起重力异常。因此,密度不均匀体还必须沿水平方向密度变化,即要有一定的构造形态,才能引起重力异常。

(3)不仅探测对象与围岩要有一定的密度差,而且剩余质量不能太小。也就是说,探测对象要有一定的规模。例如,在沉积岩地区寻找石油时,尽管沉积岩层间的密度差很小,一般不超过 $0.5 \text{g} \cdot \text{cm}^{-3}$,但由于沉积岩构造规模大,也能产生足够大的重力异常。反之,在寻找金属矿时,虽然金属矿与围岩密度差比较大(可达 $1 \sim 3 \text{ g} \cdot \text{cm}^{-3}$),但如果矿体体积太小,异常微弱,仪器也无法测出。

(4)探测对象不能埋藏过深。例如,中心埋深为100m、剩余质量为 $50 \times 10^4 \text{t}$ 的球形矿体,在球心上方可以产生 $0.335 \times 10^{-5} \text{m} \cdot \text{s}^{-2}$ 的异常。但是,当该球体中心埋深变为 1 000m 时,却只能引起 $0.003\ 4 \times 10^{-5} \text{m} \cdot \text{s}^{-2}$ 的微弱异常,这是仪器不能察觉的。

(5)能否获得探测对象产生的异常,还取决于该异常能否从干扰场中被辨别出来。通常,恶劣的地形、表层密度不均匀、地下岩体的密度变化等,都会严重干扰探测对象产生的有用异常,使我们无法辨认。因此,只有地形不太复杂,围岩密度比较均匀,探测对象与围岩的密度差较大,且其他地质体的干扰场能从实测异常中消除时,重力勘探才能取得较好的地质效果。

第二节 重力仪

一、相对重力测量仪器概述

用于重力勘探工作中的重力仪,都是相对重力测量仪器,即只能测出某两点之间的重力差。由于重力差比重力全值小几个数量级以上,因而要使测量值达±(1～0.01n)g.u.精度,其相对精度就比绝对重力仪小得多了,这样使仪器轻便化、小型化就较易实现,但即便如此,为能准确反映重力极微小的变化,在仪器设计、材料选择、各种干扰的消除等方面仍非易事。

(一)工作原理

一个恒定的质量 m 在重力场内的重量随 g 的变化而变化,如果用另外一种力(弹力、电磁力等)来平衡这种重量或重力矩的变化,则通过对该物体平衡状态的观测,就有可能测量出两点间的重力差值。按物体受力变化而产生位移方式的不同,重力仪可分为平移(或线位移)式和旋转(或角位移)式两大类。日常生活中使用的弹簧秤从原理上说就是一种平移式重力仪。设弹簧的原始长度为 s_0,弹力系数为 k,挂上质量为 m 的物体后其重量为 mg。当由弹簧的形变产生的弹力与重量大小相等(方向相反)时,重物静止在某一平衡位置上,此时有:

$$m \cdot g = k(s - s_0)$$

式中:s 为平衡时弹簧的长度。若将该系统分别置于重力值为 g_1 和 g_2 的两点上,弹簧形变后的长度为 s_1 和 s_2,可类似得到上述两个方程,将它们相减便有:

$$\Delta g = g_2 - g_1 = \frac{k}{m}(s_2 - s_1) = C \cdot \Delta s$$

式中:系数 C 称为格值,因此测得重物的位移量就可以换算出重力差。

将上式全微分后并除以该式,可得到相对误差表达式:

$$\frac{\mathrm{d}\Delta g}{\Delta g} = \frac{\mathrm{d}C}{C} + \frac{\mathrm{d}\Delta s}{\Delta s}$$

设 $\Delta g = 1\,000$ g.u.,$\mathrm{d}\Delta g$ 取 0.1 g.u.,则相对误差为 10^{-4},平均地说,对格值与 Δs 测定的相对误差不能超过 0.5×10^{-4},可见要实施起来是相当困难的。

(二)构造上的基本要求

不同类型重力仪尽管结构上差异很大,但任何一台重力仪都有两个最基本的部分:一是静力平衡系统,又叫灵敏系统,用来感受重力的变化,因而是仪器的"心脏";二是测读机构,用来观测平衡系统的微小变化并测量出重力变化。对前者来说,系统必须具备足够高的灵敏度以便能准确地感受到重力的微小变化,对后者来说应有足够大的放大能力以分辨出灵敏系统的微小变化,同时测量重力变化的范围较大,读数与重力变化间的换算简单。

(三)平衡方程式与灵敏度

简化了的旋转式弹性重力仪中灵敏系统如图 2-2-1 所示,1 为带重荷 m 的摆杆(亦称平衡体),它与支杆 3 固结为一体,可绕旋转轴 O 转动,此旋转轴可为一对水平扭丝或水平扭转弹簧。2 称为主弹簧,上端固定,下端与支杆 3 相连。这样,平衡体在重力矩和弹力矩的作用下可在某一位置达到平衡(静止),设 M_g 表示平衡体所受的重力矩,它是重力 g 与平衡体偏离水平位置为 φ 的函数;M_τ 表示平衡体受到的弹力矩,是 φ 的函数。在平衡体静止时,合力矩 M_0 为零,即

$$M_0 = M_g(g,\varphi) + M_\tau(\varphi) = 0 \quad (2-2-1)$$

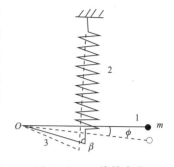

图 2-2-1 旋转式重力仪灵敏系统

这就是重力仪的基本平衡方程式,从该式出发我们来讨论角灵敏度问题。

所谓角灵敏度,是指单位重力变化所能引起平衡体偏角大小的变化。偏角越大,则表示仪器越灵敏,即角灵敏度越大,反之亦然。将式(2-2-1)对 g 和 φ 进行微分得到:

$$\frac{\partial}{\partial g}M_g(g,\varphi)\mathrm{d}g + \frac{\partial}{\partial \varphi}M_g(g,\varphi)\mathrm{d}\varphi + \frac{\partial}{\partial \varphi}M_\tau(\varphi)\mathrm{d}\varphi = 0$$

稍加整理即获得角灵敏度的表达式:

$$\frac{\mathrm{d}\varphi}{\mathrm{d}g} = -\frac{\frac{\partial}{\partial g}M_g(g,\varphi)}{\frac{\partial}{\partial \varphi}M_g(g,\varphi) + \frac{\partial}{\partial \varphi}M_\tau(\varphi)} = -\frac{\frac{\partial}{\partial g}M_g(g,\varphi)}{\frac{\partial}{\partial \varphi}M_0} \quad (2-2-2)$$

因此,从原理上说,提高灵敏度有两个途径:一是加大式(2-2-2)中的分子,这意味着要增大 m 和 l(l 为平衡体质心到转轴 O 的距离),其结果会增加仪器的重量和体积,同时也会使各种干扰因素的影响加大,这是不可取的;二是减少式(2-2-2)中的分母,其物理意义为减小平衡系统的稳定性。根据力学原理,让式(2-2-2)的分母从小于零的方向趋近于零而不等于零,即减小系统的稳定性,但又不使其达到不稳定状态,使灵敏度达到我们所需要的范围。为实现这一要求,可采取加助动装置(亦称敏化)方法、倾斜观测法以及适当布置主弹簧位置等方法。图 2-2-1 中主弹簧连在支杆上的布局,本身就起到了自动助动作用,随着 β 的减小,灵敏度会逐渐增大。

(四)测读机构与零点读数法

由于重力的变化所能引起平衡体偏转角的改变量十分微小,肉眼无法判别。因此,为能观察出这一微小变化,测读机构首先要有一套具有足够放大能力的放大机构,如光学放大、光电放大和电容放大等;其次应有一套测读机构,如测微计数器或自动记录系统等,将平衡体角位移改变量测读出来,以换算出重力变化量。现代重力仪的测读都是采用补偿法进行的,也称零点读数法。其含义是:选平衡体的某一位置作为测量重力变化的起始位置,即零点位置,重力变化后,第一步是通过放大装置观测平衡体对零点位置的偏离情况,第二步是用另外的力去补充重力的变化,即通过测读装置再将平衡体又准确地调回到零点位置,测微器上前后两个读数的变化就反映了重力的变化。采用零点读数法有许多优点,扩大了直接测量范围,减小了仪器的体积,测读精度高,以相同的灵敏度在各点上施测,此外,读数换算也较简单。

(五)影响重力仪精度的因素及消除影响的措施

精度是指实测值逼近真值的程度,它与测量次数有关,更与测量中不可避免的各种干扰因

素造成的误差有关。影响重力仪观测精度的因素很多,如何采取相应措施使这些干扰的影响降到最低水平,是决定重力仪性能或质量的根本保证。

1. 温度影响

温度变化会使重力仪各部件热胀冷缩,使各着力点间的相对位置发生变化;弹簧的弹力系数也是温度的函数。以石英弹簧为例,它的弹性温度系数约为 $120×10^{-6}$,即温度变化 $1℃$,相当于重力(全值)变化了 1 200 g.u.。因此,克服温度变化的影响是提高重力仪精度的重要保证。为此,已采用的措施有:选用受温度变化影响小的的材料作仪器的弹性元件;附加自动温度补偿装置;采用电热恒温(有的仪器必要时加双层恒温),这样使仪器内部温度基本保持不变,此外在野外使用仪器时,应尽量避免阳光直接照射在仪器上,搬运中应使用通风性能好的专用外包装箱等。

2. 气压影响

气压影响主要是使空气密度改变而使平衡体所受的浮力改变,并在仪器内部可能形成微弱的气体流动冲击弹性系统。消除的方法有:将弹性系统置于高真空的封闭容器内;在与平衡体相反方向上(相对旋转轴而言)加一个等体积矩的气压补偿器;条件需要和许可时,应将仪器放入气压仓内检测受气压变化的影响,以便引入相应的气压校正。

3. 电磁力影响

用石英材料制成的摆杆(平衡体),因质量很小无需加固,当它在自由摆动时,会与容器中残存的空气分子相摩擦而产生静电,电荷的不断积累会使仪器读数发生变化。因此,这类仪器常在平衡体附近放一适量的放射性物质,使残存气体游离而导走电荷。对于用金属制成的弹性元件来说,材料中含的铁磁性元素就会对地磁场变化产生响应而改变仪器读数,为此,要将整个弹性系统作消磁处理,外面再加上磁屏以屏蔽磁场;有条件时,应在人工磁场中进行实际测量,以了解仪器受磁场方向、强度变化的影响,必要时引入相应的校正项;在野外工作中,利用指南针定向安放仪器,让摆杆方向总与地磁场垂直。

4. 安置状态不一致的影响

在各测点上安放重力仪时不可能完全一致,因而摆杆与重力的交角就不会一致,从而使测量结果不仅包含有各测点间重力的变化量,还包含了摆杆与重力方向夹角不一致的影响。可以证明,为了使后者的影响降低到最小限度,应取平衡体的质心与水平转轴所构成的平面为水平时的平衡体位置作为重力仪的零点位置。为此,重力仪都装有指示水平的纵、横水准器和相应的调平角螺丝,有的还装有灵敏度更高的电子水准器和自动调节系统。

5. 零点漂移影响

重力仪中的弹性元件,在一个力的长期作用下会产生弹性疲劳和蠕变等现象,使弹性元件随时间的推移而产生极其微小的永久形变(如橡皮筋的老化)。它严重地影响了重力仪的测量精度,带来了几乎不可克服的零点漂移,即仪器的零点位置在随时间变化;或者说,在同一点上排除了其他各种影响后,不同时刻的读数仍会不同,这种漂移量的大小和有无规律与材料的选择及工艺(如事前进行时校处理等)水平密切相关。一台好的重力仪应是零漂小而且尽可能与时间成线性关系,这是在恒温精度提高后衡量仪器好坏的另一个重要指标,为消除这一影响,必须通过性能试验检查其零漂变化情况,确定在重力基点控制下每一测段工作时间长短而专门引入零点校正。

6. 震动的影响

震动对观测精度有影响,例如仪器在运输中受突然性的撞击,甚至取出与放回仪器时不小心碰撞了一下仪器箱边,常常会出现读数的突变(俗称突然掉格);再则,仪器的零漂在动态时要比静态时大且无规律,且动态的零漂随运输方式不同也不尽相同。实践证明,飞机运输比汽车运输影响要小,在同样道路上不同型号的汽车其震动影响也不相同,特别在高精度的重力测量中,震动已是一个关系到测量误差大小非常重要的因素。运输中减震方法可用泡沫海棉垫、软垫、人工小心手提等方式使造成的误差最小。

二、地面重力仪

在弹簧类重力仪中,按制作的材料不同可分为两大类,即石英弹簧重力仪与金属弹簧重力仪,它们都是依据重力矩与弹力矩平衡原理设计的。另一种是超导重力仪,由电磁力来平衡重力,该种仪器精度很高,且几乎没有零漂,但体积与重量均大,只适合于固定台站上使用。

(一)石英弹簧重力仪

石英弹簧重力仪有美国 Texsas 公司生产的沃尔登(Worlden)重力仪,加拿大 Scintrex 公司生产的 CG-2 型和 CG-2G 型重力仪;原国产的 ZSM-V 重力仪(20 世纪 90 年代已停产),它们都属于旋转式重力仪,内部结构大同小异,外形也都似一个较大的热水瓶。1987 年加拿大的 Scintrex 公司推出线位移式的 CG-3、CG-3M 型全自动重力仪。CG-5 自动读数相对重力仪是继 CG-3 之后发展起来的新型重力仪。北京奥地探测仪器有限公司(北京地质仪器厂)生产的 ZSM-6 数字重力仪(图 2-2-2),其性能与 CG-5、LCR、Burris(图 2-2-3)仪器相当,主要技术指标见表 2-2-1。

图 2-2-2 ZSM-6 数字重力仪

(a)

(b)

图 2-2-3 重力仪
(a)CG-5 石英弹簧重力仪;(b)Burris 金属丝弹簧重力仪

表 2-2-1　几种重力仪的主要技术指标

指标	仪器型号		
	Burris	CG-5	ZSM-6
测量范围/g.u.	70 000	80 000	70 000
测量精度/g.u.	0.1	0.1	0.1
读数重复性/g.u.	0.05～0.07	0.5	
零点漂移	3g.u./月	残余长期漂移≤0.2 g.u.·d^{-1}	残余长期漂移≤0.3 g.u.·d^{-1}
体积/cm^3	19.05×30.5×30.5		26×24×35
质量/kg	7.9	8(含2块电池)	≤10

(二)金属弹簧重力仪

LCR重力仪是由美国Lacoste&Romberg Gravity Meters Inc.生产的,它有两种型号:一种是G(Geodetic)型;另一种是D(Microgal)型。前者测程大,适合于全球测量而无需调节测程,后者精度高,但直接测量范围小。

贝尔雷斯(Burris)重力仪是在LCR重力仪基础上,采用最新数字技术,使得仪器具有先进数字性能且易于使用,是一种准确、精确、耐用和快速读数的重力仪。通过UltraGravTM Control电子装置自动操控贝尔雷斯(Burris)重力仪可以达到微伽级精度,它是LCR型号重力仪的升级换代产品。

(1)主要技术指标见表2-2-1。

(2)仪器内部结构如图2-2-4所示,它的弹性元件是用温度系数最小的镍基合金制作,平衡体1的一端与两根很细的水平绕制的减震弹簧2相连,作为它的旋转轴;减震弹簧2的另一端O固定在支架上,如图2-2-5所示。平衡体并非弯折形而仍是直杆,减震弹簧一方面削弱了震动对灵敏系统的影响,另一方面以OO'作为虚轴,使平衡体对转轴的摩擦系数也大为减小。平衡体的前端为一重荷,主弹簧3连接在平衡体的中心处,其上端点连接在杠杆4上,测

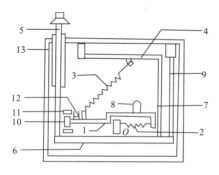

图2-2-4　LCR重力仪弹性系统结构原理图
1.平衡体;2.减震弹簧;3.主弹簧;4.6.水平杠杆;5.测微器;7.9.垂直杠杆;8.气压补偿器;10.重荷;11.电容板;12.指示丝;13.外壳

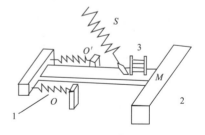

图2-2-5　减震弹簧连接示意图
1.减震弹簧;2.平衡体;3.指示丝

量装置是由测微器 5（包括减速齿轮箱和精密测微螺旋）和其相连的杠杆 4、6、7、9 组成。当重力变化时，平衡体发生偏转，这时可旋转测微器来带动杠杆 6 向上或向下倾斜，通过杠杆 7、9 使杠杆 4 发生偏移，从而带动主弹簧上端点发生位移，使平衡体重新回到水平零点位置。这套杠杆装置具有放大作用，即主弹簧上端点的微小位移可让测微器螺旋有较大的行程，如对 G 型仪器来说，约有 116 倍的放大作用。

从它的弹性系统结构图可知，仪器的工作原理及平衡方程式与前面石英弹簧重力仪类似，这里不另作专门介绍。

(3)测读系统与锁制装置。LCR 重力仪也是采用零点读数法，老式仪器仅有一套光学显微系统，用以观测在平衡体上金属指示丝影响于视场中刻度片上的位置。新型号的仪器还增设了一套电子读数装置，它是利用一个电容传感器把平衡体的位置变化转化为电压幅度的变化。电子读数精度高，且可连续记录，其监视分辨率也比光学系统高，为显示电压输出，仪器面板上装有检流计，可对检流计进行零点和灵敏度调节，使其零点相应于平衡体的零点位置。图 2-2-6 为电容传感器原理图，A 为平衡体重荷，A_1、A_2 为两个金属板，它们和 A 组成两个平行板电容器 C_1 和 C_2，Z_1 和 Z_2 为电桥中两个阻值相同的电阻，V_i 为输入频率稳定的电信号。在重力变化后，重荷 A 有位移，使 $C_1 \neq C_2$，输出端便有信号输出，该信号被送入锁相放大、整流、滤波后送入记录仪中自动记录下来，也可以调节测微器，使检流计的指针归零再读取读数。

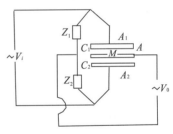

图 2-2-6 电容放大装置

D 型仪器的测读系统与 G 型基本类同，但在平衡体中心附近悬挂一测程弹簧，其上端通过传动装置与测程调节螺丝相连，供调节测程用。

LCR 重力仪的弹性系统，特别是平衡体本身的质量相对来说较大，因此它必须在平衡体被锁制（俗称夹固）的状态下才能搬运，否则会损坏弹性系统甚至整台仪器，这一点对使用者来说极为重要。锁制装置是一个极为精密的机械装置，共采用 6 个限位点和 3 个制动点作限位和制动用，打开和关闭锁制装置都必须动作缓慢均匀。

LCR 重力仪均设置了单层恒温装置，采用高灵敏度的热敏电阻和固定电阻组成热敏电桥。当在恒温温度点时，电桥平衡，无信号输出，这时通过加热电阻丝的电流为零。当低于恒温温度点时，电桥失衡，有信号输出，此时通过加热电阻丝的电流就会相应增加，提供热能以维持仪器内部处于恒温状态，因而通电加温是断续进行的。仪器的恒温温度约 51℃。

第三节　重力勘探工作方法

根据地质任务的不同，重力勘探可分为预查、普查、详查和细测 4 个阶段。预查是在重力勘探空白区进行的大面积小比例尺测量，以便在短期内获得有关大地构造轮廓的资料。普查是在有进一步工作价值的地区开展的调查，用以了解区域构造特征、圈定岩体范围和指示成矿远景区等。详查是在成矿远景区进行的重力测量,通过对异常规律和特点的详细研究,寻找局部构造或岩、矿体。细测是在已发现的构造或成矿有利的岩体上进行的精细测量,目的在于确定地层或岩、矿体的产状特征。

不同阶段的地质目标不同,相应的测量技术及精度要求也不同。测量精度以能反映探测对象引起的最小异常为准则,一般以最小探测对象引起的最大异常的 1/3~1/4 为宜。

比例尺及测网应根据工作任务、探测对象的规模及异常特征而定。测线应垂直(或大致垂直)于探测对象的走向。表 2-3-1 列出了重力勘探常用的比例尺及测网布置要求。比例尺反映的是相邻测线间的距离,至于测点间距离的大小,可在规定的范围内变化。普查时应至少有两条测线,每条测线至少有两个测点通过异常;详查时应有 3~5 条测线,每条测线有 5~10 个测点通过异常;细测的点、线距应能反映异常的细节;预查是沿交通线做的路线测量,要求平面图上每平方厘米有 1~2 个测点。

表 2-3-1 重力勘探工作比例尺、测点间距及测网密度

工作阶段	比例尺	测点间距/m	测网密度/(点·km^{-2})
预查	1∶1 000 000 1∶500 000	7 000~10 000 3 000~5 000	0.01~0.02 0.04~0.1
普查	1∶200 000 1∶100 000	1 500~2 000 500~1 000	0.25~0.5 1~4
详查	1∶50 000 1∶25 000	200~500 100~200	4~25 25~100
细测	1∶10 000 1∶5 000 1∶2 000	50~100 25~50 10~20	100~400 400~1 600 2 500~10 000

在小面积重力测量中,须设立一个作为测区异常起算点的总基点,还要在测区内设立一些基点,以了解读数零点的位移情况,作为仪器零点位移校正的依据。

第四节 重力资料的整理及图示

一、重力资料的整理

野外观测结束以后,应将各测点相对于总基点(或正常重力)的重力差值确定出来。但这些差值还不能算作重力异常,因为其中包括了干扰因素的影响。为此,必须对实测数据进行整理,消除干扰,提取有用信息。地面上任一点的重力值都由 4 种因素决定,它们是该点所在纬

度、周围地形、固体潮及岩(矿)石的密度变化。其中固体潮的影响很小,只有在高精度重力测量时才不能忽略。纬度变化的影响较大,可达 50 000g.u.,约为重力平均值$\bar{g}$(9 800 000g.u.)的 0.5%,地形高差影响次之,可达 1 000g.u.。相对于这两种干扰而言,重力异常是十分微弱的。例如,储油构造的重力异常不超过 100g.u.,仅为$\bar{g}$的 0.001%,金属矿的重力异常更小,不超过 10g.u.。可见要从强干扰中提取如此微弱的异常,高精度地进行各项校正具有十分重要的意义。

消除自然地形引起的重力变化需要进行三项校正,即地形、中间层和高度校正。消除正常重力对测量结果的影响还须进行正常场校正。

(一)地形校正

地形起伏往往使得测点周围的物质不能处于同一水准面内,对实测重力异常造成了严重的干扰,因此必须通过地形校正予以消除。其办法是:除去测点所在水准面(图 2-4-1 中 MN)以上的多余物质,并将水准面以下空缺的部分用物质填补起来。

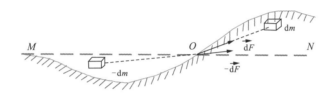

图 2-4-1 地形校正原理

由图 2-4-1 可见,测点 O 所在水准面以上的正地形部分,多余物质产生的引力的垂分量是向上的,引起仪器读数减小。负地形部分相对该水准面缺少一部分物质,空缺物质产生的引力可以认为是负值,其垂直分量也是向上的,使仪器读数减小。可见地形影响恒为负,故其校正值恒为正。

实际工作中,地形校正通常在计算机上进行,根据高程按近、中远区分别计算地形的影响值再进行改正。

(二)中间层校正

经地形校正以后,测点周围的地形变成水准面,但测点所在水准面与大地水准面或基准面(总基点所在的水准面)间还存在着一个水平物质层(图 2-4-2),消除这一物质层的影响就是中间层校正。

中间层可当作一个厚度为 Δh(单位为 m),密度为 σ 的无限大水平均匀物质面。由于地壳内物质每增厚 1m,重力增加约 0.419σ(g.u.),故中间层校正值 $\delta g_{中}$ 为

$$\{\delta g_{中}\}_{g.u.} = -0.419\{\sigma\}_{g \cdot cm^{-3}} \cdot \{\Delta h\}_{m} \tag{2-4-1}$$

当测点高于大地水准面或基准面时,Δh 取正,反之取负。

我国和世界大多数国家都取中间层密度值为 $2.67 g \cdot cm^{-3}$。但实践中发现在某些地区这个值偏大,因此工作中除按全国统一的中间层密度值作异常图外,还可作一些适合本地区实际中间层密度值的异常图,以便使地质解释更趋合理。

经过上述两项校正后,测点与大地水准面或基准面间还存在一高度差 Δh(图 2-4-3),为

消除这个高度差对实测值的影响,必须进行高度校正。

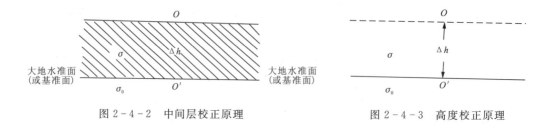

图 2-4-2 中间层校正原理　　　　图 2-4-3 高度校正原理

(三)高度校正

将地球当作密度呈均匀同心层分布的旋转椭球体时,地面每升高 1m 重力减小约 3.086g.u.,所以高度校正值 $\delta g_{高}$ 为

$$\{\delta g_{高}\}_{g.u.} = 3.086\{\Delta h\}_m \qquad (2-4-2)$$

测点高于大地水准面或基准面时,Δh 取正,反之取负。

高度校正和中间层校正都与测点高程 Δh 有关,因此常把这两项合并起来,统称为布格校正,以 $\delta g_{布}$ 表示,则

$$\{\delta g_{布}\}_{g.u.} = (3.086 - 0.419\{\sigma\}_{g\cdot cm^{-3}})\{\Delta h\}_m \qquad (2-4-3)$$

应当指出,上述三项校正都是在将地球作为密度均匀体的条件下导出的。实际上,地表实测重力值总是密度均匀体和造成局部范围密度不均匀的地质体(简称密度不均匀体,如构造、岩、矿体等)的综合影响。上述校正仅消除了起伏地形上各测点与大地水准面或基准面间密度均匀体对实测重力值的影响,并没有消除密度不均匀体的影响。因此,对校正后仅由密度不均匀体引起的异常而言,各测点仍在起伏的自然表面上。

(四)正常场校正

在大面积测量中,各测点的正常场校正值可直接由正常重力公式计算。

小面积重力测量不用上述绝对校正方法,而只作正常场的相对校正(纬度校正)。当测点与总基点不在同一纬度时,测点重力值包括了总基点和测点间的正常重力差值,这时正常场校正值 $\delta g_{正}$ 按下式计算

$$\{\delta g_{正}\}_{g.u.} = -8.14\sin 2\varphi \cdot \{D\}_{km} \qquad (2-4-4)$$

式中:φ 为测区的平均纬度;D 为测点与总基点的纬向(南北向)距离,单位为 km。在北半球,当测点位于总基点以北时,D 为正;反之为负。

二、重力异常图

重力异常等值线平面图与地形等高线的绘制方法类似。图件反映了测区内重力异常的位置、特征、走向及分布范围。若等值线圈闭中心处在重力异常值比周围的大(图 2-4-4 中标有"+"号的圈闭),则这种异常分布称为重力高;反之,若等值线圈

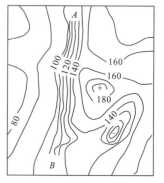

图 2-4-4 重力异常
等值线平面图(单位:g.u.)

闭中处重力异常值比周围的小(图 2-4-4 中标有"－"号的圈闭)，则这种异常分布称为重力低。由一组彼此大致平行，且沿一定方向延伸的密集等值线所表示的异常分布，称为重力梯级带(图 2-4-4 中 A、B 之间的等值线)。

第五节　重力异常的地质-地球物理含义

由于在进行各种重力校正过程中，对地球质量进行了不同程度的调整，因而相应的重力异常具有各自的地质-地球物理含义。图 2-5-1 是按艾里假说的地壳质量分布画出的各种校正及其相应重力异常的意义示意图。这里我们取地壳的平均密度为 $2.67\text{g} \cdot \text{cm}^{-3}$。

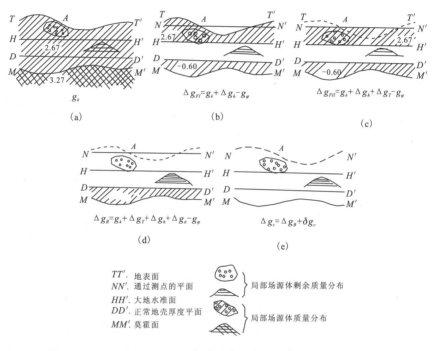

TT'. 地表面
NN'. 通过测点的平面
HH'. 大地水准面
DD'. 正常地壳厚度平面
MM'. 莫霍面

局部场源体剩余质量分布
局部场源体质量分布

图 2-5-1　各种异常的意义示意图

一、自由空间重力异常

图 2-5-1 中(a)表示在地球自然表面上 A 点处进行重力测量，经零点校正后的观测重力值设为 g_k，A 点在大地水准面上投影处的正常重力值为 g_φ。自由空间重力异常就是对观测重力值仅作高度校正和正常场校正，即

$$\Delta g_{FI} = g_k + \Delta g_h - g_\varphi \tag{2-5-1}$$

自由空间异常意义示于图 2-5-1(b)。由于只做了高度校正，而地表面到大地水准面间物质的影响仍然存在，因而相当于把这层物质都"压缩"到大地水准面上，没有改变地球的实际质量；作正常场校正就相当于与密度为正常分布的大地椭球体上正常重力值作比较，因此 Δg_{FI}

反映的是实际地球的形状和质量分布与大地椭球体的偏差。大范围内负的自由空间异常,说明该区域下方物质的相对亏损,反之则有物质的相对盈余。但是 Δg_{FI} 还包含有地形的影响在内,为了去掉这一影响,又提出了经地形校正后的第二种自由空间重力异常[图 2-5-1(c)],即

$$\Delta g_{FII} = g_k + \Delta g_h + \Delta g_T - g_\varphi \qquad (2-5-2)$$

该异常为法耶异常,可见,做地形校正后,已经局部改变了地球的质量分布。

二、布格重力异常

这是勘探部门应用最为广泛的一种重力异常,它是对观测值进行地形校正、布格校正(高度校正与中间层校正)和正常场校正后获得的,即

$$\Delta g_B = g_k + \Delta g_T + \Delta g_h + \Delta g_\sigma - g_\varphi \qquad (2-5-3)$$

图 2-5-1 中的(d)表示了这种异常的意义。经过地形校正和布格校正后,相当于把大地水准面以上多余的物质(正常密度)消去了;做了正常场校正后,就将大地水准面以下按正常密度分布的物质也消失了,因而布格异常是包含了壳内各种偏离正常密度分布的矿体与构造的影响,也包括了地壳下界面起伏而在横向上相对上地幔质量的巨大亏损(山区)或盈余(海洋)的影响,所以布格重力异常除有局部的起伏变化外,从大范围来说,在陆地,特别在山区,是大面积的负值区,山越高,异常负得越大;而在海洋区,则属大面积的正值区。

从使用方面看,布格重力异常又可以分为绝对异常与相对异常。以大地水准面作为比较各测点异常大小的基准面,则观测值 g_k 为绝对重力值(可从已知一个点的绝对重力值用相对测量的办法推算出)。这种绝对布格重力异常常用在中、小比例尺中,以便大面积的拼图和统一进行解释。取总基点所在的水准面作为比较各测点异常值大小的基准面的异常是相对布格重力异常,观测值是相对重力值 Δg_k;布格校正用的高程是测点相对总基点的相对高程,密度用当地地表实测的平均密度值,而正常场校正就用前面介绍的纬度校正代替,所以相对布格重力异常可表示为

$$\Delta g_B = \Delta g_k + \Delta g_T + \Delta g_b - \Delta g_\varphi \qquad (2-5-4)$$

这种异常多用在小面积大比例尺的测量中,以便对局部地区的异常作较深入的分析。

从误差的传播规律综合式(2-5-3)和式(2-5-4)可知,布格重力异常精度 $\varepsilon_{异}$ 与各项校正的精度之间存在如下关系:

$$\varepsilon_{异} = \pm \sqrt{\varepsilon_k^2 + \varepsilon_T^2 + \varepsilon_b^2 + \varepsilon_\varphi^2} \qquad (2-5-5)$$

式中:$\varepsilon_{异}$ 为重力观测的均方误差。

三、均衡理论与均衡异常

(一)均衡理论

如果地形起伏仅仅是多余(或亏损)的物质附加在一个大致均匀的地球表面,则经过布格校正之后,重力异常应当不大,且无系统偏差。但事实并非如此,山区的重力异常往往是负的,大约每升高 1km,异常幅值约增加上千个 g.u.,这表明在高山之下有某种物质的短缺,因而对地形的重力影响产生一种补偿作用。类似的现象也在垂线偏差的观测中看到,1854 年,英国人普拉特在喜马拉雅山附近,根据地形的计算,估计垂线应有 28″的偏差,但实际只有 5″,这也说明地下物质的变化起了某种补偿作用,部分抵消了高山的影响。

为解释这种现象,普拉特在1855年提出一个假设。他认为地下从某一深度算起(称补偿深度),以下物质的密度是均匀的;以上的物质,则相同界面的柱体保持相同的总质量,因此地形越高,密度越小,即在垂直方向是均匀膨胀的,如图2-5-2所示。同一年,另外一个英国人艾里提出另一种假设,它认为可把地壳视为较轻的均质岩石柱体,漂浮在较重的均质岩浆之上,处于静力平衡状态,如图2-5-3所示。根据阿基米德浮力原理可知,山越高则陷入岩浆越深而形成山根,而海越深则缺失的质量越多,岩浆向上突出也越高,形成反山根。

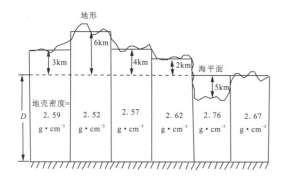

图2-5-2 普拉特地壳均衡模型　　　图2-5-3 艾里地壳均衡模型

以上两种模式都引出同样一个概念:从地下某一深度起,相同截面所承载的质量趋于相等,这个概念叫地壳均衡。据此,地面上大面积的地形起伏,必然在地下有所补偿。普拉特的模式是将地形所增减的质量均匀地补偿于海面与补偿深度之间,所以地形高低不同的主体,其密度是各不相同的,艾里模式则是将地形所增减的质量补偿于山根与反山根,因而均衡面不是一个深度而是有一定起伏的曲面。

按照艾里模型,设地壳平均密度为 σ_0（2.67g·cm^{-3}）,岩浆的平均密度为 σ（3.27g·cm^{-3}）,地壳的平均深度为 T,从均衡面到平均深度之间的厚度为 t,地形海拔高度为 H,海水深度为 h。则在山区均衡是应有:

$$\sigma_0 H = (\sigma - \sigma_0) t \tag{2-5-6}$$

所以山根的厚度 t 是:

$$t = \frac{\sigma_0 H}{\sigma - \sigma_0} = \frac{2.67}{0.60} H = 4.45 H \tag{2-5-7}$$

即山每增高1km,山根就增加4.45km。同理,在海洋区均衡时应满足条件:

$$(\sigma_0 - 1.03) h = (\sigma - \sigma_0) t' \tag{2-5-8}$$

则反山根的厚度应为

$$t' = \frac{\sigma_0 - 1.03}{\sigma - \sigma_0} h = 2.73 h \tag{2-5-9}$$

即海洋每加深1km,反山根就上突2.73km。因此,若设地壳的正常厚度为 T,则在高山之下柱体总厚度为 $T+H+t$,在海洋之下,厚度为 $T-h-t'$。

(二)均衡校正

从物理意义上看,艾里模式较易为人们接受,不过实际计算补偿时,两种模式所得的结果相差无几。进行均衡校正时,首先要选定模式,其次要有全球的山高及海洋深度数据,至于地壳平均厚度 T 和 D 以及上地幔密度可由其他地球物理观测来推导。均衡校正包括两方面内容:第一步是将大地水准面以上多余的按正常地壳密度分布的物质全部移去,即遍及全球的地形校正;第二步是将这移去的质量全部填补到大地水准面以下至均衡补偿面之间(或是山根与反山根)的范围内,并计算出填补进去的物质在测点处产生的引力铅垂分量,加到布格异常中去,便得到均衡重力异常 Δg_c,即

$$\Delta g_c = \Delta g_B + \delta g_c \tag{2-5-10}$$

式中:δg_c 为均衡校正值。

(三)均衡重力异常

图 2-5-1 中的(e)图表示了一种完全均衡状态下的均衡异常所代表的意义,它仅仅反映壳内密度不均匀体所产生的异常,但由于均衡计算是在大面积内的平均效应,因而这些局部影响总和就很小了,所以在完全均衡的条件下,均衡异常接近于零,即大地水准面以上多出的物质正好补偿了大地水准面至均衡面之间缺失的物质。如果填补进去的物质数量超过了下面缺失的质量,则壳内就有比正常密度分布时多余的物质存在,此时均衡异常为正值,从动力学观点看,地壳未达到均衡,地壳下界面还未达到正常地壳的深度,所以称补偿不足。如果填补进去的物质数量还不足以弥补下面质量的亏损,则壳内这种亏损的质量将形成负的均衡异常,它说明地壳下界面已超过正常地壳的深度,故这种状态又称为补偿过剩。无论补偿不足或补偿过剩,都是未达到均衡,地壳将继续进行均衡调整,用壳内质量的迁移(如地壳密度的横向变化、上地幔密度的横向变化以及地壳厚度变化等)来使它趋于均衡。

21 世纪以来,地壳均衡的概念对地学的研究起了很大的影响,因对均衡机制的认识、各种假说存在的不尽合理之处,以及地球介质在极长时期的载荷作用下,也和真正的流体仍存在区别等,均衡学说还不可能对地壳内万分复杂的地质现象作出合理的解释。此外,地壳本身是有一定弹性强度的,较小面积内的载荷可以被支撑住,因而局部的不均匀是完全可能的。尽管如此,就全球大范围而言,大约 90% 的地区基本处于均衡状态。

由于均衡校正的工作十分繁杂,大面积内均衡异常的计算常用自由空间异常代替。因为对于一个宽阔的地上构造,如果它在地下得到完全的补偿,则在它的中部,自由空间异常也是接近于零的。

这是因为宽缓的山根所产生的负重力异常和近地表物质板产生的正的重力异常大致相等,这点可从式(2-5-7)得到说明,即 $0.6t = 2.67H$ ($t = 4.45H$),图 2-5-4 给出了自由空间异常的分布,地上构造的两个边部处出现的异常正负变

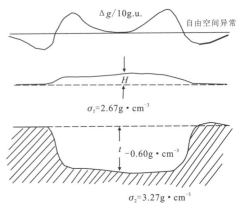

图 2-5-4 完全补偿时的地形和山根

化,是由深浅两个物质板效应的综合所致。当构造的宽度为补偿深度的十倍以上时,这种替代是完全可行的。

海洋重力测量的布格校正及重力异常具有一定的特殊性。Keary & Brooks(1991)指出,布格异常是陆地重力资料解释的基础。通常计算滨海及浅海区的布格异常,在滨海及浅海区,布格校正消除了水深的局部变化引起的局部重力效应;可以通过布格异常直接比较滨海及浅海区的重力异常,同时把陆地和海洋的重力数据结合以构成包括滨海及浅海区的统一的重力等值线图。根据此图可以追踪横过海岸线的地质特征。然而,布格异常不适合于深海重力测量,因为在这样的地区布格校正的应用是一个人为的做法,会造成非常大的正的布格异常值,而对于地质体引起的局部重力特征没有明显的加强。因此,自由空气重力异常常用于这些地区的解释。此外,自由空气重力异常可以评价这些地区的均衡补偿。

Bremaecker(1985)也指出,当海洋重力测量在海面进行时,海洋的自由空气校正接近于零。有时采用布格校正,但是它没有多少物理意义,因为它等效于用同等体积的岩石代替海水进行布格校正。因为海洋接近于均衡平衡,所以加入大量的岩石完全破坏了均衡,结果导致了与海底地形成强烈反相关的布格重力异常,而且比陆地情况更为强烈。

下面举一个例子说明我国的地壳均衡状态。图 2-5-5 是我国的一条东西向由青岛通过济南、太原、西宁、拉萨直到边境的地形起伏及地壳厚度变化的剖面。地壳厚度变化数据取自根据地震测深资料绘制的我国"莫霍界面深度图"(朱介寿等,1996),地形剖面的数据取自"中国地形"(中国地图出版社,1990)。图 2-5-5 表明,地形起伏与地壳厚度变化成反相关关系,遵循了艾里的均衡假说。同时"莫霍界面深度图"和"中国地形"图中高程变化的非常好的反相关关系表明我国在总体上达到了地壳均衡。

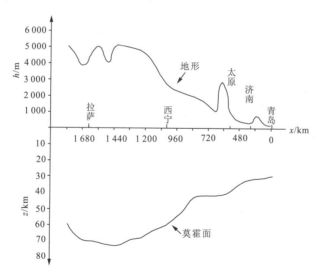

图 2-5-5 中国部分地区地形起伏与相应地壳厚度变化对比剖面

第六节 重力异常正演

根据观测重力异常求取引起它的场源体,首先必须了解不同形状、大小、产状和密度等场源体重力异常的正演计算,即解重力异常正演问题就是求解这个问题。在目前流行的应用选择法解反演问题的方法中,模型体的正演计算是反演过程的重要组成部分。

在正演计算中,首先计算并研究一些简单规则几何形状的物体引起的重力异常及其特征,例如球体、圆柱体、台阶及半平面等引起的重力异常。研究这些简单形状物体正问题的目的,一方面是这些简单形体可以近似某些实际的地质体;另一方面,复杂地质体引起的重力异常可以用简单形体异常的叠加得到。

一、简单规则形体重力异常正演

选用简单规则形体来了解其对应的异常分布并不失去其一般性。其一,某些形状较复杂的研究对象,当距它足够远时,可近似当作一些规则形体进行研究;其二,简单规则形体给出了有普遍性的典型异常特征,对于指导异常的识别、分类和解释都有现实意义。

(一)球体(点质量)

在实际工作中,一些近于等轴状的研究对象,如矿巢、矿囊、岩株、穹隆构造、某些溶洞、废弃的古矿硐等,都可以近似当作球体来计算它们的异常,特别是当其水平方向的尺度小于它们的中心埋深时,其效果更好。

对于剩余密度均匀的球体来说,它与将其全部剩余质量集中在球心处的点质量所产生的异常完全一样。设球心的埋深为 D,半径为 R,则它的剩余质量 $\Delta M = \frac{4}{3}\pi R^3 \Delta\sigma$。为使计算简化,将坐标原点 O 选在球心于地面的投影点上,由对称性可知,只需研究过原点 O 的任意剖面上异常的分布即可。设该剖面与 X 轴重合(中心剖面),则在剖面上任一点 $P(x,0,0)$ 处的重力异常表达式为

$$\Delta g = \frac{G\Delta MD}{(x^2+D^2)^{3/2}} \qquad (2-6-1)$$

分析式(2-6-1),可以获得沿该中心剖面上异常分布的基本特征如下。

(1)在 $x=0$(即原点)处,异常取得极大值为

$$\Delta g_{\max} = \frac{G\Delta M}{D^2} \qquad (2-6-2)$$

这说明极大值与中心埋深的平方成反比。

(2)式(2-6-1)中因含 x^2 项,故异常相对原点为对称分布。当 $x \to \pm\infty$ 时,$\Delta g \to 0$,其形态如图2-6-1(a)所示。在平面上,由对称性可知,其异常等值线为一簇以球心在地面投影点为圆心的许多不等间距的同心圆[图2-6-1(b)]。

(3)当取异常为极大值的 $1/n$ 时,对应的该点之横坐标以 $x_{1/n}$ 表示,则由关系式:

$$\frac{G\Delta M}{nD^2} = \frac{G\Delta MD}{(x_{1/n}^2+D^2)^{3/2}}$$

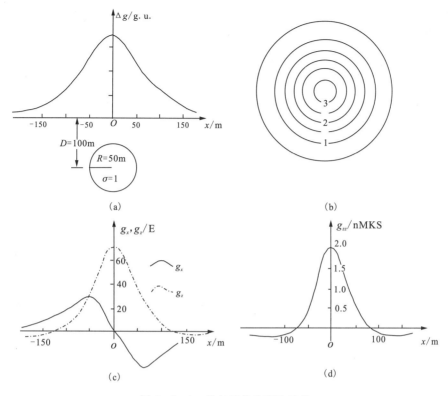

图 2-6-1 均匀球体的理论异常

可解得 $x_{1/n}=\pm D\sqrt{n^{2/3}-1}$。例如取 $n=2$，可得 $x_{1/2}=0.766D$（X 正半轴）或 $x'_{1/2}=-0.766D$（X 负半轴），说明异常半极值点的横坐标为球心埋深的 0.766 倍，利用它解反问题时求 D 十分方便。

（4）当 D 不变，使 ΔM 加大（或减小）m 倍时，异常也同样加大（或减小）m 倍。

综上所述，作为三度体典型的球体重力异常 Δg 的特征告诉我们：在实测重力异常平面图中，近于圆形或长短轴差别不大的近椭圆形异常，多半是近于球形地质体产生的。在同一地区，异常越尖锐，范围越小（以 $x_{1/2}$ 来度量），则该地质体的埋深会越小，反之则会更深些。运用同样的分析方法，对式（2-6-1）求 x 的一次导数 g_x，求 z 的一次导数 g_z 和 z 的二次导数 g_{zz} 可以得到：

$$g_x=-3G\Delta M\frac{Dx}{(x^2+D^2)^{5/2}} \tag{2-6-3}$$

$$g_z=G\Delta M\frac{2D^2-x^2}{(x^2+D^2)^{5/2}} \tag{2-6-4}$$

$$g_{zz}=3G\Delta MD\frac{2D^2-3x^2}{(x^2+D^2)^{7/2}} \tag{2-6-5}$$

它们的理论曲线分别示于图 2-6-1 中的（c）（d）。这些异常，在实际应用中现在都是通过位场转换由 Δg 换算得出的，因此都是近似值。如果干扰严重，其可靠性大为下降。但这些换算的结果，在定性乃至条件较好时的定量计算中仍有着重要作用。

从式(2-6-3)至式(2-6-5)可以综合分析出这些异常的基本特征如下。

(1) g_x 表示重力异常 Δg 沿某一方向的变化率,亦称水平梯度或方向导数。异常的正负与选择的 X 轴方向有关,但零值点总是大体对应着球心在地面的投影处。g_z 和 g_{zz} 称作重力异常的垂向一阶和二阶导数,它们在平面上的等值线图会有一圈零值线把正负异常部分分开,且异常的极值(此例如前所述指的是极大值)所在位置与球心在地面的投影一致。

(2) 由式(2-6-4)和式(2-6-5)可知,在 $x=0$ 处有:

$$g_{z\max}=\frac{2G\Delta M}{D^3} \tag{2-6-6}$$

$$g_{zz\max}=\frac{6G\Delta M}{D^4} \tag{2-6-7}$$

这说明,导数异常阶数越高,异常随深度的增加衰减越快,因而它们有利于突出浅源异常,而压制了深源异常。

(3) 令式(2-6-4)和式(2-6-5)等于零,可得异常为零的零值点坐标 x_0,它们分别是:

$$g_z: x_0=\pm\sqrt{2}D=\pm 1.414D \tag{2-6-8}$$

$$g_{zz}: x_0=\pm\sqrt{\frac{2}{3}}D=\pm 0.816D \tag{2-6-9}$$

可见,垂向导数阶数越高,由 x_0 等值线所圈的范围越小,这意味着高阶导数的换算,有助于将相邻地质体产生的叠加异常分开识别。

对于式(2-6-2)、式(2-6-6)和式(2-6-7)中,在具体计算时,如 Δg 以 g.u. 为单位,g_x、g_z 等以 E 为单位,g_{zz} 以 nMKS(或 pMKS)为单位,其中 x、D 等以 m 为单位,G 取 6.67,σ 取 $t\cdot m^{-3}$,则对 Δg 计算值乘以 10^{-2},g_x 乘以 10,g_{zz} 乘以 10(或 10^4)即可。

(二) 水平圆柱体(水平物质线)

对于某些横截面近于圆形、沿水平方向延伸较长的地质体,如扁豆状矿体、两翼较陡的长轴背斜及向斜、大型人工管道等,在一定精度要求内,可以当成水平圆柱体来看待。无限长的水平圆柱体在地面引起的异常,完全可以把它当作剩余质量集中在其中轴线的物质线看待,而对有限长的水平圆柱体,这会带来误差,但随着长度的增加这种误差会迅速减小。

设圆柱体长度为 $2L$,半径为 R,中轴线埋深为 D,剩余密度为 $\Delta\sigma$,则单位长度圆柱体内的剩余质量称为剩余线密度 λ。

$$\lambda = \Delta\sigma\left(\int d\xi \int d\eta \int d\zeta \Big/ \int d\eta\right) = \Delta\sigma \int d\xi \int d\zeta = \Delta\sigma \cdot S$$

S 为圆柱体截面积,因而 $\lambda=\Delta\sigma\cdot\pi R^2$。

计算时,取坐标原点为中轴线中点在地面的投影处,让 Y 轴平行中轴线,则由基本公式可求得 X 轴上任一点 $P(x,0,0)$ 处的重力异常表达式为

$$\Delta g_{2L} = G\lambda\int_{-L}^{L}\frac{Dd\eta}{(x^2+\eta^2+D^2)^{3/2}} = \frac{2G\lambda DL}{(x^2+D^2)(x^2+D^2+L^2)^{1/2}} \tag{2-6-10}$$

当 $L\to\infty$ 时,式(2-6-10)简化为

$$\Delta g=\frac{2G\lambda D}{x^2+D^2} \tag{2-6-11}$$

同理可获得在 $L\to\infty$ 时的重力异常各阶导数表达式是：

$$g_x = -\frac{4G\lambda Dx}{(x^2+D^2)^2} \tag{2-6-12}$$

$$g_z = \frac{2G\lambda(D^2-x^2)}{(x^2+D^2)^2} \tag{2-6-13}$$

$$g_{zz} = 4G\lambda D\frac{D^2-3x^2}{(x^2+D^2)^3} \tag{2-6-14}$$

它们的理论曲线示于图 2-6-2。从 Δg 剖面图来看与球体类似，但平面图则完全不同[图 2-6-2(b)]，它是一组不等间距的平行直线，中间异常值最大，两边异常值小（实测异常当然不会有无限长的等值线，而是长轴拉得很长的长椭圆形封闭曲线，在长轴线的中间部位就是这种状况）。当 $x=0$ 时，可得：

$$\Delta g_{\max} = \frac{2G\lambda}{D} \tag{2-6-15}$$

式中：λ 以 t/m 为单位，以 $x_{1/2}$ 代表半极大值点坐标，则可由

$$\frac{2G\lambda D}{x_{1/2}^2+D^2} = \frac{G\lambda}{D}$$

得出：

$$D = \pm x_{1/2} \tag{2-6-16}$$

其他的异常特征可仿照球体异常分析。

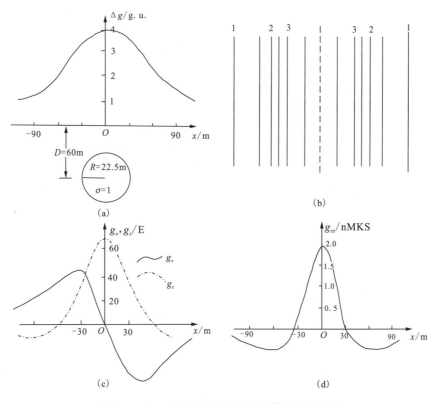

图 2-6-2 无限长均匀水平圆柱体的理论异常

(三) 铅垂台阶

一些界限清楚的高角度接触带,可等效成图 2-6-3 中的(a)所示的铅垂台阶来研究。将坐标原点选在台阶铅垂面与地面的交线上,让 X 轴与台阶铅垂面垂直,台阶沿 X 轴正方向和沿 Y 轴均为无限延伸。若以 h 和 H 分别表示台阶顶面与底面的深度,则由二度体基本公式可得:

$$\Delta g = 2G\Delta\sigma \int_0^\infty \mathrm{d}\xi \int_h^H \frac{\zeta \mathrm{d}\zeta}{(\xi-x)^2 + \zeta^2}$$

$$= G\Delta\sigma \left[\pi(H-h) + x\ln\frac{x^2+H^2}{x^2+h^2} + 2H\tan^{-1}\frac{x}{H} - 2h\tan^{-1}\frac{x}{h} \right] \quad (2-6-17)$$

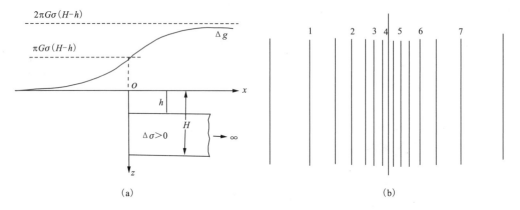

图 2-6-3 铅垂台阶 Δg 剖面与平面等值线图

分析该式可知:当 $x=0$ 时,$\Delta g(0,0)=\pi G\Delta\sigma(H-h)$;当 $x\to +\infty$ 时,由于对数项趋于零比 x 增长更快,故有:

$$\Delta g_{\max} = 2\pi G\Delta\sigma(H-h) \quad (2-6-18)$$

此时亦称无限平板公式,也是同等起伏($H-h$)下各种形体中产生的异常最大可能值。而当 $x\to -\infty$ 时,$\Delta g_{\min}\to 0$,其理论曲线如图 2-6-3(a)所示。在平面等值线图中,是一簇平行台阶走向的直线,与水平圆柱体不同的是,这里的等值线是一边低而另一边高,且在台阶面附近等值线最为密集[图 2-6-3(b)]。从式(2-6-18)可以看出,只要保持($H-h$)不变,不论台阶的上顶埋深如何,$\Delta g_{\min}$、$\Delta g(0,0)$ 和 $\Delta g_{\max}$ 都不变,只是整条曲线随深度加大而变缓,如图 2-6-4 中(a)所示。相应的其他理论公式是:

$$g_x = G\Delta\sigma \ln\frac{H^2+x^2}{h^2+x^2} \quad (2-6-19)$$

$$g_z = 2G\Delta\sigma\left(\tan^{-1}\frac{H}{x} - \tan^{-1}\frac{h}{x}\right) = 2G\Delta\sigma \tan^{-1}\frac{x(H-h)}{x^2+Hh} \quad (2-6-20)$$

$$g_{zz} = 2G\Delta\sigma x\left(\frac{1}{x^2+h^2} - \frac{1}{x^2+H^2}\right) = 2G\Delta\sigma x\frac{(H^2-h^2)}{(x^2+H^2)(x^2+h^2)} \quad (2-6-21)$$

对应的理论曲线如图 2-6-4 中的(b)所示。

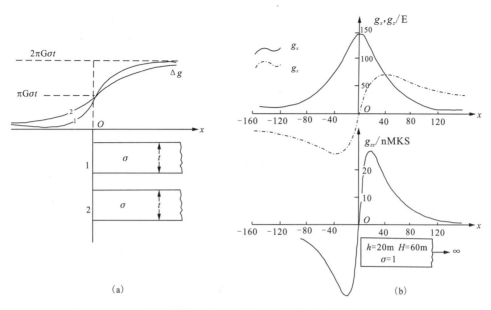

图 2-6-4　不同埋深的台阶 Δg 剖面(a)和铅垂台阶的 g_x、g_z、g_{zz}(b)

（四）断裂构造异常基本特征

断裂构造由上盘和下盘组成。正断层为上盘下降而下盘相对上升；逆断层为上盘上升而下盘相对下降，如图 2-6-5 所示。这种断裂构造可由两个垂直台阶或两个倾斜台阶组合而成。

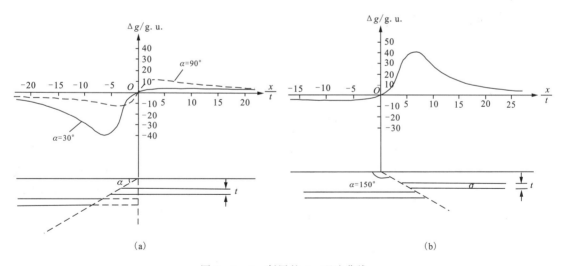

图 2-6-5　断层的 Δg 理论曲线

由于两个台阶叠加，使 $x \to \pm\infty$ 和 $x=0$ 时，重力异常均为 $2\pi G\Delta\sigma(H-h)=2\pi G\Delta\sigma t$，这是一个常数，作为常数在野外是测不出来的，故图中纵坐标是将其当作零绘出三种情况下重力异常的变化情形。对于 $\alpha=90°$ 的垂直正断层，Δg 极大与极小绝对值相等，曲线是以原点 O 为中心对称的曲线;对于 $\alpha<90°$ 的正断层,下降盘一侧的异常极小值十分明显;而对于 $\alpha>90°$ 的逆断层,上升盘一侧对应的极大值十分清晰。三种情况下,都是在断层面附近重力异常变化很明显,即水平梯度较大,在平面等值线图中为密集的重力异常等值线分布,常称为重力梯级带,它是识别断裂构造的重要标志。

(五)水平物质半平面

如果铅垂台阶的厚度比其顶面埋深小得多时,可以将厚度为 $H-h=t$ 的物质层向它的中心平面压缩成一个水平物质半平面(图 2-6-6),使正问题的求解以及后续的反问题解释更为方便。令物质半平面的埋深为 $D=\dfrac{H+h}{2}$,引入剩余面密度 μ 的概念,即单位面积上的剩余质量。$\mu=\Delta\sigma$

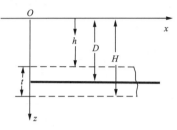

图 2-6-6 水平物质半平面

$(\int \mathrm{d}\xi \mathrm{d}\eta \mathrm{d}\zeta / \int \mathrm{d}\xi \int \mathrm{d}\eta) = \Delta\sigma(H-h) = \Delta\sigma \cdot t$,由基本公式可得:

$$\Delta g = 2G\Delta\sigma \int_0^\infty \mathrm{d}\xi \int_h^H \frac{D\mathrm{d}\zeta}{(\xi-x)^2+D^2} = 2G\mu \int_0^\infty \frac{D\mathrm{d}\xi}{(\xi-x)^2+D^2}$$

$$= G\mu(\pi + 2\tan^{-1}\frac{x}{D}) = 2G\mu(\frac{\pi}{2} + \tan^{-1}\frac{x}{D}) \quad (2-6-22)$$

$$g_x = 2G\mu \frac{D}{x^2+D^2} \quad (2-6-23)$$

$$g_z = 2G\mu \frac{x}{x^2+D^2} \quad (2-6-24)$$

$$g_{zz} = 4G\mu \frac{xD}{(x^2+D^2)^2} \quad (2-6-25)$$

它们的理论曲线与铅垂台阶十分接近。

(六)二度板状体

一些矿脉、岩脉、岩墙等,只要它们沿走向方向延伸较长时,就可以当作二度板状体来研究它们的异常。

1. 二度铅垂板状体

当其横截面为近于直立的矩形时[图 2-6-7(a)],可用两个铅垂台阶异常之差来计算它的异常,设板体水平宽度为 $2a$,上顶及下底埋深为 h 和 H。当坐标原点选在板体顶面中点、X 轴垂直板体走向时,用 $(x+a)$ 与 $(x-a)$ 代替式(2-6-17)、式(2-6-19)~式(2-6-21)中的 x 后并相减,即可得到有关的理论公式如下:

$$\Delta g = G\Delta\sigma \Big[(x+a)\ln\frac{(x+a)^2+H^2}{(x+a)^2+h^2} - (x-a)\ln\frac{(x-a)^2+H^2}{(x-a)^2+h^2} +$$

$$2H\Big(\tan^{-1}\frac{x+a}{H} - \tan^{-1}\frac{x-a}{H}\Big) - 2h\Big(\tan^{-1}\frac{x+a}{h} - \tan^{-1}\frac{x-a}{h}\Big)\Big] \quad (2-6-26)$$

$$g_x = G\Delta\sigma \ln\frac{[(x+a)^2+H^2][(x-a)^2+h^2]}{[(x+a)^2+h^2][(x+a)^2+H^2]} \quad (2-6-27)$$

$$g_z = 2G\Delta\sigma \Big(\tan^{-1}\frac{H}{x+a} - \tan^{-1}\frac{h}{x+a} - \tan^{-1}\frac{H}{x-a} + \tan^{-1}\frac{h}{x-a}\Big) \quad (2-6-28)$$

$$g_{zz}=2G\Delta\sigma\left[\frac{x+a}{(x+a)^2+h^2}-\frac{x+a}{(x+a)^2+H^2}-\frac{x-a}{(x-a)^2+h^2}+\frac{x-a}{(x-a)^2+H^2}\right] \quad (2-6-29)$$

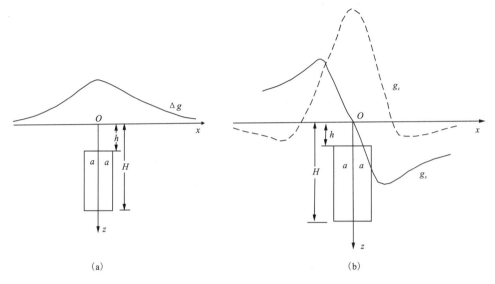

图 2-6-7 二度铅垂柱体理论曲线

当板体下底埋深 H 可视为无穷远时,即 $H\to\infty$,以上各式可简化为

$\Delta g\to\infty$

$$g_x = G\Delta\sigma\ln\frac{(x-a)^2+h^2}{(x+a)^2+h^2} \quad (2-6-30)$$

$$g_z = 2G\Delta\sigma\tan^{-1}\frac{2ah}{x^2+h^2-a^2} \quad (2-6-31)$$

$$g_{zz} = 4G\Delta\sigma\frac{a(a^2+h^2-x^2)}{(x^2+a^2+h^2)^2-4a^2x^2} \quad (2-6-32)$$

相应的理论曲线如图 2-6-8 所示。

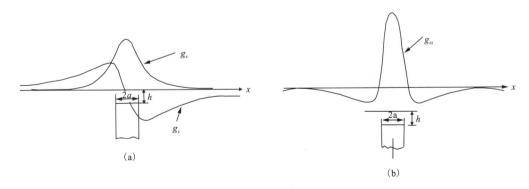

图 2-6-8 下底延深无限铅垂柱体的理论曲线

2. 倾斜板状体

类似于铅垂板状体的讨论方法，可以用两个倾角 α 相同的倾斜台阶相减的办法求其计算异常的表达式。但因公式过于复杂，这里仅给出经坐标原点变换后求下底延伸无限的倾斜板状体之 g_x 和 g_z 公式。将原计算倾斜台阶时坐标原点 O 移至倾斜板体顶面正中间的 O' 点，如图 2-6-9(a) 所示，把倾角 α 改为由 X 轴的正方向起算，即用 $x-h\cot\alpha+a$ 代 x，用 $\pi-\theta$ 代替 α，当 $H\to\infty$ 时，$\Delta g \to \infty$，而

$$g_x = G\Delta\sigma\left[\sin^2\theta \ln\frac{(x-a)^2+h^2}{(x+a)^2+h^2} + \sin2\theta\,\tan^{-1}\frac{2ah}{x^2+h^2-a^2}\right] \quad (2-6-33)$$

$$g_z = G\Delta\sigma\left[2\sin^2\theta\,\tan^{-1}\frac{2ah}{x^2+h^2-a^2} - \frac{1}{2}\sin2\theta \ln\frac{(x-a)^2+h^2}{(x+a)^2+h^2}\right] \quad (2-6-34)$$

其理论曲线如图 2-6-9 中之 (b)、(c) 所示。

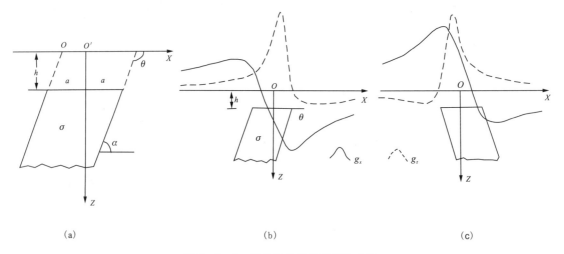

图 2-6-9 倾斜板状体及其理论曲线

*二、复杂形体重力异常正演

(一) 横截面为任意形状的二度体的重力异常

对于横截面为任意形状的二度体，可用多边形来逼近其截面的形状，只要给出多边形各角点的坐标 (ξ,ζ)，就可以用解析式计算出它的重力异常来。显然，其精度取决于多边形逼近任意形状的程度。

图 2-6-10 给出了由多边形 $ABCDEFGA$ 所代表的二度体截面。首先我们计算由 AB 边与 O 点（与计算点重合）所围的 $\triangle OAB$ 截面代表的二度水平柱体于 O 点产生的异常，由基本公式可知：

$$\delta g = 2G\Delta\sigma \iint_{dS}\frac{\zeta}{\xi^2+\zeta^2}d\xi d\zeta$$

引用极坐标 $\xi=r\cos\theta, \zeta=r\sin\theta, d\xi d\zeta=rd\theta dr$。

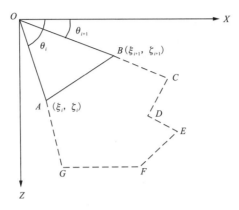

图 2-6-10 多边形逼近法示意图

上式为 $\delta g = 2G\Delta\sigma \iint\limits_{dS} \sin\theta d\theta dr$

考虑到 $dr\sin\theta = d\zeta$，因而有

$$\delta g = 2G\Delta\sigma \iint\limits_{dS} d\zeta d\theta \tag{2-6-35}$$

根据式(2-6-35)，$\triangle OAB$ 在 O 点产生的异常应为

$$\delta g_i = 2G\Delta\sigma \int_{\theta_i}^{\theta_{i+1}} d\theta \int_0^\zeta d\zeta = 2G\Delta\sigma \int_{\theta_i}^{\theta_{i+1}} \zeta d\theta \tag{2-6-36}$$

式(2-6-36)中 ζ 是 θ 的函数，利用 A、B 两点的直线方程以及 $\xi = \zeta\cot\theta$ 可求得

$$\zeta = \frac{\xi_i \zeta_{i+1} - \xi_{i+1} \zeta_i}{\cot\theta(\zeta_{i+1} - \zeta_i) - (\xi_{i+1} - \xi_i)}$$

式中：i、$i+1$ 代表按顺时针方向，给第 i 边两个端点的编号。将 ζ 表达式代入式(2-6-36)中便有

$$\begin{aligned}\delta g_i &= 2G\Delta\sigma(\xi_i\zeta_{i+1} - \xi_{i+1}\zeta_i) \int_{\theta_i}^{\theta_{i+1}} \frac{d\theta}{\cot\theta(\zeta_{i+1} - \zeta_i) - (\xi_{i+1} - \xi_i)} \\ &= 2G\Delta\sigma \frac{\xi_i\zeta_{i+1} - \xi_{i+1}\zeta_i}{(\zeta_{i+1} - \zeta_i)^2 + (\xi_{i+1} - \xi_i)^2} \left[(\xi_{i+1} - \xi_i)\left(\tan^{-1}\frac{\zeta_i}{\xi_i} - \tan^{-1}\frac{\zeta_{i+1}}{\xi_{i+1}}\right) \right. \\ &\quad \left. + \frac{1}{2}(\zeta_{i+1} - \zeta_i)\ln\frac{\xi_{i+1}^2 + \zeta_{i+1}^2}{\xi_i^2 + \zeta_i^2} \right] \end{aligned} \tag{2-6-37}$$

用同样的方法，把 $\triangle OBC$、$\triangle OCD$ …… 的重力异常都算出来相加，由于是沿同一方向的环流积分，故多边形 $AB\cdots A$ 以外的面积部分产生的异常互相抵消，最后结果仅是该多边形所代表的二度体在原点处产生的重力异常。若多边形共有 n 个边，则计算重力异常的表达式是

$$\begin{aligned}\Delta g &= \sum_{i=1}^n \delta g_i = 2G\Delta\sigma \sum_{i=1}^n \frac{\xi_i\zeta_{i+1} - \xi_{i+1}\zeta_i}{(\zeta_{i+1} - \zeta_i)^2 + (\xi_{i+1} - \xi_i)^2} \\ &\quad \left[(\xi_{i+1} - \xi_i)\left(\tan^{-1}\frac{\zeta_i}{\xi_i} - \tan^{-1}\frac{\zeta_{i+1}}{\xi_{i+1}}\right) + \frac{1}{2}(\zeta_{i+1} - \zeta_i)\ln\frac{\xi_{i+1}^2 + \zeta_{i+1}^2}{\xi_i^2 + \zeta_i^2}\right]\end{aligned} \tag{2-6-38}$$

应用式(2-6-38)时应注意：边数为 n 时，$\xi_{n+1} = \xi_1$，$\zeta_{n+1} = \zeta_1$；当 $\xi_{i+1} > \xi_i$ 时，反正切函数在 $0 \sim \pi$ 之间取值，反之则在 $-\pi \sim 0$ 之间取值；由于上式是在原点与计算点重合时导出的，所以计算任意点 $P(x,0,z)$ 时的异常，只要把式中 ξ_i、ζ_i 改为 $\xi_i - x$ 和 $\zeta_i - z$ 即可。

有了这一方法,对前面介绍过的铅垂台阶、倾斜台阶、各种板状体等,均可用角点的坐标计算出来,十分简便,遇到无穷远或无限延伸时,可以用一个很大的 ξ_i 和 ξ_{i+1} 或 ζ_i 和 ζ_{i+1} 来表示即可。不仅如此,当 $\Delta\sigma$ 一定时,可计算多个二度体同时产生的异常(如断裂构造)。具体做法是将相邻的二度体沿同一方向(如顺时针方向)将各角点用直线连接,形成封闭的单个二度体即可,如图 2-6-11 所示。

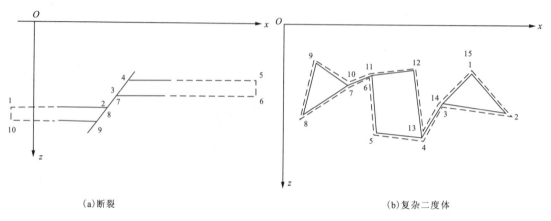

(a)断裂　　　　　　　　　　　(b)复杂二度体

图 2-6-11　用多边形逼近法计算断裂与复杂性体二度体异常示意图

(二)任意形状三度体的正演

1. 长方体元法

将任意形状的三度体用三组平行于直角坐标面的平面进行分割,使物体分成一系列的长方体元,依据 8 个角点坐标(图 2-6-12)引用基本公式,可得到其中某个长方体元在坐标原点引起的重力异常为

$$\delta g = G\Delta\sigma \int_{\xi_1}^{\xi_2}\int_{\eta_1}^{\eta_2}\int_{\zeta_1}^{\zeta_2} \frac{\zeta \mathrm{d}\xi \mathrm{d}\eta \mathrm{d}\zeta}{(\xi^2+\eta^2+\zeta^2)}$$

$$= -G\Delta\sigma \left\| \left\| \xi\ln(\eta+R)+\eta\ln(\xi+R)+\zeta\tan^{-1}\frac{\zeta R}{\xi\eta} \right|_{\xi_1}^{\xi_2} \right|_{\eta_1}^{\eta_2} \right|_{\zeta_1}^{\zeta_2} \qquad (2-6-39)$$

或者

$$\delta g = -G\Delta\sigma \left\| \left\| \xi\ln(\eta+R)+\eta\ln(\xi+R)-\zeta\tan^{-1}\frac{\xi\eta}{\zeta R} \right|_{\xi_1}^{\xi_2} \right|_{\eta_1}^{\eta_2} \right|_{\zeta_1}^{\zeta_2} \qquad (2-6-40)$$

式中:$R=(\xi^2+\eta^2+\zeta^2)^{1/2}$。

将所有长方体元的异常求和即得该物体在原点处产生的异常近似值。注意:式中反正切函数的取值范围应在 $0\sim\pi$ 之间;若计算点为任意点 $P(x,y,z)$,则式中 ξ,η,ζ 应分别以 $(\xi-x,\eta-y,\zeta-z)$ 代之。

2. 面元法

用一组相互平行的铅垂面(或水平面)切割物体,使其分成若干个直立(或水平)薄片,每个薄片又用多边形来逼近。用解析法计算多边形对计算点的"作用值",最后对所有薄片"作用值"进行数值积分求和。

下面给出铅垂面元法的计算公式，如图 2-6-13 所示，设坐标原点为计算点，X 轴与切平面正交，则由基本公式，整个物体产生的异常可表达为

$$\Delta g = G\Delta\sigma \int S(\xi) d\xi \quad (2-6-41)$$

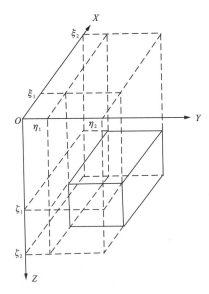
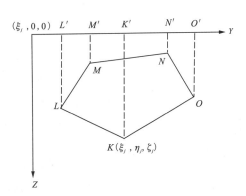

图 2-6-12　长方体元法示意图　　　　图 2-6-13　直立面元法示意图

式中：

$$S(\xi) = \iint \frac{\zeta d\eta d\zeta}{(\xi^2 + \eta^2 + \zeta^2)^{3/2}}$$

它表示了某一薄片的"作用值"。对于 $\xi = \xi_j$ 薄片，用一个 n 边多边形来逼近其截面形状，设多边形各角点的坐标为 $(\xi_j, \eta_k, \zeta_k)(k=1,2,\cdots,n)$，则 $S(\xi_j)$ 可写成：

$$\begin{aligned}
S(\xi_j) &= \sum_{k=1}^{n} \int_{\eta_k}^{\eta_{k+1}} d\eta \int_0^\zeta \frac{\zeta d\zeta}{(\xi_j^2 + \eta^2 + \zeta^2)^{3/2}} \\
&= \sum_{k=1}^{n} \int_{\eta_k}^{\eta_{k+1}} \frac{d\eta}{\sqrt{\xi_j^2 + \eta^2 + \zeta^2}} - \sum_{k=1}^{n} \int_{\eta_k}^{\eta_{k+1}} \frac{d\eta}{\sqrt{\xi_j^2 + \eta^2}}
\end{aligned} \quad (2-6-42)$$

第 k 边的直线方程为

$$\zeta = C_k \eta + D_k$$

式中：$C_k = \dfrac{\zeta_{k+1} - \zeta_k}{\eta_{k+1} - \eta_k}$，$D_k = \dfrac{\zeta_k \eta_{k+1} - \zeta_{k+1} \eta_k}{\eta_{k+1} - \eta_k}$。

将 ζ 代入式(2-6-42)进行积分，由于 $\eta_{n+1} = \eta_1$，$\zeta_{n+1} = \zeta_1$，式中右边第二项结果为零，于是有：

$$S(\xi_j) = \sum_{k=1}^{n} \frac{1}{\sqrt{1+C_k^2}} \ln \frac{\sqrt{1+C_k^2} \cdot R_{k+1} + \eta_{k+1}(1+C_k^2) + C_k D_k}{\sqrt{1+C_k^2} \cdot R_k + \eta_{k+1}(1+C_k^2) + C_k D_k} \quad (2-6-43)$$

式中：$R_{k+1} = (\xi_j^2 + \eta_{k+1}^2 + \zeta_{k+1}^2)^{1/2}$，$R_k = (\xi_j^2 + \eta_k^2 + \zeta_k^2)^{1/2}$。

$S(\xi_j)$ 求得后，按式(2-6-41)应用数值积分就可求取整个物体在计算点上的异常。

3. 线元法

用一组平行于 X 轴的铅垂面与一组平行于 Y 轴的铅垂面来切割三度体,将其分成一个一个的直立矩形柱体。当柱体横截面两个边长远小于其柱体长度时,计算它的重力异常相当于计算质量被均匀地压缩在其铅垂的中轴线上的物质线段。图 2-6-14 示出了以 O 为计算点的第 k 个直立矩形柱体的有关坐标。以 $(\xi_k, \eta_k, \zeta_{k,1})$ 和 $(\xi_k, \eta_k, \zeta_{k,2})$ 分别表示其中轴线上、下端点坐标,λ 表示剩余线密度,由基本公式,只要对 ζ 积分便可求得该物质线段的异常 δg,即

$$\delta g = G\lambda\left(\frac{1}{R_{k,1}} - \frac{1}{R_{k,2}}\right) \doteq G\Delta\sigma\Delta\xi\Delta\eta\left(\frac{1}{R_{k,1}} - \frac{1}{R_{k,2}}\right) \tag{2-6-44}$$

式中:$R_{k,1} = (\xi_j^2 + \eta_{k+1}^2 + \zeta_{k+1}^2)^{1/2}$,$R_{k,2} = (\xi_j^2 + \eta_k^2 + \zeta_k^2)^{1/2}$。

于是,整个三度体在 O 点引起的重力异常即为所有被分割出的线元产生的异常之和。

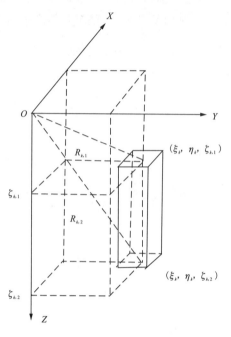

图 2-6-14 直立线元法示意图

从式(2-6-44)可以看出,当 $R_{k,1} = 0$ 时,$\delta g \to \infty$,这一情况恰好发生在直立柱体正好位于计算点的正下方而且又离地面很近时,为减小误差,用一等截面积的直立圆柱体来代替,在直立圆柱体的中心轴正上方,重力异常表达式为

$$\delta g = 2\pi G\Delta\sigma(\zeta_2 - \zeta_1 - \sqrt{\zeta_2^2 + R^2} + \sqrt{\zeta_1^2 + R^2})$$

式中 R 应满足:

$$R = \sqrt{\frac{\Delta\xi\Delta\eta}{\pi}} \tag{2-6-45}$$

显然,上述这些计算的方法都是近似的,分割越细,自然逼近真值越好,要视工作精度的需要而定。

第七节 重力异常反演

从地质角度,解反演问题的目标主要是寻找、研究或推断金属或非金属矿体和研究地质构造,包括控矿构造,如含石油、天然气、煤的构造以及区域性的深部构造等。前者称为矿体类问题,后者称为构造类问题。从地球物理角度,解重力反演问题的目标包括:确定地质体(用几何模型表示)的几何和物性参数,属于矿体类问题;确定物性分界面的深度及起伏,属于构造类问题。

一、计算地质体几何参数和物性参数的直接法

直接法是直接利用由反演目标引起的局部异常,通过某种积分运算和函数关系,求得与异

常分布有关地质体的某些参量。该方法较少受解释人员主观因素的影响,但只是一种地质体参量的粗略估计,解决问题的范围还很有限。

(一)三度体剩余质量的估计

由场论中的高斯(Gauss)定理可知,位于任意封闭曲面 S 以内的质量 M 产生的引力场强,沿该曲面外法线方向的通量是:

$$I = \oiint_S F_n \cdot \mathrm{d}S = -G \oiint \frac{M}{r^2}\mathrm{d}S = -4\pi GM \quad (2-7-1)$$

如果我们规定 I 为引力穿过 S 面内法线方向的通量,则上述结果应为 $4\pi GM$。现在将观测面当作无限大的水平面,下半空间用半径无限大的半球代替(图 2-7-1),M 代表剩余质量;则因上半空间无剩余质量,下半空间的立体角为 2π,而剩余质量 M 对地面各点单位质量的引力沿内法线方向的分力正好就是重力异常,所以式(2-7-1)可以写成:

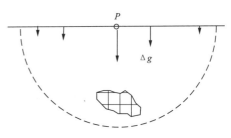

图 2-7-1 通量的计算

$$I = \iint_{-\infty}^{\infty} \Delta g \cdot \mathrm{d}x\mathrm{d}y = 2\pi GM \quad (2-7-2)$$

这就是由观测面上重力异常的分布求地质体剩余质量的公式。在具体计算时,不可能遍及全平面,因而要分为下述两部分:一部分为实测异常在有限测区内的二重积分 I';另一部分为积分的余项 ΔI。I' 值可用二重增量求和的形式来计算;当观测面以等面积 $\Delta x_i \cdot \Delta y_j$ 划分面元时,便有:

$$I' = \sum_{i=1}^{m}\sum_{j=1}^{n} \Delta g_{ij} \cdot \Delta x_i \cdot \Delta y_j = \Delta x_i \Delta y_j \sum_{i=1}^{m}\sum_{j=1}^{n} \Delta g_{ij} \quad (2-7-3)$$

余项 ΔI 的估算,可采用如下办法:令 R 表示已经参与计算的异常区的折合半径,在计算区以外的重力异常可近似地用一剩余质量为 M、中心埋深为 D 的均匀球体引起的异常 $\Delta g(r)$ 来代替,于是:

$$\Delta I \approx \int_0^{2\pi}\int_R^{\infty} \Delta g(r) r \mathrm{d}\alpha \mathrm{d}r = \int_0^{2\pi}\int_R^{\infty} \frac{GMD}{(r^2+D^2)^{3/2}} r \mathrm{d}\alpha \mathrm{d}r = 2\pi(\sqrt{R^2+D^2})\Delta g(R) \quad (2-7-4)$$

当 $R \gg D$ 时,式(2-7-4)可简化为

$$\Delta I \approx 2\pi R^2 \Delta g(R)$$

式中:$\Delta g(R)$ 为折合半径为 R 的圆周上的异常平均值。

按式(2-7-4)估算出的余项 ΔI 的大小若不能忽略时,应与 I' 相加之后才可求 M,即

$$M = 2.386\left[\Delta x \Delta y \sum_{i=1}^{m}\sum_{j=1}^{n} \Delta g_{ij} + 2\pi R^2 \Delta g(R)\right] \quad (2-7-5)$$

(二)三度体重心水平坐标的计算

设三度体内某一质量单元的坐标为 (ξ_1, η_1, ζ_1),剩余质量 m_1,则它于地面 $P(x,y,0)$ 点处引起的重力异常为

$$\delta g_1 = \frac{Gm_1\zeta_1}{[(\xi_1-x)^2+(\eta_1-y)^2+(\zeta_1-z)^2]^{3/2}} \quad (2-7-6)$$

并有下面形式的积分结果：

$$\int_{-\infty}^{\infty}\int_{-\infty}^{\infty} x\delta g_1 \mathrm{d}x\mathrm{d}y = Gm_1\zeta_1 \int_{-\infty}^{\infty}\int_{-\infty}^{\infty} \frac{x\mathrm{d}x\mathrm{d}y}{[(\xi_1-x)^2+(\eta_1-y)^2+(\zeta_1-z)^2]^{3/2}} = 2\pi Gm_1\xi_1$$

(2-7-7)

若三度体其他质量单元的坐标分别为 $(\xi_2,\eta_2,\zeta_2),(\xi_3,\eta_3,\zeta_3),\cdots$，其剩余质量分别为 m_2，$m_3,\cdots$，则整个三度体在 P 点引起的异常为 Δg 时，式(2-7-7)积分后应有：

$$I_1 = \int_{-\infty}^{\infty}\int_{-\infty}^{\infty} x\Delta g\mathrm{d}x\mathrm{d}y = 2\pi G(m_1\xi_1 + m_2\xi_2 + \cdots)$$

(2-7-8)

如果三度体重心在地面投影的坐标以 (x_0,y_0) 表示，则由力学知识可知应有：$m_1\xi_1 + m_2\xi_2 + \cdots = Mx_0$，于是 $I_1 = 2\pi GMx_0$，即

$$x_0 = \frac{I_1}{2\pi GM} = \frac{1}{2\pi GM}\int_{-\infty}^{\infty}\int_{-\infty}^{\infty} x\Delta g\mathrm{d}x\mathrm{d}y$$

(2-7-9)

同理可得：

$$y_0 = \frac{I_2}{2\pi GM} = \frac{1}{2\pi GM}\int_{-\infty}^{\infty}\int_{-\infty}^{\infty} y\Delta g\mathrm{d}x\mathrm{d}y$$

(2-7-10)

上两式可以写成有限范围内增量求和的形式。当 Δx 与 Δy 的划分相等，$\Delta x\Delta y$ 为一常数时，有：

$$x_0 \approx \frac{2.386}{M}\Delta x\Delta y\sum_{i=1}^{m}\sum_{j=1}^{n} x_i\Delta g_{ij}$$

(2-7-11)

$$y_0 \approx \frac{2.386}{M}\Delta x\Delta y\sum_{i=1}^{m}\sum_{j=1}^{n} y_i\Delta g_{ij}$$

(2-7-12)

对于计算区以外的余项，仿照前面的方法，可以得到：

$$\Delta I_1 \approx 2\pi x_0 R^2 \Delta g(R)$$

(2-7-13)

$$\Delta I_2 \approx 2\pi x_0 R^2 \Delta g(R)$$

(2-7-14)

(三)二度体横截面积的求法

设在垂直二度体走向的 X 方向剖面上实测重力异常为 Δg。假定在二度体的横截面 S 上取一面元 $\mathrm{d}S=\mathrm{d}\xi\mathrm{d}\zeta$，其剩余密度为 σ，$\mathrm{d}S$ 的坐标为 (ξ,ζ)。由基本公式可计算这个面元在 X 轴上任一点 $P(x,0)$ 处引起的重力异常为 δg，则下列积分：

$$\delta I = \int_{-\infty}^{\infty}\frac{2G\sigma\zeta\mathrm{d}\xi\mathrm{d}\zeta}{(\xi-x)^2+\zeta^2}\mathrm{d}x = 2\pi G\sigma\mathrm{d}\xi\mathrm{d}\zeta$$

(2-7-15)

的值仅与面元 $\mathrm{d}S$ 和 σ 的乘积有关，而与 $\mathrm{d}S$ 的位置无关。将这一结果延伸至整个截面 S 上，便有：

$$I = \int_{-\infty}^{\infty}\Delta g\mathrm{d}x = 2\pi G\lambda$$

(2-7-16)

I 值为 Δg 曲线与 X 轴之间所围的面积，可以近似求得，因而二度体的剩余线密度 λ 便能得到。在 σ 已知时，由 $\lambda=\sigma S$ 就可以求出二度体的横截面积 S。

如果近似积分只在有限区间 $(-x,x)$ 内进行，则其误差可通过计算余项来估计。假定 x 值足够大，因而对积分区间以外的重力异常，可以近似地用无限长水平圆柱体的异常来代替，

则积分余项可写成：

$$\Delta I = \int_{-\infty}^{-x} \Delta g \mathrm{d}x + \int_{x}^{\infty} \Delta g \mathrm{d}x = 2\int_{x}^{\infty} \frac{2G\lambda D}{x^2+D^2} \mathrm{d}x = 2\pi G\lambda\left(1-\frac{2}{\pi}\tan^{-1}\frac{x}{D}\right) \quad (2-7-17)$$

式中：D 为柱体中轴线的埋藏深度，可由 Δg 曲线上至 $x_{1/2}$ 确定。若 ΔI 不容忽略，则应由 $I+\Delta I = 2\pi G\lambda$ 求 λ，即

$$\lambda = \frac{\Delta x \sum_{i=1}^{n} \Delta g_i}{4G\tan^{-1}\frac{x}{D}} \quad (2-7-18)$$

（四）二度体横截面中心水平坐标的求法

仿照求三度体中心水平坐标的方法，在二度体情况下有：

$$x_0 = \frac{1}{2\pi G\sigma S}\int_{-\infty}^{\infty} x\Delta g \mathrm{d}x = \frac{\Delta x \sum_{i=1}^{n}(x\cdot\Delta g)_i}{2\pi G\sigma S} \quad (2-7-19)$$

如果考虑余项，则：

$$\Delta I = 2\pi G\sigma S \cdot x_0\left(1-\frac{2}{\pi}\tan^{-1}\frac{x}{D}\right) \quad (2-7-20)$$

利用 $I+\Delta I = 2\pi G\sigma S x_0$ 可得经校正后的 x_0 表达式为

$$x_0 = \frac{\sum_{i=1}^{n}(x\cdot\Delta g)_i}{\sum_{i=1}^{n}\Delta g_i} \quad (2-7-21)$$

二、计算地质体几何参数和物性参数的特征点法

特征点法（或任意点法）是根据异常曲线上的一些点或特征点（如极大值点、零值点、拐点）的异常以及相应的坐标求取场源体的几何或物性参数，仅适用于剩余密度为常数的几何形体。

（一）水平圆柱体

根据 Δg 异常求圆柱体中心埋藏深度 D，线密度 λ，半径 R 及顶部埋藏深度 h 的公式分别为

$$D = \frac{x_{1/n}}{\sqrt{n-1}} \quad (2-7-22)$$

$$\{\lambda\}_{\mathrm{t\cdot m^{-1}}} = \{x_{1/2}\}_\mathrm{m}\{\Delta g_{\max}\}_{\mathrm{g.u.}}/2G \quad (2-7-23)$$

$$\{R\}_\mathrm{m} = (0.3183\{\lambda\}_{\mathrm{t\cdot m^{-1}}}/\{\sigma\}_{\mathrm{g\cdot cm^{-3}}})^{1/2} \quad (2-7-24)$$

$$h = D - R$$

（二）铅垂台阶

根据 Δg 异常求铅垂台阶厚度 $H-h$ 的公式为

$$\{H-h\}_\mathrm{m} = \frac{\{\Delta g_{\max}\}_{\mathrm{g.u.}}}{0.419\{\sigma\}_{\mathrm{g\cdot cm^{-3}}}} \quad (2-7-25)$$

(三)水平物质半平面

根据 Δg 异常求半平面深度 D，面密度 μ，相应的铅垂台阶顶部及底部深度 h、H 的公式分别为

$$D = \frac{x_{1/n}}{\tan\frac{(2-n)\pi}{2n}} \qquad (2-7-26)$$

$$\{\mu\}_{1/\mathrm{m}^2} = \frac{\{\Delta g(x)\}_{\mathrm{g.u.}} + \{\Delta g(-x)\}_{\mathrm{g.u.}}}{0.419} \qquad (2-7-27)$$

$$h = D - \frac{\Delta g(x) + \Delta g(-x)}{4\pi G\sigma} \qquad (2-7-28)$$

$$H = D + \frac{\Delta g(x) + \Delta g(-x)}{4\pi G\sigma} \qquad (2-7-29)$$

三、选择法

选择法的原理是根据实测重力异常在剖面或平面的分布和变化的基本特征，结合工区的地质、其他地球物理和物性等资料，给出引起异常的初始地质体模型，然后进行正演计算；将计算的理论异常与实测异常进行对比，当两者偏差较大时，根据掌握的场源体资料，对模型进行修改，重算其理论异常；再次进行对比，如此反复进行，以两种异常的偏差达到要求的误差范围时的理论模型表示实际的地质体。下面介绍目前在计算机上用的较多的最优化选择法反演的基本做法。

设实测异常为 $\Delta g_k, k=1,2,\cdots,M$，$M$ 是用于计算的异常的点数；地质体模型引起的理论异常用 $\Delta g'_k, k=1,2,\cdots,M$ 表示，它是模型体参数和计算点坐标的函数，即

$$\Delta g'_k = f(x_k, y_k, z_k, b_1, b_2, \cdots, b_N) \qquad (2-7-30)$$

式中：x_k, y_k, z_k 为计算点坐标；$b_1, b_2, \cdots, b_N$ 为模型的 N 个几何或物性参数。

判定实测异常与理论异常的符合程度是根据最小二乘原则，即让两者偏差的平方和为最小：

$$\Phi = \sum_{k=1}^{m} [\Delta g_k - f(x_k, y_k, z_k, b_1, b_2, \cdots, b_N)]^2 = \min \qquad (2-7-31)$$

函数 Φ 称为目标函数。在满足式(2-7-31)的条件下求取模型体的参数。求取模型体参数的过程一般需要下列迭代计算。

(1)给模型体初值，$b_i^{(0)}, i=1,2,\cdots,N$。$b$ 的上标(0)表示第 0 次迭代，即表示初值。

(2)根据模型体初值计算理论重力异常 $\Delta g'_k$。

(3)根据理论重力异常 $\Delta g'_k$ 与实测异常 Δg_k 的差别计算模型体参数的修改量 δb_i，并按下式修改模型：

$$b_i^{(l+1)} = b_i^l + \delta b_i^{(l)}, i=1,2,\cdots,N, l=0,1,2,\cdots$$

式中：l 为迭代次数；$b_i^{(l)}$ 表示本次迭代的初值；$b_i^{(l+1)}$ 为迭代结果。

(4)判断：计算结果是否满足要求，如果不满足，则重复第(2)、(3)步计算。如果满足，本次迭代得到的 $b_i^{(l+1)}$ 就是最后得到的模型参数。

目前应用的最优化方法有阻尼最小二乘法、广义逆矩阵法和共轭梯度法等。

四、密度界面反演法

(一)线性回归法

线性回归法是计算密度分界面深度的近似方法。如果界面起伏平缓,可以认为重力变化与界面的起伏近似呈线性关系,即

$$h = a + b \cdot \Delta g \quad (2-7-32)$$

式中:h 为界面深度;Δg 为界面起伏引起的重力异常;a、b 是两个系数,它们与重力异常起算点处的界面深度和界面上下物质层的密度差有关。应用式(2-7-32)求深度,至少要知道界面上两个点的深度,以确定 a、b 两个系数值。如果已知点有 n 个,它们的深度为 $h_i(i=1,2,\cdots,n)$,则根据最小二乘原理,为确定系数 a、b,应使各点的深度 h_i 和由式(2-7-32)计算出的深度 $\overline{h_i}$ 的偏差的平方和为最小,即

$$\Phi(a,b) = \sum_{i=1}^{n}(h_i - \overline{h_i}) = \min \quad (2-7-33)$$

令 $\dfrac{\partial \Phi}{\partial a}$、$\dfrac{\partial \Phi}{\partial b}$ 分别等于零,可得:

$$\sum h_i - na - \sum b\Delta g_i = 0$$
$$\sum h_i \Delta g_i - \sum a\Delta g_i - \sum b\Delta g_i^2 = 0 \quad (2-7-33')$$

两式联立,解之得:

$$a = \frac{\sum \Delta g_i^2 \sum h_i - \sum \Delta g_i \sum g_i h_i}{n\sum \Delta g_i^2 - \left(\sum \Delta g_i\right)^2} \quad (2-7-34)$$

$$b = \frac{n\sum \Delta g_i h_i - \sum h_i \sum \Delta g_i}{n\sum \Delta g_i^2 - \left(\sum \Delta g_i\right)^2} \quad (2-7-35)$$

式中:$\sum$ 为 $\sum_{i=1}^{n}$ 之省略形式。

系数 a、b 求出后,则可由式(2-7-32)计算出各测点下方界面的深度。本方法十分简便,二度与三度界面皆可适用;而且在界面起伏平缓时,误差不大。例如当界面起伏最大倾角小于 $3°$、起伏幅度不超过界面最大深度的 $1/10$ 时,由式(2-7-32)所得结果的最大相对误差不超过 7%;即使界面起伏最大倾角达到 $11°$,起伏幅度达到界面最大深度的 $1/5$,最大相对误差也小于 8%。另外,按式(2-7-32)求得的界面起伏,比实际情况要平缓,越接近隆起的顶部或凹陷的中心,求得界面深度的误差也越大。

(二)频率域反演法

在应用选择法进行重力反演的过程中,大部分时间用于计算理论模型的重力异常。即使应用简单的模型体,因为一般采用组合模型,对每个异常点都要计算一次,还要迭代计算,所以也需要大量时间。因此,提高正演计算速度成为反演速度的关键问题。

1973 年,Parker 提出了一个重力异常正演计算的频率域快速计算公式。Oldenburg (1974)根据 Parker 公式,提出了一种密度界面的迭代反演方法。由于采用了快速傅立叶变

换,计算速度很快。该方法利用一个低通滤波器保证了迭代的收敛性。

假定在 $x-z$ 直角坐标系中,重力异常用 $\Delta g(x)$ 表示;场源层的上部边界为 $z=0$,下部边界为 $z=h(x)$,这个边界显示界面的起伏。场源层质量必须位于水平测线之下。因为剖面的长度总是有限的,为了避免收敛性问题,假定这个层在某个有限区 D 外尖灭。即如果 $x \notin D$, $h(x)=0$。实际上,$h(x)$ 是相对于地面以下深度为 z_0 的某个参考水平面度量的。

定义函数 $h(x)$ 的一维傅立叶变换为

$$F[h(x)] = \int_{-\infty}^{\infty} h(x) e^{ikx} dx \qquad (2-7-36)$$

式中:k 是变换函数的波数。

Parker 得到重力异常的一维傅立叶变换公式:

$$F[\Delta g(x)] = -2\pi G \sigma e^{-|k|z_0} \sum_{n=1}^{\infty} \frac{|k|^{n-1}}{n!} F[h^n(x)] \qquad (2-7-37)$$

式中:σ 为所求地层与下部介质之间的密度差;G 为万有引力常数。

从式(2-7-37)的无限和式中提出 $n=1$ 的项,并重新排列,得到:

$$F[h(x)] = -\frac{F[\Delta g(x)] e^{|k|z_0}}{2\pi G \sigma} - \sum_{n=2}^{\infty} \frac{|k|^{n-1}}{n!} F[h^n(x)] \qquad (2-7-38)$$

假定已知地层与下部介质之间的密度差 σ,参考面深度 z_0 已知或给定,就可以用式(2-7-38)进行下列迭代计算。

(1)给定界面起伏 $h(x)$ 的初值,例如 $h(x)=0$。
(2)将 $h(x)$ 的初值代入式(2-7-38)的右端项,计算右端项的傅氏变换。
(3)对右端项进行傅氏反变换,即得到一次迭代后的界面起伏 $h(x)$。
(4)判断计算结果是否满足某个收敛标准,或是达到给定的最大迭代次数。如果是,即停止计算;否则转到第(2)步,以本次迭代结果作为初值,继续迭代计算。

五、多解性问题

重力反演结果的可靠性是反演方法是否有效的最关键问题。然而,重力解释中固有的多解性,即无数个不同的场源体可以引起在测量精度范围内相同的异常,严重影响到计算结果的可靠性,使解释者难以从计算得到的许多模型体中选择出适当的模型体表示引起观测异常的地质体。因此,要研究反演,就必须涉及多解性(非唯一性)的问题。

自从 Skeels(1947)的著名论文"重力解释中的多解性"发表以来,国外对这个问题有不少论述。本节将就多解性的表现,引起多解性的原因,以及限制多解性影响的方法和途径进行讨论。

Skeels(1947)用一个理想化的理论例子表明了多解性的存在。在图 2-7-2 中,假定在重力剖面上有 17 个重力观测值,观测误差为 0.1×10^{-5} m·s^{-2}。同时假定,重力异常是真正的二维异常,即重力等值线是一些平行的直线;对观测值已经做过纬度及区域校正,因而这个异常完全是由基底表面的起伏或构造引起。设基底物质密度为 2.6 g·cm^{-3},在基底上方是密度为 2.4 g·cm^{-3} 的均匀的沉积物。根据重力资料,我们能否求出基底顶面的深度及起伏?

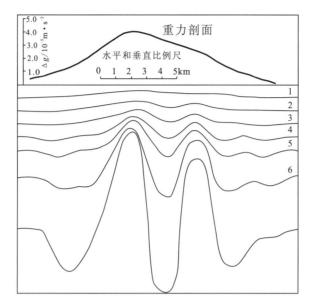

图 2-7-2 满足所给重力异常剖面的基底起伏的各种解释(引自 Skeels,1947)

给定在某个深度上的界面形状,计算这个界面在不同点处的重力效应;根据计算值和观测值的比较,再做一个新的界面;再计算,比较,直到得到一个其计算的重力效应同观测的重力效应的差值小于观测误差的构造为止。

根据上述的反演(正演模拟)方法得到的结果发现,处在不同深度的、具有不同起伏的界面(图 2-7-2 中的 1,2,3,…),还包括在这些界面之间的许多界面,都能够引起在测量精度范围内的相同异常。

Skeels 认为,计算的重力异常剖面与观测的剖面一致,并不能确保与计算异常对应的模型体就是引起观测异常的地质体。幻想用直接的数学解释方法处理重力资料,以减少解的数目,也是不可能的。因为地球物理场的多解性是固有的,即不同的质量分布能引起相同的场,没有一种数据处理方法能够改变这种情况。

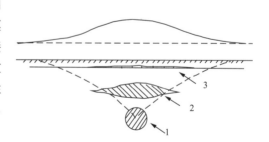

图 2-7-3 引起相同异常的可能源的锥形区
(引自内特尔顿,1987)

内特尔顿(1987)指出(图 2-7-3),与一定的异常宽度对应的场源的可能最大深度,就是引起同样宽度异常的点源(球体)的深度。在这个最大深度和地面之间,存在一个可能源的锥形区。同一个异常可以有埋藏很浅的薄透镜体(图 2-7-3 中的 3),或不太狭窄的较厚的物体,或球体引起;而且在球体上方较浅的深度上,却有无限多个可能的场源引起这个相同的异常。引起同一异常的不同的场源,有一个唯一的共同的特性,就是它们的剩余质量必须是相同的。

上述两个例子从界面起伏和体质量的角度表明了多解性的存在。

第八节 重力异常的转换处理

根据观测重力值得到的重力异常或布格重力异常，包含了从地表到深部所有密度不均匀引起的重力效应，信息非常丰富。然而，重力异常是所有这些重力效应的总和或叠加。要根据重力异常求（反演）某个地质体，必须首先从叠加重力异常中分离出单纯由这个地质体引起的异常，然后用这个异常进行反演。

一、引起重力异常的主要地质因素

引起重力异常的主要地质因素包括从地表到地球深处所有密度分布的不均匀，由深到浅包括地球深部的因素、地壳深部的因素、结晶基岩内部的密度变化、结晶基底顶面的起伏、沉积岩的构造和成分变化等。

（一）地壳深部的因素

根据天然地震及深地震测深资料，地壳结构的模式大体如图 2-8-1 所示。在大陆区从地表直到前震旦系结晶基底的顶面，是厚度从零到十几千米的沉积岩层（也有缺失区），密度在 $2.0\sim2.7\mathrm{g\cdot cm^{-3}}$ 之间；结晶基底以下几十千米的范围内，是花岗岩类和玄武岩类的物质层，其密度约为 $2.8\sim3.0\mathrm{g\cdot cm^{-3}}$。在不同岩类的各分界面处，上下两侧地震波传播速度有明显的差异。莫霍面

图 2-8-1 地壳结构模式简图

作为地壳下界面，是玄武岩类与橄榄岩类之间的界面，它在全球范围内基本上可连续追踪；花岗岩类与玄武岩类之间也是一个密度分界面，被命名为康纳德（Conrad）面，密度差约为 $0.2\mathrm{g\cdot cm^{-3}}$。该面在大陆区不能连续追踪；在大洋区，随花岗岩类的消失而消失。现在关于康纳德间断或者下地壳及其分层结构的思想，已经远远不如 1950 年前那样肯定了，地震学家已经更加怀疑康纳德间断的广泛存在。

地壳厚度的变化（即莫霍面的起伏）、壳内各层物质密度和上地幔物质密度的横向变化，是引起地表重力分布的深部因素。从目前一些研究情况看，上地幔密度横向不均匀的影响是十分缓慢的和大范围的，平均布格异常特征主要是对应着莫霍面起伏（即地壳厚度变化）。图 2-8-2 为横贯我国东西向、沿北纬 30°切取平均布格重力异常和莫霍面深度对比图。图 2-8-2 表明，异常幅值大（达数千个 g.u.），范围大，而且变化单调、平缓，因而较易识别和区分。

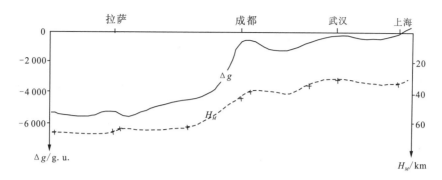

图 2-8-2 拉萨—上海平均布格重力异常与莫霍面对比图

(二)结晶基岩内部的密度变化

由于经历长期地壳运动及岩浆作用,沉积岩层的结晶基底内部的物质成分和内部构造变得十分复杂,因而其密度在横向上和纵向上的变化都很大。在基底出露区或沉积盖层不太厚的地区,这种密度的变化,会使地表的重力产生相应的变化,其幅度可达数百 g.u.。在俄罗斯西北部波罗的海地盾的卡累利地区,前寒武纪结晶基岩出露地表,基岩内部存在陡立的、常常是近于铅直的不同岩层的接触面;而且这种接触面延伸数千米。在大多数情况下,各岩层的密度是不同的。图 2-8-3 是该地区的一个地质、密度及重力的综合剖面,图中的重力异常强度达几百 g.u.。这个剖面清楚地显示出重力异常很好地反映了密度的变化。

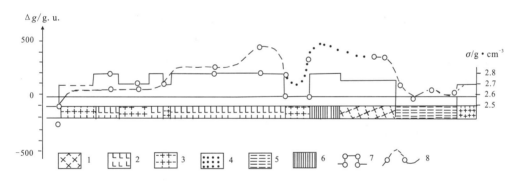

图 2-8-3 重力异常与结晶基底密度变化(据肖敬涌,1961)
1.太古宙花岗片麻岩;2.混合岩;3.花岗岩;4.石英岩和砂岩;5.页岩、白云岩、辉绿岩;
6.千枚岩;7.岩石密度曲线;8.重力异常曲线

(三)结晶基底顶面的起伏

结晶基底与上覆沉积岩系通常都存在一定的密度差,在基底内部岩性较均匀的情况下,基岩顶面的起伏能引起较大范围内的重力变化,据此可以成功地圈定那些范围较大的、具有较大幅度的隆起或凹陷。

(四) 沉积岩的构造和成分变化

在沉积岩系比较发育的地区，沉积岩系的内部往往存在多个密度分界面，如新生代的疏松沉积物与下伏老地层之间；中新生代的陆相地层与古生代的海相地层之间；古生代上部砂页岩和下部碳酸盐岩之间都可能存在密度差异。当这些界面受地壳运动影响而产生褶皱、断裂，又具备足够大的剩余质量时，将引起明显的重力异常，这为应用重力法研究、寻找局部构造提供了条件。

此外，沉积岩内的岩性或岩相变化也可能引起明显的重力变化。例如在盆地内的向斜部位堆积了密度较下伏岩层大的砾石层，使得应当出现向斜引起的重力低处，反而出现了重力高；而背斜构造部位出现了重力低，这一点在对重力资料作解释时应特别注意。

(五) 其他密度不均匀因素

大多数金属矿床(如铁矿、铜矿、铬铁矿等)，特别是致密的矿床，其密度都比围岩大，密度差通常超过 $0.5 \text{g} \cdot \text{cm}^{-3}$；某些非金属矿(如岩盐、煤炭等)或侵入体，则情况相反，其密度一般比围岩要小。因此，当这些矿体或地质体具有一定的规模而埋藏深度又不大时，都能在地表形成可观测得到的局部重力异常。

Grant & West(1965)指出，地球的所有物质都会引起重力，但是因为重力特性的反平方定律，靠近测点的岩石，比远处岩石的影响要大得多。地球引力(即单位质点的重量)的大部分，并非由地壳中的岩石引起。引力主要由地幔及地核中的物质质量所引起，因为地幔及地核的形状规则、密度变化平缓，因此地球引力场的变化也是规则和平缓的。重力权值的 0.3% 由地壳物质引起；而且在这么小的重力值中，大约 15% 才为地壳最上部 5km 厚的岩石引起。通常我们研究的地质现象，就存在于这个地区。在这个区域的岩石密度变化引起的重力的变化，一般在任何地方都不会超过重力权值的 0.01%。与有经济价值的矿体有关的重力的变化，或许不会超过 $10^{-5}g$。因而，地质构造对于地球重力的贡献非常小。

二、区域异常与局部异常

(一) 重力异常的叠加

两个以上地质体引起的叠加异常，在形态、幅值和范围上，不同于单个地质体引起的异常，下面以单斜异常与球体异常的叠加异常为例说明。

单个球体在地面引起的异常是不等间距的同心圆，一旦叠加在一个水平梯度为常数的单斜异常上，情况就大不一样了。设球体剩余密度 $\sigma>0$，当其异常的水平梯度值小于单斜异常的水平梯度时，叠加的异常不可能形成圈闭，平面等值线只是向异常的降低方向扭曲，如图 2-8-4(a)所示。当球体异常的水平梯度大于单斜异常水平梯度时，在球体异常中心附近部位才能形成小的圈闭[图 2-8-4(b)]。当球体的剩余密度 $\sigma<0$ 时，叠加后的异常等值线是向异常升高的一方扭曲[图 2-8-4(c)]。

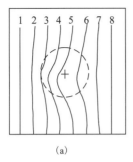 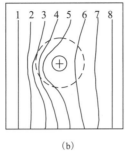 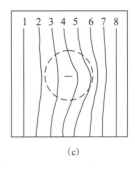

图 2-8-4 球体异常与单斜异常的叠加

(二)区域异常与局部异常

区域异常是叠加异常中的一部分,主要是由分布较广的中、深部地质因素所引起的重力异常。这种异常特征是异常幅值较大,异常范围也较大,但异常水平梯度小。

局部异常也是叠加异常中的一部分,主要是指相对区域因素而言范围有限的研究对象引起的范围和幅度较小的异常,但异常水平梯度相对较大。由于局部异常是从布格异常中去掉区域异常后的剩余部分,故局部异常也称为剩余异常。

区域异常和局部异常是相对的,没有绝对的划分标准,应视研究的问题而言。由图 2-8-5 可知,相对异常 A 而言,异常 B 和 C 都可以看成区域异常,而相对 C 而言,A 和 B 又都可以认为是它的局部异常。划分区域异常与局部异常的方法主要有以下几种。

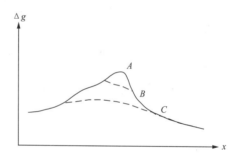

图 2-8-5 区域异常与局部异常的相对性

三、平均场法

平均场法的基本原理是:在一定剖面或平面范围内的区域异常可视为线性变化,因而该范围的重力异常平均值可作为其中心点处的区域异常值;求平均异常时所选用的范围应当大于局部异常的范围。

将布格异常平面图以一定的网度分成正方形网格状,网格大小一般为重力测网点距的数倍至十几倍;然后以每个网格中各节点重力异常平均值作为网格中心点的区域异常值,依据各网格中心点的区域异常值可以勾绘区域异常等值线图,从而各测点上的区域异常便能用内插法求得,相应的局部异常也就可以获得。另外一种计算办法是采用同一网格的滑动方法求出各节点上的区域异常和局部异常。一般来说,窗口越大,滑动平均值反映的地质体越深。因此,应按需要压制的局部异常范围大小来选择窗口的大小。这种方法最适用于计算机处理,因而应用较广泛。

需要特别指出的是,这类方法在应用中必然会带来所谓"虚假异常"的问题,我们用剖面上的情况来说明(图2-8-6)。在图2-8-6中,用$(-L,L)$窗口计算A点的局部异常时能够得到正确的区域异常$\overline{\Delta g_{reg}}$;滑动到$B$点时,因为重力异常平均值$\overline{\Delta g_B}$大于该点的异常$\Delta g_B$,所以在$B$点得到负的剩余异常$\Delta g_{fau}$,这就是不应有的虚假异常。用人工图解法勾绘区域异常时,就可以避免出现这一问题。处理虚假异常的一种方法是:从布格异常中减去第一次求得的剩余异常后,再对其剩余部分重新用$(-L,L)$窗口求其剩余异常,将第二次求得的

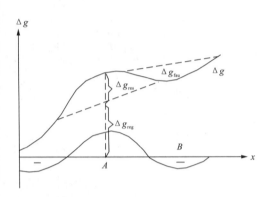

图2-8-6 产生虚假异常原因的示意图

剩余异常,再加到原剩余异常中去,如此反复几次,直到基本消除虚假异常为止。

四、趋势分析法

趋势分析法与滑动窗口平均法是目前重力资料数据处理中常用的方法,参数选择恰当时,可以获得比较理想的位场分离效果,趋势分析法的原理与异常平滑有相似之处,只不过这里是以一个一定阶次的数学曲面来代表测区内异常变化的趋势,并以此趋势作为区域场来看待,从布格重力异常中减去这一区域异常,即获得测区内的局部异常。

该方法是选用一个m阶(沿测区x、y方向是一样的)多项式来描述全测区的区域异常,m阶多项式的一般形式为

$$\overline{g}(x,y)=a_0+a_1x+a_2y+a_3x^2+a_4xy+a_5y^2+\cdots+a_{M-1}y^m \qquad (2-8-1)$$

式中:$a_0,a_1,\cdots,a_{M-1}$为一个待定系数,若多项式的阶数为m,则$M=\frac{1}{2}(m+2)(m+1)$,$\overline{g}(x,y)$即为趋势值(区域异常)。显然,一阶方程代表一个平面,二阶方程代表一个二次曲面,高阶方程则表示了一个高阶曲面。

下面我们以二次曲面拟合区域异常为例来说明方法的原理。设趋势面为

$$\overline{g}(x,y)=a_0+a_1x+a_2y+a_3x^2+a_4xy+a_5y^2 \qquad (2-8-2)$$

$a_j(j=0,1,2,\cdots,5)$为6个待定系数。在测区中按一定网格共选取n个测点,其坐标为(x_i,y_i),相应点的布格异常值为$g_i(i=1,2,\cdots,n)$。则要使二次曲面能与重力异常的变化在最小二乘意义下得到最佳拟合,系数a_j应满足:

$$\varphi(a_j)=\sum_{i=1}^{n}(\overline{g_i}-g_i)^2=\sum_{i=1}^{n}(a_0+a_1x+a_2y+a_3x^2+a_4xy+a_5y^2-g_i)^2=\min$$

$$(2-8-3)$$

根据多元函数求极值法,则式(2-8-3)成立的条件是

$$\frac{\partial \varphi}{\partial a_j}=0 \quad (j=0,1,\cdots,5) \qquad (2-8-4)$$

于是可以得到一个包含待定系数a_j的线性方程组,其矩阵形式为

$$A^TAX=A^TG \qquad (2-8-5)$$

式中：$A=\begin{bmatrix} 1 & x_1 & y_1 & x_1^2 & x_1y_1 & y_1^2 \\ 1 & x_2 & y_2 & x_2^2 & x_2y_2 & y_2^2 \\ \vdots & \vdots & \vdots & \vdots & \vdots & \vdots \\ 1 & x_n & y_n & x_n^2 & x_ny_n & y_n^2 \end{bmatrix}, X=\begin{bmatrix} a_0 \\ a_1 \\ a_2 \\ a_3 \\ a_4 \\ a_5 \end{bmatrix}, G=\begin{bmatrix} g_1 \\ g_2 \\ \vdots \\ g_n \end{bmatrix}$

当 $\det(A^TA) \neq 0$ 时，可求得各系数 a_j，再利用式(2-8-3)便可计算出各网格点上的趋势值 $\overline{g}(x_i, y_i)$。

可以看出，在作趋势分析时，坐标系是固定而非滑动的，因而必须求出所有的待定系数。多项式阶次的选择，应视区域异常的复杂程度来定，阶次偏高，会造成趋势值受局部异常的影响较大，造成最后的局部异常幅值被削弱，对重力异常的处理来说，一般选用 2～3 阶为宜，复杂地区也只取 4～5 阶；趋势分析法同样也会在位场分离时出现虚假异常问题，必要时可采用多次迭代的办法予以消除。

五、空间域解析延拓法

根据观测平面或剖面上的重力异常值计算高于它的平面或剖面上异常值的过程称为向上（或向下）延拓。

由于重力异常值与场源到测点距离的平方成反比，因此对于深度相差较大的两个场源体来说，进行同一个高（深）度的延拓，它们各自的异常减弱或增大的速度是不同的。进行上延计算时，由浅部场源体引起的范围小、比较尖锐的"高频"异常，随高度增加的衰减速度比较快；而由深部场源体引起的范围大的宽缓的"低频"异常，随高度增加的衰减速度比较慢。因此，向上延拓有利于相对突出深部异常特征；而向下延拓时，由浅部场源体引起的"高频"异常随深度增加（高度减小）的增大速度比较快，而由深部场源体引起的"低频"异常其增大速度比较慢，因此向下延拓相对突出了浅部异常。

解析延拓可以用积分插值法在空间域进行，也可以通过傅立叶变换在频率域进行，下面介绍空间域剖面延拓方法。

1. 空间域剖面的向上延拓

剖面异常的积分公式可近似地表示为有限个分段积分之和：

$$\Delta g(0,-h) \approx \frac{1}{\pi}\sum_{i=-n}^{n}\Delta g(ih,0)\int_{(i-\frac{1}{2})h}^{(i+\frac{1}{2})h}\frac{h}{\xi^2+h^2}d\xi = \frac{1}{\pi}\sum_{i=-n}^{n}\Delta g(ih,0)\tan^{-1}\frac{4}{4i^2+3}$$

$$(2-8-6)$$

式中：$\Delta g(ih,0)$ 是横坐标为 ih 点上的重力异常值（以取值的点距为延拓高度 h 的单位）。把 $(i-1/2)h$ 与 $(i+1/2)h$ 之间的 $\Delta g(\xi,0)$ 用其中间值 $\Delta g(ih,0)$ 来表示。将 $i=0,\pm 1,\pm 2,\cdots,\pm n$ 分别代入式(2-8-6)，经整理得：

$\Delta g(0,-h) = 0.295\ 1\Delta g(0)+$
　　　　$0.165\ 3[\Delta g(h)+\Delta g(-h)]+0.066\ 0[\Delta g(2h)+\Delta g(-2h)]+$
　　　　$0.032\ 6[\Delta g(3h)+\Delta g(-3h)]+0.019\ 0[\Delta g(4h)+\Delta g(-4h)]+$
　　　　$0.012\ 4[\Delta g(5h)+\Delta g(-5h)]+0.008\ 7[\Delta g(6h)+\Delta g(-6h)]+$

$$0.006\ 4[\Delta g(7h)+\Delta g(-7h)]+0.004\ 9[\Delta g(8h)+\Delta g(-8h)]+\cdots \quad (2-8-7)$$

从式(2-8-7)可知,随着离窗口中心点距离的增大,延拓系数不断减小。计算延拓值时 $|i|$ 究竟取多大,应根据计算精度而定。

2. 空间域剖面的向下延拓

重力异常向下延拓值是利用向上延拓值及原始剖面异常值,根据拉格朗日插值原理外推而得。

当取值点如图 2-8-7 所示,向下延拓值的近似计算公式为

$$\Delta g(0,h)=4\Delta g(0,0)-\Delta g(h,0)-\Delta g(-h,0)-\Delta g(0,-h) \quad (2-8-8)$$

式中:$\Delta g(h,0)$,$\Delta g(-h,0)$ 和 $\Delta g(0,0)$ 是观测剖面上的已知值;$\Delta g(0,-h)$ 是计算出的上延值;$\Delta g(0,h)$ 便是向下延拓值。

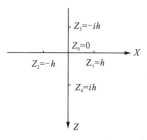

图 2-8-7　剖面异常向下延拓的取值点位($i=1$)

将式(2-8-7)表示的 $\Delta g(0,-h)$ 代入式(2-8-8)中,便得到:

$$\begin{aligned}\Delta g(0,h)=&3.704\ 8\Delta g(0)-\\&0.165\ 3[\Delta g(h)+\Delta g(-h)]-0.066\ 0[\Delta g(2h)+\Delta g(-2h)]-\\&0.032\ 5[\Delta g(3h)+\Delta g(-3h)]-0.019\ 0[\Delta g(4h)+\Delta g(-4h)]-\\&0.012\ 4[\Delta g(5h)+\Delta g(-5h)]-0.008\ 7[\Delta g(6h)+\Delta g(-6h)]-\\&0.006\ 4[\Delta g(7h)+\Delta g(-7h)]-0.004\ 9[\Delta g(8h)+\Delta g(-8h)]-\cdots \quad (2-8-9)\end{aligned}$$

上面介绍的剖面重力异常向上及向下延拓都需要在已知剖面上取值,而且延拓高度应为取值点距的整数倍,所以又称等间距延拓。根据利用已知点数目多少的不同,可导出不同的下延公式。

六、高次导数法

布格重力异常换算成它的高次导数,具有下列优点。

(1)不同形状地质体的重力异常导数具有不同的特征,这有助于对异常的解释和分类。

(2)重力异常的导数可以突出浅而小的地质体的异常特征而压制区域性深部地质因素的重力效应,在一定程度上可以分离不同深度和大小异常源引起的叠加异常,且导数的次数越高,这种分辨能力就越强。图 2-8-8 表明,小球的重力异常比大球小许多,二者的叠加异常很难显示出小球的存在[图 2-8-8(a)]。然而,重力异常的垂向一次导数[图 2-8-8(b)]及二次导数[图 2-8-8(c)]却突出了小球的异常特征,压制了大球的影响。

(3)重力高阶导数可以将几个互相靠近、埋藏深度相差不大的相邻地质体引起的叠加异常分离开来。

重力异常导数分辨率高的主要原因是因为重力位导数的阶次越高,异常随所在测点与场源体距离的加大,或场源体的加深而衰减越快。在水平方向,基于同样道理,阶次越高的异常范围越小。

在重力异常的分离中,高次导数法的作用与图解法、平均场法等不同,它并非把叠加异常中的局部异常和区域异常分离开来,而是把重力异常换算为另一种位场要素,以突出某种场源体引起的异常。

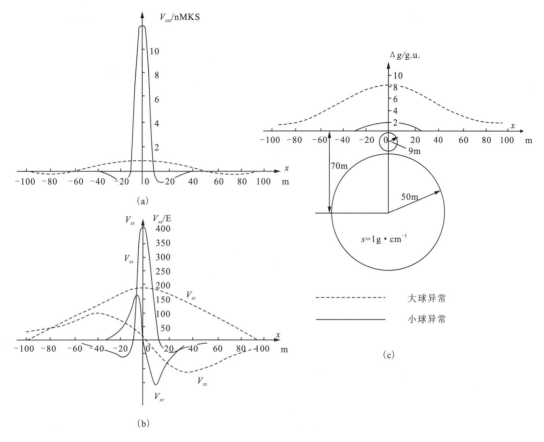

图 2-8-8 两个不同深度、大小的球体的异常

(1) 哈克(Healck)公式:

$$g_{zz} = -4a_1 = \frac{4}{R^2}[g(0) - \overline{g}(R)] \qquad (2-8-10)$$

(2) 艾尔金斯(Elkins)公式:

艾尔金斯第 I 公式:

$$g_{zz} = \frac{1}{60R^2}[64g(0) - 8\overline{g}(R) - 16\overline{g}(\sqrt{2}R) - 40\overline{g}(\sqrt{5}R)] \qquad (2-8-11)$$

艾尔金斯第 II 公式:

$$g_{zz} = \frac{1}{28R^2}[16g(0) + 8\overline{g}(R) - 24\overline{g}(\sqrt{5}R)] \qquad (2-8-12)$$

艾尔金斯第 III 公式:

$$g_{zz} = \frac{1}{62R^2}[44g(0) + 16\overline{g}(R) - 12\overline{g}(\sqrt{2}R) - 48\overline{g}(\sqrt{5}R)] \qquad (2-8-13)$$

(3) 罗森巴赫(Rosenbach)公式:

$$g_{zz} = \frac{1}{24R^2}[96g(0) - 72\overline{g}(R) - 32\overline{g}(\sqrt{2}R) + 8\overline{g}(\sqrt{5}R)] \qquad (2-8-14)$$

这些公式的取数点位置见取数量板(图2-8-9)。

由于重力高阶导数 g_{zz} 对于叠加重力异常的分辨率较高,因而具有较好地突出被区域场掩盖、甚至被歪曲了的浅部地质体引起的弱小异常的能力。图2-8-10是江苏某铁矿区的 g_{zz} 异常实例。从 Δg 平面等值线图[图2-8-10(a)]上很难发现次级断裂 F_1,此图只是对 F_1 和 F_2 有些显示,但位置也难确定。g_{zz} 异常等值线[图2-8-10(b)]清楚地显示出次级断裂的水平错动;而 F_2 则主要为两侧岩层的相对升降。

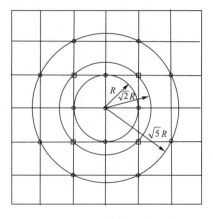

图2-8-9 计算垂向二次导数的取数量板

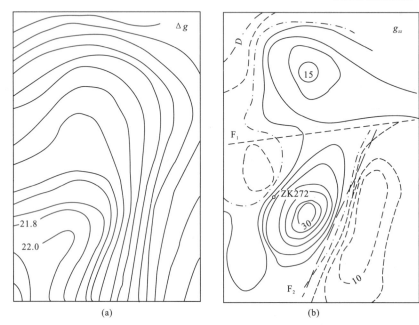

图2-8-10 江苏某铁矿区的 Δg 和 g_{zz} 平面示意图
(a)平面等值线 $\Delta g / 10^{-5}\mathrm{m \cdot s^{-2}}$;(b)异常等值线 g_{zz}/nMKS

*七、归一化总梯度

由苏联学者别廖兹金等人于20世纪60年代末提出的重力归一化总梯度法,是一种利用在较高精度下测量的重力异常来确定场源、断裂位置及密度分界面的方法,条件有利时还可以用于直接寻找含油气的构造,从苏联的应用情况来看,效果还是较为明显。

该方法的出发点在于剩余质量的引力位及其导数在场源体以外空间都是解析函数,而在场源处则失去解析性。在解析函数中,失去解析性的点叫函数的奇点,确定场源的问题就是通过对异常的解析延拓来确定函数的奇点问题。例如对水平圆柱体来说,已知其重力异常表达式为

$$\Delta g = 2G\lambda \frac{D}{x^2 + D^2} \qquad (2-8-15)$$

可以看出,在 $x=0$ 处,将 Δg 沿 z 轴向下延拓,当 $D=0$ 时,Δg 将趋于无穷大,所以圆柱体轴心点处即为式(2-8-15)的一个奇点。

(一)方法的原理

在实际工作中,我们并不知道研究对象产生的异常的表达式,只能利用有限个离散数据将其展成级数来表示。因此,重力资料的有限性和离散性,展成的级数也只可能取有限项,加上观测中的误差、随机干扰的影响等,使重力异常在解析延拓中只能是近似的,特别是在下延计算中,往往在延拓到场源之前其延拓过程已被破坏,因而常常找不到与场源有关的奇点。为说明这一点,我们仍然用水平圆柱体的重力异常展成泰勒(Taylor)级数予以讨论。如图 2-8-11 所示,向下延拓到任一点 $P(x,z)$ 的重力异常为

$$\Delta g(x,z) = 2G\lambda \frac{D-z}{(D-z)^2 + x^2}$$

若沿 x 轴($x=0$),则上式为

$$\Delta g(z) = 2G\lambda \frac{1}{D-z}$$

在 $z=0$ 的附近将上式展成泰勒级数为

$$\Delta g(z) = \sum_{n=0}^{\infty} \frac{1}{n!} 2G\lambda \frac{n!}{(D-z)^{n+1}} \bigg|_{z=0} (z-0)^n = 2G\lambda \sum_{n=0}^{\infty} \frac{1}{D^{n+1}} z^n = \frac{2G\lambda}{D} \sum_{n=0}^{\infty} \left(\frac{z}{D}\right)^n \qquad (2-8-16)$$

显然,当上式向下延拓趋于场源时($z \to D$)级数发散,即 D 为 $\Delta g(z)$ 的一个奇点,但当级数不取无限项时,情况就不同了,这时

$$\Delta g(z) = \frac{2G\lambda}{D} \sum_{n=0}^{N} \left(\frac{z}{D}\right)^n \qquad (2-8-17)$$

即便通过柱体中心($z \geq D$),因式(2-8-17)是一有限项级数,只有当 $z \to \infty$ 时才发散,否则只要 N 为有限项,级数都是收敛的,这就说明了在实际工作中要寻找奇点是很困难的。

为了克服这一困难,需要进一步研究用有限级数来表示重力的办法。为此,将式(2-8-16)改写成:

$$\Delta g(z) = \frac{2G\lambda}{D} \sum_{n=0}^{N} \left(\frac{z}{D}\right)^n + \frac{2G\lambda}{D} \sum_{n=N+1}^{\infty} \left(\frac{z}{D}\right)^n \qquad (2-8-18)$$

此式等号右边的第二项是级数的余项,也即舍去误差。令 $\zeta = \frac{z}{D}$,则式(2-8-18)可写成:

$$\Delta g(\zeta) = \Delta g_N(\zeta) + r_N(\zeta)$$

由级数理论证明,若 N 取适当值时,则 $\zeta < 1$ 时,有 $r_N(\zeta) < \Delta g_N(\zeta)$;反之,$\zeta > 1$ 时,有 $r_N(\zeta) > \Delta g_N(\zeta)$,这是一个非常重要的情况,用它可以确定与场源有关的奇点。我们以 $r_N(\zeta)$ 对 $\Delta g_N(\zeta)$ 进行归一化,则有:

$$\Delta g^H(\zeta) = \frac{\Delta g_N(\zeta) + r_N(\zeta)}{r_N(\zeta)} = \frac{\Delta g_N(\zeta)}{r_N(\zeta)} + 1 \qquad (2-8-19)$$

归一化函数 $\Delta g^H(\zeta)$ 的变化仅与 $\Delta g_N(\zeta)$ 和 $r_N(\zeta)$ 之比有关。只要 N 取值合适,在从上面接近奇点时,有 $r_N(\zeta) < \Delta g_N(\zeta)$。且 $\Delta g_N(\zeta)$ 的增加比 $r_N(\zeta)$ 为快,故 $\Delta g^H(\zeta)$ 随之增大;当通

过奇点后，情况反过来，因而 $\Delta g^H(\zeta)$ 是逐渐减小的，所以在 $\zeta \to 1$ 时，$\Delta g_N(\zeta)$ 将有极大值出现，如图 2-8-12 所示。因此，用归一化函数 $\Delta g^H(\zeta)$ 的意义就十分明显，它可以克服前面提到的用一般向下延拓直接寻找奇点的困难。

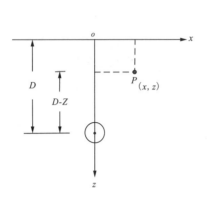

图 2-8-11　水平圆柱体在 $P(x,z)$ 点异常的计算

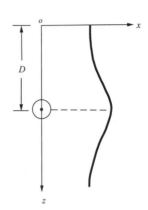

图 2-8-12　$\Delta g^H(\zeta)$ 在圆柱体轴心处有极大值

现在的问题是如何确定 $r_N(\zeta)$，因为实际工作中它仍属未知。别廖兹金的研究认为，当采用适当的数学运算（如傅立叶级数）时，可以用某一个深度上 $\Delta g(\zeta)$ 的平均值来代替 $r_N(\zeta)$。

（二）归一化总梯度的计算

在实际应用中，并不用重力异常的归一化函数 $\Delta g^H(\zeta)$，这是因为无论从级数的舍去误差 $r_N(\zeta)$ 来说，还是从观测值中的随机误差来看，在下延过程中，均包含着一个不平稳的正弦量函数，正弦量的振幅随 z 的增大而越来越大，使延拓结果畸变，而如果用观测面（xOz 面）内重力异常的总梯度（即 V_{xx} 和 V_{zz} 矢量和的模数）来作归一化函数，也同样可以根据其极值来判断场源或奇点的位置，而它的余项和随机误差在下延中则呈现一个相对平稳的量，其影响要比用 $\Delta g(\zeta)$ 归一小得多，随着观测精度的提高，计算的结果也越可靠。

因此归一化总梯度的表达式如下：

$$G^H(x,z) = \frac{G(x,z)}{\overline{G}(x,z)} = \frac{\sqrt{g_x^2(x,z) + g_z^2(x,z)}}{\dfrac{1}{M+1}\sum_0^M \sqrt{g_x^2(x,z) + g_z^2(x,z)}} \quad (2-8-20)$$

式中：$G(x,z)$ 为 xOz 垂直面上的重力总梯度；$\overline{G}(x,z)$ 为深度 z 上 $M+1$ 个测点总梯度的平均值。

可以看出，$G^H(x,z)$ 为一个无量纲的比值。在 xOz 面内，按一定深度间隔求各点的 $G^H(x,z)$，最后可以勾绘出 $G^H(x,z)$ 的等值线图。

由于在测线两端点的重力异常为零的条件下，正弦级数收敛比余弦级数快，因此选用正弦级数来表示 Δg，为此应对实测异常的每一个 $\Delta g(x,0)$ 减去线性项 $a+bx$，其中 a 为测线起点处的重力异常值 $\Delta g(0,0)$，$b = [\Delta g(0,0) - \Delta g(L,0)]/L$，$\Delta g(L,0)$ 为测线末端的重力值，L 为测线长度。这样可获得向下延拓的傅立叶级数表达式：

$$\Delta g(x,z) = \sum_1^N B_n \sin\frac{\pi n x}{L} e^{\frac{n\pi z}{L}} \qquad (2-8-21)$$

式中：$e^{\frac{n\pi z}{L}}$ 为下延因子；N 为谐波项数；B_n 为谐波，其表达式为

$$B_n = \frac{2}{L}\int_0^L \Delta g(x,0)\sin\frac{\pi n x}{L}dx$$

对式(2-8-21)求导便很容易得出 g_x 和 g_z 的表达式：

$$g_x(x,z) = \frac{\pi}{L}\sum_1^N n B_n \cos\frac{\pi n x}{L} e^{\frac{n\pi z}{L}} \qquad (2-8-22)$$

$$g_z(x,z) = \frac{\pi}{L}\sum_1^N n B_n \sin\frac{\pi n x}{L} e^{\frac{n\pi z}{L}} \qquad (2-8-23)$$

B_n 的计算：设测线 L 是由点距为 Δx 的 $M+1$ 个测点组成，则 $x=j\Delta x(j=0,1,2,\cdots,M)$，$L=M\Delta x$，故 B_n 可表示为

$$B_n \doteq \frac{2}{M}\sum_{j=0}^M \Delta g(j\Delta x)\sin\frac{\pi n j}{M} \qquad (2-8-24)$$

用式(2-8-22)～式(2-8-24)来计算 $G^H(x,z)$ 的结果表明，在向下延拓的过程中会遇到随机误差和其他干扰引起的麻烦，同时由于测线端部场的间断将引起 $G^H(x,z)$ 曲线出现虚假异常，因此，还必须给 B_n 乘上一个圆滑因子 q_m 以增强延拓过程的稳定性：

$$q_m = \left(\frac{\sin\frac{\pi n}{N}}{\frac{\pi n}{N}}\right)^m \qquad (2-8-25)$$

式中：N 为谐波总项数；$m=1,2,3,\cdots$。

q_m 具有圆滑作用，它的数值从 1 变到 0，n 越大(高频成分)受到的圆滑作用也越强。在石油勘探中 $m=2$ 较为合适。因此最后就有：

$$g_x(x,z) = \frac{\pi}{L}\sum_1^N n B_n \cos\frac{\pi n x}{L} e^{\frac{n\pi z}{L}} \left(\frac{\sin\frac{\pi n}{N}}{\frac{\pi n}{N}}\right)^2 \qquad (2-8-26)$$

$$g_z(x,z) = \frac{\pi}{L}\sum_1^N n B_n \sin\frac{\pi n x}{L} e^{\frac{n\pi z}{L}} \left(\frac{\sin\frac{\pi n}{N}}{\frac{\pi n}{N}}\right)^2 \qquad (2-8-27)$$

在以后许多人的研究、实验中，仿照 Cianciara 等人提出的相位概念，增加了与总梯度图相对应的相位图，其计算式是：

$$\phi(x,z) = \tan^{-1}\frac{g_x(x,z)}{g_z(x,z)} \qquad (2-8-28)$$

3. 理论模型与实例

图 2-8-13 给出了一个其顶部深 1km，底部深 1.8km，宽为 3km 的背斜模型的计算结果。可以看出，在背斜的重心部位(场源中心)，$G^H(x,z)$ 有最大值 8.86，证实了本方法的理论效果。

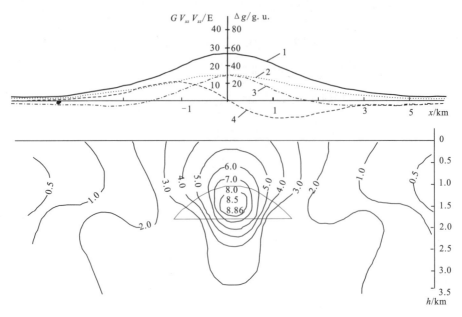

图 2-8-13 背斜体的 $\Delta g(x,0)$、V_{xz}、V_{zz} 曲线和 $G^H(x,z)$ 等值剖面图
$N=50$；1. Δg 曲线；2. $G(x,0)$ 曲线；3. V_{zz} 曲线；4. V_{xz} 曲线

图 2-8-14 给出了在同一个水平圆柱体(半径为 0.5km，中心埋深为 2km，$\sigma=1.0$g·cm^{-3})条件下，剖面长 $L=20$km 时，不同级数总项数(即谐波数)N 的结果。N 的选择是一个关键参数。N 从 60 到 20 时，$G^H(x,z)$ 极值的位置从上向下移动，极大值数值是由小到大再到小，当 $N=40$ 时，异常的中心恰与圆柱体重合，$G^H(x,z)$ 极值也最大，所以在实际工作中应取不同的 N 值进行计算，以找出诸极值中最大的那个值的位置作为最接近场源的深度位置，此时，异常中心两侧的等值线亦向中心靠得最近。

图 2-8-15 给出了上顶埋深 3km，下底埋深 6km，$\sigma=0.5$g·cm^{-3} 的垂直台阶模型所对应的总梯度和相位图。在 N 合适时，极值位置与台阶下角点位置基本一致，相位图则十分准确地用极小值与极大值之间的零值指明了台阶铅垂面所在位置。

在含油气的背斜构造顶部，由于质量的亏损，会使因背斜构造形成的重力高极大值有所降低(约 10g.u.)，但这种减小是无法判明的，而在总梯度图上，则于构造的边部出现两个极大值，而在构造的顶部出现一个极小值，形成"两高夹一低"的特征，成为寻找含油气构造的典型标志(图 2-8-16)。

1970 年之前，苏联曾对 45 个已知地质构造运用此种方法，已知区中有 30 个油气田，15 个金属矿床，结果表明，在 42 个已知区中，$G^H(x,z)$ 场得到了可靠的显示，仅仅有 3 个是不可信的，图 2-8-17 热底巴依油气田上的总梯度图，在 $N=30$ 时出现明显的"两高夹一低"的图像。在图的左侧，大约在同一深度上也出现类似特征，因而推测存在着一个埋深相似、规模较小的油气藏，这已为以后的地震工作和钻探所证实。

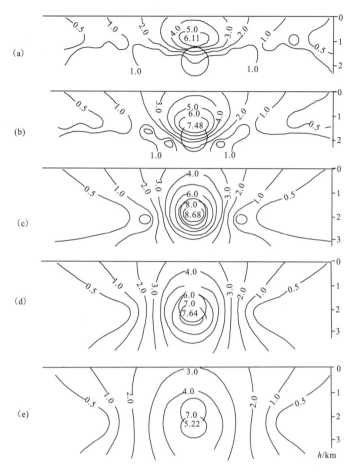

图 2-8-14 不同 N 值时的 $G^H(x,z)$ 等值线剖面图

(a)$N=60$;(b)$N=50$;(c)$N=40$;(d)$N=30$;(e)$N=20$

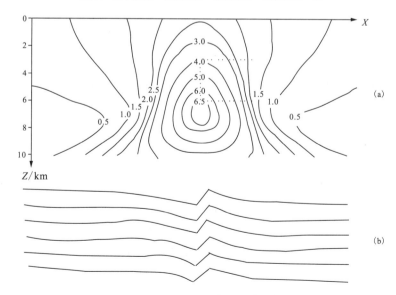

图 2-8-15 铅垂台阶的模型图

(a)归一化总梯度等值线剖面图,点线位置为垂直台阶模型;(b)归一化总梯度相位图

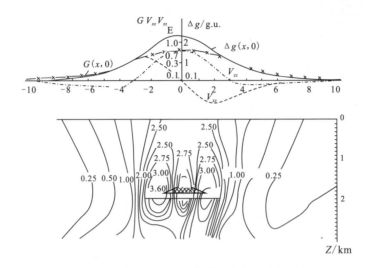

图 2-8-16 含油气背斜构造模型的归一化总梯度图

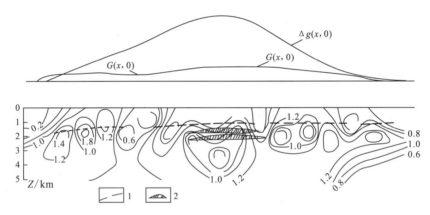

图 2-8-17 热底巴依油气田的 $\Delta g(x,0)$，$G(x,0)$ 曲线和 $G(x,z)$ 场

$N=30$；1.地震标志层；2.油气藏

根据理论与实例，别廖兹金对该方法的实际能力作了以下几点结论。

(1) $G^H(x,z)$ 法可以从观测重力场中划分出幅度为 20~30m，深度在 3~5km 以上的平缓构造的重力场，并确定其深度，理论上精度可达 5%~50%。

(2) $G^H(x,z)$ 法也可以从观测重力场中划分出厚度为 50m 以上的油层和 30m 以上的气层的重力场，为用重力法和其他物探方法综合直接寻找储量相对不大的油气藏提供了一条有效的途径。

(3) 在金属矿勘探中，本方法可以求出矿体上顶面或重心的深度，并对它的倾向作出一些分析。

(4) $G^H(x,z)$ 法可以用于研究地壳深部构造，确定深部断裂的位置和它的分布方向等。

第九节 重力异常的地质解释及应用

一、重力异常的识别

(一)异常特征的描述

对于一幅重力异常图,首先要注意观察异常的特征。在平面等值线图上,异常特征主要是指区域性异常的走向及其变化,从东到西(从南到北)异常变化的幅度有多大;区域性重力梯级带的方向、延伸长度、平均水平梯度和最大水平梯度值等。对局部异常来说主要指的是异常的弯曲和圈闭情况,对圈闭状异常应描述其基本形状,如等轴状、长轴状或狭长带状;是重力高还是重力低;重力高、低的分布特点;异常的走向(指长轴方向)及其变化;异常的幅值大小及其变化等。在综合分析区域异常与局部异常基本特征后,有可能根据异常特征的不同将工区划分成若干小区,以供下一步作较深入的分析研究。

在重力异常剖面图上,应注意异常曲线上升或下降的规律,异常曲线幅值的大小,区域异常的大致形态与平均变化率,局部异常极大值或极小值的幅度、所在位置等。

(二)典型局部重力异常的可能解释

由于不同的地质因素往往会在重力异常平面等值线图上或剖面图上引起相似的异常特征,因此根据某一局部异常来判定它是由什么地质因素引起的,常常是不容易的。为此,有必要结合地质资料或其他物探解释成果进行综合解释。下面仅叙述常见的几种局部异常与可能反映的地质因素的对应关系,供作地质解释时参考。

1. 等轴状重力高

基本特征:重力异常等值线圈闭成圆形或接近圆形,异常值中心部分高,四周低,有极大值点。

相对应的规则几何形体:剩余密度为正值的均匀球体,铅直圆柱体,水平截面接近正多边形的铅直棱柱体等。

可能反映的地质因素:囊状、巢状、透镜体状的致密金属矿体,如铬铁矿、铁矿、铜矿等;中基性岩浆(密度较高)的侵入体,形成岩株状,穿插在较低密度的岩体或地层中;高密度岩层形成的穹隆、短轴背斜等;松散沉积物下面的基岩(密度较高)局部隆起;低密度岩层形成的向斜或凹陷内充填了高密度的岩体,如砾石等。

2. 等轴状重力低

基本特征:重力异常等值线圈闭成圆形或近于圆形,异常值中心低,四周高,有极小值点。

相对应的规则几何形体:剩余密度为负的均匀球体,铅直圆柱体,水平截面接近正多边形的铅直棱柱体等。

可能反映的地质因素:岩丘构造或盆地中岩层加厚的地段;酸性岩浆(密度较低)侵入体,侵入在密度较高的地层中;高密度岩层形成的短轴向斜;古老岩系地层中存在巨大的溶洞;新生界松散沉积物的局部加厚地段。

3. 条带状重力高(重力高带)

基本特征:重力异常等值线延伸很大或闭合成条带状,等值线的中心高,两侧低,存在极大值线。

相对应的规则几何形体:剩余密度为正的水平圆柱体、棱柱体和脉状体等。

可能反映的地质因素:高密度岩性带或金属矿带;中基性侵入岩形成的岩墙或岩脉穿插在较低密度的岩石或地层中;高密度岩层形成的长轴背斜、长垣、地下的古潜山带、地垒等;地下的古河道为高密度的砾石所充填。

4. 条带状重力低(重力低带)

基本特征:重力异常等值线延伸很大,或闭合成条带状,等值线的值中心低,两侧高,存在极小值线。

相对应的规则几何形体:剩余密度为负的水平圆柱体,棱柱体和脉状体等。可能反映的地质因素:低密度的岩性带,或非金属矿带;酸性侵入体形成的岩墙或岩脉穿插在较高密度的岩石或地层中;高密度岩层形成的长轴向斜、地堑等;充填新生界松散沉积物的地下河床。

5. 重力梯级带

基本特征:重力异常等值线分布密集,异常值向某个方向单调上升或下降。

相对应的规则几何形体:垂直或倾斜台阶。

可能反映的地质因素:垂直或倾斜断层、断裂带、破碎带;具有不同密度的岩体的陡直接触带;地层的拗曲。

(三)断裂构造在平面等值线图上的识别

实测重力异常图中断裂引起的异常特征,比上述重力梯级带部分要复杂的多。图 2-9-1 表示在重力异常图中指示断裂构造存在的一些标志。

二、地球深部构造及地壳结构研究

(一)卫星重力异常在地球深部构造研究中的应用

1985 年,曾维鲁利用 GEM10B 地球重力场模型(它具有完整的 36 阶球谐展开位系数 1 365 个)计算出 3 幅全球自由空气重力异常图,即 2~12 阶低阶图、13~36 阶高阶图与 2~36 阶全阶图。研究认为,大于 30 的高阶异常源可能主要存在于岩石圈内;小于 10 的低阶异常源可能存在于下地幔和地核之间;2~12 阶自由空气重力异常图(图 2-9-2)保留了全阶场中最基本的特征;控制全球重力场的最主要异常源应该存在于软流圈以下。

根据这 3 张图显示的异常特征,可作出以下几点推论(曾维鲁,1985)。

(1)整个太平洋地区(图 2-9-2 的中部)包括全球主要岛弧—海沟地区及深源地震带,显示出清晰的高正异常环带。异常特征与太平洋板块和纳斯卡板块边界线也吻合得较好(图 2-9-3)正异常带外面包围一圈负异常带;这一正一负的双层环状结构是 GEM10B 全球自由空气异常场的主要特征。产生重力高带的场源既有岩石圈之下地球深部的因素,也有存在于岩石圈深部范围内的因素,较浅层的异常源似乎是消减板块随着下插深度增大而导致的密度增高部分(因温度与压力增加所致)。

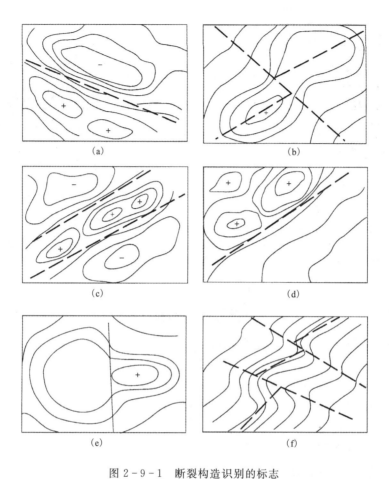

图 2-9-1 断裂构造识别的标志

(a)线性重力高与重力低之间的过渡带；(b)异常轴线明显错动的部位；(c)串珠状异常的两侧或轴部所在位置；(d)两侧异常特征明显不同的分界线；(e)封闭异常等值线突然变宽、变窄的部位；(f)等值线同形扭曲部位

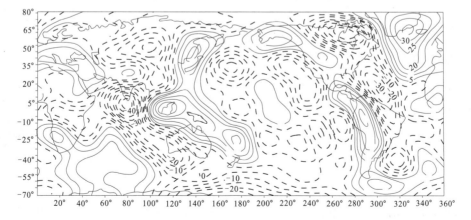

图 2-9-2 2~12 阶 GEM10B 地球重力场模型全球自由空气重力异常示意图

(引自曾维鲁,1985)

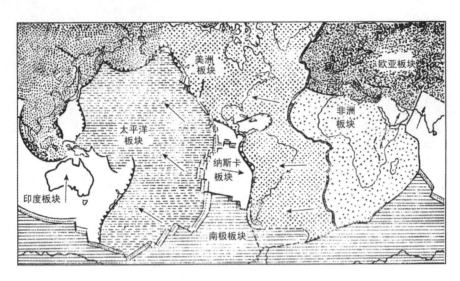

图 2-9-3 Xavier Le Pichon(1968)的七板块模式(平面投影)

箭头指示各板块相对非洲板块(通常设想它是固定不动的)的运动方向

(2)产生印度洋巨大负异常的场源存在于地球的深部,很可能是在软流圈以下存在着巨大的质量亏损所致。因在高阶场中,这一全球最大的负异常完全消失了。

(3)从喜马拉雅山脉到阿尔卑斯山脉有一条横贯东西的高正异常带,它的走向与板块边界线亦符合较好,但在低阶场中反映得并不明显,说明场源较浅。有人认为,产生该地区正异常的原因是喜马拉雅山的地壳薄于相应的均衡地壳的厚度,故存在正的均衡异常。由于向北推移的印度板块与欧亚板块互相挤压,产生了巨大的构造运动压力,此力不仅克服了因均衡不足而产生的向下的均衡调整力,还迫使喜马拉雅山脉继续上升。

(4)大洋海岭的重力异常在高阶场中反映得很好,形成了与海岭走向相吻合的低幅正异常(0~100g.u.);而在低阶场中,这种特征完全消失,因而海岭的重力异常的场源应存在于浅部。结合海岭地区存在的其他地球物理特征,如高热流密度值,两侧对称分布的条带状磁异常,海水深度较浅,有大规模火山、地震活动等,可以认为海岭是地幔对流上涌的地区,是板块扩张的中心地带。之所以形成低幅正异常是由于地幔流上涌处的上表面为自由或近似于自由边界条件,因而地壳上升变形较大,从而形成与海岭走向一致的低幅正重力异常。

(二)地壳深部构造的研究

全国布格重力异常图是研究我国的地壳结构、地质构造及寻找矿产资源的基础图件。中国及其毗邻海区布格重力异常图具有下面的特征。

1. 重力场变化趋势

中国及其毗邻海区布格重力异常变化的总趋势是由东向西逐渐减小。在南海及硫球群岛布格重力异常值最高,为 400 010 g.u.,至海岸线为 10 g.u. 左右。例如,香港—泉州一带为 10 g.u.,上海为 100 g.u.,青岛为 -100 g.u.,丹东为 100 g.u.。由海岸线向西,重力异常值缓慢递减,并进入负值区。沿大兴安岭—太行山—武陵山一带为－550g.u.,显示为过渡带。再往西,至青藏高原周边地区(西昆仑山—阿尔金山—祁连山—龙门山—大雪山),重力异常值迅速减小为－3 000g.u.。青藏高原大部分地区的重力异常值小于－4 000g.u.;在东经89°30′,北纬33°30′,重力异常达到最低值－5 800g.u.。

2. 重力梯级带

在布格重力异常图上,分布着一些重力梯级带,主要为北东向和近东西向,其次为北西向和南北向。其中,有3条巨大的重力梯级带:大兴安岭-太行山-武陵山重力梯级带、青藏高原周边重力梯级带以及钓鱼岛重力梯级带。

(1)大兴安岭-太行山-武陵山重力梯级带展布方向为北东向。北端沿大兴安岭延伸至西伯利亚,南端经广西西部延伸入越南境内。在国内长达4 000km,宽50～100 km,被认为是一条重要的地球物理界线。

(2)青藏高原周边重力梯级带围绕青藏高原呈弧形展布。长约4 100km,宽50～150km。

(3)钓鱼岛重力梯级带位于东南大陆架东侧,由南北向展布方向到北东东向再转为北东向,大体与我国东海岸平行。

还有一些规模较小的重力梯级带,主要有宁波-茂名重力梯级带、东昆仑山-阿尼玛卿山重力梯级带、额尔齐斯(阿尔泰山)重力梯级带、雅鲁藏布江重力梯级带等。

中国及其毗邻海区布格重力异常图与东亚及临近海域地壳厚度分布、陡梯度带、块体划分及沉积盆地分布图的比较表明:①我国地壳厚度从东向西有逐渐加大的趋势,与重力异常逐渐降低的趋势完全对应;②作为地壳块体分界线的所有陡梯度带,与重力异常梯级带在位置上完全重合;③西部盆地,相同位置的重力异常具有重力高的特征,显示地下构造的隆起。也就是说,在总体上,莫霍界面的形态及深度变化与重力异常的形态及数值变化十分吻合。

莫霍界面与重力异常的相似性说明:①全国重力异常图(实际上为区域性的重力异常)主要反应了莫霍界面的特征;或者说,全国重力异常图表示的区域重力异常,主要由莫霍界面所引起。②过去主要根据重力资料作出的我国莫霍界面深度图,近年来根据地震资料得到莫霍界面深度图,在总体上及在区域性上是相似的。

然而,由于重力异常是由地下所有不同深度、不同规模密度不均匀地质体引起的重力效应的叠加,要从叠加异常中分离出单纯由地壳厚度变化引起的异常,是非常困难的。只根据重力异常资料,不可能研究一个局部地区的莫霍界面的细节。尽管如此,重力异常资料是研究区域或深部构造的基础。实际上,我国的莫霍界面及区域构造研究,是从重力异常图开始的。

中国及其毗邻海区布格重力异常图与中国地形的比较,也显示出重力异常具有类似地壳厚度与地形起伏的反相关关系。同时,重力图中的重力梯级带与我国大的山系或造山带也非常对应。上述的大兴安岭-太行山-武陵山重力梯级带及青藏高原周边重力梯级带正好对应了我国地形图上3个大台阶的位置。

三、划分大地构造单元

所谓大地构造单元是指按地壳结构的特点及构造发展史而划分的不同区域。通常所称一级大地构造单元,也就是指所划分的地台区和地槽区。重力异常在地槽区和地台区具有不同的特征。

(一)地槽区重力异常特征

由于地槽区(褶皱带)是地壳上构造运动最强烈、构造最复杂的地区,区内以强烈的褶皱运动、变质作用和成矿作用发育为主要特点。地壳的强烈震荡和褶皱运动使地槽区形成巨厚的沉积建造,并在造山运动中回返褶皱成山系,所以地形上往往表现为巨大的褶皱山系,同时地壳厚度相应增大。

鉴于上述原因,地槽区的区域性重力异常的等值线多呈条带状重力低平行排列,延伸可达数百乃至数千千米;区域异常变化的幅度可达数百至数千 g.u.。一般来讲,该区布格重力异常与地形起伏有镜像关系,就是说地形越高,重力异常越低,也反映了地壳下界面(莫霍面)相应加深的特点。

(二)地台区重力异常特征

地台区是地壳运动相对稳定、沉积建造相对较薄、褶皱作用和火山活动相对较弱的地区。在地形上看,地台区多为平原或丘陵。

因此,地台区的区域布格重力异常变化平缓、稳定、相对幅度变化小,方向性不明显。因为地壳厚度较薄,平均异常值较地槽区高。

图2-9-4是重庆-西藏马尼根果的地形与布格重力异常剖面对比。此图表明,在东段地形平坦,重力异常变化也平缓,反映了地台区的主要特征;康定—雅安一段是过渡带,地形逐渐升高,重力值逐渐降低;西段地形处于高山区,重力异常值很低并且变化也较大,显示了地槽区的异常特征。

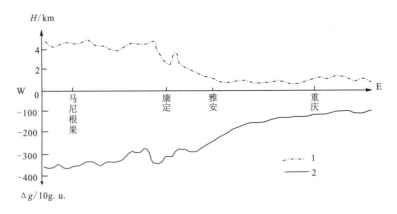

图2-9-4 重庆-西藏马尼根果的地形与布格重力异常剖面对比
1.地形剖面;2.布格重力异常剖面

图2-9-5是新疆南部由巴楚以西至大盐池的南北剖面。在剖面北段巴楚至叶城,处于塔里木地台区,重力异常变化较平稳;而从叶城至大盐池,进入地槽性质的昆仑山系褶皱带后,重力异常随着地形起伏而出现了大体呈镜像关系的剧烈跳动。

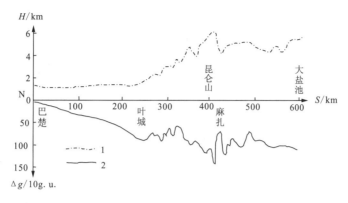

图 2-9-5　新疆巴楚至大盐池地形与布格重力异常剖面对比
1.地形剖面；2.布格重力异常剖面

四、石油天然气勘探

重力勘探在石油及天然气的普查和勘探阶段具有重要的作用。针对油气普查、勘探和开发的不同阶段，重力勘探有如下应用：首先利用小比例尺（1∶100万～1∶50万）重力异常图研究区域地质构造，划分构造单元，圈定沉积盆地的范围，预测含油、气远景区；其次根据中等比例尺（1∶20万～1∶10万）的重力异常图划分沉积盆地内的次一级构造，进一步圈定出有利于油、气藏形成的地段，寻找局部构造，如地层构造、古潜山、盐丘、地层尖灭、断层封闭等有利于油、气藏储藏的地段；特别是由于重力仪测量精度的提高与数据处理和解释方法的发展，还可利用大比例尺高精度重力测量查明与油、气藏有关的局部构造的细节，直接寻找与油、气藏有关的低密度体，为钻井布置提供依据；在油气开发过程中，根据重力异常随时间变化，可以监测油气藏的开发过程。

（一）区域地质构造的研究及油气远景区的预测

华北平原是中朝准地台的一部分，其基底是由前震旦纪的变质岩系所构成。吕梁运动以后相当长一段时间为稳定的地区，震旦纪至中奥陶世沉积了较厚的海相地层；晚奥陶世至早石炭世期间，全区上升，缺失了这一时期的沉积；中石炭世以后，全区再度下沉，接受了海陆交互相的沉积；燕山运动期间，北部、西部边缘褶皱成山（燕山及太行山），平原区内部为新生代沉积所覆盖，全区沉积岩系累积加厚度达几万米。

平原区沉积岩系内有两个主要密度分界面：①上部界面在新生界沉积与下伏的中生界岩系之间；②下部界面在下古生界海相地层与上覆的中生界岩系之间。在上古生界及中生界缺失的地区，两个密度界面合为一个界面，界面上下地层的密度差可达 $0.4\sim0.6\mathrm{g\cdot cm^{-3}}$。由于该区上古生界及中生界地层分布零散，加之下古生界海相地层与结晶基底密度差不明显，因此在重力解释时，就可以把下古生界的顶面作为盆地的基底看待。

如图 2-9-6 所示，根据对异常特征的分析并结合其他物探成果，华北平原可划分出下列构造单元：冀中坳陷、沧县隆起、黄骅坳陷、无棣隆起、济阳坳陷、临清坳陷和内黄隆起等。这些构造单元的划分为油气普查、勘探指明了潜在的远景区和进一步工作的地区，并且这些推断被后来的钻井资料和进一步的物探工作所证实。20世纪60年代在黄骅坳陷中找到了大港油田,在济阳坳陷发现了胜利油田,70年代又在冀中坳陷发现了任丘油田(即华北油田)。这些事实说明利用重力资料研究区域地质构造,对寻找油气田有着非常重要的意义。

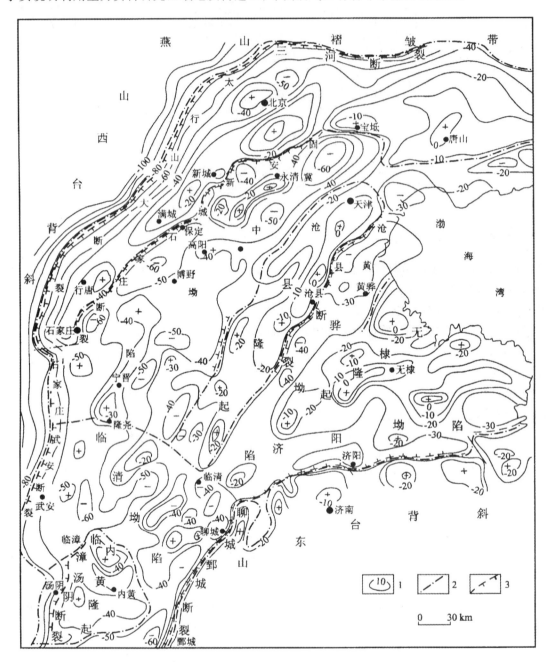

图 2-9-6 华北平原布格重力异常及构造单元划分图

1.布格重力异常等值线;2.区域构造单元界线;3.大断裂,数值单位为 $10^{-5}\mathrm{m}\cdot\mathrm{s}^{-2}$

(二)寻找古潜山和封闭构造

利用重力勘探直接寻找油气构造(如背斜、盐丘、……)已为许多事例证明是有效的。古潜山构造主要由以下奥陶统、寒武系、震旦系的灰岩为主的老地层隆起所构成。当它周围沉积了巨厚的生油岩系时,石油就会向古潜山地层上翘或隆起的部位运移、聚集。由于石灰岩的节理、层理或溶洞比较发育,因此在一定条件下,可形成古潜山油田(图 2-9-7)。断层封闭构造所产生的断块凸起或下陷,在具有良好的生、储油条件下,也可形成储油构造,如图 2-9-8 所示。

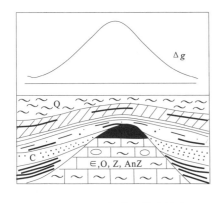 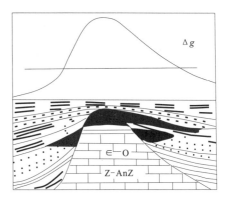

图 2-9-7　古潜山储油构造　　　　　图 2-9-8　断层切割、封闭储油构造

现在,重力勘探在石油勘探及开发中得到了不少新的应用,发挥了越来越大的作用。除油气田预测及探测外,重力勘探已经用于:①油气资源评价;②解决不同勘探阶段的地质问题;③与地震资料进行联合反演,解决地震解释中的一些难题;④解决火山岩地区的问题;⑤估计地震波速度;⑥推断油气水平运移方向等。

五、盐矿探测

岩盐是一种沉积矿床,主要产于古内陆盆地的潟湖或滨海半封闭的海湾。由于岩盐的密度比围岩低,因此当盐矿有一定规模时,应用重力勘探的效果很好。

1965 年,在云南省滇南红色盆地开展了 1∶10 万的重力普查工作,有效地圈定了含盐远景区,共发现 61 处重力负异常。其中解释为岩盐引起的有 49 处。推算的岩盐储量达 $200 \times 10^8 t$ 以上,已经验证的 14 处异常中有 13 处见矿。

滇南岩盐产于上白垩统勐野组中,其密度为 $2.18 g \cdot cm^{-3}$,上覆新生界的密度为 $2.07 \sim 2.24 g \cdot cm^{-3}$,而下伏的侏罗系和白垩系密度为 $2.60 \sim 2.70 g \cdot cm^{-3}$。岩盐与其下伏地层具有 $0.42 \sim 0.52 g \cdot cm^{-3}$ 的密度差,这为重力勘探提供了有利条件(图 1-5-1、图 1-5-2)。

六、金属矿勘探

应用重力勘探金属矿床有两个途径:一是在有利条件直接寻找矿体;二是研究金属矿床赋存的岩体或构造以推断矿体的位置。

利用 1∶2 000~1∶5 000 大比例尺的重力测量结果,可以寻找某些金属矿床。20 世纪 70 年代在吉林省某地进行了利用重力法勘探金属矿的研究,成功地发现了含铜硫铁矿。

该区已经发现小型矽卡岩磁铁矿。为了扩大矿区的范围,并研究异常场源的情况,在原有的地面磁测工作基础上,进行了 1∶2 500 的重力测量工作,得到了本区的布格重力异常图(图 2-9-9)。从重力异常特征可看出,局部异常因受明显的区域异常的影响,其形态和特征并不清楚。为了突出局部异常,利用平滑曲线法计算出剩余重力异常(图2-9-10)。

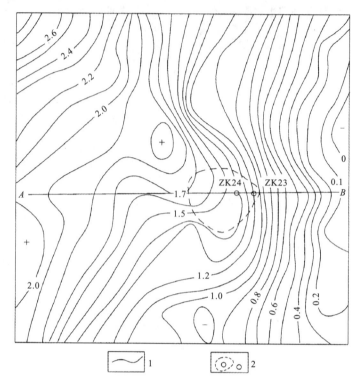

图2-9-9 吉林省某矿区布格重力异常图(据陈善等,1986)
等值线距10g.u.;1.重力异常等值线图;2.重力发现的含铜硫铁矿范围及钻井位置

剩余重力异常图表明,整个局部异常具有两个异常中心,其中西北部封闭的异常等值线所圈定的范围与已知的铁矿位置一致,并与1 000nT的磁力异常等值线所圈闭的面积相符。东南部明显封闭的重力异常等值线位于磁异常的零线及100nT等值线之间,表明磁异常对这个重力场源体没有任何反映。

根据已知铁矿的产状和它与围岩的密度差对西北部的重力正异常进行了正演计算,发现计算的异常基本与西北部的实测异常相当,因而证明了它的底部不可能存在另外的矿体。由于东南部只有重力异常,而几乎没有磁异常反映,为了查明原因布设了验证钻孔ZK23。布设钻孔的目的是验证重力异常,并同时验证弱磁异常。结果在十几米深处见到2～3m厚的磁铁矿及黄铁矿化的矽卡岩,这样磁异常得到了基本解释。但是对利用钻孔所控制的这个矿体进行的重力正演计算,其结果却只有实测异常的1/3左右,显然深部还有高密度体存在,为了进一步查明原因,又在重力异常中心设计了钻孔ZK24。结果在167m深处见到了含铜硫铁矿(钻探前,重力解释推测的高密度体顶部的最大深度为170m左右),矿体厚度为40m,矿石的密度为4.50～4.95g·cm^{-3};而它的磁化率却很低,基本无磁性。对由后来几个钻孔所控制的矿体产状进行了正演计算,其结果与实测重力异常基本吻合,从而查明了引起重力异常的场源。

这个实例说明,应用重力资料或重力-磁法资料的综合解释,对于寻找在磁铁矿附近无磁性的高密度矿体,效果较好。

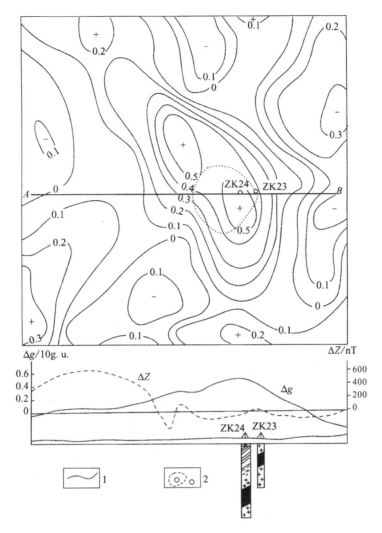

图 2-9-10 吉林省某矿区剩余重力异常图（据陈善等，1986）
等值线距 10g.u.；1.重力异常等值线图；2.重力发现的含铜硫铁矿范围及钻井位置

七、工程勘探

20 世纪 90 年代以来由于重力仪观测精度的提高，在工程勘探中已经应用了重力测量，主要用于洞穴及溶洞探测。由于洞穴及其低密度充填物与围岩间有相当大的密度差，能够引起可探测的重力异常。因此，高精度重力测量可以发挥作用。

在铁路路基的设计及施工中，也应用了重力测量，并取得了较好的效果（石亚雄等，1991）。柴达木盆地中南部的察尔汗盐湖，是我国最大的盐湖，青藏铁路大约有 34km 路基修筑在这个盐湖区。由于岩溶溶洞的发展速度加快，对列车的安全运行造成严重威胁。为了探测铁路沿线的溶洞分布情况，在这个地区进行了高精度重力测量。根据测量结果，作出了重力异常平面图（图 2-9-11）。图 2-9-11 中的阴影部分，是 $-20\times10^{-6} m \cdot s^{-2}$ 以下的负异常区，可能是溶洞存在的部位。

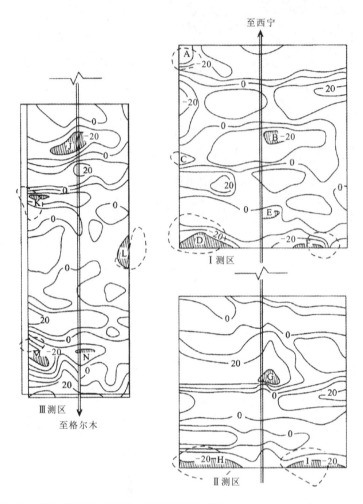

图 2-9-11　察尔汗盐湖地区重力异常图等值线距 10×10^{-8} m·s^{-2}（据石亚雄等，1991）

除了对铁路路基处 5 个重力负异常之外的 9 个重力负异常进行了钻探验证（铁路路基处不便下钻），重力发现的溶洞全部存在。图 2-9-11 中的虚线表示溶洞的平面形状。路基处的 3 个重力负异常，也为声波探测所证实。

*八、海洋卫星测高与海洋重力

卫星测高技术是 20 世纪 70 年代发展起来的。它利用人造卫星上装载的微波雷达测高仪、辐射计和合成孔径雷达等仪器，借助空间信息技术、光电技术和微波技术、卫星遥感遥测技术等高新技术的发展，通过实时测量卫星到海面的距离等参数，研究大地测量学、地球物理学和海洋学方面的问题。其工作原理是：由星载微波雷达测高仪向海面发射雷达微波脉冲信号，这种脉冲信号经海面反射后，再被雷达测高仪接收。根据雷达脉冲的返程时间、回波信号的波形、幅值来确定海平面的高度、海流速度、有效波高、海面向后扩散系数、风场等，进而确定海洋大地水准面，推算海域重力场模型、推算海底地形及构造，确定洋流，估算大洋潮汐等。

海洋占全球总面积的 70% 以上，在浩瀚广阔的海洋中，卫星测高技术具有传统船载海测技术不可比拟的优势。卫星测高数据覆盖范围广，分辨率高，测量速度快，可以从更高更广的角度上真正将地球作为一颗星球来研究。它在研究海底构造、全球重力场、大洋环流及潮汐等方面具有广泛的应用前景。

由卫星测高技术引出的卫星重力学是继全球定位系统（GPS）之后大地测量学的又一重大进展，也是大地测量和地球物理的热点和前沿。利用卫星重力资料将使确定地球重力场和大地水准面的精度提高一个数量级以上，还可测定高精度的时变重力场。因此，对研究地球的形状及演化以及其动力学机制、地球参考系及全球高程系统、地球的密度及地幔物性参数、洋流和海平面变化、冰融和陆地水变化、地球各圈层的变化及相互作用等，有其他地球物理方法不可替代的作用。

（一）卫星测高数据的应用

(1) 大地测量学：推算大地水准面、全球重力异常、重力扰动等。
(2) 海洋学：推算海面地形、大洋环流、潮汐研究等。
(3) 地球物理学：反演地球深部构造、地幔对流及板块运动；研究洋脊和断裂带附近海洋岩石圈的热演化。
(4) 海底构造动力研究：查明如火山链、洋中脊、断裂、海沟等海底构造；精化海底地形数学模型；反演海洋岩石圈结构；确定海洋岩石圈弹性厚度和构造演化过程。

（二）卫星测高数据反推重力异常

1. 最小二乘配置法

最小二乘配置法一直是应用于卫星测高数据确定地球重力场中的一种主要方法。利用最小二乘配置法推求测高重力异常的关键，是精密计算各个量的自协方差矩阵和不同量之间的互协方差矩阵。这个方法对由卫星大地水准面给定的重力异常比较平稳可靠，特别当数据点较稀少时非常有效。但是，这种方法要解算大型线性方程组，并要求先验的协方差矩阵。随着测高数据的积累，最小二乘配置法逐渐被其他一些更直接的重力异常推算方法所替代。

2. Stokes 公式法

基于 Stokes 和 Hotine 积分公式求解重力异常或重力扰动，是利用卫星测高数据研究地球重力场最直接的传统方法。

$$N = \frac{R}{4\pi\gamma} \iint \Delta g S(\phi) \mathrm{d}\sigma$$

式中：$S(\phi)$ 为 Stokes 函数。那么，已知大地水准面高 $N(x,y)$，通过 FFT 算法计算重力异常：

$$\Delta g(x,y) = 2\pi\gamma F^{-1}\left\{F[N(x,y)]/F[1/l]\right\}$$

式中：l 为计算点 P 到流动点 Q 的距离；F 和 F^{-1} 分别表示二维傅立叶变换和逆变换因子。

3. Laplace 直接法

地球内部质量异常引起的外部扰动位 T 满足 Laplace 方程（Heiskanen & Morritz，1967），由此导出由扰动位推算重力扰动的表达式：

$$\delta g(x,y) = \frac{1}{MN}\sum_{k=0}^{M-1}\sum_{l=0}^{N-1}\sqrt{\kappa}\widetilde{T}_{kl}(z)\mathrm{e}^{j(k\frac{2\pi}{M}x+l\frac{2\pi}{N}y)}$$

可以看出，由扰动位计算重力扰动的过程同样存在高频误差放大现象，需要对最后的解进行低通滤波。重力异常和重力扰动在大地水准面上的关系可表达为

$$\delta g = \Delta g - N \frac{\partial \gamma}{\partial h} = \Delta g + N \frac{2\gamma}{R}$$

显然，由重力扰动可以求出重力异常。

由于海底地形与重力异常短波特性之间存在很强的相关性，局部重力场的变化可以引起大地水准面的起伏，大地水准面的起伏变化也可以反演海底地形起伏。因此，根据测高轨迹海面高的变化就可以对海底地形特征进行探测和定位，特别是海山和海沟。早期，在测高数据比较稀疏的情况下，正是通过一条测高轨迹海面高数据的处理，探明了许多以前未知的海底地形和构造特征。

采用多卫星测高数据综合处理，充分利用 Geosat T2/ERM、Topex/Poseidon 和 ERS-1/2 卫星数据的优点，首先得到平均海平面，消除海面起伏的影响后，得到大地水准面模型，采用 Venning-Meinesz 法反演重力异常值，得到了空间重力异常模型。其中，陆地上的大地水准面数据可以由 EGM96 重力场模型补充。

根据 Runcorn(1967)全球大地水准面起伏和全地幔热对流的模型，以及地幔对流作用于岩石圈底部的应力方程，可以计算出研究区的大、中、小尺度地幔流应力场。

练习与思考题

1. 什么是重力勘探方法？
2. 什么是重力场和重力位？
3. 试分析地球上任一物体受到哪些力的作用？
4. 重力场强度与重力加速度有什么关系？
5. 在重力勘探中重力的单位是什么？重力单位在 SI 制和 CGS 制之间如何换算？
6. 什么是地球的正常重力场？正常重力场随纬度和高度变化有什么规律？
7. 什么是"固体潮"？
8. 请解释重力异常的实质。
9. 岩矿石的密度有哪些特征？影响岩矿石密度的因素是什么？
10. 如何测定岩矿石的密度？
11. 简述利用重力仪测量重力场的基本原理。
12. 在重力勘探工作中如何确定重力测量精度和比例尺？布置测网的原则是什么？
13. 野外重力观测资料整理包括哪几部分工作？
14. 为什么地形校正值恒为正？
15. 什么是布格重力异常？什么是自由空间异常？什么是均衡异常？
16. 重力观测结果如何用剖面图和平面图表示？
17. 什么是区域异常和局部异常？如何说明它们的相对性？
18. 划分区域与局部重力场有哪些方法？它们的原理是什么？在实际中如何使用？
19. 什么是重力异常的解析延拓？向上与向下延拓有什么作用？
20. 请用 FORTRAN 或 C 语言编写二度空间域延拓程序。

21. 什么是重力高次导数法？重力高次导数有什么作用？
22. 解释：①重力勘探正问题；②反问题；③反问题的多解性。
23. 分析球体重力异常的平面特征与剖面特征，并说明如何根据重力异常曲线的特征来解反问题。
24. 分析水平圆柱体重力异常的平面特征与剖面特征，并与球体重力异常作比较。
25. 分析台阶重力异常的平面特征和剖面特征。
26. 举例说明重力勘探方法的应用：①区域与深部构造研究；②油气勘查；③固体矿产勘查；④城市工程与环境勘查。
27. 示意绘出下列二度体的重力异常曲线。图中地质体与围岩的密度关系皆为 $\sigma < \sigma_0$。

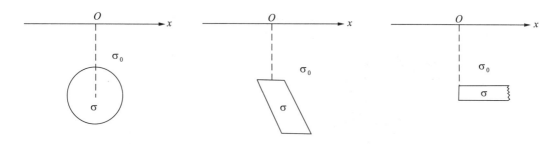

28. 下面是一幅实测布格重力异常等值线平面图，请指出其中包含的局部异常是重力高还是重力低？

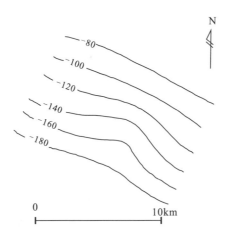

29. 写一篇3 000字读书报告或制作一篇多媒体报告，简述什么是重力勘探方法。

发展趋势

重力勘探的采集已经由地面、海上、井中到航空，利用卫星测高也可以换算重力场。测量仪器由机械式的石英弹簧重力仪、金属丝弹簧重力仪到超导重力仪，仪器精度由 0.1×10^{-5} m·s^{-2} 提高到 0.01×10^{-5} m·s^{-2}。在数据采集方面，航空重力仪、重力梯度仪将用于重力勘探，海洋卫星测高也将在重力勘探中得到广泛应用。精细数据处理方法广泛采用小波、分形、人工神经网络、模拟退火、遗传算法等各种非线性科学的方法,计算机可视化技术和联合反演技术。高精度重力勘探广泛应用于能源、固体矿产、环境工程勘察等领域,时移重力方法(即 4D 重力方法)开始用于油田开发。

进一步阅读书目

李大心,顾汉明,潘和平,等.地球物理方法综合应用与解释[M].武汉:中国地质大学出版社,2003.

刘天佑,罗孝宽,张玉芬,等.应用地球物理数据采集与处理[M].武汉:中国地质大学出版社,2004.

罗孝宽,郭绍雍.应用地球物理教程:重力磁法[M].北京:地质出版社,1991.

内特尔顿 L L.石油勘探中的重力和磁法[M].北京:石油工业出版社,1987.

王家林,王一新,万明皓.石油重磁解释[M].北京:石油工业出版社,1987.

姚姚,陈超,昌彦君,等.地球物理反演基本理论与应用方法[M].武汉:中国地质大学出版社,2003.

曾华霖.重力场与重力勘探[M].北京:地质出版社,2005.

张胜业,潘玉玲.应用地球物理学原理[M].武汉:中国地质大学出版社,2004.

Parasnis D S. Principles of applied geophysics[M]. London:Chapman & Hall,1997.

第三章　磁法勘探

　　磁法勘探是利用地壳内各种岩（矿）石间的磁性差异所引起的磁异常来寻找有用矿产或查明地下地质构造的一种地球物理勘探方法。

　　磁法勘探也是应用最早的地球物理方法。1640年，瑞典人首次尝试用罗盘寻找磁铁矿，开辟了利用磁场变化来寻找矿产的新途径。但是直到1870年，瑞典人泰朗（Thalen）和铁贝尔（Tiberg）制造了万能磁力仪后，磁法勘探才作为一种地球物理方法建立和发展起来。

　　就工作环境而言，磁法勘探可分为地面磁测、航空磁测、海洋磁测和井中磁测四类。航空磁测是第二次世界大战后发展起来的方法，它不受水域、森林、沙漠等自然条件的限制，测量速度快、效率高，已广泛应用于区域地质调查，储油气构造和含煤构造勘查、成矿远景预测，以及寻找大型磁铁矿床等方面。

　　地面磁测应用最早也最广泛，它是在航空磁测资料的基础上做更详细的磁测工作，用以判断引起磁异常的地质原因及磁性体的赋存形态，在地质调查的各个阶段都有广泛的应用。

　　海洋磁测是在质子旋进式磁力仪问世后才发展起来的。它是综合性海洋地质调查的组成部分。此外，还用于寻找滨海砂矿，以及为海底工程（寻找沉船，敷设电缆、管道等）服务。

　　井中磁测是地面磁测向地下的延伸，主要用于划分磁性岩层、寻找盲矿等，其资料对地面磁测起印证和补充作用。

　　近年来，高精度磁测还广泛用于工程环境地球物理调查以及考古等。

　　磁法勘探和重力勘探在理论基础和工作方法上有许多相似之处，但是它们之间也存在一些重要的差别。主要有：①就相对幅值而言，磁异常比重力异常大得多。我们知道，地壳厚度变化引起的重力异常最大，达 -560×10^{-5} m·s^{-2}，若正常重力以 $980\,000 \times 10^{-5}$ m·s^{-2} 计算，则最大重力异常值也仅为正常重力值的万分之五。强磁性体产生的磁异常高达 10^{-4} T，若正常地磁场强度按 0.5×10^{-4} T 计，则最大磁异常可以比正常地磁场强度大一倍；②从地面到地下数十千米深度内所有物质的密度变化都会引起重力的变化，说明重力异常反映的地质因素较多。但磁异常反映的地质因素却比较单一，只有各类磁铁矿床及富含铁磁性矿物的其他矿床和地质构造才能造成地磁场的明显变化；③密度体只有一个质量中心，而磁性体则有两个磁性中心（磁极），且它们的相对位置因地而异。当地质体置于不同的纬度区时，重力异常特征不变，而磁异常特征则改变，因此磁异常总是要比重力异常复杂一些。

第一节　地球的磁场

存在于地球周围的具有磁力作用的空间,称地磁场,它是由基本磁场、变化磁场和磁异常三部分组成。

一、主磁场

主磁场占地磁场的99%以上,主要由地核内电流的对流形成,是一种由偶极子场和非偶极子场组成的内源磁场。它是相对稳定的,但存在着一种极为缓慢的变化。

(一)地磁要素

将一个磁针通过其重心悬挂起来,使之能自由转动。我们发现,磁针静止时不仅指向一定的方位,而且倾斜一定的角度。磁针在空间所指的方向,就是其重心所在处地磁场的方向。

为了研究地磁场,我们以观测点为坐标原点,选取一个直角坐标系。取 X 轴指向地理北,Y 轴指向地理东,Z 轴铅直向下(图3-1-1)。观测点处地磁场强度 T 在 X、Y、Z 轴上的分量分别称为北向分量 X,东向分量 Y 和垂直分量 Z。T 在 XOY 平面上的分量 H 称为水平分量。H 指向磁北,其延长线即是磁子午线。我们规定,各分量与相应坐标轴的正向一致时为正,反之为负。磁子午线(磁北)与地理子午线(地理北)的夹角称为磁偏角,以 D 表示。H 偏东时 D 为正,反之为负。T 与 XOY 平面的夹角称为磁倾角,以 I 表示。T 下倾时 I 为正,反之为负。

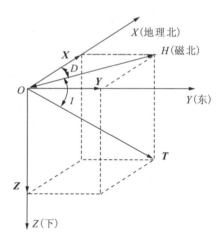

图3-1-1　地磁要素

I、D、X、Y、Z、H 和 T 各量都是表示地磁场大小和方向的物理量,称为地磁要素。由图3-1-1可以看出,它们之间有如下关系:

$$\left.\begin{array}{l} X=H\cos D, Y=H\sin D, \tan D=Y/X \\ H=T\cos I, Z=T\sin I, \tan I=Z/H \\ H^2=X^2+Y^2, T^2=X^2+Y^2+Z^2 \end{array}\right\} \quad (3-1-1)$$

地磁绝对测量通常测定 I、D、H 三要素的绝对值,磁法勘探则通常是测定 T 与研究 T 的相对值。

(二)地磁图

为了研究地磁场在地表的分布规律,需要利用地磁绝对测量的成果绘制世界地磁要素的等值线平面图。地磁要素是随时间变化的,因此必须把观测数据归算到某一特定的日期。例如1980年地磁图就要求将所有地磁要素值都归算到1980年1月1日0时0分的数值。

图3-1-2和图3-1-3分别为1980年世界地磁场垂直分量和水平分量等值线平面图,此外,还有世界地磁场等倾(I)线图和等偏(D)线图等。

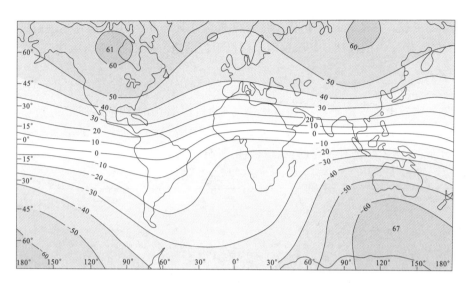

图3-1-2　20世纪80年代世界地磁场垂直分量等值线平面图(单位:μT)

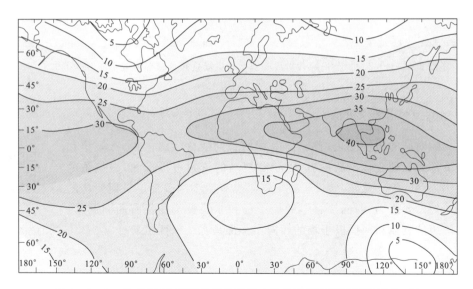

图3-1-3　20世纪80年代世界地磁场水平分量等值线平面图(单位:μT)

由图可见,地磁要素是按一定规律在地表分布的:等Z线、等H线(和等I线)都大致平行于地理纬线;在赤道附近(磁赤道上),垂直分量Z和磁倾角I为零,水平分量H最大,达30~

$40\mu T (1\mu T = 10^{-6} T)$,地下介质在这里被"水平磁化"。随着纬度的增大,$Z$ 和 T 的绝对值也增大,而 H 逐渐减小。在北半球 T 向下,I 为正;在南半球 T 向上,I 为负。地下介质在这个地带被"倾斜磁化"。在两极附近某处,I 达到 $\pm 90°$,H 为零,Z 的绝对值最大,达 $60\sim 70\mu T$,它们就是地球的磁极。在地理北极附近的叫"磁北极",它具有 S 极的极性;在地理南极附近的叫"磁南极",它具有 N 极的极性。处于这两个磁极附近的地下介质被"垂直磁化"。

(三) 非偶极子磁场

从世界地磁图中减去地磁场的偶极子磁场(约占主磁场的 80%),即可得到非偶极子磁场。图 3-1-4 是 1980 年世界非偶极子磁场垂直分量等值线平面图。非偶极子磁场围绕着几个中心分布,每个中心都有各自的正、负极性,且分布的地域很广。

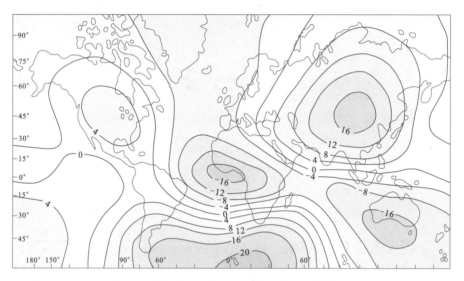

图 3-1-4 20 世纪 80 年代世界非偶极子磁场垂直分量等值线平面图(单位:μT)

(四) 地磁场的长期变化

主磁场随时间的缓慢变化,称为地磁场的长期变化。磁偏角、磁倾角和地磁场强度都有长期变化。从伦敦、巴黎和罗马的资料可以推测,磁偏角的变化周期约为 500 年。此外,偶极子磁矩逐年也有微小的改变。长期变化的主要特征是地磁要素的"西向漂移",偶极子场和非偶极子场都有西向漂移,且偶极子磁矩的衰减和非偶极子场的西向漂移都具有全球性质。

二、变化磁场

地球的变化磁场是指起源于地球外部并叠加在主磁场上的各种短期地磁变化。变化磁场可以分为两类:一类是连续出现的,比较有规律且有一定周期的变化;另一类是偶然发生的、短暂而复杂的变化。前者称为平静变化,来源于电离层内长期存在的电流体系的周期性改变。后者称为扰动变化,是由磁层结构、电离层中电流体系及太阳辐射等的变化引起。

(一) 平静变化

平静变化包括太阳静日变化和太阴日变化两种。

太阳静日变化是以一个太阳日为周期的变化。其特点是：白天比夜晚变化幅度大，夏季比冬季变化幅度大，平均变化幅度为数纳特至数十纳特（图3-1-5）。太阳静日变化按一定规律随纬度分布，在同一磁纬度圈的不同地点，静日变化曲线形态相同，且极值也出现在相同的地方时上。

太阴日变化依赖于地方太阴日，并以半个太阴日作为周期。太阴日是地球相对于月球自转一周的时间（约25h）。太阴日变化的幅度很微弱（Z和H的最大振幅仅1～2nT），磁测时已将它包括在太阳静日变化内，故不再单独考虑。

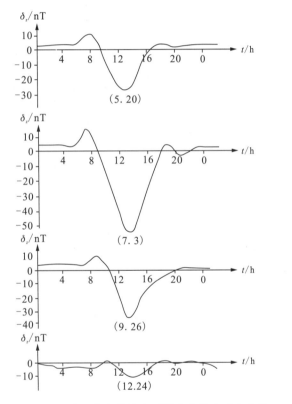

图3-1-5　我国南方某城市不同季节的Z日变曲线

(二) 扰动变化

扰动变化包括磁扰（磁暴）和地磁脉动两类。

地磁场常常发生不规则的突然变化，叫做磁扰。强度大的磁扰又称为磁暴。

磁暴是一种全球性效应。磁暴发生时，地磁场水平分量强度突然增加，垂直分量强度相对变化较小。磁暴可持续数天，幅度达数百至上千纳特。图3-1-6是一幅磁暴记录。

地磁脉动是一种短周期的地磁扰动，周期一般为0.2～100s，振幅为0.01～10nT。研究地磁脉动可以推测地壳上部的电导率状况,从而解决某些地质或地球物理问题。

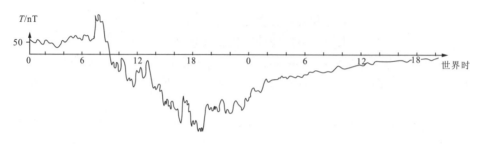

图 3-1-6 1959 年 7 月 14 日磁暴曲线

三、磁异常

实践证明,在消除了各种短期磁场变化以后,实测地磁场与作为正常磁场的主磁场之间仍然存在着差异,这个差异就称为磁异常。磁异常是地下岩、矿体或地质构造受到地磁场磁化以后,在其周围空间形成并叠加在地磁场上的次生磁场,因此它属于内源磁场(仅是其中很小的一部分)。磁异常中由分布范围较大的深部磁性岩层或区域地质构造等引起的部分,称为区域异常;由分布范围较小的浅部磁性岩、矿体或地质构造等引起的部分,称为局部异常。

在磁法勘探中磁异常和正常磁场的概念只具有相对意义,可根据待解决的地质问题和探测对象来确定。例如,在地质填图中,若要在磁性岩层中圈定非磁性岩层,则磁性岩层上的磁场为正常磁场,而磁性岩层上磁场降低的部分为磁异常。反之,若要在非磁性岩层中圈定磁性岩层,则正常磁场和磁异常的定义必须反过来。又如在磁性岩层中寻找磁铁矿时,磁性岩层的磁场属于正常磁场,而对应于矿体的磁场增高部分则是磁异常了。

磁法勘探观测的是总磁场强度的相对变化值 ΔT,称为总磁场强度异常,即

$$\Delta T = T - T_0 \tag{3-1-2}$$

式中:T 和 T_0 分别为实测场和正常场的总磁场强度值(详见第五节)。

井中磁测可同时测定磁异常的 3 个分量 Z_a、H_{ax} 和 H_{ay},并由它们合成总磁异常 T_a。

四、我国境内地磁要素的分布

我国地磁图表明地磁要素有以下分布特征:①磁偏角的零偏线由蒙古穿过我国中部偏西的甘肃省和西藏自治区延伸到尼泊尔、印度。零偏线以东偏角为负,其变化由 0°至 −11°;零偏线以西为正,变化范围由 0°至 5°。②磁倾角由南向北,I 值由 −10°增至 70°。③地磁场水平强度(H)从南至北,H 值由 40 000nT 降至 21 000nT。④垂直强度自南至北由 −10 000nT 增加到 56 000nT。⑤总场强度由南到北,变化值为 41 000nT 至 60 000nT。

根据我国 1980 年编制的中国地磁图,列举我国各地的地磁要素值,见表 3-1-1。

表 3-1-1　我国各地地磁要素

地名	$H/10^5\,\text{nT}$	$Z/10^5\,\text{nT}$	I	D	地名	$H/10^5\,\text{nT}$	$Z/10^5\,\text{nT}$	I	D
北京	0.296 2	0.461 8	57°19′	−5°59′	广州	0.380 9	0.236 9	31°51′	−1°25′
石家庄	0.302 8	0.437 5	55°18′	−4°48′	南宁	0.339 0	0.232 3	31°08′	−1°03′
太原	0.304 4	0.439 0	55°16′	−4°14′	哈尔滨	0.255 6	0.486 5	62°18′	−9°55′
呼和浩特	0.285 1	0.475 1	59°01′	−4°28′	长春	0.265 9	0.472 1	60°36′	−8°58′
西安	0.328 1	0.399 3	50°37′	−2°34′	沈阳	0.279 8	0.455 2	58°25′	−7°49′
兰州	0.316 1	0.424 6	53°20′	−1°46′	济南	0.312 2	0.416 5	53°12′	−5°10′
西宁	0.312 2	0.431 1	54°08′	−1°21′	合肥	0.338 8	0.356 5	46°48′	−4°02′
乌鲁木齐	0.254 0	0.561 7	63°06′	2°37′	上海	0.338 9	0.342 0	45°31′	−4°40′
银川	0.300 0	0.451 0	56°20′	−2°36′	南京	0.339 0	0.360 8	46°48′	−4°12′
成都	0.350 0	0.352 3	45°13′	−1°20′	南昌	0.355 2	0.315 2	41°33′	−3°02′
昆明	0.379 5	0.267 5	35°13′	−1°00′	杭州	0.344 5	0.329 0	43°55′	−4°09′
贵阳	0.371 0	0.292 5	38°10′	−1°25′	福州	0.364 0	0.274 5	36°57′	−2°50′
拉萨	0.356 0	0.337 8	43°32′	−0°14′	漠河	0.199 5	0.570 0	70°14′	−10°57′
郑州	0.323 2	0.399 6	50°58′	−3°54′	台北	0.364 2	0.257 6	35°17′	−2°41′
武汉	0.347 4	0.343 6	44°41′	−3°07′	曾母暗沙	0.402 0	−0.110 0	−15°10′	0°25′
长沙	0.360 3	0.312 5	40°57′	−2°26′	香港	0.382 7	0.226 6	30°37′	−2°33′

五、地磁场的起源

地球磁场的起源问题至今仍是地球科学研究的重要问题之一。人们曾经提出过有关地球磁场起源的各种假设,试图来解释地球基本磁场的起源,但是都不能得到满意的解释。

一种建立在地球内部构造的现有知识基础上的自激发电机效应的假说较为合理。这种假说认为:①液态地核内部由于温度梯度,或温差、压力差等原因产生涡旋运动,结果使地核成为良导电体;②由于地球绕轴自转所引起的回旋磁效应就存在一微弱初始磁场,虽然比地磁场小10倍,但对于引起再生效应来说已经足够了;③地核电流体形成,通过感应方式电流自身形成的场又可以连续不断地再生磁场,从而增强了原来的磁场,由于地核电流体持续运动而不断提供能量,因而引起一种自激发电机效应,从而增强了原来的磁场,由于地核电流体持续运动而不断提供能量,因而引起一种自激发电机效应。由于能量的不断消耗和供应,磁场增强到一定程度就会稳定下来,形成现在的地球基本磁场。这种假说不仅能满意地定性解释地磁偶极子场和非偶极子场的起源,而且也能解释地球磁轴倒转等现象,所以,目前认为它是最可取的地磁场成因理论之一,但也存在一定问题,尚待进一步研究。

第二节　地磁场的解析表示

*一、地球磁场的球谐分析

球谐分析方法于1833年由高斯首先提出,该方法是表示全球范围地磁场的分布及其长期变化的一种数学方法。该方法还可区分外源场和内源场。假设地球是均匀磁化球体,球体半径为 R。若采用球坐标系,如图 3-2-1 所示,坐标原点为球心,球外任一点 P 的地心距为 r,余纬度为 θ,经度为 λ。则在地磁场源区之外空间域坐标系 (r,θ,λ) 中,磁位 u 的拉普拉斯方程可以写成如下形式:

$$\frac{1}{r^2}\frac{\partial}{\partial r}\left(r^2\frac{\partial u}{\partial r}\right)+\frac{1}{r^2\sin\theta}\frac{\partial}{\partial\theta}\left(\sin\theta\frac{\partial u}{\partial\theta}\right)+\frac{1}{r^2\sin^2\theta}\frac{\partial^2 u}{\partial\lambda^2}=0 \tag{3-2-1}$$

对上式采用分离变量法,即令
$u(r,\theta,\lambda)=R(r)\cdot\Theta(\theta)\cdot\Phi(\lambda)$,则可解得拉普拉斯方程的一般解,从而可获得磁位球谐表达式为

$$u=\sum_{n=1}^{\infty}\sum_{m=0}^{n}\frac{1}{r^{n+1}}[A_n^m\cos(m\lambda)+B_n^m\sin(m\lambda)]\overline{P_n^m}(\cos\theta) \tag{3-2-2}$$

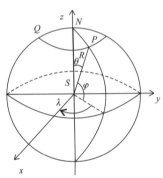

图 3-2-1　球极坐标系

式中:$\overline{P_n^m}(\cos\theta)$ 为施密特准归一化的缔合勒让德函数;A_n^m、B_n^m 为内源场磁位的球谐级数系数,对式(3-2-2)计算其沿轴向的微商,便可得到相应3个轴向磁场强度的三分量。而地磁场感应强度的3个分量即北向水平分量 X、东向水平分量 Y、垂直分量 Z 如下(注意这里定义 x 轴指北为正,z 轴向下为正):

$$X=\sum_{n=1}^{N}\sum_{m=0}^{n}\left(\frac{R}{r}\right)^{n+2}[g_n^m\cos(m\lambda)+h_n^m\sin(m\lambda)]\frac{\mathrm{d}}{\mathrm{d}\theta}\overline{P_n^m}(\cos\theta)$$

$$Y=\sum_{n=1}^{N}\sum_{m=0}^{n}\left(\frac{R}{r}\right)^{n+2}\frac{m}{\sin\theta}[g_n^m\sin(m\lambda)-h_n^m\cos(m\lambda)]\overline{P_n^m}(\cos\theta) \tag{3-2-3}$$

$$Z=-\sum_{n=1}^{N}\sum_{m=0}^{n}(n+1)\left(\frac{R}{r}\right)^{n+2}[g_n^m\cos(m\lambda)+h_n^m\sin(m\lambda)]\overline{P_n^m}(\cos\theta)$$

式中:R 为国际参考球半径,即地球的平均半径,$R=6371.2\mathrm{km}$;$\theta=90°-\varphi$,φ 为 P 点的地理纬度;λ 为以格林威治向东起算的 P 点地理经度;g_n^m、h_n^m 称之为 n 阶 m 次高斯球谐系数(以 nT 为单位),N 为阶次 (n) 的截断阶值,则球谐系数的总个数 $S=(N+3)N$。

式(3-2-3)即为地球磁场的高斯球谐表达式。若已知球谐系数和某点地理坐标纬度,利用此式便可计算地球表面 $(r=R)$ 和它外部 $(r>R)$ 任意一点的地磁要素三分量。由以下关系式求其他要素值:

$$\text{标量总强度 } T=\sqrt{X^2+Y^2+Z^2},\text{磁偏角 } D=\tan^{-1}(Y/X)$$
$$\text{水平强度 } H=\sqrt{X^2+Y^2},\text{磁倾角 } I=\tan^{-1}(Z/H) \tag{3-2-4}$$

同样,可以利用式(3-2-3)来求解球谐系数 g_n^m 和 h_n^m。由已知通化后的磁场值建立远多于 S 个的方程,用最小二乘法便解得球谐系数 g_n^m 和 h_n^m。若有已知地磁场的长期变化值,还可求得年变率球谐系数,记为 $\dot{g}_n^m$ 和 $\dot{h}_n^m$(单位:nT·a^{-1})。可计算经年变率校正后的某年地磁要素值。

1968年国际地磁和高空物理协会(IAGA)首次提出并公认了1965年高斯球谐分析模式,并在1970年正式批准了这种模式,称为国际地磁参考场模式,记为 IGRF。它是由一组高斯球谐系数(g_n^m、h_n^m)和年变率系数($\dot{g}_n^m$、$\dot{h}_n^m$)组成的(表3-2-1),为地球基本磁场和长期变化场的数学模型,并规定国际上每五年发表一次球谐系数并绘制一套世界地磁图。在编制磁异常图时,广泛使用国际地磁参考场作为正常场。其目的是使正常地磁场改正有统一的模式,便于成图和编图。

表 3-2-1 2015—2020 年 IGRF 球谐系数

g/h	n	m	IGRF 2015	SV/(nT·a^{-1})	g/h	n	m	IGRF 2015	SV/(nT·a^{-1})
g	1	0	−29 442	10.3	h	9	9	8.4	0.0
g	1	1	−1 501	18.1	g	10	0	−1.9	0.0
h	1	1	4 797.1	−26.6	g	10	1	−6.3	0.0
g	2	0	−2 445.1	−8.7	h	10	1	3.2	0.0
g	2	1	3 012.9	−3.3	g	10	2	0.1	0.0
h	2	1	−2 845.6	−27.4	h	10	2	−0.4	0.0
g	2	2	1 676.7	2.1	g	10	3	0.5	0.0
h	2	2	−641.9	−14.1	h	10	3	4.6	0.0
g	3	0	1 350.7	3.4	g	10	4	−0.5	0.0
g	3	1	−2 352.3	−5.5	h	10	4	4.4	0.0
h	3	1	−115.3	8.2	g	10	5	1.8	0.0
g	3	2	1 225.6	−0.7	h	10	5	−7.9	0.0
h	3	2	244.9	−0.4	g	10	6	−0.7	0.0
g	3	3	582	−10.1	h	10	6	−0.6	0.0
h	3	3	−538.4	1.8	g	10	7	2.1	0.0
g	4	0	907.6	−0.7	h	10	7	−4.2	0.0
g	4	1	813.7	0.2	g	10	8	2.4	0.0
h	4	1	283.3	−1.3	h	10	8	−2.8	0.0
g	4	2	120.4	−9.1	g	10	9	−1.8	0.0

续表 3-2-1

g/h	n	m	IGRF		g/h	n	m	IGRF	
			2015	SV/(nT·a^{-1})				2015	SV/(nT·a^{-1})
h	4	2	−188.7	5.3	h	10	9	−1.2	0.0
g	4	3	−334.9	4.1	g	10	10	−3.6	0.0
h	4	3	180.9	2.9	h	10	10	−8.7	0.0
g	4	4	70.4	−4.3	g	11	0	3.1	0.0
h	4	4	−329.5	−5.2	g	11	1	−1.5	0.0
g	5	0	−232.6	−0.2	h	11	1	−0.1	0.0
g	5	1	360.1	0.5	g	11	2	−2.3	0.0
h	5	1	47.3	0.6	h	11	2	2	0.0
g	5	2	192.4	−1.3	g	11	3	2	0.0
h	5	2	197	1.7	h	11	3	−0.7	0.0
g	5	3	−140.9	−0.1	g	11	4	−0.8	0.0
h	5	3	−119.3	−1.2	h	11	4	−1.1	0.0
g	5	4	−157.5	1.4	g	11	5	0.6	0.0
h	5	4	16	3.4	h	11	5	0.8	0.0
g	5	5	4.1	3.9	g	11	6	−0.7	0.0
h	5	5	100.2	0.0	h	11	6	−0.2	0.0
g	6	0	70	−0.3	g	11	7	0.2	0.0
g	6	1	67.7	−0.1	h	11	7	−2.2	0.0
h	6	1	−20.8	0.0	g	11	8	1.7	0.0
g	6	2	72.7	−0.7	h	11	8	−1.4	0.0
h	6	2	33.2	−2.1	g	11	9	−0.2	0.0
g	6	3	−129.9	2.1	h	11	9	−2.5	0.0
h	6	3	58.9	−0.7	g	11	10	0.4	0.0
g	6	4	−28.9	−1.2	h	11	10	−2	0.0
h	6	4	−66.7	0.2	g	11	11	3.5	0.0
g	6	5	13.2	0.3	h	11	11	−2.4	0.0
h	6	5	7.3	0.9	g	12	0	−1.9	0.0
g	6	6	−70.9	1.6	g	12	1	−0.2	0.0
h	6	6	62.6	1.0	h	12	1	−1.1	0.0
g	7	0	81.6	0.3	g	12	2	0.4	0.0
g	7	1	−76.1	−0.2	h	12	2	0.4	0.0
h	7	1	−54.1	0.8	g	12	3	1.2	0.0
g	7	2	−6.8	−0.5	h	12	3	1.9	0.0
h	7	2	−19.5	0.4	g	12	4	−0.8	0.0
g	7	3	51.8	1.3	h	12	4	−2.2	0.0
h	7	3	5.7	−0.2	g	12	5	0.9	0.0
g	7	4	15	0.1	h	12	5	0.3	0.0
h	7	4	24.4	−0.3	g	12	6	0.1	0.0
g	7	5	9.4	−0.6	h	12	6	0.7	0.0

续表 3-2-1

g/h	n	m	IGRF		g/h	n	m	IGRF	
			2015	SV/(nT·a^{-1})				2015	SV/(nT·a^{-1})
h	7	5	3.4	−0.6	g	12	7	0.5	0.0
g	7	6	−2.8	−0.8	h	12	7	−0.1	0.0
h	7	6	−27.4	0.1	g	12	8	−0.3	0.0
g	7	7	6.8	0.2	h	12	8	0.3	0.0
h	7	7	−2.2	−0.2	g	12	9	−0.4	0.0
g	8	0	24.2	0.2	h	12	9	0.2	0.0
g	8	1	8.8	0.0	g	12	10	0.2	0.0
h	8	1	10.1	−0.3	h	12	10	−0.9	0.0
g	8	2	−16.9	−0.6	g	12	11	−0.9	0.0
h	8	2	−18.3	0.3	h	12	11	−0.1	0.0
g	8	3	−3.2	0.5	g	12	12	0	0.0
h	8	3	13.3	0.1	h	12	12	0.7	0.0
g	8	4	−20.6	−0.2	h	13	0	0	0.0
h	8	4	−14.6	0.5	g	13	1	−0.9	0.0
g	8	5	13.4	0.4	h	13	1	−0.9	0.0
h	8	5	16.2	−0.2	g	13	2	0.4	0.0
g	8	6	11.7	0.1	h	13	2	0.4	0.0
h	8	6	5.7	−0.3	g	13	3	0.5	0.0
g	8	7	−15.9	−0.4	h	13	3	1.6	0.0
h	8	7	−9.1	0.3	g	13	4	−0.5	0.0
g	8	8	−2	0.3	h	13	4	−0.5	0.0
h	8	8	2.1	0.0	g	13	5	1	0.0
g	9	0	5.4	0.0	h	13	5	−1.2	0.0
g	9	1	8.8	0.0	g	13	6	−0.2	0.0
h	9	1	−21.6	0.0	h	13	6	−0.1	0.0
g	9	2	3.1	0.0	g	13	7	0.8	0.0
h	9	2	10.8	0.0	h	13	7	0.4	0.0
g	9	3	−3.3	0.0	g	13	8	−0.1	0.0
h	9	3	11.8	0.0	h	13	8	−0.1	0.0
g	9	4	0.7	0.0	g	13	9	0.3	0.0
h	9	4	−6.8	0.0	h	13	9	0.4	0.0
g	9	5	−13.3	0.0	g	13	10	0.1	0.0
h	9	5	−6.9	0.0	h	13	10	0.5	0.0
g	9	6	−0.1	0.0	g	13	11	0.5	0.0
h	9	6	7.8	0.0	h	13	11	−0.3	0.0
g	9	7	8.7	0.0	g	13	12	−0.4	0.0
h	9	7	1	0.0	h	13	12	−0.4	0.0
g	9	8	−9.1	0.0	g	13	13	−0.3	0.0
h	9	8	−4	0.0	h	13	13	−0.8	0.0
g	9	9	−10.5	0.0					

二、地磁场的正常梯度

有了地磁场高斯球谐表达式,还可以直接由式(3-2-3)导出地磁场三分量相对于球坐标的正常梯度场,以垂直分量为例有 $\frac{\partial Z}{\partial r}$、$\frac{1}{r}\frac{\partial Z}{\partial \theta}$ 及 $\frac{1}{r\sin\theta}\frac{\partial Z}{\partial \lambda}$,并由已知球谐系数和该点坐标求得梯度值。

对地心偶极子的正常梯度场,则有沿子午线方向的梯度场:

$$\begin{cases} \dfrac{\partial H}{\partial x} = \dfrac{\partial H}{R\partial \varphi} = \dfrac{-\mu_0 m}{4\pi R^4}\sin\varphi = -\dfrac{Z}{2R} \\ \dfrac{\partial Z}{\partial x} = \dfrac{\partial Z}{R\partial \varphi} = \dfrac{2\mu_0 m}{4\pi R^4}\cos\varphi = \dfrac{2H}{R} \\ \dfrac{\partial T}{\partial x} = \dfrac{\partial T}{R\partial \varphi} = \dfrac{\mu_0 m}{4\pi R^4}\cdot 3\sin\varphi\cos\varphi/(1+3\sin^2\varphi)^{\frac{1}{2}} = \dfrac{3ZH}{2RT} \end{cases} \quad (3-2-5)$$

沿高度方向的梯度场:

$$\begin{cases} \dfrac{\partial H}{\partial r}\Big|_{r=R} = -\dfrac{3\mu_0 m}{4\pi R^4}\cos\varphi = -\dfrac{3H}{R} \\ \dfrac{\partial Z}{\partial r}\Big|_{r=R} = -\dfrac{6\mu_0 m}{4\pi R^4}\sin\varphi = -\dfrac{3Z}{R} \\ \dfrac{\partial T}{\partial r} = \dfrac{-3\mu_0 m}{4\pi R^4}(1+3\sin^2\varphi)^{\frac{1}{2}} = -\dfrac{3T}{R} \end{cases} \quad (3-2-6)$$

式中:μ_0 是真空磁导率($\mu_0 = 4\pi \times 10^{-7} \mathrm{H \cdot m^{-1}}$)。

例如,武汉地区某年的垂直强度 $Z=34\,350\mathrm{nT}$,水平强度 $H=34\,800\mathrm{nT}$,取 $R=6371\mathrm{km}$,则其梯度值为

$$\frac{\partial T}{R\partial \varphi} = \frac{\partial T}{\partial x} = 5.76\mathrm{nT}\cdot\mathrm{km}^{-1}$$

$$\frac{\partial T}{\partial r} = -23.02\mathrm{nT}\cdot\mathrm{km}^{-1}$$

也就是说,在武汉地区,当高度升高 1km 时,T 值减小 23.02nT;向北方向移动 1km 时,T 值增加 5.76nT。高差 30m,地磁场垂直变化可达 0.69nT;高度改正从总基点高程起算,约每 43m 高度改正 1nT,比总基点高 43m 加 1nT,比总基点低 43m 减 1nT。

由上述分析可知,正常梯度值是随着地理坐标及高度变化而变化的。因而,在较大面积进行地面或航空高精度磁测时,必须消除随地理坐标及高度变化的影响,这种影响的校正称为正常梯度校正。

第三节 磁力仪

一、磁力仪类别

按照磁力仪的发展历史,以及应用的物理原理,可做下述分类。

第一代磁力仪。它是根据永久磁铁与地磁场之间相互力矩作用原理,或利用感应线圈以及辅助机械装置制作的,如机械式磁力仪、感应式航空磁力仪等。

第二代磁力仪。它是根据核磁共振特征,利用高磁导率软磁合金,以及复杂的电子线路制作的,如质子磁力仪、光泵磁力仪及磁通门磁力仪等。

第三代磁力仪。它是根据低温量子效应原理制作的,如超导磁力仪。

磁力仪按其内部结构及工作原理,大体上可分为:①机械式磁力仪,如悬丝式磁秤、刃口式磁秤等;②电子式磁力仪,如质子磁力仪、光泵磁力仪、磁通门磁力仪等。

磁力仪按其测量的地磁场参数及其量值,可分为①相对测量仪器,如悬丝式垂直磁力仪等,它是测量地磁场垂直分量 Z 的相对差值;②绝对测量仪器,如质子磁力仪等,它是测量地磁场总强度 T 的绝对值,不过亦可测量梯度值。

若从磁力仪使用的领域来看,它们可分为地面磁力仪、航空磁力仪、海洋磁力仪以及井中磁力仪。

二、质子磁力仪

质子磁力仪于 20 世纪 50 年代中期问世(图 3-3-1),在航空、海洋及地面等领域均得到了应用。它具有灵敏度、准确度高的特点,可测量地磁场总强度 T 的绝对值(或相对值)、梯度值。

图 3-3-1 CZM-5 质子磁力仪(北京地质仪器厂)

1. 质子(核子)的旋进

质子磁力仪使用的工作物质(探头中)有蒸馏水、酒精、煤油、苯等富含氢的液体。水(H_2O)从宏观看它是逆磁性物质。但是,其各个组成部分,磁性不同。水分子中的氧原子核不具磁性。它的 10 个电子,其自旋磁矩都成对地互相抵消了,而电子的运动轨道又由于水分子间的相互作用被"封固"。当外界磁场作用时,因电磁感应作用,各轨道电子的速度略有改变,因而显示出水的逆磁性。此处,水分子中的氢原子核(质子),由自旋产生的磁矩,将在外加磁场的影响下,逐渐地转到外磁场方向。这就是逆磁性介质中的"核子顺磁性"。

当没有外界磁场作用于含氢液体时,其中质子磁矩无规则地任意指向,不显现宏观磁矩。若垂直地磁场 T 的方向,加一个强人工磁场 H_0,则样品中的质子磁矩,将按 H_0 方向排列起来,如图 3-3-2(a)所示,此过程称为极化。然后，切断磁场 H_0，则地磁场对质子有 $\mu_p \times T$ 的力矩作用，试图将质子拉回到地磁场方向，由于质子自旋，因而在力矩作用下，质子磁矩 μ_p 将绕着地磁场 T 的方向作旋进运动（叫作拉莫尔旋进），如图 3-3-2(b)所示。它好像是地面上倾斜旋转着的陀螺，在重力作用下并不立刻倒下，而绕着铅垂方向作旋进运动的情景一样。

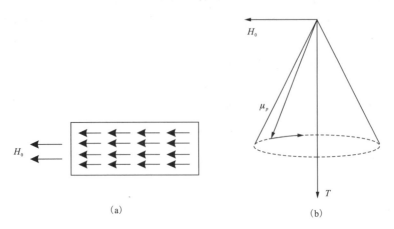

图 3-3-2　质子旋进示意图

2. 测量原理

理论物理分析研究表明，氢质子旋进的角速度 ω 与磁场 T 的大小成正比，其关系为

$$\omega = \gamma_p \cdot T \tag{3-3-1}$$

式中：γ_p 为质子的自旋磁矩与角动量之比，叫做质子磁旋比（或回旋磁化率），它是一个常数。我国国家标准局 1982 年颁布的质子磁旋比数值是：

$$\gamma_p = (2.675\,198\,7 \pm 0.000\,007\,5) \times 10^8\,\mathrm{T}^{-1}\mathrm{s}^{-1}$$

又因 $\omega = 2\pi f$，则有：

$$T = \frac{2\pi}{\gamma_p} \cdot f = 23.487\,4 f \tag{3-3-2}$$

式中：T 以纳特(nT)为单位。由式(3-3-2)可见，只要能准确测量出质子旋进频率 f，乘以常数，就是地磁场 T 的值。

3. 质子旋进信号

从上述讨论得知，测定地磁场 T 的量值，须使质子作自由旋进运动，为此要将质子磁矩极化，使之偏离 T 的方向一个角度。

通常采用的极化方法是：在圆柱有机玻璃容器内，装满富含氢的工作物质（如水等），容器置于线圈之中。线圈通以电流，使其内产生的极化（磁化）磁场 H_0，其方向沿线圈轴线，大致垂直于地磁场 T。切断电流后，极化线圈亦作为接收线圈，并调谐在旋进频率 f 上。质子磁矩的旋进，将在接收线圈中产生感应电压信号。

在接收线圈内，感应信号的电压为

$$V(t_1) = C\kappa_p H_0 \gamma_p T \sin^2\theta \cdot \sin(\gamma_p T t_1) \mathrm{e}^{-\frac{t_1}{T_2}} \tag{3-3-3}$$

式中：C 为与线圈截面积、匝数及容器的充填因子有关的系数，对于一定的探头装置 C 是一个常数；κ_p 为质子(核子)磁化率；H_0 为极化磁场的强度；θ 为线圈轴线与 T 之夹角；t_1 为切断极化场时刻起算的时间；$1/T_2'$ 为衰减常数。分析式(3-3-3)可得：

(1)感应信号的幅度与 $\kappa_p H_0$ 成正比。$\kappa_p H_0$ 是在极化磁场作用下质子的磁化强度。为了获得强旋进信号，一方面要选用单位体积内质子数目多的工作物质，另一方面使用大极化电流，产生强极化磁场，这也就提高了功率消耗。

(2)信号幅度与质子旋进圆频率 $\omega = \gamma_p T$ 成正比。若地磁场弱（T 值小），则旋进圆频率 ω 低，信号幅度也就小。目前，质子磁力仪的测程一般是 20 000～100 000nT，相当于旋进频率由 851.52 至 4 257.60 Hz，此频率范围对于地面、海洋及航空磁测来说，一般是足够的。

(3)信号幅度亦与 $\sin^2\theta$ 有关。线圈轴线与 T 的夹角 θ 在 0～90° 之间变化，其大小会影响旋进信号的振幅，而与旋进频率无关。当 $\theta = \dfrac{\pi}{4}$，信号幅度只降低到最大幅度的一半，因此对探头定向只要求大致与 T 相垂直。但是，θ 接近于零度，则是探头的工作盲区。

(4)旋进信号是按指数函数规律衰减的正弦信号，如图 3-3-3 所示，其频率为 $\omega = \gamma_p T$，衰减常数为 $1/T_2'$，它持续约几秒钟。感应信号的衰减，与探头所处的磁场梯度有关，梯度越大，衰减越快。可以精确地测定旋进频率（即测定地磁场值），所允许存在的地磁场最大梯度，叫做仪器的梯度容限。

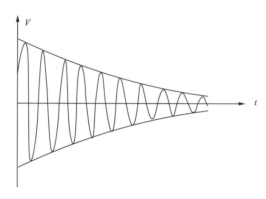

图 3-3-3　质子旋进信号的衰减

三、光泵磁力仪与超导磁力仪

(一)光泵磁力仪

继质子磁力仪之后，20 世纪 50 年代中期光泵磁力仪开始应用于地球物理工作。它是一种高灵敏度、高精度磁力仪。

1. 光泵磁力仪的物理原理

(1)塞曼分裂、能级跃迁。原子在外磁场中，由于受到磁场的作用，同一个 F 值的能级，可分裂成 $(2F+1)$ 个磁次能级，叫做塞曼分裂。相邻磁次能级之间的能量差与外磁场成正比，这就为测定地磁场 T 提供了可能。

当电子从外界得到能量或向外界放出适当的能量时，即从一个能级跃迁到另一个能级，原子能级的变化，称为原子的跃迁。

(2) 光泵作用。在光泵磁力仪中有的以氦为工作物质，利用光能，将原子的能态泵激发到同一个能级上的过程，叫作光泵作用。

2. 跟踪式光泵磁力仪测定地磁场 T

在光泵磁力仪的探头装置里，氦灯内充有较高气压的 ^{4}He，受高频电场激发后，发出 1 083.075nm 单色光，它透过凸镜、偏振片及 1/4 波长片，形成 1.08μm 的圆偏振光照射到吸收室。光学系统的光轴应与地磁场（被测磁场）方向一致。吸收室内充有较低气压的 ^{4}He，经高频电场激发，其 ^{4}He 原子变为亚稳态正氦，并具有磁性。从氦灯射来的圆偏振光与亚稳态正氦作用，产生原子跃迁。其跃迁频率 f 与地磁场 T 有如下关系：

$$\left. \begin{aligned} f &= \frac{\gamma_p}{2\pi}T = (28.023\,56 \pm 0.000\,3)T \\ \text{或}\ T &= 0.035\,684 f \end{aligned} \right\} \quad (3-3-4)$$

式中：T 以 nT 为单位。这就是说，圆偏振光使吸收室内原子磁矩定向排列，此后由氦灯发出的光，可穿过吸收室，经凸镜聚焦，照射到光敏元件上，形成光电流。

在垂直光轴方向外加射频电磁场（调制场），其频率等于原子跃迁频率 f。由于射频磁场与定向排列原子磁矩的相互作用，从而打乱了吸收室内原子磁矩的排列（称磁共振）。这时，由氦灯射来的圆偏振光又会与杂乱排列的原子磁矩作用，不能穿透吸收室，光电流最弱，测定此时的射频 f，就可得到地磁场 T 的值。当地磁场变化时，相应改变射频场的频率，使其保持透过吸收室的光线最弱，也就是使射频场的频率自动跟踪地磁场变化实现对 T 量值的连续自动测量。

（二）超导磁力仪

它是 20 世纪 60 年代中期研制成的一种高灵敏磁力仪。其灵敏度高出其他磁力仪几个数量级，可达 10^{-6}nT，能测出 10^{-3}nT 级磁场。它测程范围宽，磁场频率响应高，观测数据稳定可靠。

超导磁力仪的基本原理如下：某些金属如锡、铅、锌、铌、钽和一些合金，当它们的温度降到绝对零度附近某一温度以下时，其电阻突然降为零值。这种在低温条件下，电阻突然消失的特性，称为超导电性，具有这种性质的物质叫超导体。电阻为零时的温度，称临界温度 T_c，如锡（3.7K）、铅（7.2K）、铌（9.2K）。

1962 年约瑟夫逊提出并经实验证实，在两块超导体中间夹着的绝缘层，超导电子能无阻地通过，绝缘层二端无电压降，此绝缘层叫超导隧道结（约瑟夫逊结），这种现象叫做超导隧道结的约瑟夫逊效应。

超导磁力仪是利用约瑟夫逊效应测量磁场，其测量器件是由超导材料制成的闭合环，在一个或两个超导隧道结，结的截面积很小，只要通过较小的电流（$10^{-4} \sim 10^{-6}$），接点处就达到临界电流 I_c（超过 I_c 超导性被破坏，即结所能承受的最大超导电流）。I_c 对磁场很敏感，它随外磁场的大小呈周期性起伏，其幅值逐渐衰减。临界电流 I_c，也是透入超导结的磁能量 Φ 的周期函数。它利用器件对外磁场的周期性响应，对磁能量变化（与外磁场变化成正比）进行计数，已知环的面积，就可算得磁场值。

在应用地球物理领域内，可制成航空磁力梯度仪；在地磁学中可用于研究地磁场的微扰；在磁大地电流法中可用于测量微弱的磁场变化；它还可用于岩石磁学研究。由于这种仪器的探头需要低温条件，常用装于杜瓦瓶的液态氦进行冷却，因此装备复杂，费用较高。

第四节 磁测的野外工作方法

一、磁测精度的确定

磁测工作中采用的磁力仪的类型不同,可以达到的磁测精度也各不相同。目前,我国高精度的电子式(质子、光泵)磁力仪已普遍使用,根据此实际情况,可将磁测精度分为如下三级:

    高精度:均方误差≤5nT
    中精度:均方误差 6～15nT
    低精度:均方误差＞15nT

其中均方误差小于 2nT 的高精度磁测,定为特高精度磁测。

采用何种磁测精度,首先要考虑磁测的地质任务,探测对象的最小有意义的磁异常强度($B_{max低}$)。根据误差理论知道,大于 3 倍均方误差的异常是可信的。而根据物探图件要求,能正确刻画某地质体异常形态至少要有两条非零的等值线,等值线的间距不得小于 3 倍均方误差。因此,通常确定磁测精度为 $m<\left(\frac{1}{5}-\frac{1}{6}\right)B_{max低}$。在考虑上述原则的同时,在不影响完成磁测确定的主要任务下,照顾到将来磁测资料的综合利用可适当提高磁测精度。

二、地磁场的日变观测

在高精度磁测时必须设立日变观测站,以便消除地磁场周日变化和短周期扰动等影响,这是提高磁测质量的一项重要措施。

日变观测站,必须设在正常场(或平稳场)内,温差小、无外界磁干扰和地基稳固的地方,观测时要早于出工的第一台仪器,晚于收工的最后一台仪器。日变观测站仪器采用自动记录方式,记录时间应不大于 0.5min。

日变站有效作用范围与磁测精度有关,低精度测量时,一般在半径 50～100km 范围之内,可以认为变化场差异微小;高精度磁测时,最大有效范围一般以半径 25km 设一个站为宜。

三、岩(矿)石磁参数的测量

测量岩(矿)石磁性参数是磁法勘探必不可少的环节,在确定磁测任务时,要收集测区内外的磁参数资料,并测定一定数量的岩矿石磁参数,作为设计的依据。在施工阶段,要在全测区采集和测定岩矿石标本,并通过统计整理求得各类岩(矿)石的磁参数。

(一)岩矿石标本的采集

采集用来研究岩(矿)石磁性的标本时,除了要专门研究岩(矿)石风化壳磁性特征这种情况之外,均应采集岩(矿)石的基岩露头或钻井的岩芯等。为了满足物性参数统计需要,各类岩(矿)石标本采集数量一般不能少于 30 块,采集点要均匀分布。标本形状尽可能为等轴状(或立方体),体积应以 10cm×10cm×10cm 为宜,即使强磁性标本也不能小于 400cm³。

为了研究岩矿石剩余磁化强度的大小和方向,需要采集定向标本,也就是要确定标本在原露头上的空间位置。一般用3种定向标志来确定,即在采集标本的露头上画出两个方向上的水平线确定水平面,标出水平面的上、下方确定其垂直轴,并在标本上标出磁北方向箭头,如图 3-4-1 所示。然后,设法取下标本,最后对标本进行编录登记。

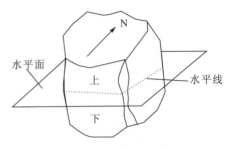

图 3-4-1 采集定向标本

(二) 磁性测定方法

1. 梯度方式

用质子磁力仪测定岩石磁性时,其测定装置的探头轴向置于南北方向。标本盒放在一个无磁性合页板的倾斜板面上,倾斜板面的倾角应与当地地磁倾角 I_0 一致,倾斜面朝北,置于探头轴向两侧东或西使标本盒中心与下探头的中心在同一水平面上。显然,此装置同于高斯第二位置测定法,但标本测量轴受地磁 T_0 磁化。靠近标本的探头测量正常场和标本的叠加的磁场,而远离标本的探头测量正常场。当测定地点的磁场均匀,即正常梯度为零(或有很小底数),则放置标本时的梯度计数(TH)即为标本所产生的磁场。

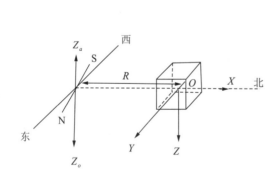

图 3-4-2 磁秤法高斯第二位置图

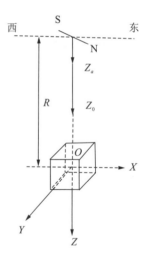

图 3-4-3 磁秤法高斯第一位置图

测定时,将仪器的线号键(Line)置于标本编号,点号键(Station)按标本盒上3个轴向的正向号码(如 z 轴正向为 5)并绕 z 轴(即 T_0 方向)每旋转 90°读取一个数编入 501,502,503,504,…,其余轴向号码一样。个位上的数表示某个轴的正、反向读数。百位上的数表示该轴的四次读数,也就是采用 24 次读数法,目的是减少标本形状不规则、磁性不均匀和标本位置误差的影响,所以取四次读数平均值来代表该轴向读数,如

$$n_5 = \frac{TH501 + TH502 + TH503 + TH504}{4}$$

依次可以读得放入标本后读数：$n_1, n_2, n_3, n_4, n_5, n_6$。如各读数满足条件：$\frac{n_1+n_2}{2}$，$\frac{n_3+n_4}{2}$，$\frac{n_5+n_6}{2} \leqslant 0$，即可按下述公式计算磁化率：

$$\kappa' = \frac{2\pi \cdot R^3}{3T_0 V}[|n_1+n_2|+|n_3+n_4|+|n_5+n_6|] \times 10^{-9} \text{(SI)}$$

式中：R 为标本中心到探头中心距离，单位：cm；V 为标本体积，单位：cm³；T_0 为当地总磁场值，单位：T；n_1、n_2、n_3、n_4、n_5、n_6，单位：nT。

剩磁：$M_r = \frac{5 \cdot R^3}{V}[(n_2-n_1)^2+(n_4-n_3)^2+(n_6-n_5)^2]^{1/2} \times 10^{-3} \text{(A} \cdot \text{m}^{-1})$

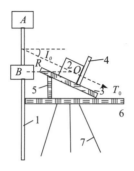

图 3-4-4　测定标本磁性装置图

A、B 分别为上、下探头；1. 探头支杆；2. 标本盒；3. 可调倾角的斜板；4. 选择 R 及固定标本盒的活动插销；5. 调节倾角的螺杆；6. 可作水平转动的平板；7. 三脚支架

还可采用高斯第一位置测定，即把标本置于探头轴向的北侧，并使倾角为 I_0 倾斜板放置标本后，使通过标本中心的 Z 轴（平行 T_0 方向）的延长线交于下探头中心。此时的距离 R 为沿 T_0 方向的斜距。如各读数满足条件：$\frac{n_1+n_2}{2}$，$\frac{n_3+n_4}{2}$，$\frac{n_5+n_6}{2} \geqslant 0$。可应用第一位置公式计算 κ' 和 M_r：

$$\kappa' = \frac{\pi \cdot R^3}{3T_0 V}[|n_1+n_2|+|n_3+n_4|+|n_5+n_6|] \times 10^{-9} \text{(SI)}$$

$$M_r = \frac{5 \cdot R^3}{2 \cdot V}[(n_1-n_2)^2+(n_3-n_4)^2+(n_5-n_6)^2]^{1/2} \times 10^{-3} \text{(A} \cdot \text{m}^{-1})$$

以上测得磁化率均视为视磁化率，可利用近似球体标本的计算公式求得其真磁化率 κ，即

$$\kappa = \frac{\kappa'}{1 - \frac{\kappa'}{3}}$$

2. 总场方式

方法与梯度方式类似，在此只列出两种方式的不同之处。

（1）利用梯度方式对岩石标本进行磁测时，该仪器的上下两个探头同时进行测量，读数只需记录放置标本后的 TH 梯度读数，当两个探头的距离较小时，TH 梯度读数相当于标本所产生的磁场。总场方式需要两台仪器进行测量：一台置于平稳磁场区用于地磁场的日变观测，另

一台仪器用于对岩石标本的测量,工作时,需记录未放置标本时仪器的读数 n_0 以及放置标本后的仪器读数 $n_i(i=1,2,\cdots,6)$,记录的方法同梯度方式。

(2)利用梯度方式进行磁测工作时,仪器的读数为标本产生的磁场强度;利用总场方式测量时,仪器的读数为该测量地点的总磁场强度。

利用总场方式计算岩石标本磁性参数的公式:

高斯第一位置:

磁化率:$\kappa' = \dfrac{2\pi \cdot R^3}{3T_0 V}\left[\left|\dfrac{n_1+n_2}{2}-n_0\right|+\left|\dfrac{n_3+n_4}{2}-n_0\right|+\left|\dfrac{n_5+n_6}{2}-n_0\right|\right]\times 10^{-9}(\text{SI})$

剩磁:$M_r = \dfrac{5 \cdot R^3}{2 \cdot V}[(n_1-n_2)^2+(n_3-n_4)^2+(n_5-n_6)^2]^{1/2}\times 10^{-3}(\text{A}\cdot\text{m}^{-1})$

高斯第二位置:

磁化率:$\kappa' = \dfrac{4\pi \cdot R^3}{3T_0 V}\left[\left|n_0-\dfrac{n_1+n_2}{2}\right|+\left|n_0-\dfrac{n_3+n_4}{2}\right|+\left|n_0-\dfrac{n_5+n_6}{2}\right|\right]\times 10^{-9}(\text{SI})$

剩磁:$M_r = \dfrac{5 \cdot R^3}{V}[(n_2-n_1)^2+(n_4-n_3)^2+(n_6-n_5)^2]^{1/2}\times 10^{-3}(\text{A}\cdot\text{m}^{-1})$

式中:R 为标本中心到探头中心的距离,单位:cm;V 为标本体积,单位:cm³;T_0 为当地地磁场总强度值,单位:T;$n_1、n_2、n_3、n_4、n_5、n_6$,单位:nT。

(二)磁参数统计整理和图示

1. 统计计算

(1)算术平均值:$\qquad \kappa_m = \dfrac{1}{n}\sum_{i=1}^{n}\kappa_i$

(2)几何平均值:$\qquad \kappa_R = \sum_{i=1}^{n}m_i\bar\kappa_i / \sum_{i=1}^{n}m_i$

2. 统计图示

(1)统计分组,见图 3-4-5 及表 3-4-1。

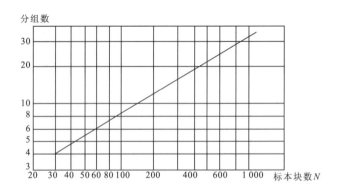

图 3-4-5 确定统计组数的经验曲线

表 3-4-1 磁参数统计整理和图示

组距	0~0.5	0.5~1.0	1.0~1.5	1.5~2.0	2.0~2.5	2.5~3.0	3.0~3.5	3.5~4.0	4.0~4.5	4.5~5.0	5.0~5.5
各组中值	0.25	0.75	1.25	1.75	2.25	2.75	3.25	3.75	4.25	4.75	5.25
频数 m	1	3	14	21	41	31	19	8	5	3	2
频率(m/n) 100%	0.7	2.1	9.5	41.1	27.7	20.9	12.9	5.4	3.3	2.0	1.4
累计频率	0.7	2.8	12.3	26.4	54.1	75.0	87.9	93.3	96.6	98.6	100

(2)频率直方图曲线,如图 3-4-6 所示。

图 3-4-6 频率直方图曲线和频率分布曲线

第五节 磁异常的正演

一、有效磁化强度矢量

我们假设磁性体为均匀磁化且不考虑退磁和剩磁,磁化强度矢量 M 的空间分布如图 3-5-1 所示。图中 M 为总磁化强度矢量,M_S 为 M 在 XOZ 面(即观测剖面)的投影(分量),称为有效磁化强度矢量;M_H 为 M 在 XOY 面的投影,叫水平磁化强度矢量;I 表示 M 的倾角,即磁化倾角;i_S 为 M_S 的倾角,即 M_S 与 OX 轴间夹角,称为有效磁化倾角;A' 为 M_x 与 M_H 间的夹角,A 为磁性体走向与磁北的夹角。

由图 3-5-1 可以看出:

$$\left.\begin{array}{l} M_x = M\cos I\cos A' = M_S\cos i_S = M\cos I\sin A \\ M_y = M\cos I\sin A' = M\cos I\cos A \\ M_z = M\sin I = M_S\sin i_S \end{array}\right\} \quad (3-5-1)$$

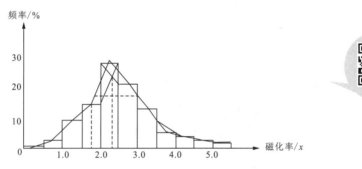

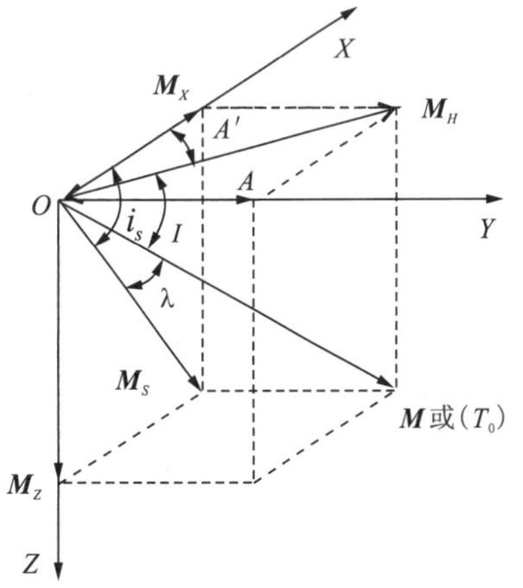

图 3-5-1 磁化强度矢量空间分布图

由式(3-5-1)可知：

$$\left.\begin{array}{l}M=\sqrt{M_x^2+M_y^2+M_z^2}\\M_S=\sqrt{M_x^2+M_z^2}=M\sqrt{\cos^2 I\cos^2 A'+\sin^2 I}\end{array}\right\} \quad (3-5-2)$$

$$\left.\begin{array}{l}\dfrac{M_x}{M}=\cos I\cos A'=\cos I\sin A\\[4pt]\dfrac{M_y}{M}=\cos I\sin A'=\cos I\cos A\\[4pt]\dfrac{M_z}{M}=\sin I\\[4pt]\tan i_S=\tan I\sec A'=\tan I\csc A\end{array}\right\} \quad (3-5-3)$$

以上关系式表明，磁性体的磁化强度与磁性体的走向或剖面方向有关，走向不同，被磁化的情况也不同。这是因为在一个局部地区，地磁场的方向是一定的，而磁性体的走向，可能有不同的方向，不同走向的磁性体，地磁场对它的磁化特点也不相同，即表面磁荷分布不同。

由以上讨论可知，在前述假设条件下，磁性体被磁化不仅与当地地磁场的大小和方向有关、与其自身磁化率有关，还与磁性体的走向或剖面方向有关。

在影响磁性体磁场特征的诸因素中，当形体确定后，磁化强度的方向是决定磁场特征的重要（或主要）因素。因为磁化强度的方向决定了磁性体磁荷的分布特征，磁荷的分布与磁性体磁场的分布特征直接有关。

二、总磁场强度异常

不同类型的磁力仪可测得磁异常的不同分量。现在，不论是高精度地面磁测，还是航空磁测，都是直接测量地磁场总强度 T，减去正常地磁场后得到总磁场异常 ΔT。我们知道，Z_a、H_{ax}、H_{ay} 是磁异常总强度矢量 T_a 的垂直和水平分量，ΔT 与它们是什么关系？这是下面我们要分析的问题。

（一）ΔT 的物理意义

磁异常总强度矢量 T_a 是磁场总强度 T 与正常场 T_0 的矢量差，即：

$$T_a = T - T_0 \quad (3-5-4)$$

而 ΔT 是 T 与 T_0 的模量差，即：

$$\Delta T = |T| - |T_0| \quad (3-5-5)$$

ΔT 既不是 T_a 的模量，也不是 T_a 在 T_0 方向的投影，如图 3-5-2 所示。

根据矢量三角形的余弦定理：

$$T = \sqrt{T_0^2 + T_a^2 + 2T_0 T_a \cos\theta}$$

上式中 θ 是 T_a 与 T_0 间的夹角。根据式(3-5-5)，上式可写为

$$T_0 + \Delta T = (T_0^2 + T_a^2 + 2T_0 T_a \cos\theta)^{1/2}$$

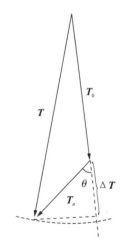

图 3-5-2　ΔT 与 T_a 关系图

对上式两端取平方,并除以 T_0^2,则得:

$$\left(\frac{\Delta T}{T_0}\right)^2 + 2\left(\frac{\Delta T}{T_0}\right) = \left(\frac{T_a}{T_0}\right)^2 + 2\left(\frac{T_a}{T_0}\right)\cos\theta \quad (3-5-6)$$

当 $T_a \ll T_0$ 时,上式中的平方项可略去。例如,在中纬度地区,$T_0 = 50\,000$nT,若 $T_a \le 2\,000$nT 时,则 $(T_a/T_0)^2 \le 0.0016$。又因 $\Delta T < T_a$,故 $(\Delta T/T_0)^2$ 项也可略去。因此,式(3-5-6)可简化为

$$\Delta T \approx T_a \cos\theta = T_a \cos(T_a, T_0) \quad (3-5-7)$$

式(3-5-7)表明,当磁异常 T_a 强度不大时,可近似地把 ΔT 看作是 T_a 在 T_0 方向的投影;航空磁测中一般 $T_a < 1\,000$nT,在进行高精度地面磁测的地区,一般 T_a 也不大。因此将 ΔT 近似看作 T_a 在 T_0 方向的投影,有足够的精度。另外,T_0 在相当大的区域内,方向是不变的(10 000km² 内变化 1°左右),因此,可以把 ΔT 看作是 T_a 在固定方向的投影。这样 ΔT 的物理意义与 Z_a、H_a 类似,都是 T_a 在固定方向的分量。

(二)ΔT 与 Z_a、H_a 的关系

由于 ΔT 是 T_a 在 T_0 方向的分量,令 t_0 表示其单位矢量,其方向余弦为 $\cos(x,t_0) = \cos\alpha$,$\cos(y,t_0) = \cos\beta$,$\cos(z,t_0) = \cos\gamma$;又因为 H_{ax}、H_{ay}、Z_a 为 T_a 在 3 个坐标轴上的分量,因此:

$$\Delta T = H_{ax}\cos\alpha + H_{ay}\cos\beta + Z_a\cos\gamma \quad (3-5-8)$$

式(3-5-8)表示,ΔT 是 T_a 的 3 个分量分别投影到 T_0 方向之和。

因为 T_0 在 XOY 面的投影为 H_0,T_0 与 H_0 的夹角为 I,测线方向 X 轴与 H_0 的夹角为 A',则有:$\cos\alpha = \cos I \cos A'$,$\cos\beta = \cos I \sin A'$,$\cos\gamma = \sin I$,故式(3-5-8)可写为

$$\Delta T = H_{ax}\cos I \cos A' + H_{ay}\cos I \sin A' + Z_a \sin I \quad (3-5-9)$$

式(3-5-9)即为 ΔT 与 H_{ax}、H_{ay}、Z_a 的基本关系式。它表明,知道了 H_{ax}、H_{ay} 和 Z_a 的磁场表达式,由式(3-5-9)即可求得 ΔT 的磁场表达式。

对于二度体,由于磁性体沿 y 方向无限伸长,磁位沿 y 方向无变化,磁位对 y 的微商为零,即 $H_{ay} = 0$,故式(3-5-9)简化为

$$\Delta T = H_{ax}\cos I \cos A' + Z_a \sin I \quad (3-5-10)$$

式(3-5-9)对任何形体都适用,而式(3-5-10)只适用于测线垂直走向的水平二度体。

三、球体的磁场

自然界中囊状、巢状的磁性体都可视为球体。均匀磁化球体的磁场与一个位于球心的磁偶极子的磁场类似,下面我们来分析球体的磁场特征。

为简单起见,我们只讨论通过原点的中心剖面(或称主剖面),球体的磁异常公式为

$$\Delta T = \frac{\mu_0 m_S}{4\pi (x^2+R^2)^{5/2}}[(2R^2-x^2)\sin i_S \sin I + (2x^2-R^2)\cos i_S \cos I \cos A' -$$
$$3xR \cdot 2\sin i_S \cos I \cos A' - (x^2+R^2)\sin i_S \operatorname{ctg} I \cos I \sin^2 A'] \quad (3-5-11)$$

$$Z_a = \frac{\mu_0 m_S}{4\pi (x^2+R^2)^{5/2}}[(2R^2-x^2)\sin i_S - 3Rx\cos i_S]$$

式中:$m_S = M_S \cdot V$,称为球体的有效磁矩;V 为球体的体积;I 为磁化倾角;A' 为测线方向与磁

北的夹角。在东西剖面内，$i_S=90°$，有效磁化强度 M_S 垂直向下，这时球体在剖面内被垂直磁化。式(3-5-11)可简化为

$$Z_a = \frac{\mu_0 m_S}{4\pi} \frac{(2R^2-x^2)}{(x^2+R^2)^{5/2}}, \tag{3-5-12}$$

$$\Delta T = Z_a$$

当 $x=0$ 时，有：

$$Z_{a_{max}} = \frac{\mu_0 m_S}{2\pi R^3} \tag{3-5-13}$$

球体的 ΔT 磁场示于图 3-5-3 中。

令式(3-5-12)中 $Z_a=0$，可求得 Z_a 曲线的零值点坐标：

$$x_0 = \pm \sqrt{2} R$$

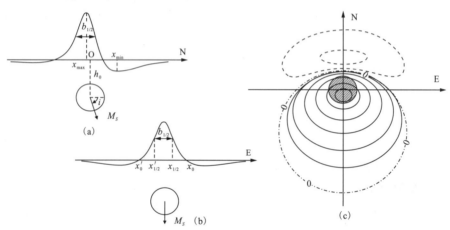

图 3-5-3　球体的 ΔT 磁场

(a)南北剖面 ΔT 曲线；(b)东西剖面 ΔT 曲线；(c) ΔT 平面等值线图

我国处在中纬度地区，受地磁场倾斜磁化，球体的 ΔT 磁场总是由正、负两部分组成。负极小值出现在正值的北面，正、负异常构成一个整体，球心位于极大值和极小值之间的某个位置[图 3-5-3(c)]。在剖面上，曲线一般是不对称的，其两侧出现负值，且在 M_S 所指的方位上出现极小值[图 3-5-3(a)]，而在 M_S 的反方向上偏离原点的某处出现极大值。只有在东西剖面上，由于两磁极的投影都位于坐标原点，ΔT 曲线才变得对称[图 3-5-3(b)]。

四、水平圆柱体的磁场

自然界中延深和宽度都比较小的二度磁性体可视为水平圆柱体。水平圆柱体的磁场相当于无穷多个偶极(球体)沿其走向排列而成的偶极线的磁场，所谓偶极线，是指双极线之间的距离 $2l \to 0$ 的特例。水平圆柱体的磁场公式：

$$\Delta T = \frac{\mu_0 m_S}{2\pi} \frac{1}{(x^2+R^2)^2} \frac{\sin I}{\sin i_S} [(R^2-x^2)\sin(2i_S-90°) - 2Rx\cos(2i_S-90°)]$$

$$Z_a = \frac{\mu_0 m_S}{2\pi} \frac{1}{(x^2+R^2)^2} [(R^2-x^2)\sin i_S - 2Rx\cos i_S]$$

$$\tag{3-5-14}$$

式中：$m_S = M_S \cdot S$，称为水平圆柱体的截面磁矩，S 为其截面积。

当 $i_S = 90°$，即水平圆柱体的南北走向时，由式(3-5-14)可得到：

$$Z_a = \frac{\mu_0 m_S (x^2 - R^2)}{2\pi (x^2 + R^2)^2},$$

$$Z_a = \Delta T$$
(3-5-15)

这时 Z_a 曲线呈对称分布。$x=0$ 时，Z_a 取得极大值：

$$Z_{a_{\max}} = \frac{\mu_0 m_S}{2\pi R^2}$$
(3-5-16)

令式(3-5-16)中 $Z_a = 0$，可求得 Z_a 曲线的零值点坐标：

$$x_0 = \pm R$$
(3-5-17)

图 3-5-4 为不同 i_S 角时水平圆柱体的 ΔT 曲线。

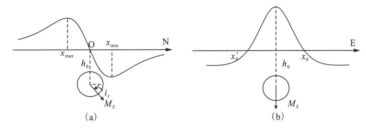

图 3-5-4 水平圆柱体的 ΔT 曲线
(a) $i_S = 45°$；(b) $i_S = 90°$

五、板状体的磁场

(一) 无限延深厚板的磁场

1. 顺层磁化无限延深厚板

所谓厚板，是指板的宽度大于或等于其上顶埋深的情况，顺层磁化是指磁化倾角与板状体的倾角一致。因此，无限延深厚板仅在其顶面和底面分布磁荷。若板无限延深，则底面正磁荷在地面引起的磁场可以忽略不计，这时整个板的磁场相当于由顶面负磁荷引起。

顺层磁化无限延深厚板的磁场表达式：

$$\begin{aligned} Z_a &= \frac{\mu_0 M_S \sin\alpha}{2\pi} \left(\tan^{-1}\frac{x+b}{h} - \tan^{-1}\frac{x-b}{h} \right) \\ H_a &= \frac{\mu_0 M_S \sin\alpha}{2\pi} \frac{1}{2} \ln \frac{(x-b)^2 + h^2}{(x+b)^2 + h^2} \\ \Delta T &= H_a \cos I \cos A' + Z_a \sin I \end{aligned}$$
(3-5-18)

式中：b 为厚板宽的一半；h 为厚板上顶面埋深，如图 3-5-5 所示。

由图 3-5-5 可见，板顶面两端点到测点 P 的距离 r_A 和 r_B 与 z 轴的夹角为 φ_1 和 φ_2，于是：

$$\tan\varphi_1 = \frac{x+b}{h}, \tan\varphi_2 = \frac{x-b}{h}$$

式(3-5-18)中 Z_a 可改写成：

$$Z_a = \frac{\mu_0 M_z}{2\pi}(\varphi_1 - \varphi_2) = \frac{\mu_0 M_z \Phi}{2\pi} \qquad (3-5-19)$$

式中：Φ 为板顶面对 P 点的张角；$M_z = M_S \sin\alpha = M_S \sin i_S$，为磁化强度的垂直分量。

由式(3-5-19)可见，顺层磁化无限延深厚板的磁场除与磁化强度有关以外，主要取决于板的顶面对测点的张角 Φ。在顶面中心上方坐标原点 O 处，Φ 最大，故 Z_a 取得极大值。测点向两边移动时，Φ 逐渐减小至零，Z_a 也随之减小至零。

若板的宽度很大时，可认为 $\Phi \to \pi$，这时式(3-5-19)变为

$$Z_a = \frac{\mu_0 M_z}{2} \qquad (3-5-20)$$

这是板状体能够产生的最大异常。

从图 3-5-5 还可以看出，顺层磁化无限延深厚板与顺层磁化无限延深薄板的 Z_a 磁场特征是类似的。它们的区别仅在于埋深相同时 Z_a 曲线的宽度不同，板越厚，曲线越宽。

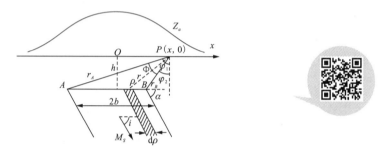

图 3-5-5　顺层磁化无限延深厚板的 ΔZ 磁场

2. 斜交磁化无限延深厚板

斜交磁化是指板的侧面与磁化强度矢量 M_S 斜交的情况。这时板的顶、底面和侧面都分布磁荷。对于无限延深厚板(图 3-5-6)，底面正磁荷在地面产出的磁场可以忽略不计，其磁场表达式为

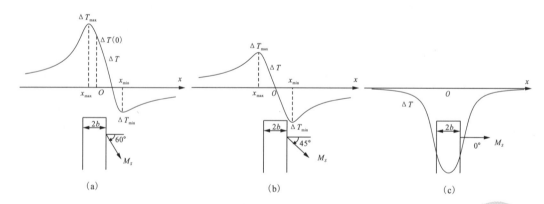

图 3-5-6　斜交磁化无限延深厚板的 ΔT 磁场
(a) $i_S = 60°$；(b) $i_S = 45°$；(c) $i_S = 0°$

$$Z_a = \frac{\mu_0 M_S \sin\alpha}{2\pi} \left[\frac{1}{2}\sin\gamma \ln\frac{(x-b)^2+h^2}{(x+b)^2+h^2} + \cos\gamma\left(\tan^{-1}\frac{x+b}{h} - \tan^{-1}\frac{x-b}{h}\right) \right]$$

$$H_{ax} = \frac{\mu_0 M_S \sin\alpha}{2\pi} \left[\frac{1}{2}\cos\gamma \ln\frac{(x-b)^2+h^2}{(x+b)^2+h^2} - \sin\gamma\left(\tan^{-1}\frac{x+b}{h} - \tan^{-1}\frac{x-b}{h}\right) \right] \quad (3-5-21)$$

$$\Delta T = \frac{\mu_0 M_S \sin\alpha}{2\pi} \cdot \frac{\sin I}{\sin i_S} \left[\frac{1}{2}\cos(\alpha-2i_S) \ln\frac{(x-b)^2+h^2}{(x+b)^2+h^2} - \sin(\alpha-2i_S) \cdot \left(\tan^{-1}\frac{x+b}{h} - \tan^{-1}\frac{x-b}{h}\right) \right]$$

(二)有限延深厚板的磁场

有限延深厚板可以认为是两个宽度和倾角相同,但上顶埋深不同的无限延深厚板相减余下的部分,其 ΔT 磁场公式比较复杂,不予列出。图 3-5-7 和图 3-5-8 分别为顺层磁化和斜交磁化有限延深厚板的 ΔT 曲线。由图可见,曲线两侧出现负值,其中幅值较大的负值出现在正磁荷所在侧面(或底面)的方位。

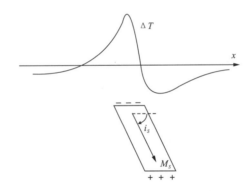

图 3-5-7 顺层磁化有限延深厚板的 ΔT 磁场

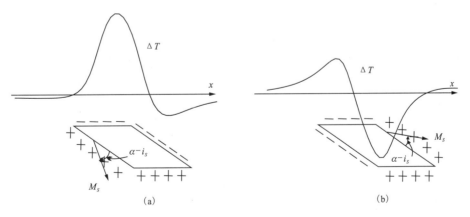

图 3-5-8 斜交磁化有限延深厚板的 ΔT 磁场
(a) $\alpha - i_S < 0°$;(b) $\alpha - i_S > 0°$

(三)水平薄板和台阶的磁场

自然界中产状水平的磁性薄岩(矿)层可视为水平薄板。水平薄板是有限延深厚板下延深度很小时的情况,其 ΔT 曲线如图 3-5-9 所示。曲线特征类似于厚板磁场,但中部出现磁场低值,这是由于上下磁荷面靠得太近,产生了较强消磁作用的结果。

磁性接触带或某些断层可视为台阶。台阶是厚板的一个特例,即板的宽度向一个方向趋于"无穷远"的情况,其 ΔT 曲线如图 3-5-10 所示。沿台阶延伸方向出现正异常,且正极大值出现在端面附近,另一侧出现负异常。

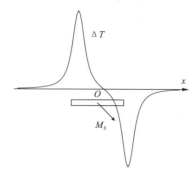
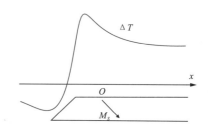

图 3-5-9　斜磁化水平薄板的 ΔT 磁场　　　图 3-5-10　台阶的 ΔT 曲线

通过以上对各种规则几何形体磁场特征的分析我们可以看出:在剖面上,顺层磁化薄板与顺轴磁化柱体、水平圆柱体与球体的磁场类似;它们的基本差别是球体、顺轴磁化柱体这类三度体的磁场为等轴异常,而顺层磁化薄板、水平圆柱体为狭长异常。

六、规则磁性体与磁异常关系

前几部分中公式较多,但只要掌握了沿特定方向磁化(如垂直磁化和顺层磁化)磁性体的简单基本函数形式及其曲线形态,就可以根据任意磁化与特定方向磁化间的关系式,分析掌握任意磁化下的磁化体磁场表达式及其特征。

可通过每种磁性体的磁场平面特征、剖面特征和空间特征来展示磁性体与磁场的对应关系,分辨一种形体与另一种形体磁场特征的差别。因此,对不同形体与其磁场特征的对应关系进行总结分析,对实际磁异常的解释和系统掌握磁性体磁场的特征是必要的。

(一)磁性体与其磁场平面分布的对应关系

单个磁性体 ΔT、ΔZ 磁异常的平面等值线形状大体可分为 3 种,即长带状、等轴状和椭圆状。如球体的 ΔT、ΔZ 等值线为等轴状,二度板状体和水平圆柱体等的 ΔT、ΔZ 等值线为长带状,有限长水平圆柱体和板状体的异常为长椭圆状。可见平面等值线的形态往往是磁性体水平展布情况的反映,磁异常轴的方向一般反映地质体的走向。

我们可以根据 ΔT、ΔZ 等值线的形状,把磁性体区别为二度异常和三度异常。即取 1/2 极大值等值线,若长轴为短轴长度的三倍以上,则视为二度体异常;否则为三度体异常。三度异常又可分为长、短轴近于相等的等轴状异常和长轴之比大于 1 而小于 3 的似二度异常。

(二)磁性体与其磁场的剖面对应关系

由以前所作的讨论可知,磁性体的 ΔZ 剖面曲线有三种基本形态:两侧无负异常的 ΔZ 曲线、一侧有负异常的 ΔZ 曲线和两侧有负异常的 ΔZ 曲线。

1. 两侧无负异常的 ΔZ 曲线

顺层(或顺轴)磁化无限延深板状体(或柱状体)的 ΔZ 异常为两侧无负值的曲线。其极大值对应原点。这种剖面异常特征可作为判定磁性体顺层(或顺轴)磁化且向下无限延深的标志。

2. 一侧有负异常的 ΔZ 曲线

斜磁化无限延深板状体的 ΔZ 剖面曲线为一侧有负值的曲线。ΔZ 曲线不对称,原点位于 ΔZ_{max} 和 ΔZ_{min} 之间;负值位于 M_S 穿出板面的一侧。曲线的不对称性决定于 $\gamma(=\alpha-i_S)$ 角的大小;γ 角越大,曲线越不对称。当磁性体呈南北走向时,M_S 垂直向下。可根据 ΔZ 曲线的陡缓判定板状体的倾向。

3. 两侧有负值的 ΔZ 曲线

ΔZ 剖面曲线两侧出现负值,是磁性体下延深度不大的表现。如球体、有限延深的柱体和板状体、水平圆柱体等,其 ΔZ 剖面曲线一般都是两侧出现负值。

有限延深磁性体的截面为轴对称形的,如球体、水平圆柱体和直立板状体等。在垂直磁化情况下,其 ΔZ 曲线为两侧有负值的对称曲线,并且其极值对应原点。若为斜磁化,ΔZ 为非对称曲线,原点位于二极值点坐标之间。顺层磁化有限延深板状体,在板体倾向一侧负值较强;对有限延深、倾斜且斜磁化的板状体,其曲线的非对称性不仅与 γ 角有关,还与磁性体下端的位置有关。

(三)磁性体与其磁场空间等值线的对应关系

在磁性体的不同高度上,ΔT 的正值范围和 ΔT_{max} 的位置均不同;不同形体其磁场随高度的减小程度也不同。当磁性体的埋藏深度增大后,不同形态磁性体的异常特征变得不明显;但是对下延到接近磁性体顶部的 ΔT 曲线,磁性体的形态在异常特征上就反映得较清楚。

(四)ΔT 受斜磁化影响比 ΔZ 大、二度体 Ta 异常不受斜磁化影响

同一个二度体,如 $i_S=45°$ 的 ΔT 曲线,相当于 $i_S=0°$ 时的 ΔZ 曲线,这表明 ΔT 受斜磁化影响比 ΔZ 大。三度体情况不存在此种简单关系。

还可以直接得出结论:二度体的总磁场 $T_a=\sqrt{\Delta H^2+\Delta Z^2}$ 不受斜磁化影响。

第六节 磁异常的反演

已知磁场的空间分布特征来确定地下所对应的场源体特征,如确定磁性体的赋存空间位置、形状、产状及磁化强度的大小和方向等,通常称为磁异常的反演问题。

磁异常反演过程分为定性、半定量解释和定量解释两个阶段,这两者是互相关联,互相辅助的。只有在通过正确的定性及半定量解释取得初步对磁性体形状、产状及其所引起的地质原因进行判断之后,才能合理地选用定量计算的公式和方法,以便进一步得到更完善的解释结果。在磁异常解释中存在以下两个较为普遍的问题。

(1)场源体非均匀磁性问题。在自然界中因场源所处的地质、地球物理环境不同,其非均匀磁性是较普遍的现象。通常对具有一定埋深的场源在反演解释过程中假设其为均匀磁化。

(2)反演的多解性问题。多解性问题是地球物理反演解释中普遍存在的问题。为了避免或减少磁异常反演的多解性问题,必须充分利用地质及其他地球物理资料进行综合推断解释。

*一、特征点法

利用磁异常曲线上一些特征值,如极大值、半极值、1/4 极值,拐点,零值点及极小值等坐标位置和坐标之间的距离,求解磁源体参量的方法称为特征点法。其实质就是求解出不同形状磁性体体磁场解析式的特征点与该形体参量间的关系式,然后由异常曲线上读取各个特征值代入相应关系式求得反演结果。下面列举两个典型形体说明其方法原理和计算公式。

(一)球体

已知斜磁化球体的 Z_a 表达式为

$$Z_a = \frac{\mu_0 m_S}{4\pi} \frac{1}{(x^2+R^2)^{5/2}} [(2R^2-x^2)\sin i_S - 3Rx\cos i_S]$$

令 $\frac{\partial Z_a}{\partial x}=0$,则有 3 个根对应其极值横坐标,其中极大值坐标 $x_{\max}$ 和一个明显的极小值坐标 $x_{\min}$ 之间的距离 d_m 为

$$d_m = x_{\min} - x_{\max} = \frac{1}{f} \cdot R$$

则有: $R = f \cdot d_m$。

式中:

$$f = \frac{1}{\left(4\sin\frac{\varphi}{3}\sqrt{1+\frac{4}{3}\cot^2 i_S}\right)} \tag{3-6-1}$$

$$\varphi = \arccos\left[\left(\frac{64}{27}\cot^3 i_S + \frac{13}{6}\cot i_S\right)\left(\frac{4}{3}+\frac{16}{9}\cot^2 i_S\right)^{-3/2}\right]$$

将极值点坐标 $x_{\max}$ 代入 Z_a 表达式中,可求得截面磁矩 m_S,有:

$$m_S = \frac{2\pi R^3 Z_{a\max}}{\mu_0 \phi(i_S)} \tag{3-6-2}$$

若令 $K = \frac{|Z_{a\min}|}{Z_{a\max}}$，这时 K 与 f、$\phi(i_S)$ 均为 i_S 角的函数值，根据它们的函数关系式可以作出表 3-6-1。解反演问题时，由实测异常曲线上取得 d_m 和极值比 K，并由 K 值在表中查得 i_S、f 及 $\phi(i_S)$ 值，分别代入式(3-6-1)和式(3-6-2)解得 R 和 m_S。若已知截面磁化强度 M_S，则又可求得球的中心剖面内最大截面积 S，进一步可解得球体的体积。

当 $i_S > 60°$ 时，也可利用零值点特征线段来求解，其计算公式为

$$R = \frac{\sqrt{2}}{2}[p \cdot q - 0.11(p-q)^2]^{1/2}, \quad x_{\max} = \frac{p-q}{10} \tag{3-6-3}$$

式中：p,q 分别为异常极大值对应的横坐标点至两侧零值点坐标间的特征线段。利用式(3-6-3)求得 $x_{\max}$ 长度后，由极大值对应的横坐标点间极小值一侧取 $x_{\max}$ 的长度便定出原点位置。也可用 $T_{a\max}$ 所对应的横坐标确定原点(即球心在地面上投影点的位置，$T_a = \sqrt{\Delta H^2 + \Delta Z^2}$)。

表 3-6-1 K 和 f、$\phi(i_S)$ 与 i_S 角的函数关系

i_S	0°	15°	30°	45°	60°	75°	90°
K	1.00	0.53	0.29	0.15	0.10	0.04	0.02
f	1.00	0.98	0.92	0.83	0.72	0.61	0.50
$\phi(i_S)$	0.43	0.56	0.70	0.82	0.92	0.98	1.00

(二)无限延深厚板

斜磁化无限延深厚板的磁场表达式由一个偶函数 $f(x)$ 和奇函数 $\varphi(x)$ 组成，而奇偶函数恰是顺层磁化时的 $H_{a//}$ 和 $Z_{a//}$。因此，利用奇偶函数的性质将斜交磁化厚板的 Z_a 曲线分解为 $f(x)$ 和 $\varphi(x)$ 之后，应用 $f(x)$ 及 $\varphi(x)$ 曲线来进行反演。

已知斜磁化厚板 Z_a 表达式组成为

$$Z_a = Z_{a//}\cos\gamma + H_{a//}\sin\gamma = f(x) + \varphi(x) \tag{3-6-4}$$

利用奇偶函数性质有：

$$Z_a(x) = f(x) + \varphi(x), \quad Z_a(-x) = f(x) - \varphi(x) \tag{3-6-5}$$

故有：

$$f(x) = \frac{1}{2}[Z_a(x) + Z_a(-x)], \quad \varphi(x) = \frac{1}{2}[Z_a(x) - Z_a(-x)] \tag{3-6-6}$$

若要根据式(3-6-6)实现 Z_a 曲线分解，首先要确定原点，令 $\frac{\partial Z_a}{\partial x} = 0$，则可解得：

$$\begin{aligned}x_{\max} &= h \cdot \cot\gamma - \sqrt{(h \cdot \csc\gamma)^2 + b^2} \\ x_{\min} &= h \cdot \cot\gamma + \sqrt{(h \cdot \csc\gamma)^2 + b^2}\end{aligned} \tag{3-6-7}$$

利用磁异常的极大值与极小值之代数和所确定的原点必在这两个极值之间，计算公式为

$$Z_a(0) = \frac{\mu_0}{2\pi}M_S\sin\alpha\cos\gamma\tan^{-1}\frac{2bh}{h^2-b^2} = Z_{a\max} + Z_{a\min} \tag{3-6-8}$$

当确定了原点之后,便可对称地取 $Z_a(x)$ 和 $Z_a(-x)$,代入式(3-6-6)求得 Z_a 曲线的半差曲线 $\varphi(x)$ 及半和曲线 $f(x)$,且两者分别与顺层磁化的 $H_{a//}$ 及 $Z_{a//}$ 曲线形态特征完全相同,仅幅值差 $\sin\gamma$ 倍和 $\cos\gamma$ 倍,所以斜磁化厚板求解反问题完全可用分解后的 $f(x)$ 和 $\varphi(x)$ 曲线来实现。

利用 $f(x)$ 曲线求解;由式(3-6-8)知道 $f(x)$ 曲线的极大值 $f(x)_{max}$ 为

$$f(x)_{max} = \frac{\mu_0}{\pi} M_s \sin\alpha \cdot \cos\gamma \tan^{-1}\frac{b}{h} = Z_a(0) \qquad (3-6-9)$$

于是利用顺层磁化无限延深厚板的 $Z_{a//}$ 表达式可以得到其半极值及 1/4 极值点所对应的横坐标特征线段 $d_{1/2}$ 及 $d_{1/4}$,如图 3-6-1 所示。由此解得上顶中心埋深及厚板宽度 $2b$,计算公式为

$$h = \frac{d_{1/4}^2 - d_{1/2}^2}{4d_{1/2}}, \quad 2b = \sqrt{d_{1/2}^2 - 4h^2} \qquad (3-6-10)$$

若令 $\dfrac{\partial^2 f(x)}{\partial x^2} = \dfrac{\partial^2 Z_{a//}}{\partial x^2} = 0$,则得拐点坐标 x_G 为

$$x_G^2 = \frac{1}{3}(b^2 - h^2 + 2\sqrt{b^4 + h^4 + b^2h^2})$$

当 $b = h$ 时,

$$x_G = 1.1b \qquad (3-6-11)$$

当 $b \gg h$ 时,$x_G = b$。

由式(3-6-7)可知,利用原曲线极值间线段 d_m 可求磁化特征角 γ:

$$\csc^2\gamma = \frac{1}{4h^2}(d_m^2 - 4b^2) \qquad (3-6-12)$$

若已知 M_s 或 α 角其中的一个,则利用式(3-6-12)便可确定另一个量。对于顺层磁化厚板的 $Z_{a//}$ 曲线解反演问题仍可利用上述计算公式,并可利用拐点来圈定其厚板的上顶边界。

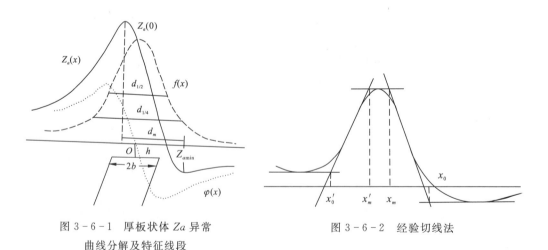

图 3-6-1 厚板状体 Za 异常
曲线分解及特征线段

图 3-6-2 经验切线法

二、切线法

切线法是利用过异常曲线上的一些特征点(如极值点、拐点)的切线之间的交点坐标间的

关系来计算磁性体产状要素的方法。该方法简便、快速、受正常场选择影响小,在航磁 ΔT 异常的定量解释中曾得到广泛应用。

(一)经验切线法

经验切线法是最早的一种切线法,如图 3-6-2 所示,过 Z_a 曲线极大值两侧拐点作两条切线,它们与过极值点的切线(若无极小值时,用 x 坐标轴替代过极小值的切线)有 4 个交点,其坐标分别为 x_0、x_0' 和 x_m、x_m',则求埋深的经验公式为

$$h=\frac{1}{2}\left[\frac{1}{2}(x_0-x_m)+\frac{1}{2}(x_m'-x_0')\right] \tag{3-6-13}$$

用理论曲线进行实际计算结果表明:经验切线法对顺层磁化无限延深的板状体(当 $b=h$ 时),垂直磁化有限延深直立板状体(当 $b=h$,$2l<h$ 时)一般能获得较好的效果。而对三度体及其他二度体效果较差。为了提高切线法的计算精度,并能利用多参量求解,人们提出了针对各种形体和斜磁化条件下的带校正系数的切线法。

*(二)斜磁化二度无限延深板状体的 ΔT 异常切线法

由二度板状体规格化公式可知:

$$\Delta T=\frac{\sin I}{\sin i_s}(Z_{a//}\cos\theta+H_{a//}\sin\theta) \tag{3-6-14}$$

为了讨论方便,可不考虑系数 $\frac{\sin I}{\sin i_s}$,因为它不改变异常的形态特征,仅影响其强度,故在计算磁化强度时才加以考虑,则上式可简写为

$$\Delta T=Z_{a//}\cos\theta+H_{a//}\sin\theta \tag{3-6-15}$$

分别求出对 x 的一次、二次导数

$$\Delta T_x=f_x\cos\theta+\varphi_x\sin\theta \tag{3-6-16}$$
$$\Delta T_{xx}=f_{xx}\cos\theta+\varphi_{xx}\sin\theta$$

式中:f_x、f_{xx} 及 φ_x、φ_{xx} 分别为 $Z_{a//}$ 和 $H_{a//}$ 的一阶、二阶水平偏导数,若令 $\Delta T_x=0$,则可得 ΔT 曲线的极值点横坐标 $x_{\max}$ 和 $x_{\min}$;若令 $\Delta T_{xx}=0$,又可得其拐点的横坐标 x_{G4}、x_{G1};进而还可得出极值 $\Delta T_{\max}$、$\Delta T_{\min}$ 及拐点处的场值 ΔT_{G4}、ΔT_{G1},过拐点处切线 L_1、L_2 的斜率 $(\Delta T_x)_{G4m}$、$(\Delta T_x)_{G1m}$,以及特征线段 x_0、x_{04}、x_{m1} 和 x_{m4} 等 14 个基本参数,如图 3-6-3 所示。

为了求得地质体的埋深、宽度和磁化强度,对这 14 个参数可以有多种组合。合理选择两类组合:一类是以角参量 θ 为主的组合;另一类是以拐点为主的组合。这些组合均有严格的数学关系式,经计算,编出求磁化强度时的系数列线图 3-6-4(或系数表)以便进行切线法反演计算。

ΔT 异常的切线法解反演问题可分为两种具体方法:一个是 θ 角法;另一个是拐点法。现将拐点法计算步骤介绍如下:

(1)由实测 ΔT 曲线上取 $\frac{x_{G4}-x_{\max}}{x_{G1}-x_{\max}}$ 的比值。

(2)根据此比值查列线图 3-6-4,确定系数 K_h、K_b 和 K_M 的值。

(3)按下式求得 h、b 和 M_s。

$$h=\frac{x_{G4}-x_{G1}}{K_h}, b=\frac{x_{G4}-x_{G1}}{K_b}$$

$$M_S=\frac{\Delta T_{\max}-\Delta T_{G4}}{K_M}$$

(3-6-17)

由图 3-6-3 和式(3-6-17)可见,本方法与正常场选择无关,也不需要确定原点,只要两拐点附近曲线未受干扰即可。角参量 $\theta \geqslant 60°$ 时,均能获得较好的解释效果,且对 Z_a 异常求解 h 和 b 也适用。

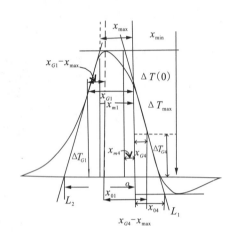

图 3-6-3 切线法特征线段

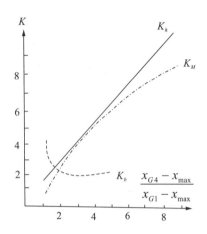

图 3-6-4 拐点法参量列线图

三、欧拉(Euler)齐次方程法

欧拉(Euler)齐次方程法又称欧拉反演方法。该方法是一种能自动估算场源位置的位场反演方法,它以欧拉齐次方程为基础,运用位场异常、其空间导数以及各种地质体具有的特定的"构造指数"来确定异常场源的位置。自 20 世纪 80 年代中后期以来,欧拉方法已得到了较为广泛的应用,尤其是适用于大面积重磁测量数据的解释。

(一)基本原理

已知一些特殊形状场源的位场为 N 阶齐次方程,N 阶齐次方程也满足欧拉方程,欧拉方程的表达式为

$$r \cdot \nabla T = -NT \tag{3-6-18}$$

式中:r 为场源点到观测点的距离向量;T 为磁异常;N 为方程的阶数。该方程的一个解为

$$T = \kappa / r^N$$

在磁异常情况下,κ 为一常数,N 可认为是异常幅值随距离增大的衰减率。针对任意起伏地形,将磁异常视为区域场与点源场之和,则具体的欧拉方程式(3-6-18)可表示为

$$(l^{(1)}-l_0^{(1)})\frac{\partial T}{\partial l^{(1)}}+(l^{(2)}-l_0^{(2)})\frac{\partial T}{\partial l^{(2)}}+(l^{(3)}-l_0^{(3)})\frac{\partial T}{\partial l^{(3)}}=N(B-T) \tag{3-6-19}$$

式中:$(l^{(1)},l^{(2)},l^{(3)})$ 为观测点的笛卡儿坐标系的 3 个正交坐标轴;$(l_0^{(1)},l_0^{(2)},l_0^{(3)})$ 为场源中心点的坐标;T,$\frac{\partial T}{\partial l^{(1)}}$、$\frac{\partial T}{\partial l^{(2)}}$、$\frac{\partial T}{\partial l^{(3)}}$ 为磁异常及其在 $l^{(1)}$、$l^{(2)}$、$l^{(3)}$ 方向的梯度;N 为构造指数;B 为区域

场或背景场。

当观测面水平时,或尽管观测面不水平,坐标系的两个坐标轴设置成水平并恒定不变;这样,$l^{(1)}$、$l^{(2)}$、$l^{(3)}$ 通常表示成 x、y、z,式(3-6-19)转变成式(3-6-20)。

$$(x-x_0)\frac{\partial T}{\partial x}+(y-y_0)\frac{\partial T}{\partial y}+(z-z_0)\frac{\partial T}{\partial z}=N(B-T) \quad (3-6-20)$$

式(3-6-20)还可写为

$$x_0\frac{\partial T}{\partial x}+y_0\frac{\partial T}{\partial y}+z_0\frac{\partial T}{\partial z}+NB=x\frac{\partial T}{\partial x}+y\frac{\partial T}{\partial y}z\frac{\partial T}{\partial z}+NT \quad (3-6-21)$$

如果能测量或计算出磁异常及其梯度值,式(3-6-19)只有 5 个未知数 $l_0^{(1)}$、$l_0^{(2)}$、$l_0^{(3)}$、B 和 N(或 x_0、y_0、z_0、B 和 N)。一般而言,需要根据场源形状或有关异常性质的先验知识来选择构造指数 N。这样,可以利用 3 个或更多相邻观测点的数据(组成一个观测移动数据窗口,对于剖面数据为若干数据点构成的数据段,而对于平面网格化数据则通常为矩形数据窗口),通过解方程式(3-6-21)组成的线性方程组便可计算出场源位置。在整个异常区将移动窗口从一处移到相邻的另一处,可以求得同一场源的多个解,这些解汇聚的位置可以被认为是场源中心点的位置。显然上述公式适用于起伏地形。

理论研究表明,对于一些形状规则的异常源,N 为一恒定的正整数。例如,对于单磁极线源 $N=1$;偶磁极线源 $N=2$;偶极子源 $N=3$。对于这些异常源,若能正确地选择 N,则利用该方程能够准确地求出异常源的位置。若选择错误的 N,将会导致解的发散。

从欧拉方程三维场源参数解的理论分析可知,移动窗口的大小、移动窗口所处位置以及构造指数 N 值选择的正确与否是影响场源参数数值解稳定性的 3 个主要因素。

(二)例子

图 3-6-5 是欧拉方程法确定磁源体位置与深度的程序对话框,输入磁异常观测值数据,水平与垂直导数并运行程序,程序自动计算得到的磁源体水平位置,垂直位置并作图,可以看到在水平位置为 150m,垂直位置为 10m 处结果非常密集,人工选择一个合理的计算结果。该数据的理论模型为一个垂直薄板状体,水平位置与上顶埋深分别为 150m 与 10m,可以看到程序计算结果与模型吻合很好。

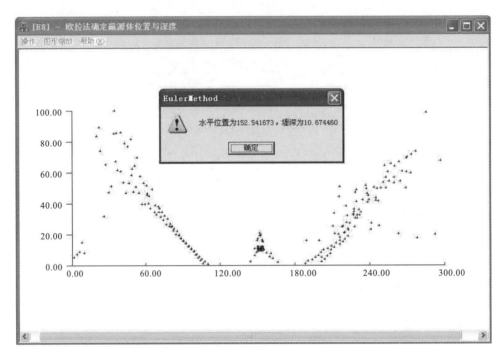

图 3-6-5 欧拉方程法确定磁源体位置与深度的程序对话框

* 四、3D 可视化反演

可视化技术是用于显示描述和理解地下和地面诸多地质现象的一种技术,广泛应用于地质与地球物理解释。1990 年美国 SEG 年会以后,可视化技术在地球物理中的应用得到重视,尤其在三维地震解释中得到广泛应用。在最近的 69 届 SEG 年会上,Rio Tinto 公司开发了一种可视化系统,利用该三维可视化技术,1994 年在西班牙南部发现 Las Crues 大型硫化铜矿藏。这种三维可视化仅仅是数据体的一种表征形式,并非模拟反演技术。三维可视化反演是指利用三维可视化技术,实现解释人员与计算机的交互反演解释。在国内,林振民等(1994,1996)研究重磁三维可视化反演,他采用一种橡皮膜技术,以正 20 面体作为初始模型,逐步修改完善地下地质体,使之与观测值最佳拟合。吴文鹂、田黔宁、管志宁(1997,2001)采用可视化技术及混合优化算法进行三维重磁反演,实现三角形多面体模型的人机交互反演及自动反演,并把该方法应用于内蒙古布敦化地区航磁资料反演,取得显著的地质效果。

在我国的许多危机矿山如大冶铁矿,有大量已知的勘探线,钻孔已准确地控制了浅部矿体形态,且矿体形态十分复杂,多个矿体、磁性岩体等互相组合,很难用简单的三角形多面体来描述矿体与围岩的复杂形态。因此,必须研究能够在一个勘探剖面、截面内精细修改,同时又是三度体的人机交互反演方法。针对大冶铁矿的实际情况,刘天佑等(2006)则采用一种新的三维可视化人机交互反演技术,该项技术的主要内容是:

(1)采用任意三度体模型,其正演计算用数值积分法,即用辛普生积分和梯形积分实现三度体磁场三重积分的近似计算。

(2) 为了便于修改模型,修改的过程是在剖面内完成,对 x、y 不同方向剖面逐条修改拟合,每一次修改拟合的正演计算都采用数值积分对任意三度模型进行计算。

(3) 初始模型由已知的勘探线所控制的矿体、围岩形成,在此基础上交互反演主要用于解释深部矿体。

(4) 在 Windows 环境下,用 Visual C 语言、OpenGL 函数实现立体模型与平面组合模型的旋转、移动、放大、缩小,以及任意选择剖面、断面进行精细反演解释。

下面介绍任意形状三度体磁异常积分法正演计算的方法原理。

利用重磁位场关系的泊松公式,可求出观测点 P 磁场的 3 个分量:

$$\begin{cases} X_a = -\mu_0 \dfrac{\partial U}{\partial x} = \dfrac{\mu_0}{4\pi}\left[M_x \dfrac{\partial^2 V}{\partial x^2} + M_y \dfrac{\partial^2 V}{\partial x \partial y} + M_z \dfrac{\partial^2 V}{\partial x \partial z}\right] \\ Y_a = -\mu_0 \dfrac{\partial U}{\partial y} = \dfrac{\mu_0}{4\pi}\left[M_x \dfrac{\partial^2 V}{\partial x \partial y} + M_y \dfrac{\partial^2 V}{\partial y^2} + M_z \dfrac{\partial^2 V}{\partial y \partial z}\right] \\ Z_a = -\mu_0 \dfrac{\partial U}{\partial z} = \dfrac{\mu_0}{4\pi}\left[M_x \dfrac{\partial^2 V}{\partial x \partial z} + M_y \dfrac{\partial^2 V}{\partial y \partial z} + M_z \dfrac{\partial^2 V}{\partial z^2}\right] \end{cases} \quad (3-6-22)$$

式中:M_x、M_y、M_z 为磁化强度的三分量;μ_0 为真空中的导磁系数;I 为地磁倾角;A 为测线磁方位角,即 x 轴与磁北夹角。式(3-6-22)中的 7 个一阶、二阶导数 V_z,V_{xz},V_{yz},V_{zz},V_{xx},V_{xy},V_{yy} 分别为

$$V_z = \iiint_Q \frac{z_Q - z_P}{R^3} dx_Q dy_Q dz_Q$$

$$V_{xz} = \iiint_Q \frac{3(x_Q - x_P)(z_Q - z_P)}{R^5} dx_Q dy_Q dz_Q$$

$$V_{yz} = \iiint_Q \frac{3(y_Q - y_P)(z_Q - z_P)}{R^5} dx_Q dy_Q dz_Q$$

$$V_{zz} = \iiint_Q \frac{3(z_Q - z_P)^2 - R^2}{R^5} dx_Q dy_Q dz_Q \quad (3-6-23)$$

$$V_{xx} = \iiint_Q \frac{3(x_Q - x_P)^2 - R^2}{R^5} dx_Q dy_Q dz_Q$$

$$V_{yy} = \iiint_Q \frac{3(y_Q - y_P)^2 - R^2}{R^5} dx_Q dy_Q dz_Q$$

$$V_{xy} = \iiint_Q \frac{3(x_Q - x_P)(y_Q - y_P)}{R^5} dx_Q dy_Q dz_Q$$

式中:R 为地质体内一点 Q 到观测点之间的距离。对于球体、棱柱体等规则几何形体,上述 7 个三重积分可以解析求出,而对于不规则形体,则只能采用数值积分方法。

如图 3-6-6 所示,我们用两组相互垂直的截面把任意三度体分割成许多小棱柱体,每个棱柱体相当于一个直立线元。沿 z 轴用解析方法实现一重积分,求出各线元的作用值,然后在垂直线元的 x、y 方向分别数值积分,即可得出整个地质体的近似作用值。任意形状地质体数值积分采用辛普生积分和梯形积分实现三度体磁场的近似计算,模型修改是在剖面内完成,对 x、y 不同方向剖面逐条修改拟合,克服了模型难以修改以及模型难以细化的困难。在 Windows 环境下,用 Visual C 语言、OpenGL 函数实现了立体模型与平面组合模型的旋转、移动、

放大、缩小,以及任意选择剖面、断面进行精细反演解释。

以大冶铁矿为例说明基于三度体数值积分法的三维可视化精细反演的效果。大冶铁矿有大量已知的勘探线,已准确地控制了矿体形态,分别取了由 15,16,17,18 及 19-1 勘探线控制的已知矿体和围岩的角点,将已知矿体的磁化强度取为 $80\ 000\times 10^{-3}\ A\cdot m^{-1}$,磁化倾角取为 $40°$,围岩的磁化强度取为 $1\ 000\times 10^{-3}\ A\cdot m^{-1}$,磁化倾角取为 $45°$,建立该测区的初始地质模型。图 3-6-7 显示正在利用三维可视化软件对 16 勘探线的地质断面进行编辑,图 3-6-8 是三维可视化软件的地质断面排列显示模式,根据观测值与理论值的差值,并结合各种地质资料,推断在 600~800m 深处可能存在铁矿体(刘天佑,杨宇山,2006),该结论已被后来的钻探结果证实。

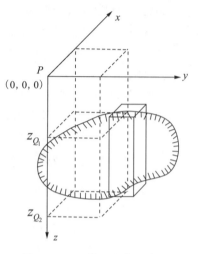

图 3-6-6　线元积分示意图

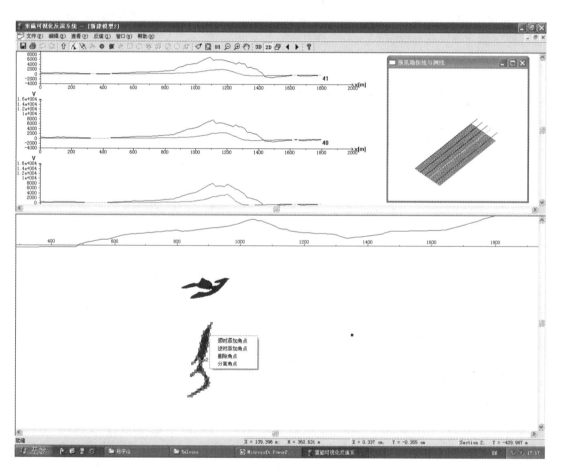

图 3-6-7　三维可视化模型编辑主界面

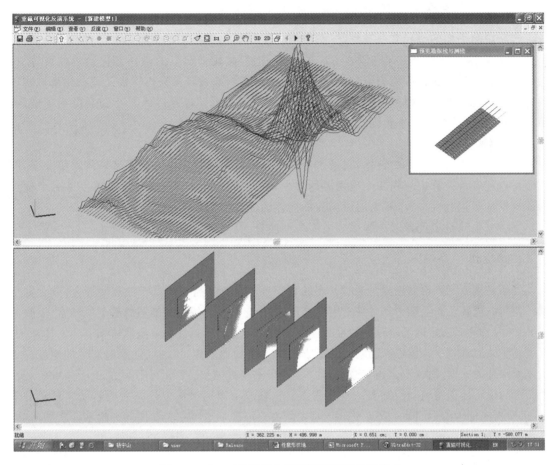

图 3-6-8 三维可视化模型断面排列显示模式

第七节 磁异常的转换处理

磁异常的转换处理是磁法勘探解释理论的一个重要组成部分,目前磁异常的转换处理主要有圆滑、划分异常(如区域场和局部场的分离,深源场与浅源场的分离等)、磁异常的空间转换(由实测异常换算其他无源空间部分的磁场,也称解析延拓);分量换算(由实测异常进行 ΔT、Z_a、H_a 及 T_a 之间的分量换算)、导数换算(由实测异常计算垂向导数、水平方向导数等)、不同磁化方向之间的换算(如化磁极等)以及曲面上磁异常转换等。

磁异常转换处理的方法包括空间域和频率域两类。频率域方法由于速度快、方法简单等优点,已成为磁异常转换处理的主要方法。

早在 20 世纪 50 年代,诸如导数异常的计算、磁场解析延拓、化磁极等方法已相继提出。一直到 20 世纪六七十年代以后,由于电子计算机的广泛应用,磁异常的转换处理才变得容易实现,其理论和方法得到了迅速的发展,并不断得到完善。

*一、频率域磁异常转换

把原观测平面的磁异常换算到某一高度(上下延拓),把实测的磁异常 ΔT 换算为 x_a、y_a、z_a 三个分量,或求其水平方向和垂直方向的导数,把斜磁化情况下的磁异常化到地磁极等,这些磁异常转换的方法在解释中得到广泛的应用。对实测的磁异常进行转换处理在频率域实现最为方便、快捷,所谓频率域位场转换是把空间域实测的磁异常通过傅立叶变换得到频谱,再乘以换算因子,反复换算来实现。人们习惯把空间域的磁异常通过傅立叶变换来实现各种换算称为频率域或波数域。

在频率域进行磁异常的转换,其最大优点是空间域的褶积关系变为频率域的乘积关系,同时还可以把各种换算统一到一个通用表达式中,从而使磁异常的换算变得简单。另一个优点则是可以从频谱特性出发,形象地讨论各种换算的滤波作用。

下面着重讨论三度异常在频率域中的各种换算,实测磁异常在水平观测面。

(一)延拓

延拓是把原观测面的磁异常通过一定的数学方法换算到高于或低于原观测面上,分为向上延拓与向下延拓。向上延拓是一种常用的处理方法,它的主要用途是削弱局部干扰异常,反映深部异常。我们知道,重磁场随距离的衰减速度与具剩余密度和磁性的地质体体积有关。体积大,重磁场衰减慢;体积小,重磁场衰减快。对于同样大小的地质体,重磁场随距离衰减的速度与地质体埋深有关。埋深大,重磁场衰减慢;埋深小,重磁场衰减快。因此小而浅的地质体重磁场比大而深的地质体重磁场随距离衰减要快得多。这样就可以通过向上延拓来压制局部异常的干扰,反映出深部大的地质体。图 3-7-1 是内蒙古自治区某地用磁法勘探普查超基性岩的实例。该地区浅部盖有一层不厚的玄武岩,使磁场表现为强烈的跳动。为压制玄武岩的干扰,将磁场向上延拓了 500m。由图可知,向上延拓的磁场压制了玄武岩的干扰,同时右侧部分反映了深部的超基性岩磁场。图 3-7-2 用向上延拓压制了浅部矿体的异常,突出了深部盲矿体产生的低缓异常。

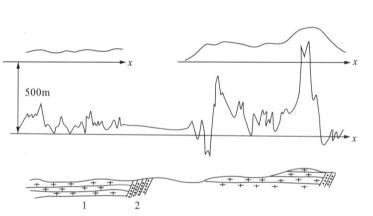

图 3-7-1 用向上延拓压制浅部玄武岩异常的影响
1. 玄武岩;2. 沉积岩

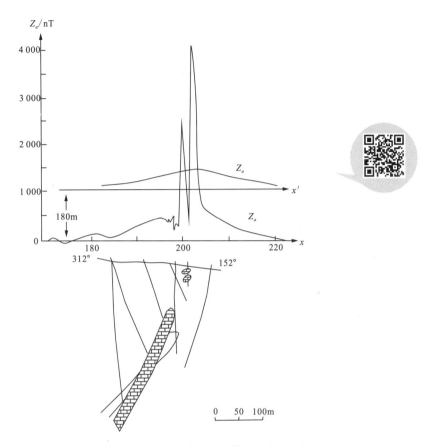

图 3-7-2 用向上延拓压制浅部矿体的异常

通过向上延拓来研究深部磁性基底构造也是其应用的一个重要方面。如把一个地区航磁资料先化极与向上延拓,消除了浅部磁性体影响后再作磁场分区。

与向上延拓相反,向下延拓时随着延拓深度的加大,一些浅的局部干扰或误差也迅速增大,使延拓曲线发生剧烈跳动,甚至出现振荡而无法利用。为了克服这种影响,往往将圆滑和延拓配合使用,在向下延拓之前要对异常进行圆滑。

利用向下延拓可以分离水平叠加异常。我们知道,磁性体埋深越大,异常显得越宽缓。剖面越接近磁性体,磁异常的范围越接近磁性体边界。例如对两个相邻的板状体而言,当它接近地表时,实测磁异常可能明显地显示两个峰值。但当埋深大于两个板体的距离时,则其叠加异常将显示为两个宽而平的异常。因此将叠加的磁异常向下延拓到接近磁性体界面时就可能把各个磁性体的异常分离开来,增强分辨能力(图 3-7-3)。

利用向下延拓还可以评价低缓异常,低缓异常是指强度和梯度都比较小的异常,显然这是磁性体埋藏较深的标志。低缓异常的某些异常特征是不明显的,用它来进行解释推断有一定困难。解决这一困难的办法就是向下延拓。向下延拓一方面可以突出叠加在区域背景上的局部异常,使之尽量少受区域场的影响;另一方面可以"放大"某些在低缓异常中不够明显的异常特征(如拐点、极值点、零值点等),有利于进一步解释推断。

下面我们来推导频率域延拓公式。

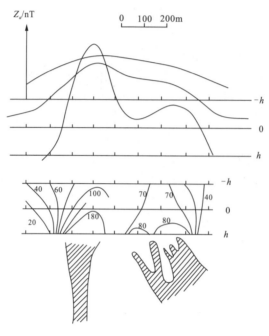

图 3-7-3 向下延拓分离水平叠加异常

1. 向上延拓

设场源位于 $z=H$ 平面以下($H>0$),则磁场在 $z=H$ 平面以上对 x,y,z 的连续函数,具有一阶和二阶连续可微的导数。若 $z=0$ 观测平面上的磁场 $T(x,y,0)$ 为已知,可以得向上延拓公式为

$$T(x,y,z) = \frac{-z}{2\pi}\int_{-\infty}^{\infty}\int_{-\infty}^{\infty}\frac{T(\xi,\eta,0)}{[(x-\xi)^2+(y-\eta)^2+z^2]^{3/2}}d\xi d\eta \tag{3-7-1}$$

由褶积积分公式可知,上式为 $T(x,y,0)$ 与 $\frac{1}{2\pi}\cdot\frac{-z}{(x^2+y^2+z^2)^{3/2}}$ 关于变量 (x,y) 的二维褶积。空间域的褶积与频率域的乘积相对应。下面分别求 $T(x,y,0)$ 及 $\frac{-z}{2\pi(x^2+y^2+z^2)^{3/2}}$ 的傅立叶变换。设 $T(x,y,z)$ 对于变量 (x,y) 的傅立叶变换为 $S_T(u,v,z)$,有:

$$S_T(u,v,z) = \int_{-\infty}^{\infty}\int_{-\infty}^{\infty}T(x,y,z)e^{-2\pi i(ux+vy)}dxdy \tag{3-7-2}$$

则

$$S_T(u,v,0) = \int_{-\infty}^{\infty}\int_{-\infty}^{\infty}T(x,y,0)e^{-2\pi i(ux+vy)}dxdy \tag{3-7-3}$$

利用式(3-7-3)可以由已知的 $T(x,y,0)$ 求出其频谱 $S_T(u,v,0)$,进一步求 $\frac{-z}{2\pi(x^2+y^2+z^2)^{3/2}}$ 的傅立叶变换,应用 Erdelyi(1954) 给出的积分变换表可以得到:

$$\int_{-\infty}^{\infty}\int_{-\infty}^{\infty}\frac{-z}{2\pi(x^2+y^2+z^2)^{3/2}}e^{-2\pi i(ux+vy)}dxdy = e^{2\pi(u^2+v^2)^{1/2}\cdot z} \tag{3-7-4}$$

当 $z<0$ 时式(3-7-4)成立。由式(1-2-4)、式(1-2-5)并用褶积定理有:

$$S_T(u,v,z) = S_T(u,v,0) e^{2\pi(u^2+v^2)^{1/2} \cdot z} \tag{3-7-5}$$

式(3-7-5)对于 $z \leq 0$ 成立。

$T(x,y,z)$ 是 $T(u,v,z)$ 的反傅立叶变换，即

$$T(x,y,z) = \int_{-\infty}^{\infty}\int_{-\infty}^{\infty} S_T(u,v,0) e^{2\pi(u^2+v^2)^{1/2} \cdot z} e^{2\pi i(ux+vy)} du dv \tag{3-7-6}$$

式(3-7-6)即为向上延拓的频谱表达式。

2. 向下延拓

我们还可把这一表达式进一步推广到 $0 < z < H$ 的情况。假如我们已知 $z = h (0 < h < H)$ 平面上的场值，则根据向上延拓公式，可求出向上延拓距离为 h 的平面（即 $z = 0$ 平面）上的场值：

$$T(x,y,0) = \frac{-h}{2\pi} \int_{-\infty}^{\infty}\int_{-\infty}^{\infty} \frac{T(\xi,\eta,h)}{[(x-\xi)^2 + (y-\eta)^2 + h^2]^{3/2}} d\xi d\eta$$

根据上面同样的推导方法可以求得：

$$S_T(u,v,0) = S_T(u,v,h) e^{-2\pi(u^2+v^2)^{1/2} \cdot h}$$

所以

$$S_T(u,v,h) = S_T(u,v,0) e^{2\pi(u^2+v^2)^{1/2} \cdot h}$$

上式对于 $0 < h < H$ 成立。这样就把表达式(3-7-1)扩展到场源以上的 $-\infty < z < H$。

式(3-7-6)表明，由 $z = 0$ 平面上的磁场值，求出它的傅立叶变换 $S_T(u,v,0)$，由它乘以延拓因子 $e^{2\pi(u^2+v^2)^{1/2} \cdot z}$（$-\infty < z < H$，$z > 0$ 时向下延拓，$z < 0$ 时向上延拓），然后通过反傅立叶变换，即可求出 $z < H$ 空间磁场的表达式。

（二）导数换算

重磁异常的导数可以突出浅而小的地质体的异常特征而压制区域性深部地质因素的影响，在一定程度上可以划分不同深度和大小异常源产生的叠加异常，且导数的次数越高，这种分辨能力就越强。

重磁高阶导数可以将几个互相靠近、埋深相差不大的相邻地质因素引起的叠加异常划分开来，如图 3-7-4 所示。

这些功能主要是因为导数阶次越高，则异常随中心埋深加大而衰减越快，从水平方向来看，基于同样的道理，阶次越高的异常范围越小，因而无论从垂向看或从水平方向看，高阶导数异常的分辨能力提高了。

下面我们来推导重磁异常导数换算的公式。如果令 $S_{zx}(u,v,z)$、$S_{zy}(u,v,z)$、$S_{zz}(u,v,z)$ 及 $S_{zxx}(u,v,z)$、$S_{zyy}(u,v,z)$、$S_{zzz}(u,v,z)$ 分别为 $Z_a(x,y,z)$ 对 x、y、z 的一阶导数及二阶导数的频谱，则由微分定理易于得到：

$$S_{zx}(u,v,z) = 2\pi i u S_z(u,v,0) e^{2\pi(u^2+v^2)^{1/2} \cdot z}$$

$$S_{zy}(u,v,z) = 2\pi i v S_z(u,v,0) e^{2\pi(u^2+v^2)^{1/2} \cdot z}$$

$$S_{zz}(u,v,z) = 2\pi (u^2+v^2)^{1/2} S_z(u,v,0) e^{2\pi(u^2+v^2)^{1/2} \cdot z}$$

同理，可以写出：

$$\begin{Bmatrix} S_{zxx} \\ S_{zyy} \\ S_{zzz} \end{Bmatrix}(u,v,z) = \begin{Bmatrix} (2\pi i u)^2 \\ (2\pi i v)^2 \\ [2\pi(u^2+v^2)^{1/2}]^2 \end{Bmatrix} S_z(u,v,0) e^{2\pi(u^2+v^2)^{1/2} \cdot z}$$

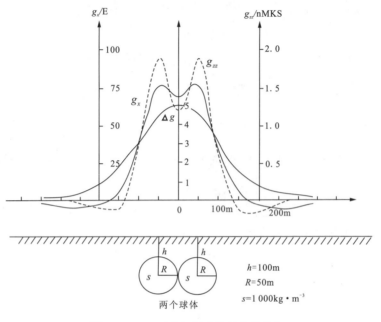

图 3-7-4 两个相邻球体异常的叠加

由此可知,求磁场的 n 阶垂向导数的频谱,应乘上的导数因子为 $[2\pi(u^2+v^2)^{1/2}]^n$;而求磁场沿 x 方向或 y 方向的 n 阶水平导数的频谱,应乘上的导数因子为 $(2\pi iu)^n$ 或 $(2\pi iv)^n$。

如果求磁场的 m 阶垂向导数、n 阶沿 x 方向水平导数及 l 阶沿 y 方向的导数的频谱(即求 $\dfrac{\partial^{(n+l+m)} Z_a(x,y,z)}{\partial x^n y^l \partial z^m}$ 的频谱),应乘上的导数因子为

$$(2\pi iu)^n (2\pi iv)^l [2\pi(u^2+v^2)^{1/2}]^m \tag{3-7-7}$$

进一步设 l 是实测平面上的任一方向,它与 x 轴的夹角为 α,则有:

$$\frac{\partial S_T(x,y,z)}{\partial l}=\cos\alpha\frac{\partial S_T(x,y,z)}{\partial x}+\sin\alpha\frac{\partial S_T(x,y,z)}{\partial y}$$

两边作傅氏变换并应用微分定理,得知:

$$S_{Tl}(u,v,z)=i(2\pi u\cos\alpha+2\pi v\sin\alpha)S_T(u,v,z)$$

利用上式即可实现磁场的频率域方向导数计算,以此突出某一方向的异常特征。

(三)ΔT 换算 H_{ax}、H_{ay}、Z_a 各分量

由磁场与磁位的关系可以得到以下磁场各分量之间的关系式:

$$\frac{\partial \Delta T}{\partial x}=\frac{\partial X_a}{\partial t_0},\frac{\partial \Delta T}{\partial y}=\frac{\partial Y_a}{\partial t_0},\frac{\partial \Delta T}{\partial z}=\frac{\partial Z_a}{\partial t_0} \tag{3-7-8}$$

式中:t_0 为地磁场方向的单位矢量。

若设 $S_x(u,v,z)$、$S_y(u,v,z)$、$S_z(u,v,z)$ 以及 $S_T(u,v,z)$ 分别为 $H_{ax}(x,y,z)$、$H_{ay}(x,y,z)$、$Z_a(x,y,z)$ 及其 $\Delta T(x,y,z)$ 的频谱,利用频谱微分定理可得到上列场各分量导数在频率域内相应的换算关系式:

$$S_x(u,v,z) = \frac{2\pi i u}{q_{t_0}} \cdot S_T(u,v,z)$$

$$S_y(u,v,z) = \frac{2\pi i v}{q_{t_0}} \cdot S_T(u,v,z) \qquad (3-7-9)$$

$$S_z(u,v,z) = \frac{2\pi (u^2+v^2)^{1/2}}{q_{t_0}} \cdot S_T(u,v,z)$$

式中:$q_{t_0} = 2\pi[i(L_0 u + M_0 v) + N_0 (u^2+v^2)^{1/2}]$,而 L_0、M_0、N_0 为地磁场单位矢量 t_0 的方向余弦。值得一提的是式(3-7-8)、式(3-7-9)是不考虑剩磁情况下的换算方式,若存在强剩磁时(特别是在地面高精度磁测时),则 t_0 不是地磁场方向的单位矢量,而应是包含剩磁的总磁化强度方向的单位矢量。

(四)化到地磁极

把 ΔT 化到地磁极的过程包含了 ΔT 化 Z_a 的分量换算和斜磁化 Z_a 化垂直磁化 $Z_{a\perp}$ 的磁化方向换算。式(3-7-9)中的第三个式子已经实现了 $\Delta T(x,y,z)$ 与 $Z_a(x,y,z)$ 频谱之间的换算,下面我们来进一步推导斜磁化 Z_a 化到垂直磁化 $Z_{a\perp}$ 的公式。

磁化方向换算的方法是由斜磁化的磁场 Z_a 求垂直磁化方向的磁位 $U_\perp$,再由垂直磁化磁位 $U_\perp$ 求垂直磁化的磁场 $Z_{a\perp}$。

1. 垂直磁方向的磁位 $U_\perp$

$$U_\perp = -\int Z_{a1} \mathrm{d}t_1 \qquad (3-7-10)$$

Z_{a1} 是原斜磁化方向的磁场,上式表明垂直磁化磁位 $U_\perp$ 是 Z_{a1} 沿着原磁化方向 t_1 反方向的曲线积分。

由傅立叶变换可以写出 Z_{a1} 的频谱表达式:

$$Z_{a1}(x,y,z) = \int_{-\infty}^{\infty}\int_{-\infty}^{\infty} S_z(u,v,0) e^{2\pi(u^2+v^2)^{1/2}\cdot z} e^{2\pi i(ux+vy)} \mathrm{d}u\mathrm{d}v \qquad (3-7-11)$$

则

$$U_\perp(x,y,z) = -\frac{1}{\mu_0}\iiint_{-\infty}^{\infty}\int_0^\infty S_z(u,v,0)e^{2\pi(u^2+v^2)^{1/2}\cdot(z-r_1 l)} \cdot e^{2\pi i[u(x-\alpha_1 l)+v(y-\beta_1 l)]} \mathrm{d}l\mathrm{d}u\mathrm{d}v$$

$$= -\frac{1}{\mu_0}\iint_{-\infty}^{\infty} S_z(u,v,0)e^{2\pi(u^2+v^2)^{1/2}\cdot z} \cdot e^{2\pi i(ux+vy)}$$

$$\left[\int_0^\infty e^{-l[2\pi i(\alpha_1 u+\beta_1 v)]} \cdot e^{-l[2\pi r_1(u^2+v^2)^{1/2}]} \mathrm{d}l\right] \mathrm{d}u\mathrm{d}v$$

$$= -\frac{1}{\mu_0}\iint_{-\infty}^{\infty} \frac{-1}{2\pi i(\alpha_1 u+\beta_1 v)+2\pi r_1(u^2+v^2)^{1/2}} S_z(u,v,0)e^{2\pi(u^2+v^2)^{1/2}\cdot z} \cdot e^{2\pi i(ux+vy)} \mathrm{d}u\mathrm{d}v$$

$$= -\frac{1}{\mu_0}\iint_{-\infty}^{\infty} \frac{1}{q_1} S_z(u,v,0)e^{2\pi(u^2+v^2)^{1/2}\cdot z} \cdot e^{2\pi i(ux+vy)} \mathrm{d}u\mathrm{d}v \qquad (3-7-12)$$

2. 由垂直磁化磁位 $U_\perp$ 求垂直磁化磁场 $Z_{a\perp}$

$$Z_{a\perp} = -\frac{1}{\mu_0}\frac{\partial U_\perp}{\partial z}$$

$$= -\frac{1}{\mu_0}\iint_{-\infty}^{\infty}\frac{2\pi(u^2+v^2)^{1/2}}{q_1} \cdot S_z(u,v,0) \cdot e^{2\pi(u^2+v^2)^{1/2}\cdot z} \cdot e^{2\pi i(ux+vy)}\,du\,dv$$

(3-7-13)

由式(3-7-9)可以看出,由斜磁化 Z_a 化为垂直磁化的转换因子是:

$$\frac{2\pi(u^2+v^2)^{1/2}}{q_1}$$

(3-7-14)

式中:q_1 是原磁化方向的方向余弦。因此,由 ΔT 化到地磁极的转换因子为

$$\frac{2\pi(u^2+v^2)^{1/2}}{q_0} \cdot \frac{2\pi(u^2+v^2)^{1/2}}{q_1}$$

(3-7-15)

若不考虑剩磁,即地磁场方向的方向余弦 q_0 与磁化方向的方向余弦一致,则式(3-7-15)可进一步化简为

$$\left[\frac{2\pi(u^2+v^2)^{1/2}}{q_1}\right]^2$$

(3-7-16)

由于这种转换相当于把 ΔT 换算到地磁极的地磁场状态,故称为化到地磁极。

(五)几种换算的滤波作用

1. 磁异常的转换与电滤波的相似性

我们知道,对无线电技术中的滤波来讲,滤波器的输入和输出可以是随时间变化的电压,线性滤波器的输入 $\varepsilon_i(t)$ 和输出 $\varepsilon_0(t)$ 的关系可用一个褶积型的积分方程式表示:

$$\varepsilon_0(t) = \int_{-\infty}^{\infty}\varepsilon_i(t-\tau)\varphi(\tau)d\tau$$

(3-7-17)

函数 $\varphi(\tau)$ 称为权函数,反映了滤波器的特性,也称滤波器的脉冲响应函数。对褶积积分方程进行傅立叶变换就可得到频率域内输入-输出方程:

$$E_0(\omega) = E_i(\omega) \cdot \Phi(\omega)$$

(3-7-18)

式中:$E_0(\omega)$、$E_i(\omega)$ 和 $\Phi(\omega)$ 分别为 $\varepsilon_0(t)$、$\varepsilon_i(t)$ 和 $\Phi(t)$ 的傅立叶变换;$\omega=2\pi f$,称为角频率;$\Phi(\omega)$ 为滤波权函数的频谱,也称为滤波器的频率响应函数。

对于磁异常转换,若设转换前后的二度磁异常分别为 $Z(x)$ 及 $Z_b(x)$,则可对空间磁异常的转换写出其一般形式:

$$Z_b(x) = \int_{-\infty}^{\infty}Z(x-\xi)\varphi(\xi)d\xi$$

(3-7-19)

这也是一个褶积方程,$\varphi(\xi)$ 为参加磁异常换算的函数。

如向上延拓,可表示为

$$Z_a(x,h) = \int_{-\infty}^{\infty}Z_a(x-\xi,0) \cdot \frac{h}{\pi(\xi^2+h^2)}d\xi$$

同样,也可写出频率域内磁异常转换的关系式:

$$S_b(\omega) = S(\omega) \cdot \Phi(\omega)$$

(3-7-20)

式中:$S_b(\omega)$、$S(\omega)$、$\Phi(\omega)$ 分别为 $Z_b(x)$、$Z(x)$ 及 $\varphi(x)$ 的频谱。

若将磁异常变换在空间域、频率域的表达式与滤波器在时间域、频率域的输入-输出方程式作一对比,可以发现二者是相似的。转换前后的异常对应于输入、输出电压,转换时参加运算的函数 $\varphi(x)$ 则对应于滤波器的权函数,这里所不同的仅仅是电压是时间的函数,而磁异常是空间坐标的函数。因此,我们可以把磁异常的转换看成是对异常的滤波,有关滤波的一些基本理论都能用于磁异常的转换。

2. 几个常用换算的滤波作用

磁异常的换算相当于一种滤波,滤波器的权函数就反映了换算的特性。在频率域中通过研究权函数的频谱(即频率响应函数)来了解磁场换算的滤波作用,下面以二度异常的几种换算的频率响应为例来说明。

图 3-7-5 画出了向上延拓、向下延拓、垂向一次导数、垂向二次导数的频率响应函数 $\Phi(\omega)$ 随角频率 ω 变化的图形。

由图可见,向上延拓的频率响应: $\Phi_{上延}(\omega)=\mathrm{e}^{-h|\omega|}$。

当 $\omega=0$ 时,$\Phi(\omega)=1$;当 ω 趋于无穷时,$|\Phi(\omega)|$ 趋于零。它起到了压制高频让低频通过的作用,相当于一个低通滤波器。

向下延拓、垂向一次导数、垂向二次导数的频率响应分别为 $\mathrm{e}^{h|\omega|}$、ω、ω^2,由图形及分析频率响应的表达式容易知道三者都相当于一个高频放大器。比较二者,可以发现向下延拓的频率响应随 ω 增大,呈指数规律增加;当 ω 趋于无穷,Φ 趋于无穷,它对高频放大作用特别明显,且是不收敛的,故在计算时要特别注意。在运算时常常

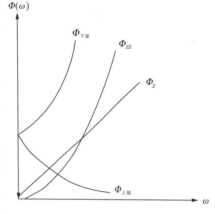

图 3-7-5 二度异常几种换算的频率响应曲线

加一个圆滑因子,以对高频放大作用进行一些抑制。其次,垂向二次导数的频率响应比垂向一次导数在高频放大作用上更强一些,因为它们随 ω 增大的规律与导数方次有关。导数次数越高,越要注意设法压制高频干扰。

二、例:湖北铁山、鄂城岩体的 ΔT 异常化向地磁极

在垂直磁化条件下,磁异常的形态以及磁异常与磁性体的关系都比较简单,便于进行地质解释。但我国处于中纬度地区,磁性体受斜磁化影响,其异常一般都有正、负两个部分,异常与磁性体的关系也比较复杂,解释的难度是比较大的。解决这个问题的办法之一是用数学换算将"斜磁化"转变为"垂直磁化",由于这一过程相当于人为地将磁性体从所在测区移到了地磁极处,故又称为"化向地磁极"。

ΔT 异常最容易受到斜磁化的影响,因此"化向地磁极"在处理航磁资料方面有着广泛的应用。图 3-7-6 是湖北铁山、鄂城岩体的 ΔT 异常,其正、负值范围与岩体界线(点线表示)不符。化向地磁极后,异常正值部分与岩体边界有较好的对应关系(图 3-7-7)。

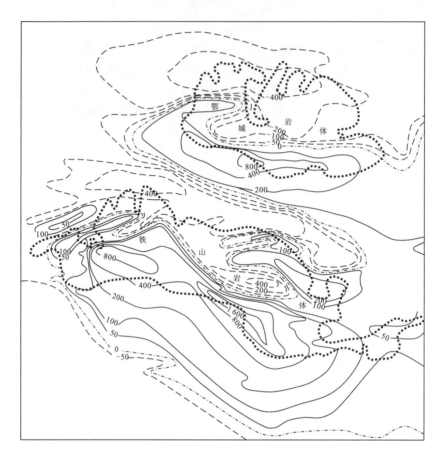

图 3-7-6 湖北铁山、鄂城岩体的 ΔT 异常（单位：nT）

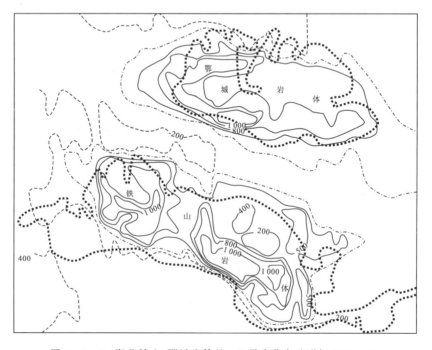

图 3-7-7 湖北铁山、鄂城岩体的 ΔT 异常化向地磁极（单位：nT）

*三、维纳滤波与匹配滤波

我们知道,浅部地质体所产生的重磁异常比深部地质体产生的重磁异常要尖锐得多。一个尖锐的异常其幅值从异常中心向外快速下降,以具有很大的高频成分为特征。另一方面,宽缓的异常从中心向外是缓慢的衰减,具有集中于低频端的谱,异常频谱特征的这种差异,提供了分离浅部场和深部场的可能性。1966 年,Bhattacharyya 详细研究了矩形棱柱体总磁异常的连续谱,1970 年,Spector & Grant 运用统计结构的基本假设,引入"总体平均"的概念,推导分析了航磁图的能谱公式,把关于矩形棱柱体的谱的某些性质推广到块状体,讨论了块状体的水平尺寸、深度和厚度对谱的影响,提出了用能谱分析来粗略估计块状体的埋深、延深的方法。1975 年,Spector 运用上述方法,提出了"匹配滤波"方法,并用此方法处理科迪雷拉山区的航磁图,消除了火山岩复盖的干扰,从而得到与成矿有关的火成岩引起的异常图。

(一) 最小均方差滤波器与维纳滤波器

设 $g(x)$ 为 $f(x)$ 滤波后的输出函数,$s(x)$ 为期望输出,$h(x)$ 为脉冲响应,如使方差:

$$Q = \int_{-\infty}^{\infty} [s(x) - g(x)]^2 dx = \min \qquad (3-7-21)$$

则相应的滤波器称为最小均方差滤波器,由式(3-7-21)积分后可得:

$$Q = \int_{-\infty}^{\infty} s^2(x) + \int_{-\infty}^{\infty}\int h^2(\tau) R_{ff}(\tau-\zeta) d\tau d\zeta - 2\int_{-\infty}^{\infty} h(\tau) R_{fe}(\tau) d\tau$$

选择合适的脉冲响应 $h(x)$ 使 Q 最小,也就是求等式右方泛函的极值。由变分法知道,$h(x)$ 应满足欧拉方程:

$$\frac{\partial}{\partial h(\tau)}\left[\int_{-\infty}^{\infty} h^2(\tau) R_{ff}(\tau-\zeta) d\tau - 2 R_{fs}(\tau) h(\tau)\right] = 0$$

即应满足:

$$R_{fs}(\tau) = \int_{-\infty}^{\infty} h(\tau) R_{ff}(\tau-\zeta) d\tau$$

上式即 Wiener-Hopf 积分方程。对上式作傅氏变换得到:

$$H(\omega) = \frac{P_{fs}(\omega)}{P_f(\omega)} \qquad (3-7-22)$$

式中:$H(\omega)$ 是维纳滤波器的频率响应。$P_{fs}(\omega)$ 为输入函数 $f(x)$ 与期望输出信号 $s(x)$ 的互功率谱。若假定信号 $s(x)$ 与干扰 $n(x)$ 彼此不相关,即 $Rns(x)=0, Pns(\omega)=0$,则:

$$P_{fs}(\omega) = P_s(\omega) + P_{ns}(\omega) = P_s(\omega)$$
$$P_f(\omega) = P_s(\omega) + P_n(\omega)$$

则式(3-7-22)变为

$$H(\omega) = \frac{p_s(\omega)}{p_s(\omega) + p_n(\omega)}$$

因为 $P_s(\omega) = S^*(\omega) \cdot S(\omega)$,$P_n(\omega) = N^*(\omega) \cdot N(\omega)$,其中 * 表示共轭。得:

$$H(\omega) = \frac{|S(\omega)|^2}{|S(\omega)|^2 + |N(\omega)|^2} \qquad (3-7-23)$$

这样就从一般形式的维纳滤波器得到特殊形式的维纳滤波器。

(二)分离浅源场和深源场

1. 维纳滤波器

对于式(3-7-23),为了求出$|S(\omega)|$和$|N(\omega)|$,我们不妨假设:

$$|S(\omega)|=AF_1(\omega)\mathrm{e}^{-\omega h_1}$$
$$|N(\omega)|=BF_2(\omega)\mathrm{e}^{-\omega h_2}$$

即有用信号及干扰(或称区域场及局部场)分别由埋深h_1和h_2($h_1>h_2$)的地质体所引起,当地质体形态相近时:

$$F_1(\omega)=F_2(\omega)$$

由此可得分离深源场(区域场)的频率响应:

$$H_{\mathbb{K}}(\omega)=\frac{A^2F_1^2(\omega)\mathrm{e}^{-2\omega h_1}}{A^2F_1^2(\omega)\mathrm{e}^{-2\omega h_1}+B^2F_2^2(\omega)\mathrm{e}^{-2\omega h_2}}=\frac{1}{1+\frac{B^2}{A^2}\mathrm{e}^{2\omega(h_1-h_2)}} \quad (3-7-24)$$

分离浅源场(局部场)的频率响应:

$$H_{\text{局}}(\omega)=\frac{1}{1+\frac{A^2}{B^2}\mathrm{e}^{2\omega(h_2-h_1)}}$$

式中:A、B、h_1、h_2的值由实测数据的对数功率谱曲线上求得。

根据实测数据的对数功率谱曲线$\ln E(\omega)$,取低频段斜率绝对值较大的直线段作为深部场源的反映,并且这段直线的纵轴截距为A^2,斜率一半的负数为h_1,中高频段斜率较小的直线段为浅部场源的反映,并用其截距求出B^2,用斜率一半的负数求h_2,如图3-7-8所示。

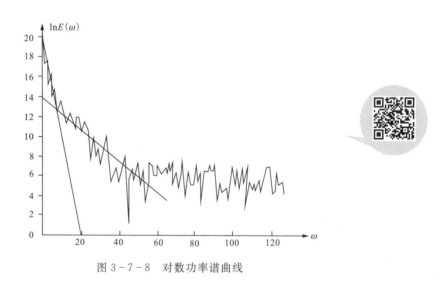

图3-7-8 对数功率谱曲线

2. 匹配滤波器

如果令$S(\omega)$与$N(\omega)$相同相位(水平位置重合,深度不同的物体相位可以相同),则式(3-7-23)可以得到另一种特殊形式的滤波器:

$$H(\omega) = \frac{|S(\omega)|}{|S(\omega)| + |N(\omega)|} \qquad (3-7-25)$$

即有分离深源场（区域场）的频率响应：

$$H_{\text{区}}(\omega) = \frac{1}{1 + \dfrac{B}{A} e^{\omega(h_1 - h_2)}}$$

分离浅源场（局部场）的频率响应：

$$H_{\text{局}}(\omega) = \frac{1}{1 + \dfrac{A}{B} e^{\omega(h_2 - h_1)}} \qquad (3-7-26)$$

（三）实现方法

(1) 利用傅立叶变换，由实测异常求频谱：

$$S_T(f) = \int_{-\infty}^{\infty} \Delta T(x, 0) e^{-2\pi i f x} dx$$

(2) 由傅立叶变换的实部与虚部求对数功率谱 $\ln E(\omega)$。

$$E(\omega) = R_e^2(\omega) + I_m^2(\omega)$$

(3) 根据对数功率谱曲线 $\ln E(\omega) - \omega$ 求 h_1、h_2、B/A 等参数，构制匹配滤波因子。
(4) 把实测异常频谱乘以相应滤波因子，得到浅源场（或深源场）的频谱。
(5) 反傅立叶变换得到分离的浅源场与深源场。

上述过程可以在计算机上一次实现：对于算出的功率谱，利用可视化技术显示对数功率谱曲线并用鼠标画出深源场与浅源场的回归直线，自动计算其斜率和纵轴截距，即可构制出匹配滤波因子，进行滤波分离不同深度的场源。

（四）应用效果分析

为了检验匹配滤波方法的有效性，我们设计了水平圆柱体理论模型，剖面长 256 个测点，点距 10km，浅部场源的水平圆柱体中心埋深 100km，截面有效磁矩 $500 \times 10^{-3} \text{A} \cdot \text{m}^2$，深部场源的水平圆柱体中心埋深 300km，截面有效磁矩 $10\,000 \times 10^{-3} \text{A} \cdot \text{m}^2$，分别正演计算后再相加作为检验该方法的观测值。计算出对数功率谱后，人工用鼠标在屏幕上选择深源场（即低频段）和浅源场（即中高频段）的斜率和截距之比，得 $h = 75.85 \text{km}$，$H = 147.48 \text{km}$，$B/b = 10.0$，由这些参数构制的匹配滤波器分离出的浅源场和深源场如图 3-7-9 所示，不难看出，匹配滤波法在一定条件下，能较好地分离出浅深不同地质体产生的场。

*四、重磁异常的对应分析

在讨论重磁资料的反演问题时，都强调了解的非唯一性，以及资料解释的复杂性。如果在解释中能综合利用多种物、化探和地质信息，则由于各种不同的资料彼此印证，互相补充，就可以减少多解性，改善解释的效果。本节讨论的重磁异常的关系可以用泊松公式描述，即

$$U = -\frac{M}{4\pi G \sigma} \text{grad} V$$

当垂直磁化时可以得到：

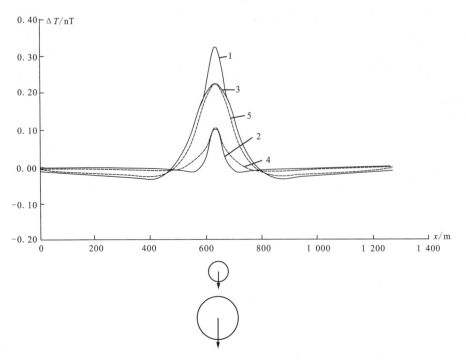

图 3-7-9　匹配滤波法分离水平圆柱体理论模型的场
1.深、浅两个水平圆柱体的场；2.浅部水平圆柱体的场；3.深部水平圆柱体的场；
4.分离后的浅源场；5.分离后的深源场

$$Z_{a\perp}=\frac{\mu_0}{4\pi}\cdot\frac{M}{G\sigma}V_{zz}=\frac{\mu_0}{4\pi}\cdot\frac{M}{G\sigma}\cdot\frac{\partial\Delta g}{\partial z}$$

这表明 $Z_{a\perp}$ 与 $\partial\Delta g/\partial z$ 成线性关系。在实际资料处理中采用下述公式更合适：

$$Z_{a\perp}=\frac{\mu_0}{4\pi}\cdot\frac{M}{G\sigma}\cdot\frac{\partial\Delta g}{\partial z}+A \tag{3-7-27}$$

式中：A 反映了实测资料中与背景场有关的长波成分。由此可见，如果我们将磁测资料先进行化磁极处理获得 $Z_{a\perp}$，对重力资料求一次垂向导数获得 $\partial\Delta g/\partial z$，然后将 $Z_{a\perp}$ 和 $\partial\Delta g/\partial z$ 作线性回归分析，即可得到斜率 $M/4\pi G\sigma$ 和截距 A。显然由 $M/4\pi G\sigma$ 很容易得到比值 M/σ，称之为泊松比，它反映了在计算窗口范围内的平均物性特征。A 值的大小反映了重磁异常长波成分的差别。当然 $A=0$ 是最理想的。在实际工作中，只要 A 值变化不大，表明具有泊松公式的应用前提，所得泊松比值就有一定意义。否则，若 A 值变化很大，说明在测区内背景值变化较大，或异常体彼此干扰较强，或剩磁影响较大，即不具备泊松公式的应用前提。因此 A 值的特征提供了所得泊松比值的可信程度。

在重磁对应分析中，相关系数是我们利用的另一个重要参数。令 R 表示 $Z_{a\perp}$ 和 $\partial\Delta g/\partial z$ 的相关系数，则按定义有：

$$R=\frac{\text{cov}(Z_{a\perp},\partial\Delta g/\partial z)}{\sqrt{D(Z_{a\perp})}\cdot\sqrt{D(\partial\Delta g/\partial z)}} \tag{3-7-28}$$

式中：$\text{cov}(Z_{a\perp},\partial\Delta g/\partial z)=E\{[Z_{a\perp}-E(Z_{a\perp})]\cdot[\partial\Delta g/\partial z-E(\partial\Delta g/\partial z)]\}$ 为 $Z_{a\perp}$ 和 $\partial\Delta g/\partial z$ 的协

方差；E 为数学期望；$D(Z_{a\perp})$ 和 $D(\partial\Delta g/\partial z)$ 分别为 $Z_{a\perp}$ 和 $\partial\Delta g/\partial z$ 的方差；R 的值在 +1 和 -1 之间，相关系数 R 反映了重磁资料在给定窗口内的线性相关程度。R 接近 +1 时为正相关，反映了重力高与磁场高对应，或重力低与磁场低对应；R 接近 -1 时为负相关，反映了重力高与磁场低对应，或重力低与磁场高对应。从地质解释的角度来看，相关系数 R 能帮助我们确定重磁异常的同源性。R 绝对值越小，例如小于 0.5，则可认为重磁异常不同源，或存在邻近异常的干扰，或存在方向异于地磁场的强剩磁等。因此 R 值本身不仅反映了一定意义，而且其大小还提供了回归分析所得泊松比的可靠程度。

在实际计算中是采用滑动窗口进行的。窗口的选择在对应分析中对成果的影响很大。一般来说，窗口大小的选取应考虑所研究的异常波长、测点间距和邻近干扰的情况。同时又必须保持在一个窗口内有足够的点数。

实际资料往往是各种异常信息的综合效应。为取得较好的效果，在作重磁对应分析之前先要进行场的分离，然后分别进行处理。

对区域场进行重磁对应分析可以用来研究深部地壳的特征。地壳的密度一般随深度逐渐增加，从地表 $2.7\text{g}\cdot\text{cm}^{-3}$ 逐渐增加，直到上地幔达 $3.3\text{g}\cdot\text{cm}^{-3}$。地壳磁性组分在一定深度内也有很强的磁化强度，因此地壳内部一些构造层厚度变化时，往往会产生重磁场之间的相关关系。若上部地壳厚度和组分相对稳定，则莫氏面的起伏往往引起重磁场的负相关。若重力低，磁场高，表明地壳相对增厚；反之，表明地壳较薄。

对浅部场进行重磁对应分析，其正负相关取决于浅部岩层的密度和磁性情况，因而可用来研究浅部地层的岩性和构造特征。

在实际工作中也可对不同延拓高度的重磁场进行重磁对应分析，由于不同高度的重磁场反映了不同深度场源的场，因此这种分析有助于我们对场源垂向不均匀性有所认识。

图 3-7-10 是我国亚东-格尔木地学断面上的重磁场上延 100km 后的相关系数图。整个断面可明确地划分为几段。从南至北为：①亚东至雅江以南以正相关为主，在康马附近有一相关系数突变为零的小段；②雅江以北到安多以南，呈完整的负相关段；③安多附近至沱沱河以南为正负相关变化段；④沱沱河以北至纳赤台附近为正相关段；⑤纳赤台以北为负相关段。这些分段与根据地质和其他地球物理资料划分的地体的位置大体相当。

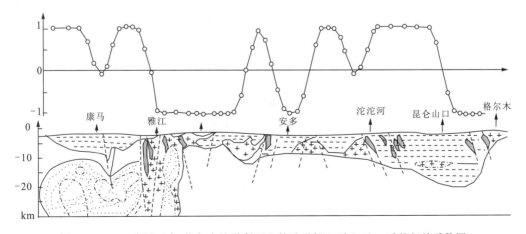

图 3-7-10 我国亚东-格尔木地学断面上的重磁场上延 100km 后的相关系数图

* 五、小波分析方法

小波分析方法是近年来发展起来的新的数学方法,广泛地应用于信号处理、图像处理、模式识别等众多的学科和相关技术研究中。利用小波多尺度分析方法,将磁异常分解到不同尺度空间,作为一种新的位场分离途径,小波多尺度分析方法为磁测资料解释提供了新的思路。

小波多尺度分析又称多分辨分析,对于离散序列信号 $f(t) \in L^2(R)$,其小波变换采用 Mallat 快速算法,信号经尺度 $j=1,2,\cdots,J$ 层分解后,得到 $L^2(R)$ 中各正交闭子空间(W_1,W_2,$\cdots$,W_J,V_J),若 $A_j \in V_j$ 代表尺度为 j 的逼近部分,$D_j \in W_j$ 代表细节部分,则信号可以表示为 $f(t) = A_j + \sum_{j=1}^{J} D_j$,据此函数可以根据尺度 $j=J$ 时的逼近部分和 $j=1,2,\cdots,J$ 的细节部分进行重构,图 3-7-11 为三层多尺度分析结构图。

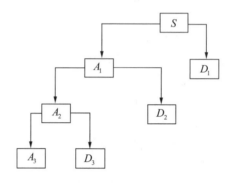

图 3-7-11　三层多尺度分析结构图

把图 3-7-11 多尺度分析方法应用于磁测资料处理,野外观测值 ΔT 经一阶小波分解,得到局部场 $\Delta T_{局1}$ 和区域场 $\Delta T_{区1}$,把 $\Delta T_{区1}$ 作二阶小波分解得到 $\Delta T_{局2}$ 和 $\Delta T_{区2}$,再把 $\Delta T_{区2}$ 作三阶小波分解可得 $\Delta T_{局3}$ 和 $\Delta T_{区3}$,$\cdots$,如此分解下去:

$$\Delta T = \Delta T_{三阶逼近} + \Delta T_{三阶细节} + \Delta T_{二阶细节} + \Delta T_{一阶细节}$$

把大冶铁矿 ΔZ 磁异常[图 3-7-12(a)]用多尺度分析方法分解为 1~5 阶细节和 5 阶逼近,用谱分析方法得出一阶细节场源似深度 26m[图 3-7-12(b)],局部异常反映露天矿及浅表磁性不均匀以及人文活动干扰(如铁矿开采、钻探等钢铁制品干扰)。二阶细节场源似深度 144m[图 3-7-12(c)],三阶细节场源似深度 235m[图 3-7-12(d)],反映地表至 200 多米深铁矿体的磁异常,异常特征为正负伴生,两侧都有负值,表明铁矿体是下延有限的形体。四阶细节场源似深度 488m[图 3-7-12(e)],图中磁异常正负伴生,正异常幅值大于 1 000nT,两侧有负异常伴生,表明 500m 左右深仍有磁性强的铁矿体存在。五阶细节场源似深度 912m[图 3-7-12(f)],西段已经看不出明显局部异常,推测在 1 000m 深以下不太可能有铁矿体存在。而东段尖山-犁头山在五阶细节上有 400nT 局部异常,推测该处深部磁性体埋深 1 000m 左右,从异常特征看,东段尖山-犁头山磁性体要比中西段尖林山、龙洞深。但图中西北角的铁门坎区还存在强度大于 800nT 没有闭合的正异常,是深部区域场,还是与局部异常有关,由于异常已不在图内,尚不清楚其性质,从异常特征看,它与尖山-犁头山段局部异常特征完全不一样。而五阶逼近(图未列出)为西南负、东北正的磁场特征,反映大冶铁矿区西南部为无磁性大理岩,而东北部为具磁性的闪长岩体。

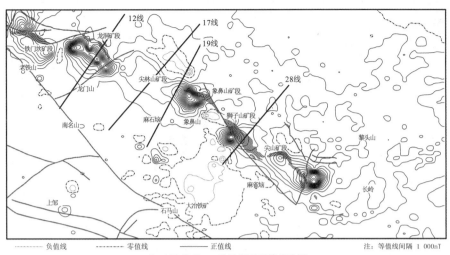

(a)大冶铁矿 ΔZ 磁异常平面等值线图

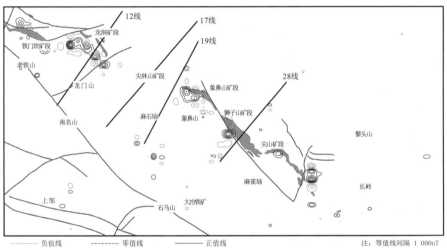

(b)大冶铁矿 ΔZ 磁异常小波多尺度分解一阶细节(场源似深度26m)

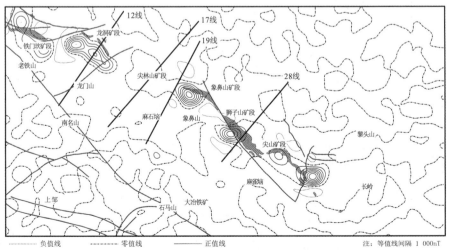

(c)大冶铁矿 ΔZ 磁异常小波多尺度分解二阶细节(场源似深度144m)

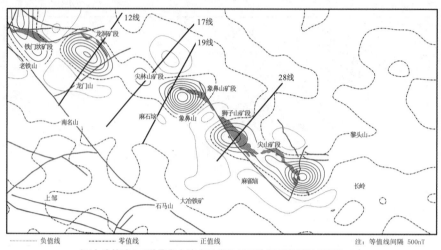

(d) 大冶铁矿 ΔZ 磁异常小波多尺度分解三阶细节(场源似深度235m)

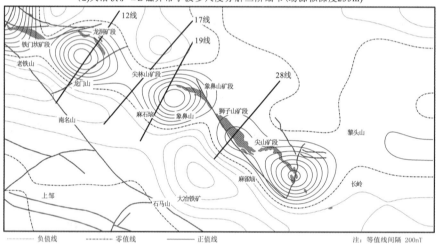

(e) 大冶铁矿 ΔZ 磁异常小波多尺度分解四阶细节(场源似深度488m)

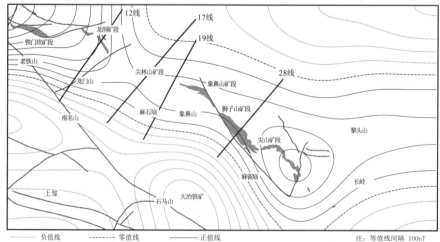

(f) 大冶铁矿 ΔZ 磁异常小波多尺度分解五阶细节(场源似深度912m)

图 3-7-12 大冶铁矿 ΔZ 磁异常小波多尺度分解

第八节　磁异常的地质解释及应用

一、磁异常的定性与定量解释

1. 磁异常的定性解释

磁异常的定性解释包括两个方面的内容：一是初步解释引起磁异常的地质原因；二是根据实测磁异常的特点，结合地质特征运用磁性体与磁场的对应规律，大体判定磁性体的形状、产状及其分布。

对磁异常进行地质解释的首要任务是判断磁异常的原因。对找矿来讲，就是要区分哪些是矿异常，哪些是非矿异常。实际工作中，由于地质任务和地质条件的不同，定性解释的重点与方法也不同，但一般都从以下几个方面着手。

(1)将磁异常进行分类。根据异常的特点（如极值、梯度、正负伴生关系、走向、形态、分布范围等）和异常分布区的地质情况，并结合物探工作的地质任务进行异常分类。例如，普查时往往先根据异常分布范围，把异常分为区域异常和局部异常。区域异常往往与大的区域构造或火成岩分布等因素有关；局部异常可能与矿床和矿化、小磁性侵入体等因素有关。为了弄清每个异常的地质原因，对区域异常可结合地质情况，再分为强度大、起伏变化的分布范围也大的异常，异常强度较小而又平静的大范围分布的异常等；对局部性异常，可结合控矿因素等分为有意义异常和非矿异常等。

(2)由"已知"到"未知"。由已知到未知是一种类比方法，这种方法是先从已知的地质情况着手，根据岩(矿)石磁性参数，对比磁异常与地质构造或矿体等的关系，找出异常与矿体、岩体或构造的对应规律，确定引起异常的地质原因，并以此确定对应规律，指导条件相同的未知区异常的解释。在推论未知区时，应充分注意某些条件变化（如覆盖、干扰等）对异常的可能影响。

(3)对异常进行详细分析。详细分析研究异常的目的，是为了结合岩石磁性和地质情况确定引起异常的地质原因。在研究异常时，应注意它所处的地理位置，异常的规则程度，叠加特点。同时还应大致判断场源的形状、产状、延深和倾向等。

2. 磁异常的定量解释

定量解释通常是在定性解释的基础上进行，但其结果常可补充初步地质解释的结果。定性和定量解释两者是相辅相成的，并无严格的分界。定量解释的目的在于：根据磁性地质体的几何参量和磁性参量的可能数值，结合地质规律，进一步判断场源的性质；提供磁性地层或基底的几何参量（主要是埋深、倾角和厚度）在平面或沿剖面的变化关系，以便于推断地下的地质构造；提供磁性地质体在平面上的投影位置、埋深及倾向等，以便合理布置探矿工程，提高矿产勘探的经济效益。

定量解释方法的选择，应选那些简单，方便，精度高，适用范围广，有抗干扰能力，前提条件少，能自动检验或修正反演结果的方法。

二、磁异常在区域与深部地质调查中的应用

(一)划分不同岩性区和圈定岩体

由于磁异常是由不同地质体间的磁性差异引起的,所以某种地质体的异常特征,与地质体的空间分布、形状、产状及磁性直接相关。理论和实践表明:①磁异常的位置和轮廓可以大致反映地质体的位置和轮廓;②磁异常的轴向,一般能反映地质体的走向;③在地质体出露和埋深较小的情况下,其磁性不均匀常会使异常发生起伏变化;④磁异常的强度和分布范围会随埋深而变化。除以上几点外,在圈定岩体和划分岩性区时,还应注意不同岩石的地质分布特点、岩石磁性的变化规律及其相应的磁场特点、磁性体的磁化特点等。

1. 基性超基性岩体的磁场特征

基性与超基性侵入岩,一般含有较多的铁磁性矿物。在出露或埋藏较浅时,在地面可引起数千纳特的强磁异常。由于磁性矿物含量的不均匀,曲线有一定程度的跳跃(图3-8-1)。有时岩体中含有百分之几到百分之十几的磁铁矿,此时岩体磁异常与磁铁矿磁异常往往难以区分。

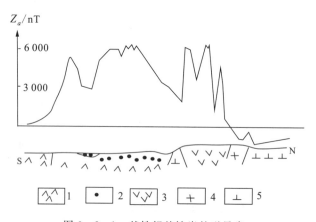

图3-8-1 基性超基性岩的磁异常

1.碳酸盐化超基性岩;2.辉橄榄岩;3.橄榄岩;4.花岗岩;5.闪长岩

2. 玄武岩等的磁场特征

玄武岩体上的磁异常值变化很大,有数百纳特以下的弱异常,也有数千纳特的强异常,以上千纳特的异常较为常见。这些异常常具有锯齿状剧烈跳跃的特点,与其他岩体有明显的区别。

3. 闪长岩的磁场特征

闪长岩常具有中等强度的磁性,在出露岩体上可以引起1 000~3 000nT磁异常。当磁性不均匀时,异常曲线在一定背景上有不同程度的跳跃变化(图3-8-2);当磁性均匀时,曲线跳跃幅度较小。

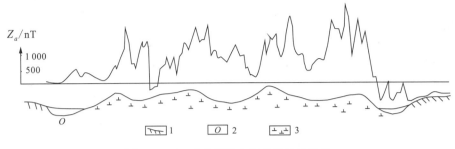

图 3-8-2 磁性不均匀闪长岩的磁异常
1.变质岩;2.第四系;3.闪长岩

4. 花岗岩等的磁场特征

花岗岩类一般磁性较弱,在多数出露岩体上只有数百纳特左右的磁异常,有时甚至在百纳特以下。曲线起伏跳跃较小,少数岩体上也有形成数千纳特异常的。花岗岩体有时有不同的岩相带,常形成不同的磁场特征,且边缘相的磁场强度往往相对较高。花岗闪长岩的磁异常常较花岗岩为高,而与闪长岩相近。

5. 沉积岩类的磁场特征

沉积岩多数只有微弱的磁性,故磁场平静、单调。有些砂岩、页岩或含有磁铁矿的大理岩,因含有少量磁铁矿物而出现磁异常。有的盐丘,因其组成矿物具有反磁性而有数十纳特的负磁异常。

6. 变质岩类的磁场特征

沉积岩形成的变质岩一般磁性微弱,磁场平静。由火山岩形成的变质岩异常与中酸性岩体异常相近。含铁石英岩情况特殊,往往形成有明显走向的强磁异常。

(二)推断断裂、破碎带及褶皱

用磁法能圈定断裂带、破碎带,是因为断裂的产生或者改变了岩石的磁性,或者改变了地层的产状,或者沿断裂带伴有后期或同期岩浆活动,或者沿断裂两侧具有不同的构造特点。断裂或断裂带上的磁异常,按其特征可分为以下几种。

沿断裂有磁性岩脉(岩体)充填,这时沿断裂方向会有高值带状异常(或线型异常带)分布。若沿断裂方向因岩浆活动不均匀,可能产生断续的串珠状异常。有些断裂破碎带范围较大,构造应力比较复杂,既有垂直变化也有水平变化和扭转现象。在这种情况下会造成雁行排列的岩浆活动通道,因此在这类构造上就会出现雁行状异常带。

当我们根据磁异常推断断裂构造时,一是要注意标出异常轴,二是要有理由肯定异常与岩浆活动有关。另一种情况是,磁性岩石断裂无岩浆活动伴随,当其断裂破裂现象显著时,因磁性变化会出现低值或负的异常带,这就是所谓的"干断裂"异常。

深大断裂是一种特殊的断裂类型,这种断裂常是两个不同大地构造单元的分界线。断裂切割地球的硅铝层,甚至更深;断裂活动和岩浆活动具有多轮回性,它多半是现代地震的活动带。它是一个宽度可达几十千米、长几百千米的复杂断裂束,是一个宽大的岩浆剧烈活动通道。在深大断裂带内,近乎平行的断裂线成组出现,磁异常也是如此。图 3-8-3 是郯城-庐江深大断裂的磁场图,该断裂长约 800km、宽 30～50km,其磁异常以正异常形式出现。

深大断裂带常可能是一个巨大的金属成矿带,如长江中下游深大断裂带就是一个金属矿成矿带。

断层也是一种断裂构造。规模较大的断层,沿断层在面两盘发生了明显的相对位移。一个磁性层或磁性体当其为断层错开时,不论是上下错动还是水平错动,当断距较大时都会使磁异常发生明显的变化。一般上盘的磁异常强度小,而且范围小;下盘的磁异常反映为缓、宽、弱和较平稳。若为水平错动,磁异常等值线会发生扭曲,异常轴向发生明显变化。

（三）成矿区的圈定与划分

成矿区的圈定与划分,是一项地质、地球物理资料相结合而进行的一种综合性研究工作。利用磁测资料时,主要应考虑两方面的条件:一是成矿和控矿条件;二是矿与围岩的磁性差异。即要综合考虑地质和地球物理的可能性。

1. 含油气远景区的圈定和划分

根据磁测资料评价含油气远景时,首先要考虑磁性界面深度图,即基底深度图所反映的构造形态（基岩的相对隆起与凹陷）;同时也要研究生油条件、储油条件、构造条件等,其中主要是构造条件。一般来说,只要有比较宽阔

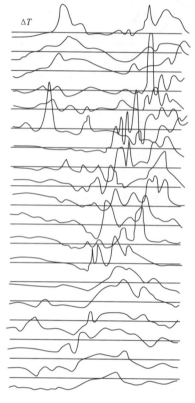

图 3-8-3　郯城-庐江深大断裂中部的磁异常图

的深凹陷存在,就有形成油气藏的可能性;只要在深凹陷内存在着相对隆起,一般应划分为成油气有利地段。

以构造条件为主导的远景评价方法,曾在各个工业油气藏盆地中被利用过,一般都是很成功的,如在松辽盆地划分出的大庆长垣,以及在渤海地区、江汉地区都得到了肯定的效果。

2. 金属成矿区的圈定

在评价金属矿成矿远景区时,要研究岩浆控制条件、构造控制条件、地层和岩性控制条件、地球化学条件和地貌条件等。其中主要是岩浆、构造和地层控制条件,区域地质构造是控制全局的因素。我们知道,与超基性岩密切相关的矿床有铬、铂和金刚石;与基性岩共生的矿床有钛磁铁矿和硫化镍矿;与中酸性火成岩有关的矿床,有钨、锡、钼、铜、铅、锌、金、铀、钛、锂、铍、铌、钽等各种成因类型的绝大多数内生矿床。区域性地质构造控制着成矿区、成矿带、矿田和矿床的位置。断裂带是岩浆活动的通道,在断裂交叉处往往控制着成矿远景区。在评价内生矿床时,岩浆和构造条件是主要的。在评价海相沉积矿床时,地层及构造则是主要的,锰矿、铀矿、铜矿、铝土矿等沉积型矿床都受地层控制。

根据磁测资料可以圈定侵入体,研究侵入体的形状、产状、岩相和蚀变带等,可以确定断裂和褶皱构造、划分不同岩性区。利用磁测资料对控矿因素的分析结果,再结合地质资料和区内

的矿点、矿化点、矿化带、矿床等各种找矿标志(包括各种物化探异常在内)进行综合研究,圈定出成矿远景区。

三、磁法勘探在石油天然气勘探中的应用

磁法勘探是以测量磁场的微小变化为基础的。磁性岩石的分布发生任何变化都会引起磁场的相应变化。大多数沉积岩几乎都是无磁性的,而下伏火成岩和基岩通常是弱磁性的。根据磁性资料确定了基岩的深度,也就确定了沉积物的厚度。因基底面起伏能在上伏沉积岩中形成有利于油气聚集的构造起伏,确定基岩的起伏能为油气勘探提供有用的资料。

很长一段时间,不同比例尺(主要是1:50万、1:20万)的磁测在石油地球物理勘探中的作用主要限于大区域地质构造的解释,如圈定沉积盆地、研究区域地质构造特征和根据二级构造异常确定油气远景区等。随着高精度航空磁测工作的开展,构造航磁不仅在查明区域地质构造方面能起到重要作用,在寻找局部沉积构造和油气田方面也能起到重要作用。

图3-8-4是由低磁场背景上局部升高异常所反映的TAD长垣。磁性体位于3~5km深处,长垣为中生界沉积构造。在轴部钻井,于井深4 188m见上侏罗统有磁性的安山岩及玄武岩,其厚度达104m。

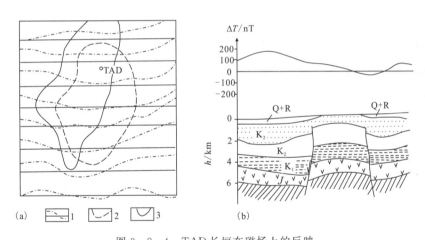

图3-8-4 TAD长垣在磁场上的反映

1.ΔT剖面;2.航磁圈定构造;3.地震构造;(a)剖面平面图;(b)ΔT剖面图及地质剖面

当沉积盖层中存在一定厚度的磁性沉积层时,盖层褶皱构造就能引起与其相应的磁异常。磁性岩层多为含有少量磁铁矿的陆源岩层,如砂岩之类。如四川盆地下三叠统飞仙关组、侏罗系上沙溪庙组等为磁性层,其岩性多为砂岩、页岩。除四川盆地外,塔里木盆地、柴达木盆地也都有磁性地层组成的背、向斜构造。

由以上所述可知,磁测不仅能解决油气盆地内有关磁性基底的起伏、断裂、岩性等区域地质问题,还可通过对ΔT局部异常的提取和研究,圈定盖层中的局部构造。

近年有人提出在油田上空发现存在高波数(高频)、低幅值(400~4 000m,几纳特至20~30nT)磁异常,认为这种异常是近地表土壤中磁铁矿颗粒的反映。磁铁矿是由氢氧化铁、氧化物或赤铁矿的还原形成,这种磁铁矿的形成被认为是石油渗出的直接结果,因而利用这种异常可以判定油气藏的存在。有人提出油气藏上方碳氢化合物形成还原柱,氧化还原电位产生的

自然电流产生磁异常，利用这些现象进而找油的设想。

四、磁法勘探在固体矿产勘探中的应用

磁测在固体矿产勘查中的作用主要是直接找矿和间接找矿两方面。

磁测是作为找磁铁矿床的方法而产生并长期发展的。随着磁测精度的提高和基本理论的发展，磁测不仅能发现磁铁矿床，而且可能解决勘探方面的问题：确定矿体的深度、产状要素、磁化强度和估算磁铁矿石的储量，在这方面我国已有多个成功实例。

在间接找矿中，主要是用磁测查找在空间上或成因上与成矿有关的地层、构造、岩浆岩、蚀变岩石、矿化带等控矿因素。此外，利用所寻找矿种与磁性矿物的共生关系找矿，也属于间接找矿。目前磁法勘探的间接找矿作用，发挥的作用还很不够。

磁测寻找磁铁矿床的效果举世公认，最为明显。在寻找其他类型的铁矿，以及铜、铅、锌、镍、铬、钼、铝土矿、金刚石、石棉、硼等各种金属与非金属矿床上，虽然大都属于间接找矿，但也起到重要作用。

（一）寻找各类铁矿床

我国铁矿的主要类型有：前震旦纪变质铁矿、碳酸盐类岩石与中酸性侵入体接触带铁矿、火山岩中铁矿、基性侵入岩中铁矿等。

1. 变质岩中的铁矿

此类铁矿通常称为鞍山式铁矿，其磁铁矿石的感应磁化强度达 $0.03\sim0.2 A\cdot m^{-1}$，围岩变质岩的磁化率小，两者有明显的差异。当矿体出露地表，磁异常有明显的峰值，异常可达上万纳特。航空和地面磁测异常就成为寻找此类矿床的有效找矿标志。地磁异常多为条带状，具有明显的走向方向。

2. 中酸性侵入体与碳酸盐岩的接触带中的铁矿

此种铁矿产于中酸性侵入体，如闪长岩、花岗闪长岩与石灰岩、泥质灰岩、钙质粉砂岩等碳酸盐岩石的接触带及其附近，在矿体附近往往可见矽卡岩。中酸性侵入体具有磁性，可观测到明显的磁异常。碳酸盐岩石不具磁性，铁矿产于接触带及其附近，在碳酸盐岩石的平静磁场与侵入体磁场的过渡带上叠加的次级磁异常就成为磁测找此类铁矿的标志。

例如，图 3-8-5 是河北某地 1∶10 万航磁图，图中有一个以 30nT 为接触带异常背景的孤立异常。由于异常位于某铁矿区外围，有必要查明异常的地质原因。磁异常分布区出露有中奥陶统马家沟灰岩，此种灰岩在该区为成矿围岩；在航磁图上异常处于 30nT 背景边部，说明异常位于接触带上，处于成矿有利地段。物探人员据此，初步判定可能是矿异常。为查明该异常，又布置了 1∶5 000 比例尺的地面磁测，圈定了这个最大值只有 350nT 的低缓异常，如图 3-8-6 所示。

对上述异常经定性分析、定量计算，并研究了磁异常的空间分布和变化特点；根据当地矿体磁性参数和定量计算出的参数作了正演计算后，进一步确定了该异常为矿异常。经钻探验证证实了异常由磁性铁矿所引起。矿体为多层密集排列，而并非球形矿体。因其埋藏较深，故可近似看作球体。

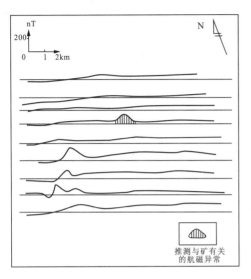
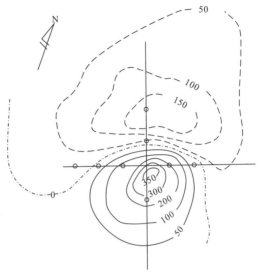

图 3-8-5 河北某地磁铁矿上的航磁异常　　图 3-8-6 河北某地磁异常平面图（单位：nT）

3. 火山岩中的铁矿

此类铁矿在我国统称为梅山式铁矿，可以分成两类：一类是玢岩侵入火山岩中，分布在火山岩断陷盆地中间，以磁铁矿石为主；另一类是玢岩侵入盆地基底层中，主要分布于火山岩断陷盆地边部或隆起断块中，以假象赤铁矿矿石为主。火山岩磁性比磁铁矿通常要小。考虑到火山岩磁场的干扰，用 1:5 万或 1:2.5 万比例尺航磁可发现铁矿异常。江苏某铁矿产于辉长闪长玢岩和黑云母安山岩接触带内即为此类矿典型一例。

4. 基性岩中的铁矿

当地槽褶皱期后或地台活化时，基性岩沿深大断裂侵入，生成钒钛磁铁矿。矿石具有强磁性，基性岩具有磁性，两者仍有差别，仍可借助不同异常特征可用磁测圈定岩体及矿床。

（二）寻找其他金属矿与非金属矿

1. 铜矿和铜镍矿

利用磁测找铜矿，一般分两种情况：一种是含铜磁铁矿床；另一种是铜矿床中局部含有磁铁矿或磁黄铁矿。

对于含铜磁铁矿床，铜与铁共生，利用磁测找铁间接找铜。如湖北某地在进行 1:20 万比例尺航磁测量时，曾在一条测线上发现强度较大的磁异常。开始按铁矿勘探，后来在强磁异常旁侧的次级低缓磁异常找到了深部含铜磁铁矿，才肯定了该矿床的工业价值。

对于矽卡岩型铜矿和超基性岩中的铜镍矿，往往局部含有磁铁矿或磁黄铁矿。这时磁测仍是找这两种矿的有效手段。由于铜矿体的范围往往超过磁性矿物范围，所以磁测不能用来圈定矿体范围。超基性岩中的铜镍矿，磁异常除作为找矿的标志外，还用来圈定超基性岩体。如甘肃某铜镍矿产于二辉橄榄岩-辉石橄榄岩的超基性岩中，矿石中含有大量磁黄铁矿，磁化率比超基性岩大 4 倍左右。经 1:10 万航磁发现异常，地磁检查后发现在矿区外围两个

1 000nT左右的异常(图3-8-7)。根据异常的错动,推测有平推断层。经钻探后在异常50～100m深处见到了岩体和矿体,现已成为我国大型的铜镍矿产地之一。

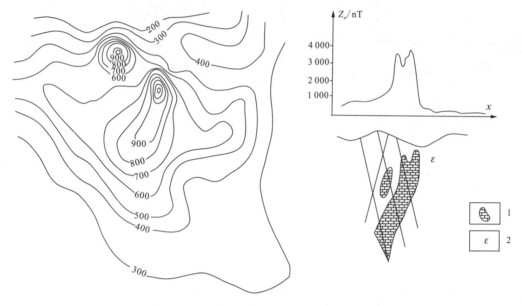

图 3-8-7　甘肃某铜镍矿区磁异常剖面图
1.镍矿体;2.超基性岩;等值线单位为nT

2. 多金属矿与锡矿

多金属矿中的矽卡岩型矿床,往往含有磁铁矿或磁黄铁矿,使用磁测较为有效。如河北某地的多金属矿,产于石英斑岩与震旦纪的外接触带。航磁异常反映为250～500nT的局部异常。经地面工作证实,强磁异常由磁铁矿化矽卡岩引起;而其低缓磁异常系由深达100m以下的以钼为主的铁、铜、锌、钼多金属隐伏矿床所引起。

在许多锡矿区,往往有磁黄铁矿化,且其范围比锡矿化的范围大,发育更广泛。在这种矿床发育地段一般均有磁异常,我国广西大厂锡矿床上就有这种特点。如大厂长坡矿区的地质-磁性模型,该模型浅部为陡产状体而深部为平缓层状体,反映了该区地质构造控制的特点。基于这样的模式指导进一步磁异常的解释,定量建立了大厂长坡及大福楼磁异常与锡矿推断关系图。利用这些推断结果而设计的钻孔,发现了新的矿床,其规模属于大中型。

3. 铬铁矿

铬铁矿产于超基性岩中,而超基性岩有较强的磁性,用磁测可以圈定超基性岩体,能否从中区分出矿体异常,则要视矿体与岩体是否有磁性差异而定。如云南某地,铬铁矿产于浅变质的矽质粉砂岩、泥质板岩、千枚岩中,铬铁矿具有较强磁性,而围岩属浅变质岩磁性弱。因此,在铬铁矿上有数百纳特的磁异常,如图3-8-8所示。该区依据这些异常找矿,见矿率达50%以上。

4. 基性与超基性岩中的石棉矿

由于石棉矿与基性、超基性岩有成因关系,而基性、超基性岩具有磁性,故利用磁测圈定这些岩体间接指出石棉矿的赋存部位。如辽宁某地层区内震旦纪厚层灰岩的平静磁场中出现北西向分布的规则磁异常带,异常强度在150～300nT,呈狭长带状,梯度较大。工区南部构造复杂,Ⅱ号异常走向变化为断层错动所致,如图3-8-9所示。经多个钻孔控制,证实此磁异常带由与石棉矿共生的辉绿岩引起。

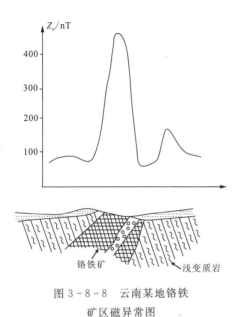

图3-8-8 云南某地铬铁矿区磁异常图

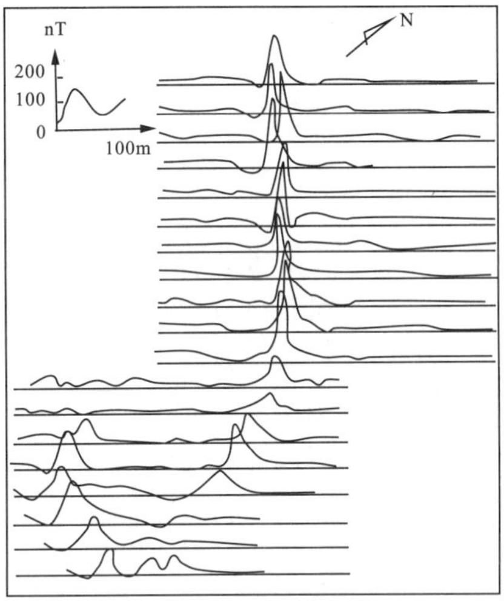

图3-8-9 辽宁某石棉矿区磁异常平剖图

5. 铝土矿

苏联对铝土矿的磁测进行了较多研究,苏联本土的铝土矿床可分为:①风化壳型(红土型);②复成型(红土-沉积型);③古地台、新地台及地槽褶皱区沉积型(再沉积型等类型)。其中地台型磁测效果最好。

6. 硼矿

辽宁某地硼矿产于太古界变粒岩层(深变质岩)所夹大理岩中。有两种类型的矿体:一种为硼镁石为主,含有磁铁矿的矿体;另一种为硼镁石-硼镁铁矿共同组成的矿体。

磁铁矿-硼镁石矿的磁化率一般为$(10\ 000～15\ 000)\times 4\pi \times 10^{-5}$SI。虽然硼镁石矿体不具磁性,但可利用与硼镁石在成因上有空间关系的磁铁矿,采用磁测来寻找硼镁石矿。由已知矿体得知该区无磁性干扰,因此认为该异常由以硼镁石为主的含磁铁矿的矿体所引起。对该异常进行验证,在11～15m深处见到了较大的硼矿体。

7. 金、铂、金刚石、钨等砂矿

在普查这些矿床时,可用地球物理方法圈出隐伏的古河床、河谷、矿囊以及其他在砂矿中堆积有重矿物的地段,这些重矿物富集的地段常有磁铁矿。因此,普查隐伏砂矿时,常用垂向电测深法确定基岩表面起伏。若在基岩埋深最大的地段或古阶地上发现磁场增高,则能推测有磁性矿物。

五、在其他方面的应用

(一)在煤田火烧区上的应用

在许多煤盆地中,燃烧过的煤层上方有强磁异常,这是由于煤层中的氧化铁和氢氧化铁受高温作用变成磁铁矿的缘故。根据煤层燃烧后的热剩磁特点,我国物探人员在西北三省的17个勘探区22个测区用磁法和自然电场法探测煤田火烧区,取得了较好效果。

煤层露头自然发火经历为低温氧化、自热、着火与遍燃、燃烧、降温熄火,按发生发展的进程,则煤层火烧区可分为5个带:①吸附水蒸发带;②挥发物涌出带;③发火带;④燃烧带;⑤还原熄灭带。煤层经过燃烧,顶底板及其夹矸受到强烈的高温作用而形成烧变岩。顶底板中的铁质多数是赤铁矿、黄铁矿、菱铁矿、褐铁矿等,随着烧变岩的形成它们大部分转变成磁性矿物。由于这种作用是从300~800℃高温下冷却发生,因而获得热剩磁,且其磁化方向与冷却时的地磁场方向相同。火区观测到的磁异常就是由该温差顽磁性所引起。由此推测:还原带的烧变岩正处于降温阶段,尚未降到正常温度,所以只能得到部分热剩磁;熄灭带比还原带得到更多的热剩磁,故推知后者的磁性要强于前者;发火与燃烧带尚未获得热剩磁。存在这样的磁异常特征:熄灭带磁异常最强;从熄灭带到燃烧带磁异常逐渐减弱;在涌出带和水蒸带上观测不到磁异常。

在圈定火区范围时一般根据磁异常特征,以 Z_a 异常为例,在煤层倾斜一侧的 Z_a 极小值点可定为下部边界,而在另一侧的 Z_a 零值点定为上部边界。当多层叠加时则要考虑这些特征点的叠加位移影响。在宁夏汝箕沟煤田应用磁测圈定了火区底界并经钻孔验证,结果和推断吻合。

图3-8-10是宁夏汝箕沟火区的磁异常与自然电位曲线,自然电位出现台阶形曲线,反映了燃烧与降温熄灭两个大阶段,磁异常反映典型的从熄灭带到燃烧带异常减弱的特征。

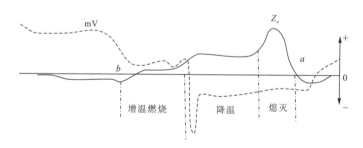

图3-8-10 宁夏汝箕沟火区一条剖面上的磁异常与自然电位曲线

(二)在地热调查中的应用

利用磁测可以勾画出地热区的坳陷和基底构造,寻找控制地下热水资源的构造,如断层和火成岩等。火成岩在正常情况下有一定磁性,在热水活动范围内因热蚀变作用而使磁性降低,这有利于利用磁测圈定热蚀变带。故不同地质成因的地热,调查可得到不同磁异常特征。下面介绍低负磁异常特征的地热田调查。

秦皇岛龙家店热田,地表为第四系覆盖,厚度50～100m之间,其下为区域变质的花岗片麻岩。地表水在下部增温后从破碎带上升到第四系中被一层黏土覆盖,形成热田。花岗片麻岩有较强的磁性,由于热退磁作用使受到热水侵蚀的花岗片麻岩磁性减弱。由图3-8-11的Z_a曲线可见,Z_a负异常基本上圈定了由于热水而使岩石蚀变产生蚀变带,间接地确定了热水的存在,从而圈定了热水分布范围。视电阻率拟断面图基本上确定了热水分布范围。

(三) 在考古与环境磁学中的应用

随着高精度磁测工作的展开,磁法勘探已成为探查古遗存空间分布的主要地球物理方法之一。由于古地磁学的发展,使磁性地层学成为确定古遗存、古人类化石时代的重要手段。随着第四纪沉积物磁性特征的深入研究,又为环境磁学提供了新途径。

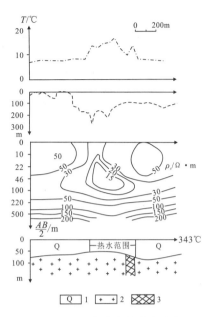

图3-8-11 秦皇岛龙家店地热田
地质物探综合剖面图
1.第四系覆盖;2.花岗片麻岩;3.断裂带

有史以来、史前期的古遗存(古遗址、墓葬、建筑等)、古人类化石本身、所处地层的磁性与周围环境有所差异,这种差异就构成磁学考古的基础。这种差异的起因为:①被火烧过的泥土制品、土壤、石块等可获得较强的磁性。这类物质因热作用的化学变化及获得热剩磁,而使磁性增强。火烧过的物质要比一般土壤的磁性高出1～2个数量级。②有机质的腐烂使土壤获得较强磁性,这是有机质腐烂的过程中氧化还原作用使赤铁矿变为磁铁矿的结果。③人为翻动的土壤或夯土,因土质结构、密度等发生变化,以及掺入人工制品(陶片、烧土等)的残渣、颗粒等都可以使其与周围天然沉积物之间出现磁性差异。如夯土磁化率增大,掩埋沟穴的虚土磁性相对减弱,因而在夯土的墓葬、墙基等上部可观测到明显的正(高)磁异常,其沟、穴上有负(低)异常。④天然沉积物的颗粒在沉积过程中,受重力、水动力及地磁场力的控制,沉积物的磁化率将是各向异性的。其磁化率椭球的长轴κ_{max}将平行于水平的沉积面,在河相沉积情况下κ_{max}轴向为水流控制,这可以用来研究沉积物在形成时的水流方向。另外,沉积物在沉积及磁性获得的过程中与气候(如温度)环境有关,这种相关性在较厚的沉积剖面上显示出来。

研究对象因以下不同方式获得磁性,这就为实现考古及环境磁学等提出了物理前提。

1. 考古

图3-8-12为河南新郑某处古墓葬的ΔT磁异常图,测网线距2m,点距1m。由图可见,在已知墓葬A、B、C及大型陪葬坑上显示出有一定强度、轮廓明显的磁异常。如A异常清楚显示该墓有一较长的南北向墓道,墓室的东南侧有两个小耳室。据其形态,考古工作者判定为汉代"甲"字形砖墓。B异常的形态表明该墓为典型的"刀"字形砖墓,图中黑粗轮廓线是根据磁异常推断的结果。C异常较弱,对墓的轮廓显示不清晰,这表明该墓为一土坑墓,非砖结构。E异常、D异常反映的是两个新发现的墓葬。陪葬坑的磁异常南、北部分有较大区别,表明坑内有较多的陶器等物品,主要堆放在坑的南半部。该区这些异常推断的遗存埋深地下1～2m,实际钻探证实了磁测结果的分析。

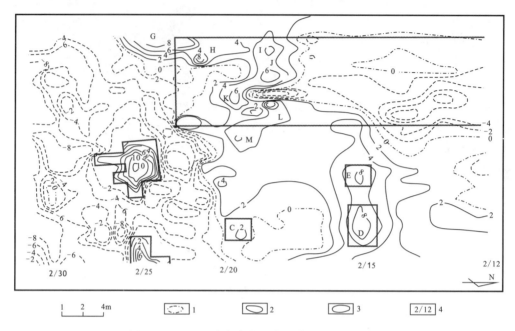

图 3-8-12 河南新郑某处古墓葬的 ΔT 磁异常图
1.零等值线；2.正异常等值线(nT)；3.负异常等值线(nT)；4.点号/线号

2. 环境磁学

应用磁性调查方法研究考古对象周围第四纪沉积物的磁性参数特征,可了解考古对象所处的古气候、水的流向等环境因素。对第四纪沉积物的磁性研究结果表明,沉积物的磁化率和天然剩余磁化强度值的大小可用来揭示沉积时的古气候情况。一般认为,它们的高值代表相对温暖(或热)的气候,否则相反。

(四) 在城市、工程环境与军事中的应用

1. 寻找沉船、水雷等隐伏爆炸物

改革开放以来,随着我国经济的快速发展,磁测在寻找沉船、未爆炸水雷、炸弹等各种人文遗弃物方面发挥着重要作用,王传雷(2000)在长江下游的马当用水上高精度磁测方法探明了抗日战争时期的沉船等各种钢铁遗弃物,获得较好的效果。

2. 探测水下潜艇

利用低空飞行的航空磁测可以发现水下潜艇,潜艇虽经在出港之前消磁,但是还有一定强度的磁异常可以观测到。为了识别潜艇,需要在战前监测的海域做高精度磁测,以便获得正常磁场背景,再与实时测量的磁场对比来发现潜艇异常。若将探测目标近似看作均匀磁化旋转长椭球体模型,则可以正演计算潜艇产生的磁异常,并用最优化方法反演潜艇的空间位置。

六、古地磁学在地学中的应用

(一)大陆漂移的古地磁证据

1912年魏格纳提出大陆漂移假说,其后引起很大争议。直至20世纪50年代初,英国地球物理学家在古地磁研究中定量证明大陆在地质年代中曾发生过漂移,从而使大陆漂移说得到复活。古地磁学是板块学说赖以建立的三大支柱之一。

前已论述,在相当长的地质时期中,地磁场具有轴向地心偶极子场的特征。因此,利用岩石剩余磁化强度的方向计算得到的古地磁极的位置即是当时地理极的位置。既然地球磁场具有轴向地心偶极子磁场的特征,同一时间地球就只有一个地磁极或地理极,就像由各大陆近代熔岩所求出的地磁极坐落在地理极附近一样。反之,各大陆之间在磁极的明显不整合,表明大陆之间发生过平移或旋转。

视极移路线是研究大陆漂移的重要依据,从视极移曲线不仅可以了解大陆的移动和移动的方向,还可以从各大陆的视极移路线了解它们之间原生的相互关系以及分离漂移的时代。

将南美和非洲两大陆的视极移线(南磁极)画在同一张图上。如图3-8-13所示,两条视极移路线明显地不重合。但是两条路线的趋势十分相似,都是从赤道附近随着年代由老到新渐渐靠拢,最终相交于南磁极。南美视极移路线始终是在非洲的西部,正像南美大陆位于非洲大陆之西一样。如果将非洲大陆固定不动,按照大陆架的形态,将美洲大陆向东移动,与非洲大陆拟合,它的视极移路线也随之东移,如图3-8-13所示;中生代以前两大陆的视极移路线基本吻合,中生代以后的视极移路线却分道扬镳了。这一古地磁研究成果证明,南美大陆在古生代时是连在一起的,当时并不存在大西洋。中生代(侏罗纪)开始分裂,南美大陆向西漂移,并兼有顺时针方向的旋转,形成了现今两大陆的分布状态。

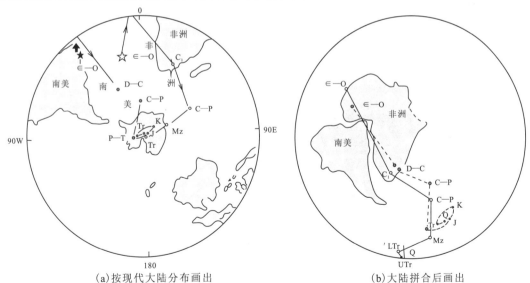

(a)按现代大陆分布画出 (b)大陆拼合后画出

图3-8-13 南美和非洲大陆的视极移路线(申宁华,管志宁,1985)

∈、S、D、C、P、T、K、T_r、Q分别为寒武纪、志留纪、泥盆纪、石炭纪、二叠纪、三叠纪、侏罗纪、白垩纪、第三纪、第四纪;Mz为中生代;L为下,U为上

分析欧洲和北美的两条视极移路线图,两者不同但趋势相似。若以北极为中心将北美连同它的视极移路线一起向东旋转则北美和欧洲大陆架相闭合,北大西洋消失。志留纪到二叠纪一段重叠很好,但是,三叠纪以后,两条视极移路线分开。由此可见,三叠纪以前,欧洲和北美相连组成欧美古陆。侏罗纪后,欧洲和北美分裂,形成了大西洋并漂移到现今的位置。

(二)海底扩张的古地磁证据

威尔逊利用地幔对流和海底扩张假说全面地说明了大陆漂移的设想,图3-8-14(a)简单地表达出了这种作用。新形成的地壳和覆盖于其上的火山,逐渐被分为两边,往西侧移动[图3-8-14(b)];当一个前进的大陆遇到下降的对流体时,运动必然停止,在较轻的大陆地壳前沿堆积起来形成山岳;同时,由于洋底受到下降对流体的向下拖曳,便形成深海沟。

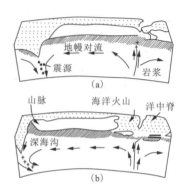

图3-8-14 地幔对流和海底扩张示意图

海底条带状磁异常的发现和解释,对海底扩张假说是有力的支持。地磁极性翻转定量解释了海洋条带状异常和海底扩张假说。

20世纪50年代以来,大规模的航空磁力测量,发现海洋磁异常具有以下特征:①磁异常呈条带状分布,条带的走向与洋脊平行;②正、负异常相间,正、负异常带宽20~30km,长几百千米,异常幅值几百纳特;③磁异常对称于洋脊分布。上述这种异常称为海洋条带状磁异常,与大陆上磁异常的形态迥然不同。图3-8-15是冰岛南部的雷克雅奈斯海岭的磁异常图,图3-8-15(a)上黑色代表正异常,白色代表负异常。图3-8-15(b)是平面剖面图,图上AA'是雷克雅奈斯海岭的位置,剖面曲线记录着剖面上各点磁场的强弱。强磁场和弱磁场在剖面上对称分布,并在相邻剖面上可连续追踪;把各剖面相应的强磁场用虚线连接成一些条带,与平面图上黑色部分相当。从平面剖面图上看到,海岭两侧磁异常强度也基本对称。

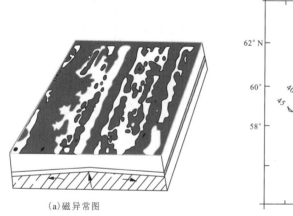

(a)磁异常图

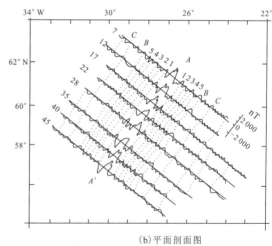

(b)平面剖面图

图3-8-15 雷克雅奈斯海岭的条带磁异常(据Heirzler,1966)

这种对称的、正负相间的海洋条带状磁异常,不仅出现在大西洋的洋脊上,在太平洋、印度洋、南极海的洋脊上也可观测到,这种现象可从海底扩张学说和地磁极性翻转现象得到合理的解释。

1963年,瓦因和马修期提出一种假设:地幔的炽热物质,以对流方式上升到洋脊,冷却经过居里点时,获得与当时地磁场方向相同的热剩余磁性。对流体不断上涌,推着老海底向两侧扩张,在洋中脊形成新的洋底。海底在扩张过程中,地磁场发生多次翻转,在正常地磁场形成的海底具有正向磁化;在反向地磁场形成的海底具有反向磁化。所以,与海岭距离不同的海底,是由正、反磁化相间的磁性岩层组成。图3-8-16是海底扩张与地磁极翻转的示意图。磁异常在海岭两侧的对称性,是海底两侧扩张速度相等的结果。

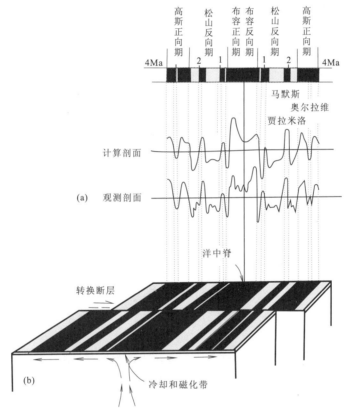

图 3-8-16 海底扩张与地磁翻转年表对比
(a)东太平洋隆起处的实测地磁异常剖面与估算剖面的对比,
上图水平条带系地磁年表;(b)海底扩张示意

(三)应用古地磁研究区域地质构造

岩石形成时获得原生剩磁(TRM 或 DRM)以后,如果发生构造运动,致使处于构造不同部位的岩石之间改变了它们生成时期的相对位置。这样,保存在岩石中的稳定的原生剩磁也随着岩石载体一起改变其空间位置。如果我们测定现代处于构造各个不同部位的岩石中的稳定剩磁方向,找出它们之间方向相对变化的规律,就可以反过来推断和验证该构造运动发生的方式和方向。

多数学者认为,我国东部著名的郯城-庐江深大断裂是左旋平移断层。但是,对平移的时间和距离,却有不同的看法。国家地震局地质研究所对断裂带东西两侧的寒武纪、侏罗纪地层进行的古地磁测量,为解决上述问题提供了有意义的资料。如图3-8-17所示,在断裂带东侧,复县早寒武世磁偏角338°,五莲晚侏罗世磁偏角7°,说明后者相对前者顺时针旋转了29°,断裂带两侧宿县早寒武世磁偏角42°,霍山晚侏罗世磁偏角17°,则后者较前者逆时针旋转25°。上述资料表明,断裂带两侧地壳各自有着独立的运动方式,至少在侏罗纪前,两侧地层已发生过相对运动。

由断裂带两侧早寒武世的古纬度资料看,东侧复县地区为39.2°,西侧宿县地区为40.8°,说明该时期两地基本上处于同一纬度。现今,复县的纬度39.5°,宿县34°。对比表明,断裂西侧相对东侧可能向南移了6.8°,约800km;若考虑到确定古纬度中的误差(约5°~6°),则自寒武纪以来,断裂带西侧南移至少100km。

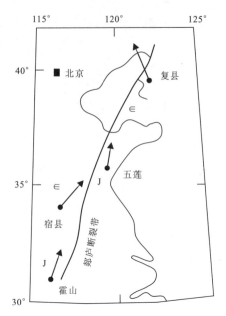

图3-8-17 郯城-庐江深大断裂两侧古地磁偏角图

练习与思考题

1. 什么是磁法勘探方法?
2. 磁法勘探与重力勘探在理论基础和工作方法方面有何异同?
3. 若悬挂一个通过中心并可在水平面内旋转的磁针,在地球不同位置:①磁赤道;②北纬45°;③磁北极;④南纬45°;⑤磁南极,磁针的位置会发生什么变化?
4. 什么是地磁要素?它们之间有什么关系?试写出它们的关系并画图表示之。
5. 请分析一下地磁场由哪几部分构成?
6. 试解释下列名词:①正常地磁场;②磁异常。
7. 根据地磁图分析:①垂直强度;②水平强度;③等倾线;④等偏线等的特征。
8. 什么是偶极子磁场、非偶极子磁场?
9. 什么是地磁场的"西向漂移"?
10. 太阳静日变化有什么特征?它对磁法勘探有什么用处?
11. 什么是磁暴和地磁脉动?

12. 什么是总磁场强度异常 ΔT？说一说 ΔT 的物理意义及 ΔT 与 Z_a、X_a、Y_a 三个分量的关系。

13. 什么是感应磁化强度、剩余磁化强度、总磁化强度？它们之间有何关系？

14. 简述岩矿石磁性特征及其影响因素。

15. 什么是热剩磁？它在磁法勘探中有什么意义？

16. 简述质子磁力仪的工作原理。

17. 什么是有效磁化强度、有效磁化倾角，试写出其与总磁化强度、倾角、偏角的关系并画图表示之。

18. 画出并描述球体磁场的平面特征与剖面特征，它与球体重力场特征有何不同？

19. 定性画出有效磁化倾角 $i_s=0°,30°,45°,90°$ 时，水平圆柱体 ΔT 磁异常的剖面曲线。

20. 下延无限板状体与下延有限板状体磁场特征有何不同？试画图表示之。

21. 为什么对斜磁化磁异常要作"化到地磁极"的处理？

22. 水平一次导数和垂向一次导数异常如何用差商近似计算，它在资料解释中有什么应用？

23. 为什么只要下延无限板状体的特征角 $\gamma(=\alpha-i_s)$ 相同，Z_a 磁异常曲线形态就不变呢？

24. 解释下列专业名词：①斜交磁化；②垂直磁化；③顺层磁化。

25. 举例说明磁法勘探在固体矿产、油气和城市工程环境等方面的应用。

26. 为什么说古地磁学复活了板块漂移学说？

27. 如何用地磁学解释海底扩张现象？

28. 什么是居里点和居里等温面？为什么可以用磁测资料估算居里等温面？

29. 请写一篇 3 000 字读书报告或制作一篇多媒体报告，介绍什么是磁法勘探方法。

发展趋势

磁法勘探较早实现由地面、航空到卫星上的采集。测量仪器 20 世纪 80 年代由机械式换代到电子式，目前广泛使用的是质子磁力仪和光泵磁力仪，分辨率由 5nT 提高到 0.01nT。超导磁力仪也用于实验室和固定台站观测。观测参数由垂直分量发展到总场、梯度及张量。近年，无人机航磁测量得到较快的发展。精细处理解释方法广泛采用小波分析等各种现代信号处理方法及 2.5D/3D 起伏地形人机交互反演、物性反演、约束反演及不同参数联合反演与地-井联合反演等。

磁法勘探广泛应用于固体矿产、能源、环境工程等领域。20 世纪 60 年代复活大陆漂移学说的古地磁学仍然是基础地质研究的有力工具。

进一步阅读书目

李大心,顾汉明,潘和平,等.地球物理方法综合应用与解释[M].武汉:中国地质大学出版社,2003.

刘天佑,罗孝宽,张玉芬,等.应用地球物理数据采集与处理[M].武汉:中国地质大学出版社,2004.

罗孝宽,郭绍雍.应用地球物理教程:重力磁法[M].北京:地质出版社,1991.

内特尔顿 L L.石油勘探中的重力和磁法[M].北京:石油工业出版社,1987.

王家林,王一新,万明浩.石油重磁解释[M].北京:石油工业出版社,1991.

姚姚,陈超,昌彦君,等.地球物理反演基本理论与应用方法[M].武汉:中国地质大学出版社,2003.

张胜业,潘玉玲.应用地球物理学原理[M].武汉:中国地质大学出版社,2004.

Parasnis D S. Principles of applid geophysics[M]. London:Chapman & Hall,1997.

Telford W M, L P Geldast, R E Sheriff, et al. Applied Geophysics[M]. Cambridge:Cambridge University Press,1976.

В. Е. Никитин,. Ю. С. Глебовский,. Магниторазведка,МОСКВА,Недра,1990.

第四章 电法勘探

电法勘探是以岩（矿）石之间的电性差异为基础，通过观测和研究与这种电性差异有关的电场或电磁场的分布特点和变化规律，来查明地下地质构造或寻找矿产资源的一类地球物理勘探方法。

电法勘探方法种类繁多，目前可供使用的方法已有 20 多种。这首先是因为岩（矿）石的电学性质表现在许多方面。例如，在电法勘探中通常利用的有岩（矿）石的导电性、电化学活动性、介电性及导磁性等。其次，是因为电法勘探不仅可以利用地下天然存在的电场或电磁场，还能通过人工方法以多种形式在地下建立电场或电磁场。

若就场本身的性质而言，可将电法勘探分为两大类，即传导类电法勘探和感应类电法勘探。传导类电法勘探研究的是稳定或似稳定电流场，包括电阻率法、充电法、激发极化法和自然电场法等，其中自然电场法是一种天然场方法。感应类电法勘探研究的是交变电磁场，可以统称为电磁法，包括低频电磁法、频率测深法、甚低频法、电磁波法、大地电磁法等，其中大地电磁法是天然场方法。

根据观测的空间，可将电法勘探分为航空电法、地面电法、海洋电法和井中电法四类。

各种电法勘探方法是适应不同地质任务的需要而发展起来的。它们广泛地应用于各种地质工作中，不仅可以寻找金属及非金属矿产，还可以进行地质填图、查明地下地质构造、寻找油气田、煤田和地下水等。此外，电法勘探还用于地壳及上地幔的研究之中。近年来，一些建立在电法勘探基本原理基础之上的新方法如管线探测、探地雷达等广泛用于城市工程勘查，它们在管线勘查、路基、高层建筑地基及大型水电站、水库坝基勘查方面发挥了重要作用。

第一节 电阻率法

电阻率法是传导类电法勘探方法之一。它建立在地壳中各种岩（矿）石之间具有导电性差异的基础上，通过观测和研究与这些差异有关的天然电场或人工电场的分布规律，达到查明地下地质构造或寻找矿产资源的目的。

一、电阻率法的理论基础

（一）电阻率

岩（矿）石间的电阻率差异是电阻率法的物理前提。电阻率是描述物质导电性能的一个电性参数。从物理学中我们已经知道，当电流沿着一段导体的延伸方向流过时，导体的电阻 R 与其长度 l 成正比，与垂直于电流方向的导体横截面积 S 成反比。即：

$$R = \rho \frac{l}{S} \qquad (4-1-1)$$

式中：比例系数 ρ 称为该导体的电阻率。将式(4-1-1)改写成：

$$\rho = R \frac{S}{l} \qquad (4-1-2)$$

显然，电阻率在数值上等于电流垂直通过单位立方体截面时，该导体所呈现的电阻。岩(矿)石的电阻率值越大，其导电性就越差；反之，则导电性越好。

在 SI 制中，电阻 R 的单位为 Ω(欧姆)；长度 l 的单位为 m，截面积 S 的单位为 m^2，故电阻率的单位为 $\Omega\cdot m$(欧姆·米)。

(二) 电阻率公式及视电阻率

1. 电阻率公式

电阻率法工作中，通常是在地面上任意两点用供电电极 A、B 供电，在另两点用测量电极 M、N 测定电位差(图 4-1-1)。

电阻率的计算公式：

$$\rho = \frac{2\pi}{\frac{1}{AM} - \frac{1}{AN} - \frac{1}{BM} + \frac{1}{BN}} \cdot \frac{\Delta V_{MN}}{I} \qquad (4-1-3)$$

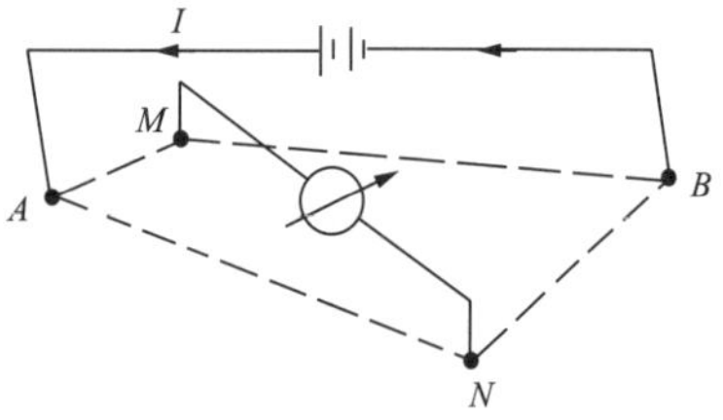

令

$$K = \frac{2\pi}{\frac{1}{AM} - \frac{1}{AN} - \frac{1}{BM} + \frac{1}{BN}} \qquad (4-1-4)$$

图 4-1-1 任意四装极置示意图

则式(4-1-3)变为

$$\rho = K \frac{\Delta V_{MN}}{I} \qquad (4-1-5)$$

式(4-1-5)是利用四极装置测定均匀各向同性半空间电阻率的基本公式，ΔV_{MN} 为测量电极 M、N 之间的电压差；I 为电源供电电流；K 称为装置系数(或排列系数)，它是一个与各电极间的距离有关的物理量。在野外工作中，装置形式和极距一经确定，K 值便可计算出来。

获得岩石电阻率的方法之一，是用小极距的四极装置在岩石露头上进行测定，称为露头法。此外，通过电测井或标本测定也可以获得岩石的电阻率。

2. 视电阻率

式(4-1-5)是在均匀各向同性半空间，即地表水平、地下介质均匀各向同性的假设下导出的。实际工作中，地下介质往往呈各向异性非均匀分布，且地表也不水平，因此有必要研究这种情况下的稳定电场。

首先需要引入"地电断面"的概念。所谓地电断面，是指根据地下地质体电阻率的差异而划分界线的断面。这些界线可能同地质体、地质层位的界线吻合，也可能不一致。图 4-1-2 中的地电断面中分布呈倾斜接触，电阻率分别为 ρ_1 和 ρ_2 的两种岩层，还有一个电阻率为 ρ_3 的透镜体。向地下通电并进行测量，也可以按式(4-1-5)求出一个"电阻率"值。不过，它既不是 ρ_1，也不是 ρ_2 和 ρ_3，而是与三者都有关的物理量。用符号 ρ_s 表示，并称之为视电阻率。即：

$$\rho_s = K \frac{\Delta V_{MN}}{I} \qquad (4-1-6)$$

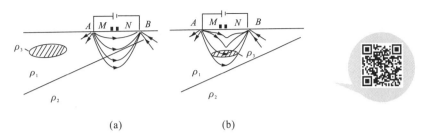

图 4-1-2 四极装置建立的电场在地电断面中的分布

视电阻率实质上是在电场有效作用范围内各种地质体电阻率的综合影响值。虽然式(4-1-5)和式(4-1-6)等号右端的形式完全相同,但左端的 ρ 和 ρ_s 却是两个完全不同的概念。只有在地下介质均匀且各向同性的情况下,ρ 和 ρ_s 才是等同的。

由图 4-1-2 还可以看出,在图(a)所示的情况下,除地层 ρ_1 外,地层 ρ_2 对视电阻率 ρ_s 的值也有相当大的影响,但透镜体 ρ_3 的影响很小。在图(b)的情况下,地层 ρ_2 的影响减小而透镜体 ρ_3 的影响相当大。因此,不难理解,影响视电阻率的因素有:①电极装置的类型及电极距;②测点位置;③电场有效作用范围内各地质体的电阻率;④各地质体的分布状况,包括它们的形状、大小、厚度、埋深和相互位置等。

(三)电阻率法的实质

为了揭示视电阻率变化与地下电场分布之间的关系,我们引入视电阻率的微分表示式。

在地表不平、地下岩(矿)石导电性分布不均匀的条件下,对于测量电极距 MN 很小的梯度装置来说,MN 范围内的电场强度和电流密度均可视为恒定不变的常量。经推导得出视电阻率的微分形式:

$$\rho_s = \frac{j_{MN}}{j_0} \cdot \rho_{MN} \frac{1}{\cos\alpha} \qquad (4-1-7)$$

式中:j_{MN} 和 ρ_{MN} 分别表示 MN 处的电流密度和电阻率;α 为 MN 处地形坡角,j_0 为地表水平、地下为半无限均匀岩石条件下的电流密度。

式(4-1-7)为起伏地形条件下,视电阻率的微分表示式。其应用条件是测量电极距 MN 较小。显然,如果地面水平,只是地下赋存有导电性不均匀体时,上式简化为

$$\rho_s = \frac{j_{MN}}{j_0} \cdot \rho_{MN} \qquad (4-1-8)$$

在对视电阻率曲线进行定性分析时,经常用到式(4-1-7)和式(4-1-8)。

图 4-1-3 中示出了 3 种不同的地电断面,若采用同样极距的四极装置,分别于地表测量视电阻率 ρ_s 时,将会得到不同的观测结果。图 4-1-3(a)中地下为均匀、各向同性的单一岩石,其电阻率为 ρ_1,这时测得的视电阻率 ρ_s 就等于岩石的真电阻率值 ρ_1。图 4-1-3(b)是在电阻率等于 ρ_1 的围岩中,赋存一良导电矿体,其电阻率 $\rho_2 < \rho_1$。良导矿体的存在改变了均匀岩石中电场分布的状况,电流汇聚于导体的结果,使地表测量电极 MN 附近岩石中的电流密度 j_{MN} 比均匀岩石情况下的正常电流密度 j_0 减小,于是式(4-1-8)中的比值 $\frac{j_{MN}}{j_0} < 1$,由于

图 4-1-3(b)情况下的 $\rho_{MN}=\rho_1$，故由式(4-1-8)得知，此时的视电阻率 ρ_s 小于均匀围岩的真电阻率 ρ_1。图 4-1-3(c)是在电阻率等于 ρ_1 的围岩中，赋存一局部隆起的高阻基岩，其电阻率 $\rho_3>\rho_1$。高阻基岩向地表排挤电流，使测量电极 M、N 附近岩石中的电流密度比均匀岩石条件下增大，式(4-1-8)中的比值 $\dfrac{j_{MN}}{j_0}>1$，$\rho_{MN}=\rho_1$，于是图 4-1-3(c)条件下地面测得的视电阻率 $\rho_s>\rho_1$。

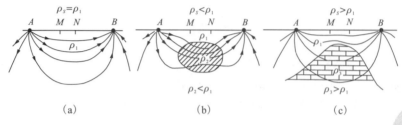

图 4-1-3 视电阻率与地电断面性质的关系
(a)均匀岩石；(b)围岩中赋存良导矿体；(c)围岩中赋存高阻岩体

二、电阻率法的仪器及装备

根据式(4-1-6)，电阻率法测量仪器的任务就是测量电位差 ΔV_{MN} 和供电电流 I。为适应野外条件，仪器除必须有较高的灵敏度、较好的稳定性、较强的抗干扰能力外，还必须有较高的输入阻抗，以克服测量电极打入地下而产生的"接地电阻"对测量结果的影响。

目前，国内常用的直流电法仪有 DDC-2B 型电子自动补偿仪、ZWD-2 型直流数字电测仪、JD-2 型自控电位仪、C-2 型微测深仪、LZSD-C 型自动直流数字电测仪、MIR-IB 型多功能直流电测仪以及近年来出现的高密度电法仪等。

电阻率法的其他设备还有：作为供电电极用的铁棒，作为测量电极用的铜棒、导线、线架，以及供电电源(45V 乙型干电池或小型发电机)等。

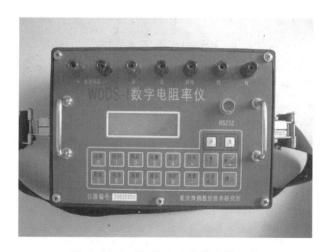

图 4-1-4 WDDS-1 数字电阻率仪
(重庆奔腾数控技术研究所)

三、电剖面法

电剖面法是电阻率法中的一个大类,它是采用不变的供电极距,并使整个或部分装置沿观测剖面移动,逐点测量视电阻率 ρ 的值。由于供电极距不变,探测深度就可以保持在同一范围内,因此可以认为,电剖面法所了解的是沿剖面方向地下某一深度范围内不同电性物质的分布情况。

根据电极排列方式的不同,电剖面法又有许多变种。目前常用的有联合剖面法、对称剖面法和中间梯度法等。

(一)联合剖面法

1. 装置形式及视电阻率公式

联合剖面法是用两个三极装置 $AMN\infty$ 和 ∞MNB 联合进行探测的一种电剖面方法。所谓三极装置,是指一个供电电极置于无穷远的装置,如图 4-1-5 所示。A、M、N、B 四个电极位于同一测线上,以 M、N 之间的中点为测点,且 $AO=BO$、$MO=NO$。电极 C 是两个三极装置共同的无穷远极,一般敷设在测线的中垂线上,与测线的距离大于 AO 的 5 倍。工作中将 A、M、N、B 四个电极沿测线一起移动,并保持各电极间的距离不变。在每个测点上分别测出 A、C 极供电时的电位差 ΔV_{MN}^A 和电流强度 I;B、C 极供电时的电位差 ΔV_{MN}^B 和电流强度 I,然后按式(4-1-9)分别求得两个视电阻率值 ρ_s^A 和 ρ_s^B,即:

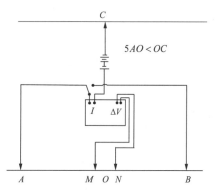

图 4-1-5 联合剖面法装置示意图

$$\rho_s^A = K_A \frac{\Delta V_{MN}^A}{I} (AMN\infty \text{装置})$$
$$\rho_s^B = K_B \frac{\Delta V_{MN}^B}{I} (\infty MNB \text{装置})$$
(4-1-9)

式中:K_A 和 K_B 分别为 $AMN\infty$ 装置和 ∞MNB 装置的装置系数,根据式(4-1-4)可推算出:

$$K_A = K_B = 2\pi \frac{AM \cdot AN}{MN}$$
(4-1-10)

因此,联合剖面法有两条视电阻率曲线。

* 2. 联合剖面法 ρ_s 曲线的分析

联合剖面法主要用于寻找产状陡倾的层状或脉状低阻体或断裂破碎带。当供电极距大于这些地质体的宽度时,可以把它们视为薄脉状良导体,因此,我们主要分析良导薄脉的联合剖面 ρ_s 曲线特征。实际工作中,由于 C 极置于无穷远处,其电场在 M、N 产生的电位差可以忽略不计,因此联合剖面法的电场属于一个点电源的场。图 4-1-6 示出了直立良导薄脉上的联合剖面法观测结果,我们先对 ρ_s^A 曲线进行分析。

(1)当电极 A、M、N 在良导薄脉左侧且与之相距较远时,薄板对电流分布影响很小,因而 $j_{MN} = j_0$。由于 $\rho_{MN} = \rho_1$,故有 $\rho_s^A = \rho_1$(曲线上点 1)。

(2)当 A、M、N 逐渐移近良导薄脉时,薄脉向右"吸引"由 A 极发出的电流,使 M、N 间的电流密度增大,即 $j_{MN}>j_0$,故 $\rho_s^A>\rho_1$,ρ_s^A 曲线上升(曲线上点 2)。

(3)随着 A、M、N 继续向右移动,良导薄脉对电流的"吸引"逐渐增强,致使 ρ_s^A 曲线继续上升,并达到极大值(曲线上点 3)。

(4)当 M、N 靠近并越过脉顶时,薄脉向下"吸引"电流,使得 M、N 间电流密度反而减少,即 $j_{MN}<j_0$,ρ_s^A 开始迅速下降。当 A 和 M、N 分别在薄板两侧移动时,绝大部分电流被"吸引"到薄脉中去,由于薄脉的屏蔽作用,造成 M、N 间的电流密度更小,因而 ρ_s^A 曲线出现一段平缓的低值带(曲线上点 4 附近一小段)。

(5)当 A、M、N 都越过脉顶后,低阻脉向左"吸引"电流。随着电极向右移动,"吸引"作用逐渐减弱,故 j_{MN} 逐渐增大,ρ_s^A 曲线上升(曲线上点 5)。

(6)A、M、N 继续右移,当远离低阻脉时,薄脉对电流的"吸引"十分微弱,因而对电流的畸变作用可以忽略不计,$j_{MN}\approx j_0$,故 ρ_s^A 曲线逐渐趋于 ρ_1(曲线上点 6)。

用同样的方法可以分析 ρ_s^B 曲线,由于 A、M、N 自左至右移动与 M、N、B 自右至左移动时视电阻率曲线的变化规律相同。因此,只须将 ρ_s^A 曲线绕薄脉转动 $180°$,即可得到 ρ_s^B 曲线。由图 4-1-6 可见,在直立良导薄脉顶部上方,ρ_s^A 和 ρ_s^B 曲线相交,且在交点左侧,$\rho_s^A>\rho_s^B$,交点右侧,$\rho_s^A<\rho_s^B$。这种交点称为联合剖面曲线的"正交点"。在正交点两翼,两条曲线明显地张开,一条达到极大值,另一条达到极小值,形成横"8"字形的明显特征。

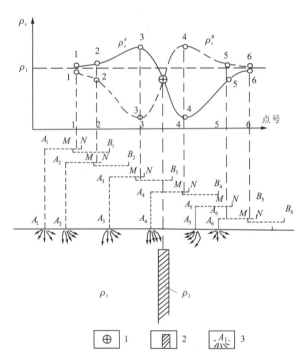

图 4-1-6 直立良导薄脉上联合剖面曲线的分析
1.正交点;2.良导薄脉;3.A 电极的电流线(示意图)

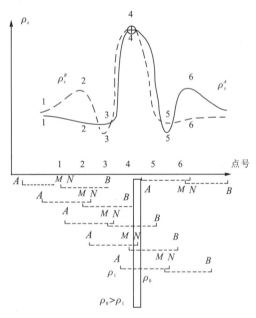

图 4-1-7 直立高阻薄脉上联合剖面模型试验曲线

图 4-1-7 是直立高阻薄脉上方的联合剖面 ρ_s 曲线。这里不再详细分析 ρ_s^A 和 ρ_s^B 曲线的变化规律,只把它们和低阻薄脉上的曲线作一个对比。可以看出,高阻薄脉上的两条 ρ_s 曲线也有一个交点。但交点左侧 $\rho_s^A < \rho_s^B$,右侧 $\rho_s^A > \rho_s^B$,与低阻薄脉的情况恰好相反,所以称为"反交点"。联合剖面曲线的反交点实际上并不明显,ρ_s^A 和 ρ_s^B 曲线近于重合,各自呈现一个高阻峰值,且交点两侧 ρ_s^A 和 ρ_s^B 曲线靠得很拢,没有明显的横"8"字形特征。这是因为对于高阻薄脉而言,无论 M、N 在它的哪一侧,ρ_s 值都是降低的。例如,对 ρ_s^A 曲线而言,当 A、M、N 在薄脉左侧时,高阻薄脉向左"排斥"电流,故 ρ_s^A 值下降;当 M、N 位于薄脉顶部时,由于 A 极发出的电流被"排斥"到地表,故 ρ_s^A 出现极大值;当 M、N 达到薄脉右侧而 A 还在左侧时,则由于高阻体"排斥"电流(起高阻屏蔽作用)而使 ρ_s^A 值降至极小;A、M、N 都在高阻薄脉右侧时,ρ_s^A 值随电极排列的右移先稍有上升,然后下降,直至 ρ_s^A 趋于 ρ_1 为止。由此可见,虽然利用联合剖面法在直立高阻薄脉上也有异常显示,但其效果比在直立低阻薄脉上差,加之与其他对高阻薄脉同样有效的电剖面法相比,它的效率又低,因此,一般都不用联合剖面法寻找高阻地质体。

图 4-1-8 是不同倾角 α 情况下良导薄脉的模型实验曲线。由图可见,当 $\alpha < 90°$ 时,两条 ρ_s 曲线是不对称的。这是由于倾斜的低阻薄脉向下吸引电流时,使得倾斜方向上的 ρ_s 曲线普遍下降所致。由于曲线不对称,正交点也略向倾斜方向位移。

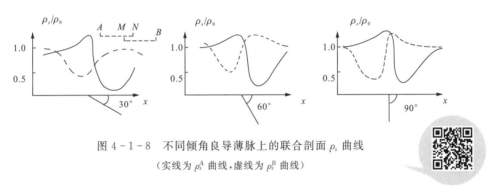

图 4-1-8 不同倾角良导薄脉上的联合剖面 ρ_s 曲线

(实线为 ρ_s^A 曲线,虚线为 ρ_s^B 曲线)

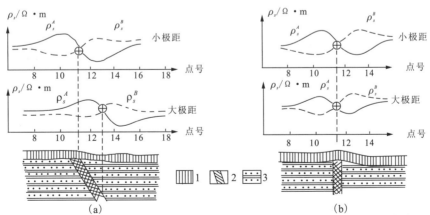

图 4-1-9 不同极距 ρ_s 对比曲线同构造倾向的关系示意图

(a)倾斜断层;(b)直立断层;1.表土层;2.断层;3.高阻石英岩

实际工作中,可以用不同极距的联合剖面曲线交点的位移来判断地质体的倾向。小极距反映浅部情况,大极距反映深部情况[图 4-1-9(a)]。若大、小极距的低阻正交点位置重合,说明地质体直立[图 4-1-9(b)];若大极距相对于小极距低阻正交点有位移,说明地质体倾斜。

(二) 中间梯度法

中间梯度法的装置特点如图 4-1-10 所示。这种装置的供电极距 AB 很大,通常选取为覆盖层厚度的 70～80 倍。测量电极距 MN 相对于 AB 要小得多,一般选用 $MN = \left(\frac{1}{50} \sim \frac{1}{30}\right)AB$。工作中保持 A 和 B 固定不动,M 和 N 在 A、B 之间的中部约 $\left(\frac{1}{3} \sim \frac{1}{2}\right)AB$ 的范围内同时移动,逐点进行测量,测点为 MN 的中点。中间梯度法的电场属于两个异性点电源的电场。在 AB 中部 $\left(\frac{1}{3} \sim \frac{1}{2}\right)AB$ 的范围内电场强度(即电位的负梯度)变化很小,电流基本上与地表平行,呈现出均匀场的特点。这也就是中间梯度法名称的由来。中间梯度法的电场不仅在 A、B 连线中部是均匀的,而且在 A、B 连线两侧 $\frac{1}{6}AB$ 范围内的测线中部也近似地是均匀的,所以不仅可以在 A、B 两电极所在的测线上移动 M、N 极进行测量,而且可以在 AB 连线两侧 $\frac{1}{6}AB$ 范围内的测线上移动 M、N 极进行测量。中间梯度法这种"一线布极,多线测量"的观测方式,比起其他电剖面方法(特别是联合剖面法)来,其生产效率要高得多。

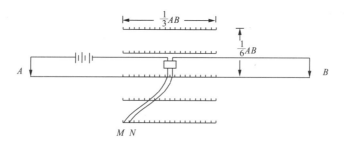

图 4-1-10 中间梯度法装置示意图

中间梯度法的视电阻率按式(4-1-6)计算:

$$\rho_s = K \frac{\Delta V_{MN}}{I} \tag{4-1-11}$$

其中装置系数:

$$K = \frac{2\pi}{\frac{1}{AM} - \frac{1}{AN} - \frac{1}{BM} + \frac{1}{BN}} \tag{4-1-12}$$

但必须指出,装置系数 K 不是恒定的,测量电极每移动一次都要计算一次 K 值。

中间梯度法主要用于寻找产状陡倾的高阻薄脉,如石英脉、伟晶岩脉等。这是因为在均匀场中,高阻薄脉的屏蔽作用比较明显,排斥电流使其汇聚到地表附近,j_{MN} 急剧增加,致使 ρ_s 曲线上升,形成突出的高峰。至于低阻薄脉,由于电流容易垂直于它通过,只能使 j_{MN} 发生很小的变化,因而 ρ_s 异常不明显(图 4-1-11)。

图 4-1-12 是在我国东北某铅锌矿区使用中间梯度法所得的 ρ_s 剖面平面图。该区铅锌矿产在倾角接近 70°的高阻石英脉中。图中两条连续的 ρ_s 高峰值带由含矿石英脉引起。右边 1 号矿脉是已知的,左边 2 号矿脉是根据中间梯度法的 ρ_s 曲线形态,与 1 号矿脉的 ρ_s 曲线对比而圈定的。

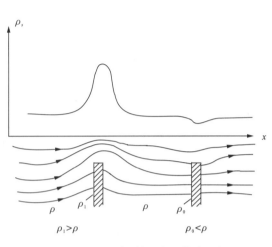

图 4-1-11 高、低阻直立薄脉上的
中间梯度法 ρ_s 曲线

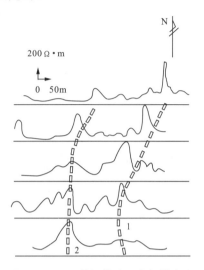

图 4-1-12 某铅锌矿区中间梯度法
ρ_s 剖面平面图
1.1 号矿脉(已知的);2.2 号矿脉(推断的)

四、电测深法

(一)概述

电测深法是探测电性不同的岩层沿垂向分布情况的电阻率方法。该方法采用在同一测点上多次加大供电极距的方式,逐次测量视电阻率 ρ_s 的变化。我们知道,适当加大供电极距可以增大勘探深度,因此,在同一测点上不断加大供电极距所测出的 ρ_s 值的变化,将反映出该测点下电阻率有差异的地质体在不同深度的分布状况。按照电极排列方式的不同,电测深法又可以分为对称四极电测深、三极电测深、偶极电测深、环形电测深等方法,其中最常用的是对称四极电测深,我们主要讨论这种方法。如无特殊说明,我们所说的电测深都是指对称四极电测深。

对称四极电测深的装置形式与对称剖面法完全相同。因此,其视电阻率和装置系数的表达式也是相同的。即

$$\rho_s = K\frac{\Delta V_{MN}}{I}, \quad K = \pi\frac{AM \cdot AN}{MN}$$

由于电测深法是在同一测点上每增大一次极距 AB,就计算一个 K 值。因此,其 K 值是变化的,这又是与对称剖面法中 K 为恒值的不同之处。下面我们以两个电性层组成的地电断面为例,说明电测深法的工作原理。

设第一层电阻率为 ρ_1,厚度为 h_1;第二层电阻率为 ρ_2,且 $\rho_2 > \rho_1$,厚度 h_2 为无穷大,分界面为水平面(图 4-1-13)。实际工作中,如果浮土覆盖着基岩,而基岩表面与地面都接近于水平时,就相当于这里所讨论的二层地电断面。如图 4-1-13 所示,当 $\frac{AB}{2}$ 很小时 $\left(\frac{AB}{2} \ll h_1\right)$,由于所能达到的探测深度很浅,$\rho_2$ 介质对电流分布尚无影响,可认为全部电流都分布在第一层中。由于 $\rho_{MN} = \rho_1, j_{MN} = j_0$,故 $\rho_s = \rho_1$,表现为电测深曲线开始的一小段平行于横坐标 $\frac{AB}{2}$ 轴。

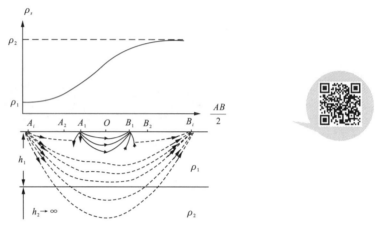

图 4-1-13 二层地电断面电测深曲线的分析

当 $\frac{AB}{2}$ 逐渐增大,电流分布的深度也相应增大。从某一 $\frac{AB}{2}$ 开始,电流分布达到 ρ_2 介质,由于高阻介质 ρ_2 排斥电流,因而 $j_{MN} > j_0, \rho_s > \rho_1$,电测深曲线开始上升。随着 $\frac{AB}{2}$ 继续增大,ρ_2 介质排斥电流的作用更加显示,ρ_s 值继续增大,曲线不断上升。

当 $\frac{AB}{2} \gg h_1$,绝大部分电流都流入第二层,ρ_1 介质对 ρ_s 的影响极小,可以认为地下充满了 ρ_2 介质,于是 $\rho_{MN} \doteq \rho_2, j_{MN} \doteq j_0$,因而 $\rho_s \rightarrow \rho_2$,曲线尾部以 ρ_2 为渐近线。

综上所述,电测深曲线的变化与地电断面中各电性层的电阻率以及厚度都有密切的关系,因此,可以通过电测深曲线推断地下电性层的电阻率和埋深。再结合地质资料进行综合对比,把电性层与地质上的岩层联系起来,就可能解决所提出的地质问题。

电测深法适宜于划分水平的或倾角不大($< 20°$)的岩层,在电性层数目较少的情况下,可进行定量解释。

(二)电测深曲线类型

为便于分析解释电测深曲线,可以按地电断面的类型,将电测深曲线分为以下几种类型。

1. 二层断面的电测深曲线类型

如前所述,二层地电断面具有 ρ_1 和 ρ_2 两个电性层,设第一层厚度为 h_1,第二层厚度 h_2 为无穷大。

按 ρ_1 和 ρ_2 的组合关系，可将地电断面分为 $\rho_1 > \rho_2$ 和 $\rho_1 < \rho_2$ 两种类型。与二层断面相对应的电测深曲线称为二层曲线。其中对应于 $\rho_1 > \rho_2$ 断面的曲线定名为 D 型曲线，对应于 $\rho_1 < \rho_2$ 断面的曲线定名为 G 型曲线（图 4-1-14）。前面已经分析了 G 型曲线，对 D 型曲线也可以作类似的分析。

实际工作中，还有一种常见的情况是第二层电阻率 ρ_2 相对于 ρ_1 为无限大，此时二层曲线尾部呈斜线上升。在对数坐标上，其渐近线与横轴成 $45°$ 相交（图 4-1-15）。

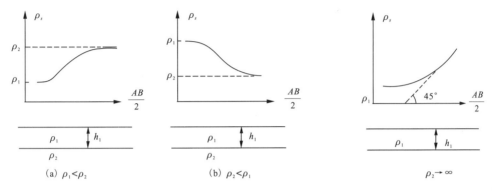

图 4-1-14 水平二层断面与二层电测深曲线
(a) G 型；(b) D 型

图 4-1-15 底层电阻率 $\rho_2 \to \infty$ 的水平二层电测深曲线

2. 三层断面的电测深曲线类型

三层地电断面由 3 个明显的电性层组成，各电性层的电阻率分别为 ρ_1、ρ_2 和 ρ_3，设第一、二层的厚度分别为 h_1 和 h_2，第三层的厚度 h_3 为无穷大。按照 3 个电性层参数的组合关系，可将三层电测深曲线分为下述 4 种类型（图 4-1-16）。

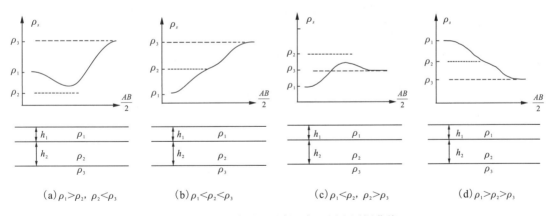

图 4-1-16 水平三层断面与三层电测深曲线
(a) H 型；(b) A 型；(c) K 型；(d) Q 型

(1) H 型。对应于 $\rho_1 > \rho_2$，$\rho_2 < \rho_3$ 的地电断面。曲线前段渐近线决定于 ρ_1，尾段渐近线决定于 ρ_3，但中段 ρ_s 值则决定于 3 个电性层的综合影响。H 型曲线具有极小值 $\rho_{s\min}$，一般情况下，$\rho_{s\min} > \rho_2$ [图 4-1-16(a)]。只是当 $h_2 \gg h_1$ 时，$\rho_{s\min}$ 才趋于 ρ_2，此时 ρ_s 曲线中段出现宽缓

的极小值段。如果 $\rho_3 \to \infty$，则 H 型曲线尾部将呈斜线上升，其渐近线与横轴成 45°相交。

(2) A 型。对应于 $\rho_1 < \rho_2 < \rho_3$ 的三层断面。其特点是 ρ_s 曲线由 ρ_1 值开始逐渐上升，达 ρ_2 值时形成一个转折，第二层越厚，转折越明显，最后趋于 ρ_3 值[图 4-1-16(b)]。在 $\rho_3 \to \infty$ 时，A 型曲线尾部渐近线也与横轴成 45°相交。

(3) K 型。对应于 $\rho_1 < \rho_2, \rho_2 > \rho_3$ 的三层断面。其特点是有 ρ_s 极大值 $\rho_{s\,max}$，一般 $\rho_{s\,max}$ 小于 ρ_2 [图 4-1-16(c)]。只有当 $h_2 \gg h_1$ 时，$\rho_{s\,max}$ 才趋于 ρ_2。

(4) Q 型。对应于 $\rho_1 > \rho_2 > \rho_3$ 的三层断面。其特点是 ρ_s 曲线由 ρ_1 值开始逐渐下降，达 ρ_2 值时形成一个转折，最后趋于 ρ_3 值[图 4-1-16(d)]。

(三) 多层断面的电测深曲线类型

由 4 个电性层组成的地电断面，按相邻各层电阻率之间的组合关系，其测深曲线可以有八种类型，如图 4-1-17 所示。每种类型的电测深曲线用两个字母表示。第一个字母表示断面中前三层所对应的电测深曲线类型，第二个字母表示断面中后三层所对应的电测深曲线类型。

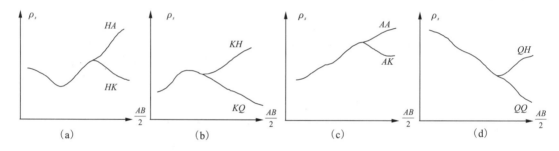

图 4-1-17 水平四层地电断面的电测深曲线

为了反映一条测线的垂向断面中视电阻率的变化情况，常需用该测线上不同测深点的全部数据绘制等视电阻率断面图。从这种图件可以看出基岩起伏、构造变化，以及电性层沿断面的分布等。其做法是：以测线为横轴，标明各测深点的位置及编号，以 $\dfrac{AB}{2}$ 为纵轴垂直向下，采用对数坐标或算术坐标。依次将各测深点处各种极距的 ρ_s 值标在图上的相应位置，然后按一定的 ρ_s 值间隔，用内插法绘出若干条等值线。

我们来看一个垂向电测深法确定地下花岗岩的起伏形态的例子。

在工作地区，燕山期花岗岩侵入三叠纪灰岩中，在花岗岩和灰岩的接触带和凹陷部位，形成了以锡为主的致密块状多金属硫化矿床，因此了解灰岩之下的花岗岩期起伏形态，对寻找矿床具有意义。如图 4-1-18 所示，本区是以表土为 ρ_1 层，灰岩为 ρ_2 层，花岗岩为 ρ_3 层的 K 型 ($\rho_1 > \rho_2 > \rho_3$) 的地电断面。本区地形高差在 200～400m，使电测深曲线发生畸变；表土厚度不均，使曲线脱节大与斜率上升过陡；喀斯特溶洞与不同电性的侧向影响，也是造成曲线畸变的因素。本区使用 $AB/2 = 2\,000 \sim 5\,000$m 的供电极距，在区内发现两个较大的花岗岩突起异常。后经钻探验证为花岗岩的突起形态，平均相对误差为 12%，为进一步寻找花岗岩与灰岩接触有关的矿体提供了依据。

再举一个河北某地使用电测深法找水的例子。

该地区位于华北平原的山前倾斜平原,使用电测深法找水,电测深曲线为 KH 型四层曲线,如图 4-1-19 所示,从视电阻率的地电断面可以看出,含水层是自左向右(即自西向东)逐渐增大。

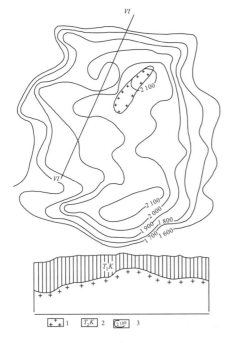

图 4-1-18 电测深法确定基岩面起伏
1.花岗岩;2.中三叠统灰岩;3.电测深推断的花岗岩顶面高程等值线(引自云南某公司地质队)

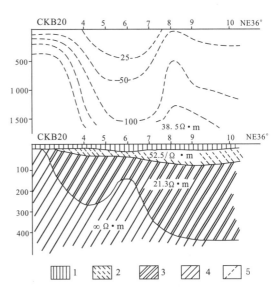

图 4-1-19 河北某地电测深法找水
1.ρ_1;2.ρ_2;3.ρ_3;4.ρ_4;5.视电阻率等值线

* 五、直流电测深曲线的反演

对一个地区的地电断面有了充分的定性解释,并分清了曲线的类型后,就可以进行定量解释,以求出地电断面的各种参数。对电测深曲线做定量解释的方法主要有量板解释法、计算机自动反演解释法以及其他各种经验解释方法。这里重点介绍前两种方法。

(一)量板法

量板法就是利用理论曲线对实测曲线进行对比求解的方法,它是电测深资料定量解释的主要手段。对于三层以上的曲线,必须在解释前用电测井资料、或井旁测深资料、或通过对岩石露头、标本的测定结果确定出中间层的电阻率,才能作出较准确的解释。

电测深理论曲线都是根据一定的假设条件,利用公式计算出来的。将这些理论曲线按一定分类标准集合成许多曲线簇,每一簇曲线绘在一张纸上,就构成了电测深量板。

推导 ρ_s 理论公式的假设条件是:地形水平,所研究岩层为具有一定厚度的均匀各向同性水平层,各层间具有一定的电阻率差异,测量电极距 $MN \to 0$。因此,在应用量板进行定量解释时,实际条件应尽量接近这些假设条件,否则,解释的结果将产生较大的误差。

二层介质的 ρ_s 值为极距 $\frac{AB}{2}$ 及断面参量 ρ_1、ρ_2 和 h_1 的函数,即:

$$\rho_s = f\left(\rho_1, \rho_2, h_1, \frac{AB}{2}\right)$$

当 $MN \to 0$ 时,若电阻率参量和几何参数分别以 ρ_1 和 h_1 为单位,上式可写成:

$$\frac{\rho_s}{\rho_1} = f\left(\mu_2, \frac{AB}{2h_1}\right) \tag{4-1-13}$$

式中: $\mu_2 = \rho_2/\rho_1$。电测深理论曲线就是此函数的图形。图 4-1-20 为 G 型($\rho_1 < \rho_2$)和 D 型($\rho_1 > \rho_2$)量板,量板中圆圈内的数值表示 μ_2 的值。

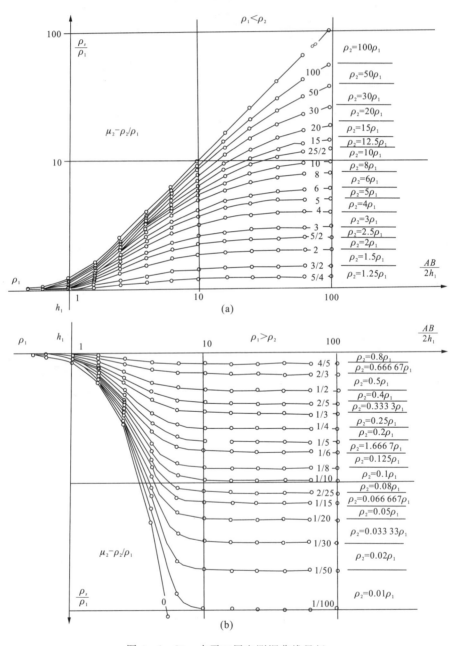

图 4-1-20 水平二层电测深曲线量板
(a)G 型量板;(b)D 型量板

用类似的方法,我们可以写出三层理论曲线的表达式:

$$\frac{\rho_s}{\rho_1} = f\left(\mu_2, \mu_3, \gamma_2, \frac{AB}{2h_1}\right) \tag{4-1-14}$$

式中:$\mu_2 = \rho_2/\rho_1, \mu_3 = \rho_3/\rho_2, \gamma_2 = h_2/h_1$。

电测深理论曲线是画在模数为 6.25cm 的双对数坐标纸上的,其横轴为 $\frac{AB}{2h_1}$,纵轴为 $\frac{\rho_s}{\rho_1}$。它与画在同样坐标纸上横轴为 $\frac{AB}{2}$,纵轴为 ρ_s 的实测曲线的关系是:理论曲线的纵坐标平移了 ρ_1 距离,横坐标平移了 h_1 距离。当两坐标系统的曲线重合后,理论曲线的坐标原点在实测曲线坐标系统上的纵、横坐标分别为 ρ_1 和 h_1。以二层曲线的解释为例,图 4-1-21 中的实测曲线(实线)位于 $\mu_2=4$ 和 $\mu_2=5$ 的两条理论曲线(虚线)之间。这时理论曲线的坐标原点(图中十字线的交叉点)在实测曲线坐标轴上的横坐标为 h_1,纵坐标为 ρ_1。根据实测曲线的位置,若取 $\mu_2=5$,于是第二层电阻率由 $\rho_2 = \rho \cdot \mu_2$ 算出。

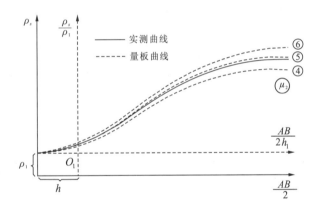

图 4-1-21 用二层量板解释二层电测深曲线

(二)计算机自动反演解释法

近年来,用电子计算机对水平层电测深曲线进行数字解释发展较快,已经提出了很多方法。其中用最优化法拟合电阻率转换函数的解释方法用得较广,下面简述其原理。

当 $MN \to 0$ 时,水平层状介质对称四极测深视电阻率的积分表达式为

$$\rho_s(r) = r^2 \int_0^\infty T(\lambda) J_1(\lambda r) \lambda d\lambda \tag{4-1-15}$$

式中:$r = AB/2$,λ 为积分变量,$T(\lambda)$ 称为电阻率转换函数,它取决于各电性的参数 $\rho_1, h_1, \cdots$, $\rho_{n-1}, h_{n-1}, \rho_n$;$J_1(\lambda r)$ 称为一阶贝塞尔函数。

利用傅立叶-贝塞尔积分变换公式可将上式变为

$$T(\lambda) = \int_0^\infty \frac{\rho_s(r)}{r^2} J_1(\lambda r) \lambda d\lambda \tag{4-1-16}$$

将式(4-1-16)变成离散化的形式,就可以用数字滤波方法通过实测视电阻率曲线计算电阻率转换函数,然后用最优化方法对该函数求取层参数。大致过程是:先根据实际情况,给定一组层参数(初值),算出 T 函数的理论值 $T_L(\lambda)$,将它与实际的 $T(\lambda)$ 比较,计算二者的差

值,并根据此差值修改层参数;再计算理论值,再作比较,再修改层参数,直至计算的 $T_L(\lambda)$ 与 $T(\lambda)$ 之差在规定的误差范围内为止。便将此时理论值所对应的层参数 $\rho_1, h_1, \cdots, \rho_{n-1}, h_{n-1}, \rho_n$ 作为解释结果。

除了上述方法外,还可以直接拟合视电阻率理论曲线,或利用电阻率转换函数的递推性质,用消层的办法,进行逐层解释。

利用计算机对电测深曲线进行解释具有很多优点。譬如,计算速度快,可进行正、反演问题的计算,能够解释较多的电性层,计算机数字拟合比手工对量板的精度高等。

六、高密度电阻率法

高密度电阻率法是一种在方法技术上有较大进步的电阻率法。就其原理而言,它与常规电阻率法完全相同。但由于它采用了多电极高密度一次布极并实现了跑极和数据采集的自动化,因此相对常规电阻率法来说,它具有许多优点:①由于电极的布设是一次完成的,测量过程中无须跑极,因此可防止因电极移动而引起的故障和干扰;②一条观测剖面上,通过电极变换和数据转换可获得多种装置的 ρ_s 断面等值线图;③可进行资料的现场实时处理与成图解释;④成本低,效率高。

由于高密度电阻率法与常规电阻率法相比有以上一些优点,因此自 20 世纪 80 年代初由日本学者提出后,经国内对方法、仪器的研制开发与生产,很快在水、工、环等领域中得到了推广应用并取得良好的效果,现简要介绍如下。

(一)高密度电阻率法的观测系统

高密度电阻率法在一条观测剖面上,通常要打上数十根乃至上百根电极(一个排列常用 60 根),而且多为等间距布设。所谓观测系统是指在一个排列上进行逐点观测时,供电和测量电极采用何种排列方式。目前常用的有四电极排列的"三电位系统"、三电极排列的"双边三极系统"以及二极采集系统等(图 4-1-22)。

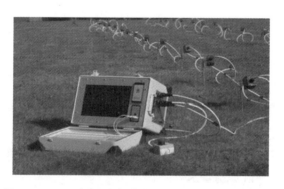

图 4-1-22 RESECSⅡ高密度电法仪(德国 DMT 公司)

1. 三电位观测系统

如图 4-1-23 所示,相隔距离为 $a(a=nx, x$ 为点距,$n=1,2,3,\cdots)$ 的 4 个电极,只需改变导线的连接方式,在同一测点上便可获得 3 种装置(α, β, γ)的视电阻率($\rho_s^\alpha, \rho_s^\beta, \rho_s^\gamma$)值,故称三电

位系统。其中 α 即温纳装置,β 即偶极装置,γ 则称双二极装置。

3 种装置的视电阻率及其相互关系表达式为

$$\rho_s^\alpha = 2\pi a \frac{\Delta U_\alpha}{I}; \quad \rho_s^\alpha = \frac{1}{3}\rho_s^\beta + \frac{2}{3}\rho_s^\gamma$$

$$\rho_s^\beta = 6\pi a \frac{\Delta U_\beta}{I}; \quad \rho_s^\beta = 3\rho_s^\alpha - 2\rho_s^\gamma \qquad (4-1-17)$$

$$\rho_s^\gamma = 3\pi a \frac{\Delta U_\gamma}{I}; \quad \rho_s^\gamma = \frac{1}{2}(3\rho_s^\alpha - \rho_s^\gamma)$$

图 4-1-24 给出了一个较复杂地电断面上的数值模拟结果,由图可见,3 种装置的视电阻率断面等值线分布各异,但在当前所讨论地电条件下,温纳装置的 ρ_s^α 和偶极装置的 ρ_s^β 对低阻凹陷中高阻体的反映较好,而双二极装置的 ρ_s^γ 则无明显反映。因此,利用三电位观测系统获得的 3 种视电阻率资料,可根据它们的不同特点,用来解决不同的地质问题。

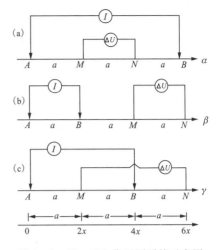

图 4-1-23　三电位观测系统示意图
($x=1, a=2x$)
(a) α(温纳)装置;(b) β(偶极)装置;
(c) γ(双二极)装置

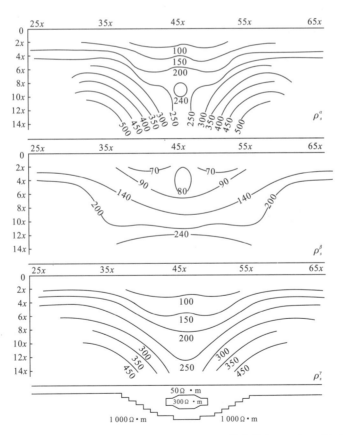

图 4-1-24　高密度电阻率法三电位观测系统数值模拟 ρ_s^α、ρ_s^β、ρ_s^γ 断面图

2. 双边三极观测系统

如图 4-1-25 所示,该系统是当供电电极 A 固定在某测点之后,在其两边各测点上沿相反方向进行逐点观测。当整条剖面测定后,在相同极距 AO(O 为 MN 中点)所对应的测点上均可获得两个三极装置的视电阻率值($\rho_s^{正}$ 和 $\rho_s^{反}$)。根据前面在讨论电阻率法装置时,给出的它们之间的相互关系表达式,便可换算出对称四极、温纳、偶极以及双二极等装置的视电阻率,进而可绘出它们的 ρ_s 断面等值线图。

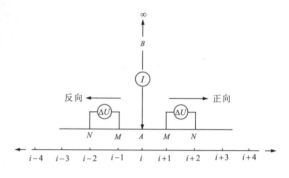

图 4-1-25 双边三极观测系统示意图

图 4-1-26 给出了双边三极观测系统在一个低阻球体上经换算取得的 3 种装置(对称四极、温纳、偶极)ρ_s 断面图的理论计算结果。由图可见,在当前所论条件下,温纳和偶极反映球体的能力较强,对称四极的反映能力则较差。

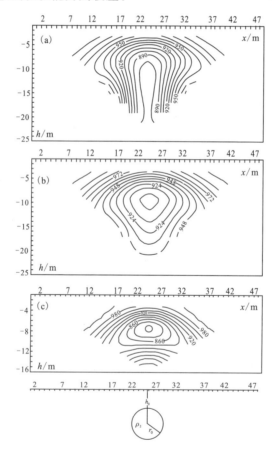

图 4-1-26 高密度电阻率法双边三极观测系统
球体理论计算 ρ_s 断面图

(a)对称四极;(b)温纳;(c)偶极 $\rho_1=100\Omega\cdot m$;

$\rho_2=1\Omega\cdot m$;$r_0=3m$;$h_0=6m$;测点距 $x=1m$

(二)高密度电阻率法的实际应用

1. 主要仪器设备

高密度电阻率法为了实现跑极和数据采集自动化,除测量主机和电极外,还需要配有多道电极转换器、多芯电缆和微处理机。以往国内用的高密度电阻率仪多为电缆芯数与电极道数相同的连接方式,如对 60 道电极而言,则需配上 12 芯的电缆 5 根。若扩展到 100 道以上,则需要的电缆根数更多,因此影响了工作效率。为了克服这一问题,近年已研制出一种分布式智能化测量系统,即用一根 10 芯电缆可覆盖所有电极通道(最大可覆盖 240 道),并且电极通道转换、测量和数据处理等工作均由笔记本电脑完成,实现了工作方式选择、参数设置、数据处理及资料解释等的自动化、智能化。

2. 应用实例

实践证明,高密度电阻率法是一种"多快好省"的勘探方法,在地基勘查、坝基选址、水库或堤坝查漏、地裂缝探测、岩溶塌陷及煤矿采空区调查等方面,均能发挥重要作用,并取得良好效果。现举一寻找含水破碎带的实例如下。

广东省鹤山市某单位拟在新建场区寻找地下水,以供生产之用,单井涌水量要求超过 $100m^3 \cdot d^{-1}$。采用高密度电阻率法查找区内基岩中的含水破碎带,为钻探成井提供井位。由地质勘查资料可知,场地覆盖层由填土、淤泥质土、软塑状粉质黏土、可塑粉质黏土、粉土等组成,厚度为 0~25m,下伏基岩为强—中分化细粒花岗岩。基岩(花岗岩)的分化带较发育,赋存有裂隙水,属块状岩类裂隙水。这类含水层在不同地点单井水量会有明显的差异。如能找到其中的断层破碎带或基岩中的局部低阻带,则成井希望较大。现场工作采用温纳装置,电极间距 5m,最大 AB 距为 240m,解释深度取 AB/3。图 4-1-27 是其中一条测线上的电阻率等值线断面图,从图中可以看出:在工区中间有一条明显的高低阻接触带(在其他平行测线上均有此反映),倾向东,以此带为界,西部电阻较高,基岩埋深较浅;东部电阻较低,基岩埋深较大。这与地质钻探资料一致。结合场地平整前的地形图可知,场地西部原为一小山头,东部低凹,中间有一条小冲沟经过,从区域构造图中也可以看出场地不远处有区域断裂构造。由此推断本场地电阻率断面图中的高低阻接触带为断层破碎带。据此提供钻井井位,成井后,出水量为 $159m^3 \cdot d^{-1}$。

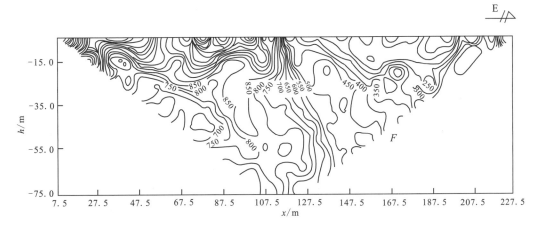

图 4-1-27 鹤山市某单位 1—1′测线视电阻率断面等值线图

第二节 充电法和自然电场法

一、充电法

(一)充电法的基本原理

充电法的工作原理比较简单。将与电源正极连接的供电电极 A 同良导体(矿体、含水层等)露头接触,其接触点称为充电点。与电源负极连接的供电电极 B 称为无穷远极,布置在距离充电点很远,以致它在导体附近产生的电场可以忽略不计的位置接地(图 4-2-1)。这时,整个良导体就相当于一个大供电电极。

在理想条件下,即导体的电阻率 $\rho_0=0$ 或较之围岩电阻率 ρ 满足 $\rho_0\ll\rho$ 时,无论将导体内哪一点作为充电点,由于导体内没有电阻(或电阻趋于 0),将不会产生电位降(或此电位降可以忽略),因此导体内部及表面各点的电位都相等,整个导体实际上就是一个等位体。假定围岩的电性是均匀的,则进入围岩的电流将与作为等位体的导体的表面正交[图 4-2-2(a)]。

导体周围还有很多等电位面,在导体表面附近,由于电流刚流出导体,电流密度大,电位降落快,因此等位面十分密集,且越靠近导体,等位面的形状与导体形状越一致。随着远离导体,电流密度逐渐减小,电位降落逐渐减慢,等电位面越来越稀,形状逐渐趋于圆形。如果用仪器在地面追索,可获得若干条等位线。这些等位线在导体边缘附近最密集,形状接近于导体在地面的投影轮廓[图 4-2-2(b)]。实际上,等位线变密的部位相对导体边缘略向外移了一些,且导体埋藏越深,这一位移越大。

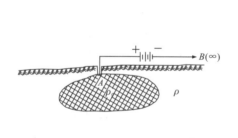

图 4-2-1 充电法装置示意图

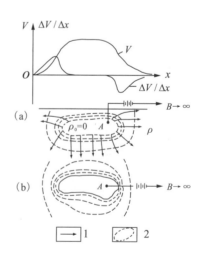

图 4-2-2 充电导体附近电流线和
　　　　　等电位线的分布
(a)剖面图;(b)平面图;1.电流线;2.等电位线

等位导体的电位(V)曲线为一对称曲线,在导体顶部上方获得宽缓的极大值。在顶部边缘或略向外移之处,电位降落最快,而在远离它的位置,电位下降逐渐平缓,最后趋于零。等位导体的电位梯度($\Delta V/\Delta X$)曲线则为一反对称曲线,在充电导体顶部,电位梯度为零,其正、负极值对应于电位降落最快的充电导体边缘部位[图4-2-2(a)]。

由此可见,利用在地面上观测得到的等电位线的形状和分布情况,可以判定充电导体的形状和范围;利用剖面电位曲线和电位梯度曲线,还可以判定充电导体的顶部和边界位置。

实际工作中,一般导体都不是等位体($\rho_0 \neq 0$),因此离开充电点,即使在充电导体内,电位也要下降。且导体电阻率ρ_0越大,电位下降越快。充电曲线与充电点的位置有关,图4-2-3(a)是充电点位于导体边缘时的曲线。电位曲线的极大值点在充电点附近偏向导体内的一侧,曲线从极大值缓慢地下降至导体的另一端;而在充电点另一侧,电位曲线离开极大值后便迅速下降,整条曲线呈现明显的不对称。电位梯度曲线的零点在充电点附近稍移向导体内侧,零点一侧曲线较陡,正极值大;另一侧幅度要小些,且都为负值。图4-2-3(b)是充电点位于导体中心时的曲线,这时电位和电位梯度曲线均呈对称分布,很难与等位体的曲线区分开来。因此在解释中,必须考虑到充电导体本身的电阻率、充电导体与围岩的电阻率差异,以及充电点的位置,才能对充电导体的形状和范围作出较为可靠的结论。

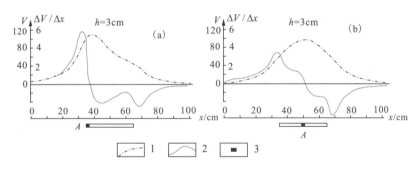

图4-2-3 不等位充电导体的模型实验曲线

1.电位曲线;2.电位梯度曲线;3.模型中心埋深;A.充电点位置

(二)充电法的装备及工作方法

充电法所用的仪器装备与电阻率法相同。为了减小接地电阻,对被钻孔揭露的充电导体,可用特制的刷子电极作为充电电极,与之直接接触。

在地面上观测电场分布的常用方法主要有两种:

(1)电位观测法。将测量电极N置于距导体足够远的某一固定基点上接地,另一测量电极M沿测线逐点移动,观测各测点相对于固定基点N的电位差值,这个差值即作为该点电位值V。

(2)电位梯度观测法。将测量电极M、N置于同一测线的两相邻测点上,保持其相对位置和间距不变,沿测线逐点移动,观测各相邻测点间的电位差ΔV_{MN}(图4-2-4),便可算出M、N

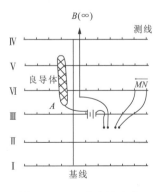

图4-2-4 充电法电位梯度法观测布置图

中点处的电位梯度值 $\frac{\Delta V_{MN}}{MN}$。

为了消除供电电流 I 的变化对观测结果的影响，在整理资料时，要将电位值 V 换算成 $\frac{V}{I}$，电位梯度值换算成 $\frac{\Delta V_{MN}}{I \cdot MN}$。充电法的主要成果图件有电位剖面图、电位剖面平面图、电位等值线平面图、电位梯度剖面图、电位梯度剖面平面图等。

除上述两种常用的观测方法外，充电法的野外工作还可以采用追索等位线的方法。

（三）充电法资料的解释

解释电位等值线平面图时，可由等电位线的形状和密集带推断导体在地面上投影的形状和走向，并初步圈定其边界，还可以从等位线分布的不对称性判断导体的倾向。一般来说，等位线较稀的一侧为导体的倾斜方向，因为在该方向上电位下降缓慢，所以等位线变稀。对电位剖面曲线，可利用其极值点、拐点和对称性，大致推断充电导体在剖面上的中心位置、边界和倾斜方向。

解释电位梯度曲线时，可认为曲线零值点位置反映了充电导体的顶部位置，极值点位置大致是导体的边界。若梯度曲线不对称，则导体向两个极值中幅度较小且平缓的一方倾斜。对电位梯度剖面平面图，可由零值点的连线判定导体的走向，由各剖面的极值点位置圈定导体的大致位置。

应当指出，上述特征只是在充电导体接近等电位体时才表现明显。不等位体、围岩电性不均匀或地形起伏，都会使充电法的电位曲线及电位梯度曲线发生畸变，这在解释时应引起注意。

利用充电曲线还可以进行定量解释。例如，根据电位梯度曲线的参数 p 和 m' 可以计算充电导体的埋藏深度。p 代表梯度曲线极大值点和极小值点间的水平距离，m' 是通过曲线拐点和极大值分别作切线，这两条切线交点的横坐标与梯度曲线零值点横坐标间的距离，称为弦切距（图 4-2-5）。

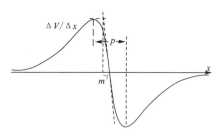

图 4-2-5　电位梯度曲线的参数 p 和 m'

计算球状充电导体中心埋深的公式为

$$\left.\begin{aligned} h &\doteq 0.7p \\ h &\doteq 2.6m' \end{aligned}\right\} \quad (4-2-1)$$

计算水平线状充电导体的埋深时，在其走向大于埋深 5 倍的条件下，有：

$$\left.\begin{aligned} h &\doteq 0.5p \\ h &\doteq 2.0m' \end{aligned}\right\} \quad (4-2-2)$$

（四）充电法的应用及实例

充电法主要用于勘探良导性多金属矿床、无烟煤、石墨，以及解决水文、工程地质问题。

(1) 图 4-2-6 为某硫化铜镍矿体上应用充电法的实例。在 ZK9 孔深 26m 处的 A 点充电，进行电位测量。电位等值线平面图反映出充电矿体的中心在 ZK9 孔附近。电位等值线在东部变稀,可以认为是矿体向东倾伏引起的。钻探验证在深部见到了矿体,说明结论符合实际。

(2) 应用充电法解决相邻两露头的矿体是否相连的问题,一般是在两露头分别充电,并在通过它们的同一测线上依次观测。如果两次获得的电位梯度曲线相同或近似,可以认为两矿体是相连的。如果两条曲线相差悬殊,就表明它们是不相连的。图 4-2-7 中的地质剖面(a)是地质队根据钻孔资料编制的,该图与充电法观测结果有很大的矛盾。图上 1、2 号电位梯度曲线是分别在 ZK11(1) 和 ZK58 孔充电得到的。两曲线形态基本一致,故应推断两处矿体是相连的,同属Ⅱ号矿体,而不是图[4-2-7(a)]那样推断不相连。同时,ZK11(2) 和Ⅴ号矿体另一孔中充电所得的曲线 3、4 的形态也相近,但与曲线 1、2 大不相同,可见是另一矿体的反映。根据上述充电法成果编绘了电法推断的地质剖面[图 4-2-7(b)]。为进一步验证解释推断结果,在 ZK58 和 ZK11 孔间加密了 ZK59 孔,钻探表明,根据充电法资料提供的矿体连接关系是正确的。

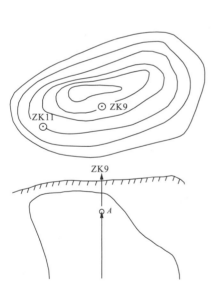

图 4-2-6 某硫化铜镍矿体上充电法
等位线平面图及地质剖面

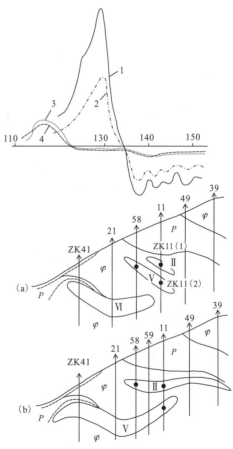

图 4-2-7 452 线电位梯度曲线及其推断结果
(a) 未加 K59 孔前地质队推断的地质剖面;(b) 根据充电法资料推断的地质剖面;1-4 说明见正文

二、自然电场法

在自然条件下，无需向地下供电，地面任意两点间总能观测到一定大小的电位差，这表明地下存在着天然电流场，称为自然电场。常见的自然电场有两类：一类是呈区域性分布的不稳定电场，称为大地电磁场，其分布特点与地壳表层构造有关；另一类是分布范围限于局部地区的稳定电场，它的存在往往与某些金属矿床或地下水运动有关。本节只讨论后一类自然电场。

（一）自然电场的成因

目前对产生自然电场的原因，比较一致的认识有 3 种。

1. 电子导体与围岩溶液间的电化学作用

电化学理论指出，电子导体与离子导电的水溶液（或盐溶液）接触时，在它们的接触面上将形成双电层。若成分单一的电子导体全部沉浸于化学性质均匀的溶液中，则导体表面将形成均匀、封闭的双电层。由于双电层中正、负电荷相互平衡，故导体周围不会出现电场。但如果电子导体的成分发生变化或溶液性质不均匀，则双电层的分布呈不均匀状态，产生极化，在导体内和溶液中就会有电流产生。

当良导体埋藏于潜水面附近时，在潜水面以上的围岩中，由于靠近地表，加上地表水的向下淋滤渗透而富含氧，使这里的围岩溶液具有氧化性质，因而导体中的电子被溶液夺取而呈正极性，溶液因含有较多的电子而带负电。随着深度的增加，岩石孔隙中所含氧气逐渐减少，潜水面以下，围岩溶液因缺氧而具有较多的还原性质，因而导体呈负极性而溶液带正电。于是由上至下，在导体和围岩的界面上形成了不均匀的双电层，导体处于极化状态（图 4-2-8）。

溶液的电性具有保持中性的趋势。导体上半部增加的负电荷需要移去，或用一定数量的正离子去平衡。导体下半部则相反，需要移去正电荷或增加一定量的负离子。这就促使正离子向上移动，负离子向下移动，在导体外部围岩中形成由下而上，即由导体负极流向正极的电流。导体本身的作用是将电子由负极运到正极，形成由上到下，即由正极流向负极的电流，于是在导体周围形成了自然电场。如图 4-2-8 所示，在导体顶部上方电位最低，形成了负电位中心，通常可据此发现良导体。

2. 岩石中地下水运移的电动效应

岩石颗粒与周围溶液间存在着双电层，靠近岩石颗粒一侧带负离子，溶液中为正离子，整个系统呈电性平衡。当地下水在多孔隙岩石中流动时，将带走溶液中的部分正离子，并使之聚集到水流方向上。在水流的反方向则滞留着负离子。于是水流破坏了电性平衡，产生极化，并沿水流方向形成电位差。这种由电动效应形成的自然电场称为过滤电场（图 4-2-9）。过滤电场往往出现在起伏不平的地形上，一般是在水流的终点处（积水处）显示正电位，而在水流的起点处显示负电位。因此，可以发现山顶的电位比山脚低的现象。

3. 离子扩散

岩石中不同浓度溶液的浓度不尽相同，当不同浓度的两种水溶液接触时，会产生离子扩散现象。浓度高的溶液中的离子向浓度低的溶液扩散。在扩散过程中，由于正、负离子的迁移率不同，浓度低的溶液就获得与迁移率较大的离子极性相同的电位，而浓度高的溶液则取得极性相反的电位，因而在溶液间形成了电位差。这种由扩散作用引起的自然电场称为扩散电场。

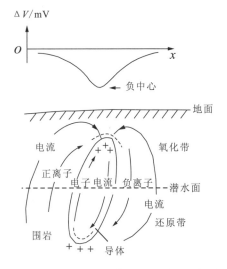
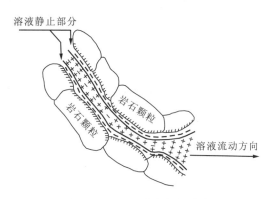

图 4-2-8 电子导体周围的自然电场　　　　图 4-2-9 过滤电场的形成

地下水中通常含有氯化钠（NaCl），且氯离子（Cl^-）的迁移率比钠离子（Na^+）大，因此浓度较低的水溶液呈负电位，而浓度较高的水溶液呈正电位，形成扩散电场。扩散电场一般都较弱。在自然界中，纯粹由扩散作用形成的自然电场是不存在的。在多孔隙岩石中，通常是扩散作用和渗透过滤作用同时发生，所形成的自然电场是它们共同作用的结果。

（二）自然电场法的装备及工作方法

自然电场法所用的主要仪器设备与电阻率法基本相同。所不同的是不需要电源和供电电极，且测量电极不是铜棒，而是不极化电极，其目的是减小两电极间的极差。

不极化电极的结构如图 4-2-10 所示。用底部不涂釉的瓷罐盛硫酸铜的饱和溶液，将纯铜棒浸入溶液中，铜棒上端可以连接导线。当瓷罐置于土壤中时，硫酸铜溶液中的铜离子可通过瓷罐底部的细孔进入土壤，使铜棒与土壤之间形成电的通路。铜棒浸在同种离子的饱和溶液中，并不与土壤直接接触，因此在土壤和电极会产生极化作用。由于作为测量电极的两个不极化电极的铜棒与硫酸铜溶液间产生的电极电位基本相等，故它们之间的电位差接近于零（实际工作中要求两电极间的极化电位差小于 2mV）。可见采用这种电极能避免电极与土壤中水溶液接触而产生的极化作用，以及两极间极化电位差对测量结果的影响，使测量值只与自然电场的电位差有关。

自然电场法的观测方式与充电法相同，但以电位观测法用得更普遍，仅在工业游散电流干扰严重时，才采用电位梯度法观测。

图 4-2-11 是电位法观测自然电场的工作布置图。测量电极 N 位于测区边缘，设为电位基点；另一测量电极 M 沿测线逐点观测各测点相对于基点 N 的电位差值，根据观测数据可绘制自然电位剖面图、平面等值线图。

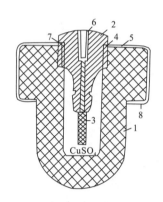
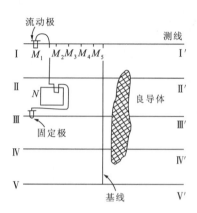

图 4-2-10　不极化电极的结构
1.素瓷罐；2.胶木塞；3.铜棒；4.胶木环；
5.密封胶；6.插孔；7.橡皮垫；8.涂釉层

图 4-2-11　电位法观测自然
电场的工作布置图

(三)自然电场法的应用及实例

自然电场法主要用于勘查埋藏不深的金属硫化物矿床和部分金属氧化物矿床,寻找石墨和无烟煤,确定断层位置,以及寻找含水破碎带,确定地下水流向等水文地质问题。在有利的条件下,还可以进行地质填图。

(1)在青海已发现铜矿点的某地区采用自然电场法进行普查,共发现12个异常。通过钻探验证,其中8个是矿异常,从而查明规模相当大的Ⅰ、Ⅱ、Ⅴ、Ⅶ号4个主矿体及规模较小的Ⅲ号矿体。从图4-2-12中可以看出,在Ⅰ号和Ⅱ、Ⅴ、Ⅶ号矿体上都有明显的负中心,异常幅值与矿体埋深对应,即埋深加大,幅值减小。

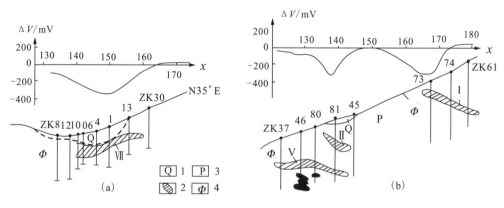

图 4-2-12　青海某铜矿区488线和464线自然电场、地质综合剖面图
(a)488线；(b)464线；1.第四系；2.矿体；3.板岩；4.超基性岩

(2)图4-2-13是自然电场法普查黄铁矿的实例。该地区矿体主要产于凝灰岩和粗面岩中。走向北东,向下延深一般达100m以上,顶部氧化深度达50～60m。围岩的电阻率比黄铁

矿大 1 000 倍以上。经自然电场法普查后发现了 3 个局部异常，最小的负极值为 -360mV。异常走向与矿体走向一致。A 异常由于建筑物的影响没有测完。B 异常达 -160mV，梯度变化西北侧较东南侧略陡。经 ZK41 孔资料证实，异常由向西北倾斜的矿体引起。C 异常达 -190mV，经 ZK12 孔资料证实，它是由近于平卧的扁豆状矿体引起。

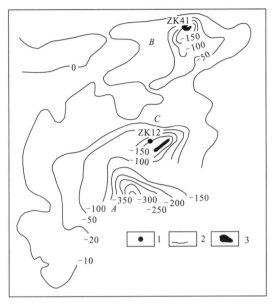

图 4-2-13　某地区自然电位异常等值线平面图
1.钻孔；2.自然电位等值线；3.矿体

第三节　激发极化法

激发极化法（简称激电法）是以地下岩、矿石在人工电场作用下发生的物理和电化学效应（激发极化效应）的差异为基础的一种电法勘探方法。

应用人工直流电场或低频交变电场都可以研究岩、矿石的激发极化效应，因而相应地有直流（时间域）激发极化法和交流（频率域）激发极化法两种方法。

激发极化法较其他电法勘探方法有一些显著的优点：利用它不仅可以发现致密状金属矿体，还能寻找其他电法难以发现的浸染状矿体；根据异常的明显程度，可以区分异常是电子导体还是离子导体引起；此外，激发极化法受地形的影响也较其他电法小，当起伏地形下有矿体存在时，仅使异常强度和形态发生改变，但异常不会消失。

可是激发极化法也存在一些问题，例如不易区分有工业意义的矿异常与无工业价值的黄铁矿化、磁铁矿化，以及碳质岩层、石墨化岩层等引起的非矿异常。交流激发极化法还不可避免地受到电磁耦合的干扰等。

一、激发极化法的理论基础

通过两个供电电极向地下供电的,如果保持供电电流不变,我们发现,随着供电时间的延长,测量电极 M、N 之间的电位差逐渐增大,最后达到某一饱和值。当断开供电电流时,测量电极间的电位差并非立即消失,而是随时间延续而逐渐衰减至零。

通常将供电时地下电场随时间增长的过程称为充电过程,断电后电场随时间衰减的过程称为放电过程。这种在充、放电过程中产生的随时间变化的附加电场现象,称为激发极化效应。激化极化原理见第一章第三节有关内容。

(一)岩(矿)石激发极化的时间和频率特性

图 4-3-1 为岩(矿)石充、放电过程中电位差与时间的关系曲线。刚开始向地下供直流电时,由于激发极化效应还未产生,这时地下电场的分布只和岩(矿)石的导电性有关,且不随时间变化,属于稳定电场。我们称刚供电时的这种电场为一次电场 E_1,一次场的电位差为 ΔV_1。随供电时间的延长,岩(矿)石激发极化效应从无到有逐渐形成,附加电场先是迅速增大,然后变慢,在供电 3~5min 后,达到饱和。我们将供电时的附加电场叫做激发极化场或二次场 E_2。显然,供电过程中二次场叠加在一次场上,供电时的地下电场称为总场 E($E=E_1+E_2$),总场的电位差为 ΔU。若断去供电电流,一次场立即消失,岩(矿)石将通过围岩放电,放电开始时二次场 E_2 迅速衰减,然后逐渐变慢,约 3~5min 衰减完毕。断电后某一瞬间观测的电位差称为二次场电位差 ΔU_2。

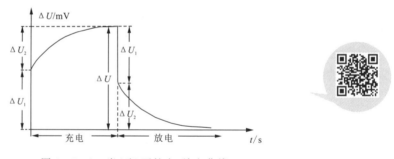

图 4-3-1 岩(矿)石的充、放电曲线

观测表明,岩(矿)石的充、放电速度与其结构有关。一般来说,体极化的浸染状岩(矿)石比面极化的致密状岩(矿)石的充、放电速度快,而体极化的岩(矿)石中,当其所含电子导电矿物成分越少时,其充、放电速度越快。向地下供入超低频(一般为 $n \times 10^{-1}$~nHz)交流电时,若保持电流强度不变,测量电极 M、N 间的交流电位差(振幅值 ΔU_f)将随频率的增高而减少(图 4-3-2)。ΔU_f 为交流激电法的总场电位差振幅,它是一次场电位差振幅 ΔU_{f_1} 和二次场电位差振幅 ΔU_{f_2} 的叠加。

上述 ΔU_f 随频率增高而减少的现象,称为频率分散性或幅频特性。产生这种特性的原因是,在一次场作用下,导电体与围岩的界面上形成双电层需要经过一定的时间。当供给直流电时,总场电位差随充电时间的延长而增大。若采用交流电激发,频率的高低就反映了向岩、矿石单向充电(半个周期)时间的长短。频率越低,则单向充电时间越长,界面上产生的双电层电位差越大,因而观测到的总场电位差振幅 ΔU_f 也越大。

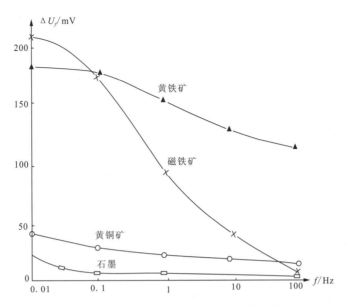

图 4-3-2 几种矿石标本的幅频特性曲线

(二) 激发极化法测定的参数

1. 极化率和频散率

在直流激发极化法中,用极化率 η 来表示岩(矿)石的激发极化特性:

$$\eta(T,t) = \frac{\Delta U_2(t)}{\Delta U(T)} \times 100\% \qquad (4-3-1)$$

式中:$\Delta U(T)$ 为供电 T 时刻后测量电极 MN 间的总场电位差;$\Delta U_2(t)$ 为断电 t 时刻后 MN 间的二次场电位差。

在交流激发极化法中,则用频散率 P 来表示岩(矿)石的激发极化特性:

$$P = \frac{\Delta U_{f_1} - \Delta U_{f_2}}{\Delta U_{t_2}} \times 100\% \qquad (4-3-2)$$

式中:ΔU_{f_1}、ΔU_{f_2} 分别为超低频段上的两个频率(低频 f_1 和高频 f_2)所对应的总场电位差振幅。

2. 视极化率和视频散率

极化率和频散率的表达式(4-3-1)和(4-3-2)是在地下介质极化性质均匀且各向同性的假设下导出的。实际工作中,地下介质的极化并不均匀且各向异性,这时按式(4-3-1)和式(4-3-2)计算的值是电场有效作用范围内各种岩(矿)石的极化率或频散率的综合影响值,称为视极化率 η_s 或视频散率 P_s,即

$$\eta_s = \frac{\Delta U_2}{\Delta U} \times 100\% \qquad (4-3-3)$$

$$P_s = \frac{\Delta U_{f_1} - \Delta U_{f_2}}{\Delta U_{f_2}} \times 100\% \qquad (4-3-4)$$

若将式(4-3-3)改写成

$$\eta_s = \frac{\Delta U - \Delta U_1}{\Delta U} \times 100\%$$

不难看出,视频散率和视极化率的表达式完全类似。这是因为,直流激电中 $T \to \infty$ 的情况,相当于交流激电中 $f_1 \to 0$ 的情况;而供电时间 $T \to 0$,则相当于频率 $f_2 \to \infty$,所以

$$\frac{\Delta U_{(T \to \infty)} - \Delta U_{(T \to 0)}}{\Delta U_{(T \to \infty)}} = \frac{\Delta U_{(f_1 \to 0)} - \Delta U_{(f_2 \to \infty)}}{\Delta U_{(f_2 \to 0)}}$$

可见在极限频率情况下,视频散率 P_s 与视极化率 η_s 数值相等。

二、激发极化法的仪器装备及工作方法

(一)激发极化法的仪器装备

1. 直流激发极化法的仪器装备

直流(时间域)激电仪分为供电和测量两部分。供电回路是用导线将发送机、供电电源和供电电极与大地相连而成,如图4-3-3(a)所示,其中电源用来提供激发地下岩、矿石所需的电流,一般多使用中、小功率的发电机。发送机由供电控制单元和供电程序控制电路组成。供电控制单元实际上是电源的通、断及换向开关。供电程序控制电路是供电控制单元的指挥机构,可以根据设计的程序使供电控制单元按规定的时间和顺序向地下供电,从而实现野外供电的自动化。

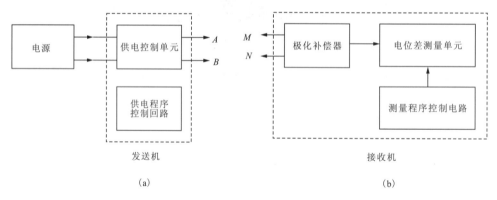

图4-3-3　时间域激发极化仪原理方框图
(a)供电电路;(b)测量回路

测量回路是用导线将接收机、测量电极和大地相连组成,如图4-3-3(b)所示。接收机由极化补偿器、电位差测量单元和测量程序控制电路三部分组成。极化补偿器用于供电前补偿测量电极之间的自然电场及极化电位差,以及消除它们对测量结果的干扰。电位差测量单元用于测量总场和二次场电位差。测量程序控制电路的功能是提供测量 ΔU 和 η_s 的时间控制信号,使电位差测量单元定时进行测量。

图4-3-4为国产时间域激电仪的外貌。

采用直流激电法工作时,供电电极用棒状铁电极,测量电极用不极化电极。

图 4-3-4　WDJS-2 数字直流激电接收机（重庆奔腾数控技术研究所）

2. 交流激发极化法的仪器装备

交流激电仪的供电回路及测量回路与直流激电仪基本相同。发送机输出频率范围为 $n\times 10^{-1}\sim n\mathrm{Hz}$ 的超低频方波，通过供电回路送入地下，接收机测量不同频率的交流电位差或直接显示视频散率。

采用交流激电法工作时，测量电极可使用铜电极。

(二) 激发极化法的工作方法

激发极化法除了测量技术比较复杂和测量参数不同外，其工作布置和电极排列方式都与电阻率法相同。

直流激电法的装置类型有中间梯度、联合剖面和测深装置。常用的观测方法有两种：一种是长脉冲制式，其特点是供电时间长（一般 2～3min），有利于突出充、放电速度较慢的电子导体的激电异常，缺点是耗电大、效率低，因此只宜于在精测剖面上使用；另一种是双向短脉冲制式，其特点是在每个测点向地下先后正、反向供电几秒至几十秒，耗电少，效率高，因此是生产中常用的观测方式。

交流激电法原则上也可以用与电阻率法相同的装置，但为了克服电磁耦合的干扰，使用偶极装置效果好。

三、极化体的激电异常

(一) 中间梯度装置的激电异常

在我国中间梯度装置是直流激电法用得最多的装置。在电阻率法中我们已经知道，采用这种装置时，观测地段选在供电电极 A、B 中部 $\left(\dfrac{1}{3}\sim\dfrac{1}{2}\right)AB$ 的范围内，这里的一次电场近于水平均匀场。

图 4-3-5 示出了高极化良导球体在主剖面上的视电阻率和视极化率曲线。由图可见，η_s 曲线和 E_{2x} 曲线形态相似，特征点位置也基本相同。在球体上方，由于二次场与一次场方向相同，故 η_s 为正值；球心上方二次场最强，故 η_s 出现极大值；在球体两侧，二次场与一次场方向相反，故 η_s 为负值；在测点离球体很远处，二次场趋于零，故 η_s 也趋于零。

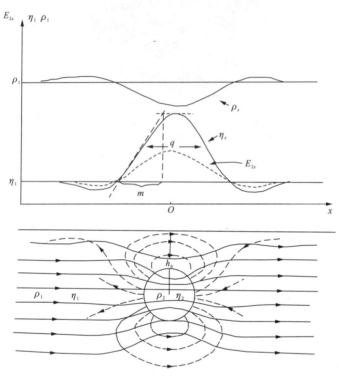

图 4-3-5 良导高极化球体上的 E_{2x}、ρ_s、η_s 曲线
（图下部实线为一次场电流线，虚线为二次场电流线）

对于高极化良导球体，η_s 和 ρ_s 曲线互为镜像。而高极化高阻球体则与之相反，η_s 和 ρ_s 曲线形态相似。

实际工作中，可利用主剖面的 η_s 曲线按下式估算球体中心深度：

$$\left. \begin{array}{l} h_0 = 1.3q \\ h_0 = 2m \end{array} \right\} \qquad (4-3-5)$$

式中：q 为曲线半极值点间距离；m 为过拐点切线的弦切距（图 4-3-5）。

图 4-3-6 为脉状极化体（不同倾角铜板）上的激电异常。由图可见，当 $\alpha = 0°$ 或 $90°$，即脉状体水平或直立时，η_s 曲线呈对称形态，且极大值对应于模型的中心或顶端位置。但水平模型比直立模型的异常大，这是因为物体在沿着它的长轴方向被极化时，其极化效应最强。当低阻模型倾斜时，在倾斜方向的一侧曲线下降缓慢，在相反的一侧梯度较陡，同时极大值向倾斜方向位移。模型倾角越小，延深越大，极大值位移就越大。

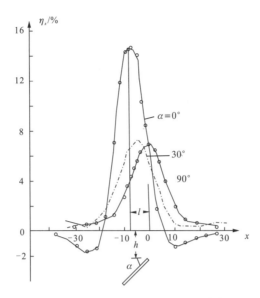

图 4-3-6 不同倾角铜板上中间梯度装置曲线（$h=10$cm）

（二）联合剖面装置的激电异常

图 4-3-7 是球形极化体上激电联合剖面异常曲线。可以看出，这些曲线与高阻球体上的 ρ_s 联合剖面曲线形状相似：球心上方对应着 η_s 值较高的反交点，交点两侧 η_s^A 和 η_s^B 曲线呈镜像对称。且这些特征与球体电阻率大小无关。在供电极距 AO 与球心深度相当时[图 4-3-7(d)]，反交点两侧附近出现了 η_s^A 和 η_s^B 的极大值，两条曲线形成横"8"字形的歧离带。随着供电极距的增大，曲线也复杂化了。当供电极距大于球心深度 2~3 倍时，η_s^A 和 η_s^B 曲线在极大值外侧对称地出现了两个次极大值[图 4-3-7(b)、(c)]。这是由于供电电极 A 和 B 通过球顶上方地面时，供电电极离球体最近，对球体的激发作用很强，产生的二次场也很强造成的。此极值点与反交点距离等于供电极距 AO。随着供电极距继续增大，η_s^A 和 η_s^B 的次极值进一步减小，主极大值向反交点靠拢，两条曲线的分异性变差[图 4-3-7(a)]。当供电极距相当大时（一般 $AO>5h_0$），η_s^A 和 η_s^B 重合，变成了中间梯度装置的 η_s 曲线。

图 4-3-8 是一组倾斜脉状体上的激电联合剖面曲线。由图可见，倾斜脉状体上的 η_s^A 和 η_s^B 曲线互不对称，反交点向脉的倾斜方向移动。对于低阻极化体，供电电极在脉状体倾斜向一侧的视极化率极大值[图 4-3-8(a)中 η_s^A 的极大值]较小，而另一个视极化率极大值较大，故两个 η_s 极大值连线的倾斜方向与脉状体的倾斜方向相反。高阻极化体的情况则相反，两个 η_s 极大值连线的倾斜方向即为脉状体的倾向[图 4-3-8(b)]。

显然，根据激电联合剖面曲线极大值连线的倾斜方向判断脉状体的产状时，必须事先知道脉状体的导电性，否则容易得出错误的结论。我们也可以利用反交点两侧 η_s^A（或 P_s^A）和 η_s^B（或 P_s^B）曲线所围面积的大小来判断脉状体的产状，由图 4-3-8 可见，无论脉状体的导电性如何，其倾向一侧两曲线所围成的面积始终大于另一侧，且受个别点误差的影响较小，因此这是一种有效的经验方法。

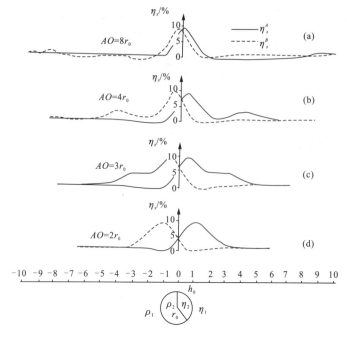

图 4-3-7 球形极化体上的激电联合剖面曲线

($h_0=1.5r_0$, $\eta_1=1\%$, $\eta_2=50\%$, $\rho_2/\rho_1=0.05$)

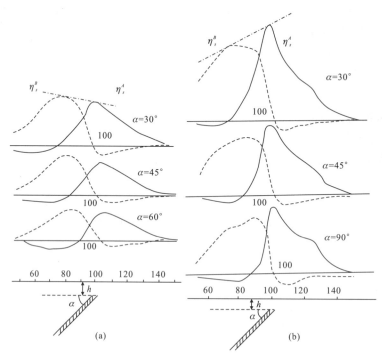

图 4-3-8 倾斜脉状极化体上的激电联合剖面曲线

(a)良导性紫铜板；(b)含石墨粉 20% 的高阻浸染状水泥板

（三）偶极剖面装置的激电异常

偶极剖面装置的排列形式如图 4-3-9 所示，供电电极 A、B 在测量电极 M、N 的一侧。沿同一条剖面保持装置大小和电极间相对位置不变，逐点移动，进行视频散率的观测。一般要求 $AB=MN$，但二者相对于彼此间的距离是很小的，因此，可以近似地认为 AB 和 MN 各成偶极形式。取 $AB=MN=a$，$BM=na$，$n=1,2,3,\cdots$，n 称为隔离系数。常以供电偶极 AB 和测量偶极 MN 中心的距离 OO' 表示偶极剖面装置供电极距的大小，而以 OO' 的中点（即 BM 的中点）为纪录点。

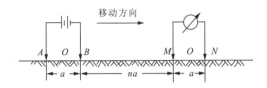

图 4-3-9　偶极剖面装置示意图

偶极装置的特点是供电和测量部分可以分开，并可以采用较短的导线连接供电回路及测量回路。因此，偶极装置轻便，生产效率高，受电磁耦合感应影响小。在电磁感应干扰严重的地区，多采用这种装置进行测量。

偶极剖面激电异常的形态随极距 OO' 的增大而复杂化。实际工作中，多是将同一观测剖面上多种极距观测的结果整理成拟断面图，并对它进行推断解释，拟断面图的绘制方法有两种：一种是以 OO' 为底边，在测线下方作等腰直角三角形（图 4-3-10）。以此三角形的直角顶点为记录点，将相应极距（OO'）观测的视频散率数据标记在该记录点旁边。按同样的方法依次将各极距相应记录点的观测值全部标出后，按一定间隔勾绘视频散率等值线。

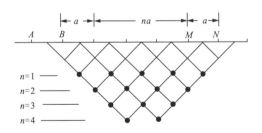

4-3-10　偶极剖面法拟断面的一种绘制方法

另一种是常用的方法。在 OO' 中点，垂向向下取深度等于 $\dfrac{OO'}{2}$ 处为记录点，同样将观测值依次全部标在记录点旁边，然后勾绘视频散率等值线。

图 4-3-11 为直立铜板上的 P_s 异常。由剖面图可见，极距较小时，直立板上 P_s 为单峰对称曲线，极大值对应于板顶位置。随极距加大，单峰极值逐渐增强，峰值附近曲线变缓，异常范围加宽。当极距很大时，异常极大值变为双峰。在拟断面图上，直立铜板 P_s 等值线为对称形态，异常中心处频散率最大，等值线形状与矿体轮廓并无直观的相似关系。

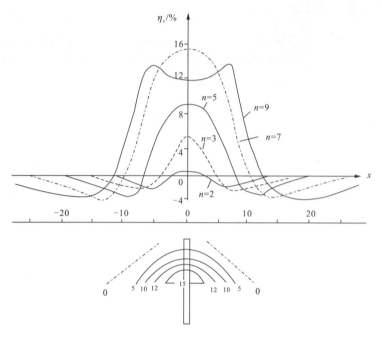

图 4-3-11 直立铜板上偶极剖面法的激电模型实验结果

在拟断面图上,板状体激电异常等值线的形状与其导电性有密切关系,这在应用资料时应予以注意。

四、激发极化法的应用

我国某热液交代型铜矿位于变质岩系分布区。矿石以黄铜矿、闪锌矿、黄铁矿为主,多呈星散状或细脉状。硅化程度较高时,矿化较好,故矿体一般对应于高极化率和高电阻率。区内石墨化和黄铁矿化岩石的极化率虽然也高,但电阻率仅数十欧姆·米。图 4-3-12 为 12 号异常的剖面曲线。该异常为矿异常,在 η_s 异常较高处布置的 ZK1 孔见到了多层矿体。以后又沿矿带倾斜方向布置了 3 个钻孔,均打到多层厚矿体,有的孔内见矿总厚度达 46m。

图 4-3-13 为我国某铜矿区一条剖面上的交流激电异常曲线。矿体产于花岗闪长岩体与下二叠系上部砂岩、大理岩之接触带处。原生矿体多呈不连续的扁豆状和透镜体,矿石为浸染状。

在矿体上方,中间梯度装置和偶极剖面装置的 p_s 曲线都有明显的异常显示。偶极装置的异常大小和形态都与 n 值有关(n 为隔离系数,$BM=na$,$n=1,2,\cdots$,$AB=MN=a$)。当 $n=2\sim4$ 时,p_s 曲线只有一个极大值,且极大值随 n 值的增加而变大;当 $n=6\sim8$ 时,矿体上方出现极小值,两侧出现极大值,构成双峰异常,且两峰值点间的距离随 n 值的增加而变大。根据图下部的拟断面图,可认为异常源位于 100 点附近,且埋藏不深,其产状近于对称。钻探结果证明异常源为两个纵向叠加的铜矿体。

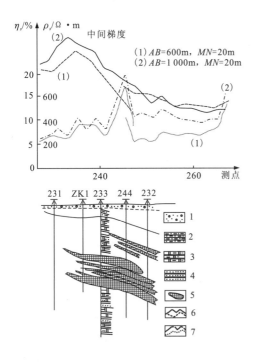
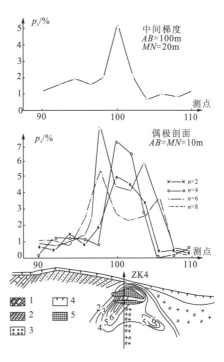

图 4-3-12　某铜矿床 12 号异常综合剖面图
1.第四系浮土；2.云母石英片岩；3.硅化石墨大理岩；
4.变粒岩；5.铜矿体；6.η_s 曲线；7.ρ_s 曲线

图 4-3-13　某铜矿床上的交流激电 p_s 曲线
1.大理岩；2.砂板岩；3.花岗闪长岩；
4.第四系；5.矿体

第四节　电磁法

一、概述

电磁法是以地壳中岩、矿石的导电性、导磁性和介电性差异为基础，通过观测和研究人工的或天然的交变电磁场的分布，来寻找矿产资源或解决其他地质问题的一类电法勘探方法。

电磁法所依据的是电磁感应现象。以低频电磁法（$f<10^{-4}$ Hz）为例，如图 4-4-1 所示，当发射机以交变电流 I_1 供入发射线圈时，就在该线圈周围建立了频率和相位都相同的交变磁场 H_1，H_1 称为一次场。若这个交变磁场穿过地下良导电体，则由于电磁感应，可使导体内产生二次感应电流 I_2（这是一种涡旋电流）。这个电流又在周围空间建立了交变磁场 H_2，H_2 称为二次场或异常场。利用接收线圈接收二次场或总场（一次场与二次场的合成），在接收机上记录或读出相应的场强或相位值，并分析它们的分布规律，就可以达到寻找有用矿产或解决其他地质问题之目的。

电磁法的种类较多，按场源的形式可分为人工场源（又称主动场源）和天然场源（又称被动场源)两大类。前者包括可控源音频大地电磁测深法、无线电波透视法和地质雷达等,后者包括天然音频法和大地电磁测深法等。

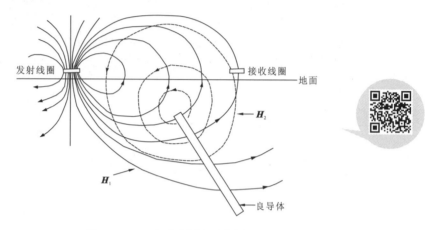

图 4-4-1 电磁法原理示意图

按发射场性质不同,又分为连续谱变(频率域)电磁法和阶跃瞬变(时间域)电磁法两类。

按工作环境,又可以将电磁法分为地面、航空和井中电磁法三类。与传导类电法相比,电磁法具有如下特点:①它的发射和接收装置都可以不采用接地电极,而是以感应方式建立和观测电磁场,因此航空电法才成为可能;②采用多种频率测量,可以扩大方法的应用范围;③观测电磁场的多种量值,如振幅(实分量、虚分量)、相位等,可以提高地质效果。

二、频率域和时间域电磁场基本特征

(一)频率域电磁场的基本特征

在频率域电磁场中常用的电磁场是谐变场,其中场强、电流密度以及其他量均按余弦或正弦规律变化,如:

$$H = |\boldsymbol{H}|\cos(\omega t - \varphi_H); \qquad E = |\boldsymbol{E}|\cos(\omega t - \varphi_E)$$

这里 φ_H 和 φ_E 为初始相位。

借助于交流电的发射装置,如振荡器、发电机等,在地中及空气中建立谐变场。激发方式一般有接地式的和感应式两种,如图 4-4-2 所示。第一种方式如图 4-4-2(a)所示,与直流电法一样利用 A、B 供电电极,将交流电直接供入大地。由于供电导线和大地不仅具有电阻而且还有电感。所以由 A、B 电极直接传入地中的一次电流场在相位上与电源相位发生位移。地中的分散电流及供电导线中的集中电流均在其周围产生交变一次磁场。后者在地中又感应产生二次电场,它是封闭的涡旋电场。交变电磁场的第二种激发方式如图 4-4-2(b)所示,它是在地表敷设通有交变电流的不接地回线或者多匝小型发射线圈——磁偶极子。在回线或线圈周围产生交变一次磁场,由它激发地中的二次电磁场。感应激发方式多半用于接地条件较差的地区,这时可彻底摆脱接地的困难。

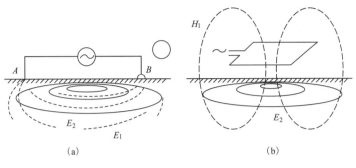

图 4-4-2 谐变场的激发方式

(二)时间域电磁场的基本特征

时间域电磁法中的瞬变场,是指那些在阶跃变化电流作用下,地中产生的过渡过程的感应电磁场。因为这一过渡过程的场具有瞬时变化的特点,故取名为瞬变场。与谐变场一样,其激发方式也有接地式和感应式两种。在阶跃电流(通电或断电)的强大变化磁场作用下,良导介质内产生涡旋的交变电磁场,其结构和频谱在时间和空间上均连续地发生变化。瞬变电磁场状态的基本参数是时间。这一时间依赖于岩石的导电性和收-发距。在近区的高阻岩石中,瞬变场的建立和消失很快(几十到几百毫秒);而在良导地层中,这一过程变得缓慢。在远区这一过程可持续几秒到几十秒,而在较厚的导电地质体中可延续到一分钟或更长。由此可见,研究瞬变电磁场随时间的变化规律,可探测具有不同导电性的地层分布(各层的纵向电导或地层总的纵向电导),也可以发现地下赋存的较大的良导矿体。

*第五节 瞬变电磁法

一、瞬变电磁剖面法

(一)工作装置

在瞬变电磁(TEM)法中,常用的剖面测量装置如图 4-5-1 所示。根据发、收排列的不同,它又分为同点、偶极和大回线源 3 种。同点装置中的重叠回线是发送回线(Tx)与接收回线(Rx)相重合敷设的装置;由于 TEM 法的供电和测量在时间上是分开的,因此 Tx 与 Rx 可以共用一个回线,称之为共圈回线。同点装置是频率域方法无法实现的装置,它与地质探测对象有最佳的耦合,是勘查金属矿产常用的装置。偶极装置与频率域水平线圈法相类似,Tx 与 Rx 要求保持固定的发、收距 r,在瞬变电磁(TEM)法中,常用的沿测线逐点移动观测 dB/dt 值。大回线装置的 Tx 采用边长达数百米的矩形回线,Rx 采用小型线圈(探头)沿垂直于 Tx 边长的侧线逐点观测磁场 3 个分量的 dB/dt 值。

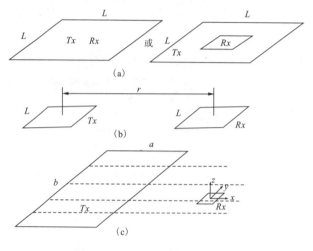

图 4-5-1 TEM 剖面测量装置
(a)同点装置;(b)偶极装置;(c)大回线源装置

(二)观测参数

瞬变电磁仪器系统的一次场波形、测道数及其时窗范围、观测参数及其计算单位等,各个厂家的仪器之间有所差别。尽管各种仪器绝大多数都是使用接收线圈观测发送电流脉冲间歇期间的感应电压 $V(t)$ 值,就观测读数的物理量及计量单位而言,大概可以分为 3 类:

(1)用发送脉冲电流归一化的参数:仪器读数为 $V(t)/I$ 值,以 $\mu V/A$ 作计量单位。

(2)以一次场感应电压 V_1 归一的参数:例如加拿大 Crone 公司的 PEM 系统,观测值使用一次场刚刚将要切断时刻的感应电压 V_1 值来加以归一,并令 $V_1=1\,000$,计量单位无量纲,称之为 Crone 单位。

(3)归一到某个放大倍数的参数:例如加拿大的 EM-37 系统,野外观测值为

$$m = V(t) \cdot G \cdot 2^N \tag{4-5-1}$$

式中:$V(t)$ 为接收线圈中的感应电压值;G 为前置放大器的放大倍数;2^N 为仪器公用通道的放大倍数,$N=1,2,\cdots,9$。m 值以 mV 计量。

为了便于对比,在整理数据中,无论用哪种仪器,一般都要求换算成为下列几种导出参数,并以这几种参数作图。

(1)瞬变值 $B(t)$:$B(t)=\mathrm{d}B(t)/\mathrm{d}t=V(t)/S_R N$,以 nV/m^2 计量,这里 S_R 为接收线圈的面积,N 为接收线圈的匝数。有时采用 $B(t)/I$,以 $nV/m^2 A$ 计量。

由 $V(t)/I$ 观测值换算成 $B(t)$ 的公式为

$$B(t) = \frac{[V(t)/I] \times I \times 10^3}{S_R N} \tag{4-5-2}$$

由 m 观测值换算成 $B(t)$ 的公式为

$$B(t) = \frac{m \times 10^6}{S_R N} \tag{4-5-3}$$

由 Crone 单位观测值 R_c 换算成 $B(t)$ 的公式为

$$B(t)=\frac{R_c\times 6\times 10^6}{G\times 10\times 10^{(n-1)/7}\times 400} \qquad (4-5-4)$$

式中：G 为放大倍数；n 为观测道数。

(2) 磁场 $B(t)$ 值：由对 $B(t)$ 取积分得到 $B(t)$ 值，以 pW/m^2 计量。

(3) 视电阻率 $\rho_\tau(t)$ 值，以 $\Omega \cdot m$（欧姆·米）计量。

(4) 视纵向电导 $S_\tau(t)$ 值，以 S[西（门子）] 计量。

(三) 时间响应

对于任意形态的脉冲信号，可以根据傅立叶频谱分析分解成相应的频谱函数。对各个频率，地质体具有相应的频率响应。将频谱函数与其对应的地质体频率响应函数的乘积经过傅立叶反变换，就可获得地质体对该脉冲信号磁场的时间响应。

设发射脉冲的一次磁场是以 T 为周期的函数 $H_1(t)$，其频谱函数为

$$S(\omega)=\frac{1}{T}\int_{-\frac{T}{2}}^{\frac{T}{2}} H_1(t) e^{i\omega t} dt \qquad (4-5-5)$$

由位场变化知识得知，地质体二次磁场的时间函数 $H_2(t)$ 为

$$H_2(t)=H_1(t)\cdot h(t)=F^{-1}[S(\omega)\cdot D(\omega)] \qquad (4-5-6)$$

式中：$S(\omega)=F[H_1(t)]$，$D(\omega)=F[h(t)]$，F 与 F^{-1} 分别为傅立叶变换及其反变换；$h(t)$ 为地质体的脉冲滤波函数；而 $D(\omega)$ 为地质体的频率响应函数。考虑到频谱函数的离散性，可将二次磁场的时间函数 $H_2(t)$ 写成

$$H_2(t)=\sum H_{10} S_n [X_n \cos(n\omega_0 t)-Y_n \sin(n\omega_0 t)] \qquad (4-5-7)$$

式中：H_{10} 为 $H_1(t)$ 的振幅值；S_n 为 n 次谐波的频谱系数；X_n 和 Y_n 为对于 n 次谐波时地质体频率响应的实部和虚部，$\omega_0=2\pi f_0$。

图 4-5-2 是导电球体的时间响应，由图 (a) 可见，若球体电导率 $\sigma=1 S\cdot m^{-1}$，当 $t=12ms$ 时，异常已衰减殆尽。当电导率增大时，异常衰减变缓，延时增长。$\sigma=80 S\cdot m^{-1}$ 的情况下，$t=28ms$ 时，异常仍未衰减完，但它在初始时间的异常幅值却减小了。利用这一时间特性，可在晚期观测中将不良导干扰体（如围岩、覆盖层等）的异常去除。

为便于理解上述结果，可以从由频率域合成时间域的角度进行分析。当球体电导率很小时，球体产生的振幅和相位异常均很小，因而合成的时间域异常也很小。当球体电导率增大时，球体产生的振幅和相位异常场增大，故合成的时间域异常也增大。当球体电导率继续增大后，虽然高频成分的振幅增大了，但其相位移趋于 180°，因而对应高频成分的早期时间异常值反而减小。但由于低频成分的综合参数处于最佳状态，于是与低频成分相对应的晚期时间异常幅值反而增大了。这在瞬变曲线上表现为衰减很慢。当电导率趋于无穷大时，所有谐波相位移趋于 180°，故 $H_2(t)$ 值趋于零。

如果取样时间选定，改变球体电导率时，二次异常磁场的幅值变化如图 4-5-2(b) 所示。由图可见，与某一取样时刻对应有一最佳电导率值，图中曲线和频率域的虚部响应规律相似，称为导电性响应"窗口"。在图 4-5-2 的条件下，球体的最佳导电窗口 $\sigma=10 S\cdot m^{-1}$。脉冲瞬变法系观测纯二次场，故增加发射功率或提高接收灵敏度都可增大勘探深度。由于不观测一次场，该方法受地形影响较小。此外，该方法对线圈点位、方法和收发距的要求均可放宽，因

而测地工作简单。顺便说明,由于脉冲瞬变电磁法是在宽频带进行观测,故对测量仪器要求较高,在音频干扰大的地区(如有线广播等)工作时比较困难。

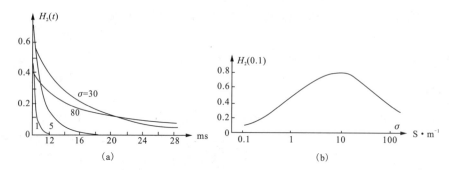

图 4-5-2　导电球体时间域电磁响应
(a)衰减曲线;(b)导电窗;场源:不接地大回线;脉冲:正负交替矩形波
($\tau=10$ms;间歇 20ms;基频 $f_0=16.67$Hz;球半径 $r_0=50$m)

(四)典型规则导体的剖面曲线特征

1. 球体及水平圆柱体上的异常特征

导电水平圆柱体上不同测道的剖面曲线如图 4-5-3 所示,异常为对称于柱顶的单峰,异常随测道衰减的速度决定于时间常数 τ 值,$\tau=\mu\sigma a^2/5.82$。

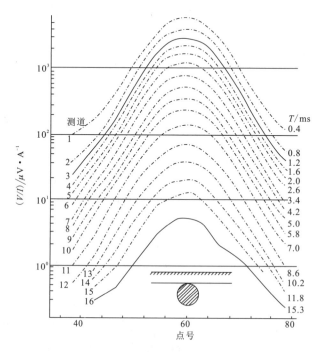

图 4-5-3　水平圆柱体上物理模拟剖面曲线(据牛之琏,1992)
(铜柱:直径 8cm;长 41.7cm;$h=5$cm;重叠回线边长=10cm;点号间距=4cm)

球体上也是出现对称于球顶的单峰异常,球体的时间常数 $\tau=\mu\sigma a^2/\pi^2$,$\tau_{柱}=1.8\tau_{球}$,故在半径 a 相同的条件下,球体异常随时间衰减的速度要比水平圆柱体快得多,异常范围也比较小。在直立柱体上,也具有此类似的规律。

2. 薄板状导体上的异常特征

导电薄板上的异常形态及幅度与导体的倾角有关,如图 4-5-4 所示。当 $\alpha=90°$ 时,由于回线与导体间的耦合较差,异常响应较小,异常形态为对称于导体顶部的双峰;矿顶出现接近于背景值(噪声)的极小值;不同测道的曲线(图 4-5-5),除了异常幅值及范围有所差别外,具有与上述相同的特征。

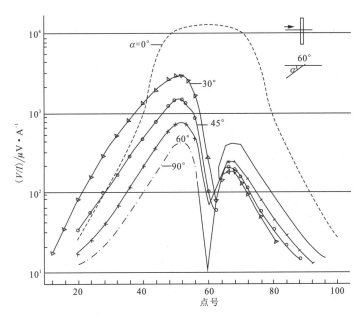

图 4-5-4 不同倾角板状体的异常比较(据牛之琏,1992)

(导体模型:铝板 70cm×40cm×0.1cm;$h=5$cm;矿顶位于 60 号点;重叠回线边长=10cm,$t=1.2$ms)

当 $0°<\alpha<90°$ 时,随 α 的减小,回线与导体间耦合增强,异常响应随之增强,但双峰不对称,在导体倾向一侧的峰值大于另一侧;极小值随 α 的减小而稍有增大,其位置也向反倾斜侧有所移动。两峰值之比主要受 α 的影响,据物理模拟资料统计,α 与主峰和次峰值之比 α_1/α_2 的关系为

$$\alpha=90°-22°\ln(\alpha_1/\alpha_2) \qquad (4-5-8)$$

如图 4-5-6 所示,在倾斜板的情况下,不同测道异常剖面曲线形态有所差别,随测道从晚期到早期,极小值随之增大,并往反倾斜侧稍有移动,双峰变得越来越不明显,异常形态的这种变化反映了导体内涡流分布随延迟时间的变化。

当 $\alpha=0°$ 时,回线与导体处于最佳耦合状态,异常幅值比直立导体的异常大几十倍,异常主要呈单峰平顶状,在近导体边缘的外侧,出现不明显的次级值或挠曲。

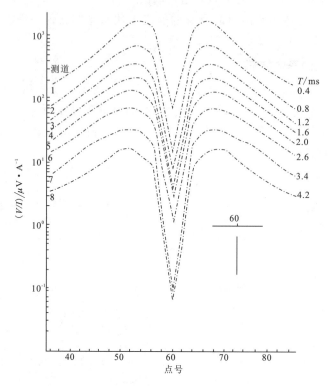

图 4-5-5　直立板上不同测道的异常剖面曲线(据牛之琏,1992)
(铝板规模:70cm×40cm×0.1cm;h=5cm;重叠回线边长=10cm;α=90°;
板顶位于 60 号点;点号间距=4cm)

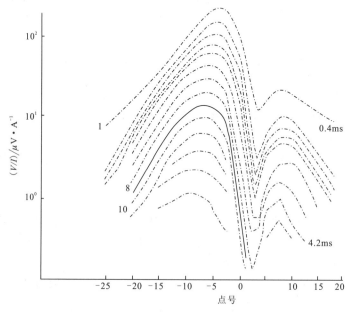

图 4-5-6　倾斜板上不同测道的异常剖面曲线(据牛之琏,1992)
(铜板模型:80cm×20cm×0.6cm;h=5.5cm;α=45°;顶板部在 0 号点;重叠回线边长=5cm)

(五) 应用实例

实例 1：图 4-5-7 是辽宁张家沟硫铁矿上脉冲瞬变法的工作结果。该矿体位于前震旦纪变质岩中，围岩为白云质大理岩、白云母花岗岩等高阻岩石。矿体为磁黄铁矿，其电阻率为 $0.05\Omega \cdot m$。如图所示，矿体上方有明显异常。根据衰减曲线求得 $T_s=7.7ms$，和理论曲线对比，求得 $\alpha=12.3s^{-1}$，α 为矿体的综合参数。利用大回线观测的垂直与水平分量，用矢量解释法求得的等效发射中心在矿体顶部附近。

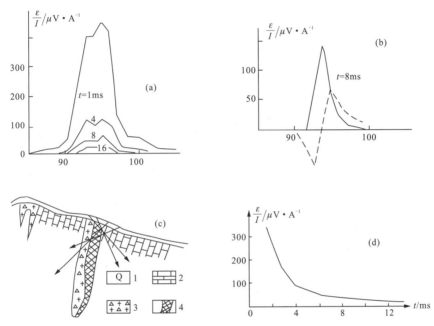

图 4-5-7 辽宁张家沟硫铁矿上脉冲瞬变法的观测结果
(a) 40m×40m 共圈装置；(b) 100m×100m 大回线（实线：垂直分量；虚线：水平分量）；
(c) 地质断面（1. 第四系；2. 白云质大理岩；3. 白云母花岗岩；4. 硫铁矿）；(d) 衰减曲线 $T_s=7.7ms$

实例 2：湖南水口山铅锌金矿田是著名的老矿山，水口山矿田康家湾铅锌金矿为大型层控矿床。矿体赋存在侏罗系底砾岩（J_1g）与栖霞灰岩（P_1q）、壶天灰岩（C_{2+3}）、当冲硅质岩（P_1d）的接触破碎带中（QBf），呈层状缓倾斜近于水平产出，埋深 200～500m 不等，多层矿，总厚 1～25m。白垩系东井组（K_1d）红层覆盖于侏罗系、二叠系之上，呈不整合接触。岩（矿）石的电性参数测定结果表明：铅锌金矿石的平均电阻率为 $0.1\sim1\Omega \cdot m$，比围岩（电阻率大于 $1000\Omega \cdot m$）低 3 个级次以上。上覆红层（K_1d^3）的电阻率为 $50\sim100\Omega \cdot m$，为典型的低电阻覆盖层。

剖面测量使用 200m×200m 的重叠回线装置工作，所用仪器是澳大利亚生产的 SIROTEM-Ⅱ电磁系统，选取延时 0.4～22.2ms 之内（即 1～18 取样道），观测参数为 $V(t)/I$。

为了增大信噪比，要求发送电流大于 5A，使用双匝接收回线观测。叠加次数的选取视各观测点的干扰电平而定，在远离电网的山区选用 512 次，而在近工业设施的地段选用 2048 或 4096 次。每个取样道的观测值按公式：

$$\rho_\tau = 6.32 \times 10^{-3} L^{\frac{8}{3}} [V(t)/I]^{-\frac{2}{3}} t^{-\frac{5}{2}}$$

换算成视电阻率 $\rho_\tau(t)$ 数据。式中：ρ_τ 为视电阻率 ($\Omega \cdot m$)；L 为回线边长 (m)；$V(t)/I$ 为接收回线上观测到的归一化感应电压值 ($\mu V \cdot A^{-1}$)；t 为各测道对应的延时 (ms)。通常用 $V(t)/I$ 观测值绘制成多测道剖面曲线图 [图 4-5-8(a)] 及 $\rho_\tau(t)$ 拟断面图 [图 4-5-8(b)]，分析地电断面沿横向及纵向的变化规律。

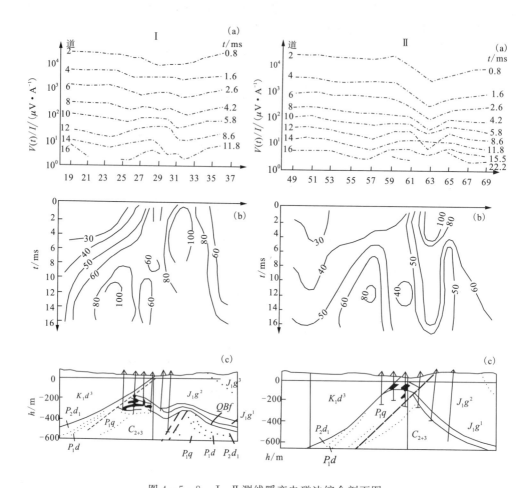

图 4-5-8 Ⅰ、Ⅱ测线瞬变电磁法综合剖面图

(a) 多测道 $V(t)/I$ 剖面曲线；(b) ρ_τ 拟断面图；(c) 地质剖面示意图；$K_1 d^3$. 白垩系东井组上段（红层）；$J_1 g$. 侏罗系高家田组；$P_2 d_1$. 二叠系斗岭组；$P_1 d$. 二叠系当冲组；$P_1 q$. 二叠系栖霞组；C_{2+3}. 石炭系壶天群；QBf. 硅化破碎带

如图 4-5-8(a) 所示，多测道 $V(t)/I$ 剖面曲线的前 8 道主要反映了浅部地质体的横向变化，曲线呈阶梯状。东边的高值区反映了厚层白垩系东井组上段 ($K_1 d^3$) 低电阻率红层的分布，随测道的增加，阶梯转折点向东移，反映了红层向东厚度变大的特征。曲线中段的低值响应反映了侏罗系及二叠系相对为高阻地层。矿层的响应主要反映在 10 测道以后，从 Ⅰ 线 24~32 号测点及 Ⅱ 线 57~63 号测点的曲线可见，尽管异常低缓，但相对于背景仍然清晰可辨，并随测道的增大异常变得更明显。由于 Ⅰ 线矿体埋深 (300m) 比 Ⅱ 线矿体埋深 (180m) 要大，

故开始显示异常的时间相对较晚；异常的综合参数（衰减指数）α 值分别为 $13s^{-1}$、$14s^{-1}$，表明为具有一定规模的良导体引起。

图 4-5-8(b)为视电阻率 ρ_τ 的拟断面图，更明显地说明了地电断面的横向和纵向变化，ρ_τ 等值线直观地说明了低阻红层(K_1d^3)的起伏形态及深部高阻层(P_1q、P_1d)的隆起。但是，对于矿层的反映并不明显，仅仅在 $60\Omega \cdot m$、$40\Omega \cdot m$ 等值线封闭圈上有所显示。

二、瞬变电磁测深法

在瞬变电磁法中常用的测深装置如图 4-5-9 所示，有电偶源，磁偶源、线源和中心回线四种。中心回线装置是使用小型多匝线圈（或探头）放置于边长为 L 的发送回线中心观测的装置，常用于探测 1km 以内浅层的测深工作。其他几种则主要用于深部构造的探测。下面是瞬变电磁测深法的实际应用。

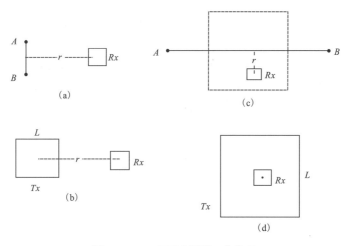

图 4-5-9　TEM 测深工作装置
(a)电偶源；(b)磁偶源；(c)线源；(d)中心回线

（一）装置的选择

常用的近区瞬变电磁测深工作装置如图 4-5-9 所示，它们是电偶源、磁偶源、线源及中心回线等装置。一般认为，探测 1km 以内目标层的最佳装置是中心回线装置，它与目标层有最佳耦合、受旁侧及层位倾斜的影响小等特点，使所确定的层参数比较准确。

线源或电偶源装置是探测深部构造的常用装置，它们的优点是由于场源固定，可以使用较大功率的电源，可以在场源两侧进行多点观测，有较高的工作效率。依据互换原理，它们与观测 E_φ^z 的装置是等效的，因此，这种装置所观测的信号衰变速度要比中心回线装置慢，信号电平相对较大，对保证晚期信号的观测质量有好处。缺点是前支畸变段出现的时窗要比中心回线装置往后移，并且随极距 r 的增大向后扩展，使分辨浅部地层的能力大大减小。此外，这种装置受旁侧及倾斜层位的影响也较大。

为了估计极限的探测深度，可以使用以下公式：

对于中心回线装置：

$$H_{极限}=0.55\left(\frac{L^2 I\rho_1}{\eta}\right)^{\frac{1}{5}} \tag{4-5-9}$$

对于线源装置：

$$H_{极限}=0.48\left(\frac{AB\cdot I\rho_1}{\eta r}\right)^{\frac{1}{5}} \tag{4-5-10}$$

式中：I 为发送电流；L 为发送回线边长；AB 为线源长度；r 为极距；ρ_1 为上覆层电阻率；$\eta=(R_{s/n})_{min}\eta_n$ 为最小可分辨电平，一般为 $0.2\sim0.5nV\cdot m^{-2}$。其中$(R_{s/n})_{min}$ 为最低限度的信噪比；η_n 为噪声电平；$H_{极限}$ 为极限探测深度（m）。

上面所提到的极限探测深度 $H_{极限}$ 与最大探测深度 H_{max} 的概念并不相同。$H_{极限}$ 是指目标层引起的异常响应为最小可分辨电平时的深度，然而 H_{max} 是人们依据地质任务及可能性给定的一个范围值，显然，$H_{极限}>H_{max}$，从上述公式可见，观测 ε_z 参数时，$H_{极限}$ 正比于 $M^{\frac{1}{5}}$，增大发送磁矩 M 有利于探测深度的提高，但是 M 提高往往受到仪器设备的功率、所使用的供电导线的电阻、接地条件及施工条件等的限制，往往只能采取折中方案。

在已确定出 M_{max} 及 η 值的情况下，也可以利用式（4-5-9）及式（4-5-10）确定出所要求的发送磁矩，然后，根据设备条件（容许的最大输出电流），可以粗略地计算回线边长或 AB 值。注意，野外使用的供电导线一般要求每千米的电阻应小于 6Ω。

（二）时间范围的选择

依据水平导电薄板上的理论推导结果，采样时间 t 与薄层纵向电导 S、埋深 h 及探测深度 H 之间的关系为

$$t\approx\mu_0 S[(4H/3)-h] \tag{4-5-11}$$

可见，对目标层的探测深度是时间的函数。

依据地质任务，假设要求探测的最小深度及最大达到的深度分别为 H_{min}、H_{max}；目标层埋深范围为 $h_{min}\sim h_{max}$。那么，利用式（4-5-11）可以得：

$$t_{min}\approx\mu_0 S_{min}[(4H_{min}/3)-h_{min}] \tag{4-5-12}$$

$$t_{max}\approx\mu_0 S_{max}[(4H_{max}/3)-h_{max}] \tag{4-5-13}$$

一般情况下，要求起始采样时间 $t_1\leqslant(0.5\sim0.7)t_{min}$，末测道的采样时间 $t_n\approx 2t_{max}$，在没有断面层参数时，取 $h=H/2$，得：

$$t_1\approx 0.6\mu_0 S_{min}H_{min} \tag{4-5-14}$$

$$t_n\approx 1.6\mu_0 S_{max}H_{max} \tag{4-5-15}$$

式（4-5-14）及式（4-5-15）便是常用来估算时间范围的公式。

（三）应用实例

现以湖南涟邵煤田为例，来说明瞬变电磁测深的试验应用效果。

1. 区内地层及电性特征

测区出露地层由新至老为第四系（Q），下三叠统大冶群（T_1d），上二叠统大隆组（P_2d），龙潭组（P_2L），下二叠统当冲组（P_1d），栖霞组（P_1q）。第四系由黏土、砂质黏土和砾石组成冲积、

坡积残积层,厚0～15m,其电阻率在$n\times 10\sim n\times 100\Omega\cdot m$范围,呈低阻覆盖层。大冶群分布于测区中心地带,总厚度大于500m,主要由泥灰岩、泥质灰岩及灰岩组成;大隆组由硅质灰岩、泥质灰岩、厚层砾屑灰岩及薄层硅质岩组成,底部夹有薄层钙质泥岩,全组厚度一般为70～80m。大冶及大隆组地层电阻率一般在$100\Omega\cdot m$以上,成为煤系地层的上覆高阻层。龙潭组为本区含煤地层,根据岩性及含煤性分为上、下两段:上段(P_2l^2)为含煤段,由黑色泥岩、砂页泥岩及浅灰色砂岩互层组成,厚约100m,含煤四层;下段(P_2l^1)不含煤,由泥岩、砂质泥岩、砂岩组成,厚约300m。整个煤系地层呈低阻层,电阻率一般为$n\times 10\Omega\cdot m$。当冲组及栖霞组为硅质灰岩、灰岩、泥岩等,是测区的高阻基底标志层,电阻率大于$300\sim 500\Omega\cdot m$。

综上所述,测区各地层电性存在较明显的电性差异,电法勘探方法找煤工作具备较好的物性前提。

2. 试验应用效果

工作采用中心回线装置,回线边长$L=250m$及400m,发送电流$I=17A$。测区内平均的电磁干扰电平为$0.24nV/m^2$,属于中等受干扰的地区。少数地段也使用了电偶源装置,$AB=1000m$,$r=750\sim 1250m$。总共完成了3条剖面45个测深点的工作量。野外观测数据经过处理绘制出了ρ_τ曲线类型图、ρ_τ拟断面图,以及$S_\tau(h_\tau)$曲线图。依据这些图件资料及计算机反演的结果,推断确定了煤系地层的顶、底界面(表4-5-1)。

表4-5-1 推断与钻探结果对比表

位置	1322孔	1324孔	ZK11孔	ZK16孔
顶界深/m	390	550	440	300
钻探推断	380	520	420	340
误差/%	2.6	5.6	4.9	12.5

图4-5-10为13线瞬变电磁测深综合剖面图。由图可见,ρ_τ曲线大都属于H型,其极小值均在$20\sim 30\Omega\cdot m$范围之内;ρ_τ拟断面图的低值等值线的分布反映了向斜构造轮廓。

煤系地层的顶、底界是由经过校正的$S_\tau(h_\tau)$曲线的转折点确定的,表4-5-1给出了推断结果与钻探资料的对比数据,平均相对误差为6.4%。因此,可以认为所推断的煤系地层顶、底界面基本上能勾画出它的分布状况。

解释人员在进行人机联作拟合解释的基础上,对该剖面上的6个测深点又作了自动拟合反演计算。6个点拟合总的平均相对误差为5.9%,推断煤系上界面的深度与用$S_\tau(h_\tau)$曲线推断的结果相差不多,平均相对误差为12.3%。

该区试验结果表明,在涟邵煤田或类似地质条件的地区应用中功率瞬变电磁测深系统,能够确定出埋深在$1\sim 1.5km$的煤系地层顶、底界面。成果图中,由$\rho_\tau(t)$曲线类型图及$\rho_\tau(t)$拟断面图可以大致圈定出煤系地层分布的轮廓。利用经过校正的$S_\tau(h_\tau)$曲线推断确定煤系地层顶、底界面是行之有效的方法。

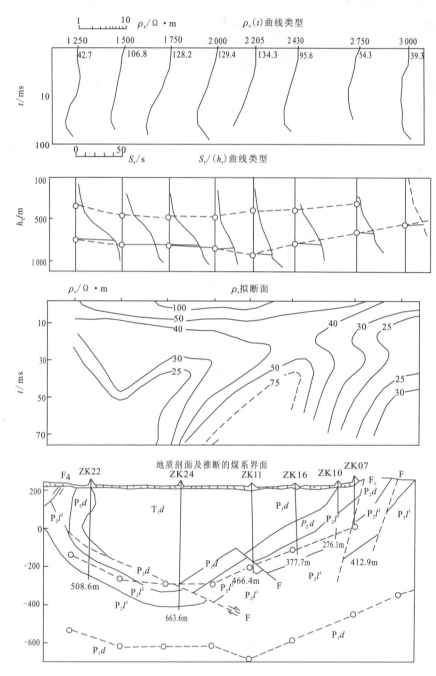

图 4-5-10 13 线瞬变电磁测深综合剖面图

中心回线 $L=250\text{m}$；$I=17\text{A}$；时窗 $0.8\sim71.9\text{ms}$；T_1D. 三叠系大冶群；P_1d. 二叠系大隆组；
P_2l^2. 二叠系龙潭组上段（含煤层）；P_2l^1. 二叠系龙潭组下段；P_2d. 下二叠统当冲组；F. 断层；
——○——○——. 推断的煤系上、下界面

*第六节 大地电磁测深法

20世纪50年代初,苏联学者吉洪诺夫和法国学者卡尼亚的经典著作奠定了大地电磁测深法(MT)的基础。它是利用大地中频率范围很宽($10^{-4} \sim 10^4$ Hz)、广泛分布的天然变化的电磁场,进行深部地质构造研究的一种频率域电磁测深法。由于该法不需要人工建立场源,装备轻便、成本低,且具有比人工源频率测深法更大的勘探深度,所以除主要用于研究地壳和上地幔地质构造外,也常被用来进行油气勘查、地热勘查以及地震预报等研究工作。

目前我国使用的大地电磁仪主要是从加拿大 Phoenix 公司、美国 EMI 公司和德国 Metronix 公司进口,下面以加拿大凤凰公司具有实时处理的 V-5 的大地电磁仪为例,简要地介绍它的一些基本特点。V-5 仪器操作自动化程度高,全频段有 40 个频点,最高频率为 320Hz,最低频率为 0.000 55Hz,可同时观测 E_x、E_y、H_x、H_y 和 H_z 5 个分量。在野外现场可获得视电阻率、相位及其误差值。

一、野外工作方法

测量电场分量 E_x 和 E_y 的不极化电极是氯化铅、石膏、食盐和水按一定比例特制而成,其极差不大于 2mV,而且能长期保持稳定。测量磁场水平分量 H_x、H_y 的磁探头的灵敏度不低于 100μV/nT,测量磁场垂直分量 H_z 的空心线圈的灵敏度不低于 191μV/nT。这 5 个分量分别送往传感处理器(SP),经放大滤波后,由 V-5 进行模数转换、实时处理,并记录功率谱文件。

野外工作中,当测点选定后,就开始布站观测,用罗盘测定装置的方向,用皮尺丈量距离,一般 x 轴指向磁北方向,y 轴指向正东。有时为了尽可能减少干扰或布站的方便,可将坐标轴旋转一定角度。测量磁场水平分量的磁探头分别沿 x 轴和 y 轴方向埋入地下 20~30cm,埋置时要保持水平,离"十"字中心一般为 10m。测量磁场垂直分量空心线圈一般布置在 SW45°,离"十"字中心一般为 20m,线圈要水平放置,并用泥土压实,以减少环境干扰。仪器车离"十"字中心一般大于 20m,传输电缆必须进行绝缘检查,绝缘电阻必须大于 5MΩ。在放传输线时,必须注意避开测量 H_z 的空心线圈,各道传输线不得相互交叉和悬空,野外测站布置如图 4-6-1 所示。

二、大地电磁测深资料的解释

大地电磁测深资料的解释是大地电磁测深方法最重要的组成部分。按照预处理、定性、半定量、一维反演和二维反演等阶段,由浅入深,逐步进行。它的目的就是将所观测的大地电磁测深资料转换成地电模型,解决所提出的地质任务。

从野外采集的资料,一般来说还不能直接用于解释,还必须进行再处理。

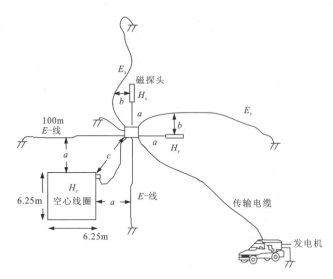

图 4-6-1 野外测站布置图
$a>10\mathrm{m}; b>3\mathrm{m}; c>20\mathrm{m}$

1. 资料的再处理

(1) 曲线的圆滑。野外采集的原始视电阻率和相位资料，由于干扰和观测误差的存在，相邻两频点的数据有时会出现非正常的跳跃。因此，必须根据最小方差原理和大地电磁测深曲线的固有特征进行圆滑。曲线圆滑是一项很重要的工作，必须由有经验的解释人员承担，圆滑时必须充分考虑所获的所有信息，反复进行。

(2) ρ_{TE} 和 ρ_{TM} 的识别。在野外资料采集过程中，MT 采集软件自动将采集结果转化为电性主轴方向，给出实测的 ρ_{xy} 和 ρ_{yx}。由于张量阻抗主轴方向有 90°的不确定性，经资料处理后的张量阻抗旋转方向可能是构造走向，也可能是倾向。因此，要确定 ρ_{xy} 和 ρ_{yx} 谁代表 TE 极化，谁代表 TM 极化。

(3) 静校正。由于浅层不均匀的存在或地形不平，会使得视电阻率 ρ_{TE} 和 ρ_{TM} 发生平行移动，而相应的相位曲线 Φ_{TE} 和 Φ_{TM} 却保持一致，这就是所谓的静位移。对移动了的曲线进行反演解释，会得出错误的结论。因此，对大地电磁作静校正十分必要。

2. 定性解释

定性解释的目的是在资料分析的基础上，通过制作各种必要图件，概括地了解测线（或测区）地电断面沿水平方向和垂直方向上的变化情况，从而对测线（区）的地质构造轮廓有一个初步的了解，以指导定量解释。制作的定性图件主要有：

(1) 曲线类型分布图。将测线（或测区）各测点大地电磁测深曲线类型按一定比例尺缩小绘在相应的图件上就得到曲线类型分布图。从曲线类型分布图可以了解电性层沿水平方向和垂直方向上的变化情况。

(2) 视电阻率断面图。若以测线为横坐标，以频率为纵坐标，将各测点相应频率的视电阻率 ρ_{TE}（或 ρ_{TM}）标在相应的频率轴上，沿测线构成等值线，就得到视电阻率 ρ_{TE}（或 ρ_{TM}）的断面图。

视电阻率断面图定性地反映了电性在断面上的分布。从纵向上看，随着频率的降低，勘探深度的加大，视电阻率的变化反映了电性随深度的变化，由此，可大致确定电性层。从横向上来看，随着点位的不同，视电阻率的变化反映了电性层的起伏，由此可大致确定构造和断层的存在，因此视电阻率断面图是一个重要的图件。应该注意，由于 ρ_{TE} 和 ρ_{TM} 反映地电断面的特征不同，两种视电阻率断面图也不会完全一样，必须综合分析两种图件，才能得出正确的结论。断层在视电阻率断面图的反映，主要表现为视电阻率等值线急剧的变化和扭曲。电性界面的确定主要是根据等值线的梯度变化或密集地方。

(3) 总纵向电导剖面图或平面图。总纵向电导

$$S = \frac{H}{\rho_s}$$

式中：H 为基底的埋深；ρ_s 为基底以上岩层的平均纵向电阻率。在 ρ_s 变化不大的情况下，S 的值可以定性地反映基底起伏。另外，还可以根据实际工作需要，制作其他的定性图件，如相位断面图、各向异性断面图、等周期的视电阻率平面图等。

3. 半定量解释

半定量解释是将视电阻率与频率的关系转变为近似真电阻率与深度的关系，给人一种比定性解释更为明确的关于地电断面的概念。常使用的方法是 Bostick 法。Bostick 反演是一种一维近似反演法。由它求得的模型虽不能完全拟合观测数据，但却能较好地反映待求的模型的基本特征，因而获得广泛的应用。这种方法是基于大地电磁测深曲线低频渐近线的性质，将视电阻率随周期变化的曲线变换成为视电阻率随深度变化的曲线。

4. 定量解释

定量解释是在定性和半定量解释的基础上进行的，任务是给出实测曲线所对应的地电断面参数，提出工区的地球物理模型。较成熟的反演方法有一维、二维反演。

三、大地电磁测深的应用

大地电磁测深成果的地质解释与推断是大地电磁测深资料解释的重要组成部分，地质解释应该仅仅围绕所提出的地质任务来进行，大地电磁测深所能解决的问题可以概括如下。

(1) 研究地壳和上地幔的电性结构，特别是壳内高导层和幔内高导层。

(2) 研究区域构造，这主要指研究基底起伏、埋深和断层分布。

(3) 电性层的划分及其地质解释。岩石电阻率的大小主要取决于组成岩石的矿物成分、结构及其含水量的多少，而与地质年代之间没有直接的关系。然而，对沉积岩来说，同一地质年代，又因沉积环境、矿物成分及其结构相似，岩石的电阻率又相差不多，而不同地质年代的岩石，由于上述条件的不同，电阻率往往有一定的差异，所以，由岩石电阻率的大小来推断其地质年代是有根据的。

(4) 局部构造的研究。

(5) 其他地质问题的研究，如推覆体、裂谷、深大断裂等。

大地电磁测深法具有很大的勘探深度，当研究周期为 $10\sim10^4$ s 的大地电磁场信号时，它的勘探深度可达数百千米。因此，可以利用大地电磁测深法来研究地壳和上地幔的电性分布，它给深部地球物理研究增添了一个新的方法。由于地球深部电学性质与其热状态密切相关，且地热场被认为是地球构造运动的重要力源，所以，用大地电磁测深法研究地壳上地幔结构受

到广泛的重视。近年来,大地电磁测深法在研究深部构造的最重要贡献,是在地壳内部和上地幔中发现有相对高导层,称为壳内高导层和上地幔高导层。并且,在不同类型的地质构造地区,这些相对高导层的电性和分布都有明显的区别。

第七节 可控源音频大地电磁法

可控源音频大地电磁法(CSAMT)是在大地电磁法(MT)和音频大地电磁法(AMT)的基础上发展起来的一种人工源频率域测深方法。20世纪50年代,在吉洪诺夫和卡尼亚经典著作的基础上,发展形成了基于观测超低频天然大地电场和磁场正交分量,计算视电阻率的大地电磁法。我们知道,大地电磁场的场源,主要是与太阳辐射有关的大气高空电离层中带电离子的运动有关。其频率范围从 $n\times10^{-4}\sim n\times10^{-2}\,\text{Hz}$。由于频率很低,MT 法的探测深度很大,可达数十千米乃至一百多千米,是研究深部构造的有效手段。近年来,它也被用于研究油气构造和地热探测。不过,由于其频率偏低,对浅层的分辨能力较差,故而工作效率较低。

为了更好地研究人类当前采矿活动深度范围内(几十米至几千米)的地电构造,在 MT 法的基础上,形成了音频大地电磁法(AMT)。其工作方法、观测参数和 MT 法相同。不过,它观测主要由雷电作用产生的音频($n\times10^{-1}\sim n\times10^{3}\,\text{Hz}$)大地电磁场。因为它的工作频率较高,故其探测深度对资源勘查比较合适,而且生产效率也比 MT 法高。但另一方面,在音频段内,天然大地电磁场的强度较弱,同时,人文干扰强度较大。很低的信噪比使 AMT 法的野外观测十分困难,为了取得符合质量要求的观测数据,需要采用多次叠加技术,一个测深点的观测往往要用四五个小时,甚至更长的时间。

为了克服 AMT 法的上述困难,人们提出观测人工供电产生的音频电磁场。由于所观测电磁场的频率、场强和方向可由人工控制,而其观测方式又与 AMT 法相同,故称这种方法为可控源音频大地电磁法(CSAMT)。由于 CSAMT 法的探测深度适中,故它在地质勘探的各个领域皆有广阔的应用前景。在寻找深部隐伏金属矿、油气构造勘查、推覆体或火山岩下找煤、地热资源勘查和水文-工程地质勘查等方面,都取得了良好的地质效果。

一、方法概述

(一)场源

CSAMT 法属人工源频率测深,它采用的人工场源有磁性源和电性源两种。磁性源是在不接地的回线或线框中,供以音频电流产生相应频率的电磁场。磁性源产生的电磁场随距离衰减较快,为保持较强的观测信号,场源到观测点的距离(收发距)r 一般较小($n\times10^2\,\text{m}$),故其探测深度较小($<\frac{1}{3}r$),主要用于解决水文、工程或环境地质中的浅层问题。电性源是在有限长(1~3km)的接地导线中供音频电流,以产生相应频率的电磁场,通常称其为电偶极源或双极源。视供电电源功率(发送功率)不同,电性源 CSAMT 法的收发距可达几千米到十几千米,因而探测深度较大(通常可达 2km),主要用于地热、油气藏和煤田探测及固体矿产深部找

矿。目前，电性源 CSAMT 法应用较多（图 4-7-1）。

(二) 测量方式

图 4-7-2 示出了最简单的电性源 CSAMT 法标量测量的布置平面图。通过沿一定方向（设为 X 方向）布置的接地导线 AB 向地下供入某一音频 f 的谐变电流 $I = I_0 \mathrm{e}^{-i\omega t}$（角频率 $\omega = 2\pi f$）；在其一侧或两侧 60°张角的扇形区域内，沿 X 方向布置测线，逐个测点观测沿测线（X）方向相应频率的电场分量 E_x 和与之正交的磁场分量 B_y，进而计算卡尼亚视电阻率：

$$\rho_s = \frac{1}{\omega\mu}\left|\frac{E_x}{H_y}\right|^2 = \frac{\mu}{\omega}\left|\frac{E_x}{B_y}\right|^2 \tag{4-7-1}$$

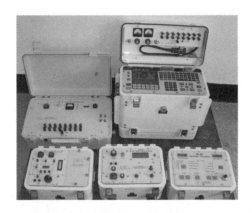

图 4-7-1 GDP-32 多功能电法工作站（美国 ZONGE 公司生产）
说明：可测量复电阻率、频率域和时间域激电、可控源音频大地电磁、电阻率层析成像、天然源大地电磁/音频大地电磁、瞬变电磁法参数

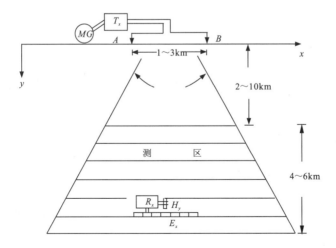

图 4-7-2 双极源 CSAMT 标量测量布置平面图
MG. 供电电源；T_x. 发送机；A、B. 供电电极；R_x. 八道接收机同时测量相邻 7 个测点的 E_x 和排列中心的 B_y

以及阻抗相位：

$$\varphi_z = \varphi_{E_x} - \varphi_{H_y} \qquad (4-7-2)$$

式中：$|E_x|$、$|B_y|$和φ_{E_x}、φ_{B_y}分别为E_x、B_y的振幅和相位；μ是大地的磁导率，通常取为$\mu_0=4\pi\times10^{-7}\mathrm{H\cdot m^{-1}}$。在音频段内($n\times10^{-1}\sim n\times10^3\mathrm{Hz}$)逐次改变供电和测量频率，便可测出$\rho_s$和$\varphi_z$随频率的变化，完成频率测深观测。

实际测量中，通常用多道仪器同时观测沿测线布置的 6～7 对相邻测量电极的 E_x 和位于该组测量电极(简称"排列")中部一个磁探头的 B_y(图 4-7-2)。由于磁场沿测线的空间变化一般不大，故用此 B_y 近似代表整个排列各测点的正交磁场分量，以计算卡尼亚视电阻率 ρ_s 和阻抗相位 φ_z。这样，一次测量便能完成整个排列 6～7 个测点的观测。

除标量测量外，还可以仿照 AMT 的方式作矢量测量[对一个方向(x)的双极源，在每一个测点观测相互正交的 2 个电场分量(E_x,E_y)和 3 个磁场分量(B_x,B_y,B_z)]和张量测量[分别用相互正交的(x 和 y)两组双极源供电，对每一场源依次观测 E_x、E_y 和 B_x、B_y、B_z]。后两种测量方式可提供关于二维和三维地电特征的丰富信息，使用于详查研究复杂地电结构。不过，其生产效率大大低于标量测量，所以生产中很少使用。一般所说的 CSAMT 法都是指标量测量方式。

在 CSAMT 法中，增大供电电极距 AB 和电流 I，可使待测电磁场信号足够强，达到必要的信噪比。所以野外观测较易进行，一般完成一整套频率的测量只需一个小时左右。加之，敷设一次供电电路，能观测一块相当大的测区，更有利于提高生产效率。通常，一个台班可完成几个乃至十个排列的观测，即完成数十个频率测深点。由于生产效率高，一般 CSAMT 法的测点距取得较小(常常与测点电极距 MN 相同，为 $n\times10\sim n\times10^2\mathrm{m}$)，所以它兼有测深和剖面测量双重性质，即垂向和横向的分辨率都较高，适用于地电构造立体填图，研究地下电性的三维空间分布。

二、近场效应和静态效应及校正方法

(一)近场效应影响及校正方法

采用人工场源作 AMT 测量，虽有信号较强、易于观测和生产效率较高等优点，但也引入了一系列与人工场源有关的问题。首先，采用大功率人工源使 CSAMT 法的装备十分笨重，生产成本也较高。其次，由于发送功率有限，为保持足够强的观测信号，收发距 r 总是有限的。这样，在中、低频率上，r 相对趋肤深度 $\delta=\sqrt{2\rho/\omega\mu}$ 不是很大时，电磁场进入"近区"($r/\delta\ll1$)或"过渡区"(r/δ 接近于 1)。然而，卡尼亚视电阻率计算公式是对远区(或称波区，$r/\delta\gg1$)导出的。在过渡区或近区，卡尼亚视电阻率 ρ_s 将发生畸变，即使在均匀大地条件下，算出的 ρ_s 也明显偏离大地的真电阻率，这称为非波区场效应或近场效应。加拿大凤凰公司提出了一种近场效应校正方法——过渡三角形法，能将均匀大地条件下近区和过渡区的 ρ_s 校正到接近大地真电阻率，但仍有 10%～20% 的相对误差。我国学者利用迭代法和数值逼近法建立了新的近场校正方法，校正效果较好。在均匀大地条件下，校正计算的等效电阻率或全频域视电阻率非常接近大地真电阻率。现介绍后一种近场校正方法。

前已述及，CSAMT 法在收发距 r 较小或工作频率 f 较低时，观测的电磁场属近区场或过渡区场，需作非波区场或近区场校正。由实测卡尼亚视电阻率 ρ_s 计算全频域视电阻率 ρ_s'，是一种较好的近场校正方法。

(二)近场效应影响校正算例

为检验近场校正方法的有效性,现以均匀大地为例来说明它的校正效果。为了对比,图中同时绘出了 CSAMT 和 MT 的卡尼亚视电阻率 ρ_s^c 频率测深理论曲线及分别用"过渡区三角形法"(简称老方法)和"全频域视电阻率法"(简称新方法)的校正结果。

图 4-7-3 示出了均匀大地的一组结果。可以看到,CSAMT 的 ρ_s^c 频测曲线在低频时(过渡区和近区)偏离大地真电阻率值 ρ,ρ_s^c 随频率 f 降低而增大,不能形象地反映均匀大地电性结构。与之呈鲜明对照的是,MT 的 ρ_s^c 频测曲线在整个频段内为水平直线,$\rho_s^c = \rho$。用新方法作近场校正后,ρ_s 与 MT 的曲线非常接近,除个别点 ρ_s 与大地真电阻率 ρ 有约 4.4% 的偏差外,其余点的偏差都在 1% 以内。相比之下,老方法的校正结果较差,偏差一般都大于 5%,相当一部分达 10%~12%(在另外一些条件下,最大偏差超过 20%)。上述情况说明,很有必要对 CSAMT 的 ρ_s^c 资料作近场校正;而这里介绍的新方法,可以认为在均匀大地条件下,校正的效果是很好的。

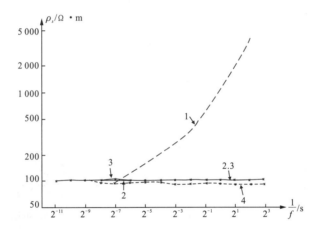

图 4-7-3 均匀大地上电偶源 CSAMT 和 MT 的 ρ_s^c 测深理论曲线及
近场校正结果 $\rho = 100\Omega \cdot m, r = 2\,000m, \theta = 17.5°$
1. CSAMT 理论曲线;2. MT 理论曲线;3. 新方法校正结果;4. 老方法校正结果

(三)静态效应影响及校正方法

CSAMT 和 MT 法一样,观测结果常受静态效应的影响而畸变。所谓静态效应是指当近地表存在局部导电性不均匀体时,电流流过不均匀体表面而在其上形成"积累电荷",由此产生一个与外电流场成正比(比例系数不随频率变化)的附加电场。它使实测的各个频率的视电阻率相对于不存在局部不均匀体时变化一个常系数,从而使双对数坐标系中的频率测深曲线,沿视电阻率轴(即纵轴)发生上下移动。当局部不均匀体为低阻体时,测深曲线向下平移;而若为高阻体,则向上平移。故通常称静态效应为静态位移或静位移。图 4-7-4 中部示出了测深曲线静位移的典型例子。小范围的地形起伏对地表电场的影响产生的畸变,也同表层局部不均匀体的影响相同——产生静态位移。这时,山脊相当于地表低阻体,山谷则相当于地表高阻体。

在 ρ_s 拟断面上，地表局部不均匀体引起的静态效应表现为直立的密集 ρ_s 等值线[图 4-7-4(a)底部]，或垂直的纺锤形局部封闭等值线[图 4-7-4(b)底部]，或更复杂的形态。总的图像特征是横向范围不大的陡立密集等值线。

静态效应会使测深曲线的(一维)定量解释结果，无论电阻率或层厚度都产生误差，而在对 ρ_s 拟断面图作定性解释时，会使粗心的解释者误将静态效应推断为陡立的深大断裂或垂向大延深的异常体。因此，对静态效应作校正，消除或减小其影响，是 CSAMT 资料处理的一项不可缺少的重要任务。

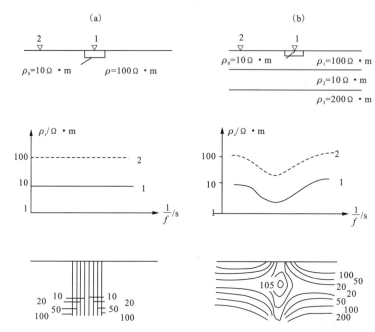

图 4-7-4　均匀大地(a)和 H 型地电断面(b)地表存在局部低阻体时
CSAMT 的静态效应示意图(已作近场校正)
上部为地电断面；中部为 ρ_s 测深曲线；底部为 ρ_s 拟断面图；
1. 1 号测点，有静态效应；2. 没有静态效应

(四)静态效应影响校正算例

为了对比和检验前述静校正方法的有效性，下面看一个理论模型数据的校正效果。

图 4-7-5 示出了一个表层具有 3 个局部不均匀体、深部为一垂直接触带的二维模型[图 4-7-5(b)]及其上方的 MT 正演数值模拟 ρ_s 拟断面图[图 4-7-5(a)]。ρ_s 拟断面图上对应于 3 个表层局部不均匀体处，出现陡立的 ρ_s 等值线带，表明存在严重的静态效应影响。它掩盖了地电断面深部电性特征，即便是进行定性解释也会导致错误的推断——存在向深部延伸的 3 个陡立岩脉或断层，而对实际存在的深部垂直接触带无法做出判断。

对这一复杂的异常，我们先后用常规空间滤波、中值空间滤波和相位导出视电阻率法作了静校正，校正后的 ρ_s 拟断面图分别示于图 4-7-6(a)(b)(c)。总的看来，3 种方法对静位移的压制能力都很明显，都较好地恢复了深部基本的地电特征。从上到下贯通的陡立等值线带基

本消除，而在深部呈现出指示垂直接触带的由水平转向陡立的等值线簇。不过，各种方法的校正效果又有一定的差别。常规空间滤波法校正后[图4-7-5(a)]，表层不均匀体仍稍有显示；深部从水平转向陡立的等值线呈现出一个宽带，对垂直接触带的位置反映不清楚。中值空间滤波法看来效果最好[图4-7-5(b)]，表层局部不均匀体的影响完全被消除；深部从水平转向陡立的等值线比较密集，对垂直接触带的位置反映较清楚。相位校正法的效果[图4-7-5(c)]看来最差，如前面所预见的那样，虽然它对静态效应确有压制能力，但在深部垂直接触带处，相位导出视电阻率的等值线只反映出平缓的变化，使地下电性的横向变化显得十分模糊不清。

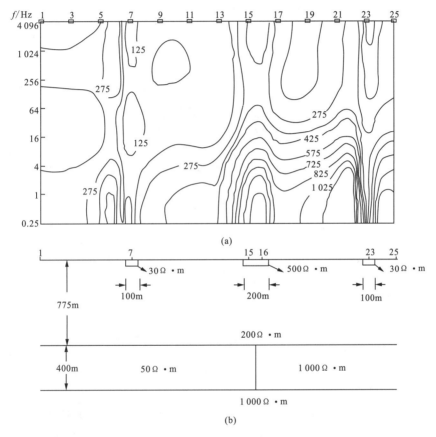

图4-7-5 二维复杂断面模型(b)及其上的ρ_s拟断面图(a)数值模拟结果

(视电阻率单位：$\Omega \cdot m$)

三、可控源音频大地电磁法应用实例

(一)山西沁水盆地的应用效果

CSAMT法在该盆地的任务是探测奥陶系高阻灰岩顶面的起伏，研究其与上覆地层构造的继承关系，以查明该区的局部构造和断裂分布。野外观测采用$AB=2$km的双极源，供电电流为$n\sim20$A($n<20$)，测量电极距$MN=200$m，收发距$r=6\sim10$km，大于探测目标奥陶系灰岩顶面深度($1\sim2$km)的3倍。测深点距一般为500m，测深频段为$2^{-1}\sim2^{12}$Hz。

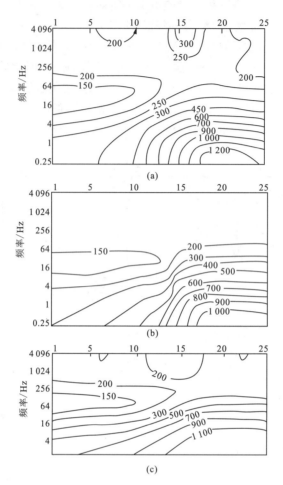

图 4-7-6 ρ_s 拟断面图经静校正后的结果
(视电阻率单位:Ω·m)
(a)常规空间滤波结果;(b)中值空间滤波结果;(c)相位空间滤波结果

图 4-7-7 示出了一条剖面的工作成果,其中(a)图为经过近场校正的视电阻率 ρ_s 拟断面图。可以看出,由于静态效应,图上出现了 4 个陡立等值线异常(49-9、47-18、43-22 和 41-24 点)。它们造成存在陡立断层或岩脉的假像,也使整个断面上的局部构造形态难以辨认。为此,采用空间滤波法作了静校正。对该区实测资料的分析发现,较高频段($2^6 \sim 2^9$ Hz)视电阻率变化平缓,标志表层覆盖层下有一厚度、深度和导电性都较稳定的电性层(这与已知的地质和物探资料相吻合)。故作静校正时,选取各测深点 $f = 2^6, 2^7, 2^8$ 和 2^9 Hz 四个频点的实测视电阻率值计算平均视电阻率 ρ_a,滤波窗口宽度选为 $D=5$。图 4-7-7(b)是经过空间滤波处理后的 ρ_s^{τ} 拟断面图,其上已不再存在前述造成假象的陡立等值线异常带,下部反映奥陶系基岩起伏的高阻等值线变得十分圆滑和轮廓清晰。对静校正后的数据作了一维定量解释,结果示于图 4-7-7(d)。由图可见,CSAMT 推断的石炭系—二叠系(C—P)和奥陶系(O)地层界线以及划分出的断层位置,与同一剖面地震勘探的结果吻合得非常好。

对比图 4-7-7(a)(b)(c)(d)可以看出,静校正后的 ρ_s^{τ} 拟断面图也大体上能反映地下构造形态(c)图,而且没有(a)图那样复杂的陡立等值线异常带,这印证了前面关于相位资料不受静态效应畸变的论断。另一方面,图4-7-7(c)的下部 φ_s 等值线十分平缓,对地下构造反映的比较不清楚。这也印证了前面的另一论断,即单纯利用相位资料作解释或作静校正,有可能遗漏或模糊地下实际存在的横向电性变化。

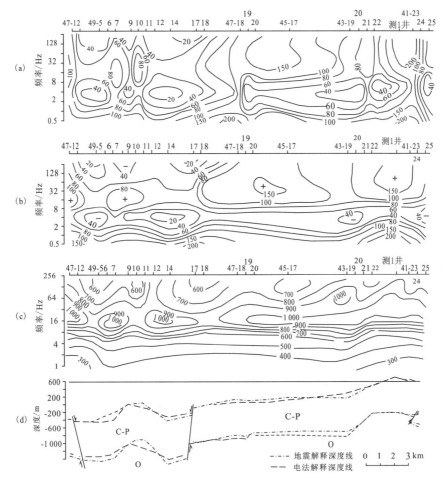

图 4-7-7 山西沁水盆地 CSAMT 和地震勘探综合剖面图

(a)作了近场校正,但未作静校正的 ρ_s 拟断面图(单位:Ω·m);(b)作静校正后的 ρ_s^* 拟断面图(单位:Ω·m);(c)CSAMT 视相位 φ_s 拟断面图(单位:mrad);(d)地震(实线)和 CSAMT(虚线)确定的地层断面

(二)新疆阿舍勒铜矿的应用效果

新疆阿舍勒铜矿是与潜火山作用有特殊密切关系的潜火山热液黄铁矿型铜矿床。矿石富含黄铁矿,为良导电体,是 CSAMT 法有利的找矿目标。图 4-7-8 是根据该矿 2875 线 CSAMT 法观测结果,整理出的视电阻率拟断面图(收发距 $r=6.1$ km,测量电极距 $MN=$ 测点距 $\Delta X=50$ m)。其中,(a)图经过近场校正,但未作静校正,在零乱和总趋势呈陡立的 ρ_s 等值线背景上,可划分出 4 个局部低阻异常和若干个高阻圈闭,很难作推断解释。为校正明显存在

的静态效应,对(a)图所示资料用空间滤波法作了静校正。考虑到该区最高频($f=2^{12}$ Hz)的观测质量较差,选用 $f=2^{11}$ Hz,2^{10} Hz 和 2^9 Hz 三频点的实测 ρ_s 值计算各测深点的平均视电阻率 ρ_a,并以 $D=5$ 的窗口作空间滤波。(b)图是经过校正后的 ρ_s^r 拟断面图,图中没有贯穿整个频段的陡立等值线,并且清晰地呈现出两个局部低阻异常(20 号点下的 $50\Omega \cdot m$ 低阻闭合圈是静校正不完全留下的静态效应"痕迹",不将其作为有意义的异常)。其中,1 号测点下的低阻闭合圈,与钻探控制的已知富矿相对应;13 号点下的低阻是新发现的异常。结合其他地质-物化探资料,推断此低阻异常是地下存在良导电含铜黄铁矿体的反映。用 Bostick 法对 13 号点经过近场和静位移校正后的视电阻率测深曲线作半定量解释,得良导体上顶埋深约为 200m。据此,向主管部门提交了异常验证申请报告。钻探结果在穿过一些较贫的矿(化)层后,于 180~206m 打到了 20 多米厚的黄铁黄铜矿体。这个例子再次证明了空间滤波法作静校正的有效性,同时,也进一步展现了 CSAMT 法寻找深部隐伏矿的前景。

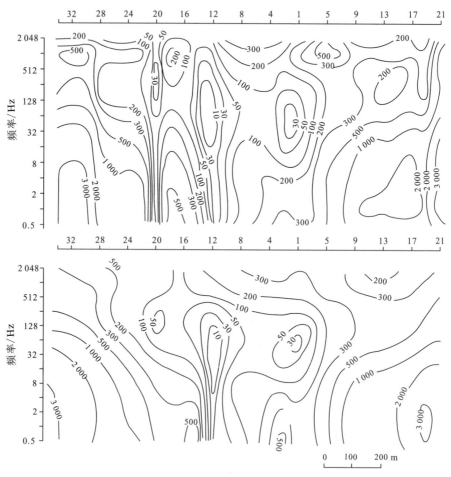

图 4-7-8 新疆阿舍勒铜矿 2875 线 CSAMT 法视电阻率拟断面图
(a)作了近场校正,但未作静校正的 $\rho_s/\Omega \cdot m$ 拟断面图;
(b)作了近场校正和静校正的 $\rho_s^r/\Omega \cdot m$ 拟断面图

最后指出，为了既保留 CSAMT 法的特点又发挥 MT 法的能力，近年来由美国 EMI 和 Geometrics 公司推出的主动源与被动源相结合的 EH-4 电导率成像系统已在国内使用，并在干旱、半干旱及沙漠地区找水取得了明显经济效益和社会效益。

该法是将人工可控电磁场源与天然电磁场源联合应用的一种频率测深法。前者的频率范围 $f=10\sim100{\rm kHz}$，后者的频率范围 $f=0.1\sim1\,000{\rm Hz}$。即用可控源(高频)探测浅部，用天然源(低频)探测深部。人们将这种 CSAMT 法与 MT 法相结合的方法称为"混场源法"。由于它的方法原理跟频率测深与大地电磁测深法相同，故这里就不再作详细讨论了。

第八节　音频大地电磁法

目前，基于平面波卡尼亚频率域电磁测深法向两个相反方向发展：一个发展方向是重设备、大功率可控源音频大地电磁测深法(CSAMT)；另一个相反方向是轻设备、天然源音频大地电磁测深法(AMT)。前者，为了提高信噪比，发射功率从几千瓦发展到几十千瓦，仪器如美国 Zonge 公司 GDP 系列和加拿大凤凰公司 V 系列电法仪。后者如美国 Geometrics 公司 EH-4 系统和德国 Metronix 公司 GMS 系统。

音频大地电磁测深法具有如下特点：①AMT 法利用天然场源，无近场效应影响；②仪器轻便，适用于地形、气候条件恶劣的山区使用；③观测频带宽，从 0.1～100 000Hz。最小探测深度几米至最大探测深度 2 000m，特别适合各种不同深度的工程勘察和金属矿勘探；④AMT 是张量或矢量测量，对二维构造反映比较逼真，采用 TM、TE 两种模式观测，能较真实地反映地质情况；⑤工作效率高，不受通信条件的约束，在现场能够获得成像结果。

一、音频大地电磁测深法原理

音频大地电磁测深法原理是基于大地电磁测深法原理，在 20 世纪 50 年代初提出的一种地球物理探测方法，它是通过对地面电磁场的观测来研究地下岩(矿)石电阻率分布的一种物探方法。相对大地电磁测深法(MT)工作频率 0.001～340Hz，音频大地电磁测深法(AMT)的工作频率较高，高达 100 000Hz，如图 4-8-1 所示。

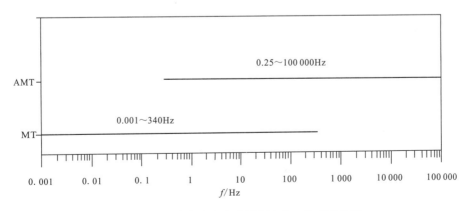

图 4-8-1　音频大地电磁测深法的工作频率范围

二、音频大地电磁测深法仪器及野外工作方法

(一)仪器设备

目前,音频大地电磁测深法仪器主要有 EH-4、GMS-6、GMS-7、GDP32、V8 等系统,下面简单介绍 EH-4 系统(图 4-8-2)。

(1)EH-4 应用大地电磁测深法原理,采用人工电磁场和天然电磁场两种场源。人工场源用于信号较弱或没有信号的地区,保证全频段观测到可靠信号。

(2)它能够同时接受 X、Y 两个方向的电场与磁场,反演 X-Y 电导率张量成像剖面,对判断二维构造特别有利,而一般人工场源电磁测深只能够进行标量测量,不能正确判断二维构造。

(3)仪器设备轻,观测时间短,完成一个 1 500m 深度的电磁测深,大约只要 15min。

(4)实时数据处理与成像,资料解释简捷,图像直观。

图 4-8-2　EH-4 连续电导率剖面仪

(二)野外工作

图 4-8-3 是野外装置布置示意图。共用 4 个电极,每两个电极组成一个电偶极子,分别与测线平行和垂直,要用罗盘定方向,误差小于 ±1°,电偶极子长度误差小于 0.5m,通常电距等于电极距。磁传感器(磁棒)应距前置放大器大于 5m,要埋于地下,相互垂直,误差小于 ±1°。前置放大器(AFE)一般放在两个电偶极子的中心,必须接地,且远离磁棒至少 5m。主机要放在远离前置放大器至少 5m 的一个平台上。

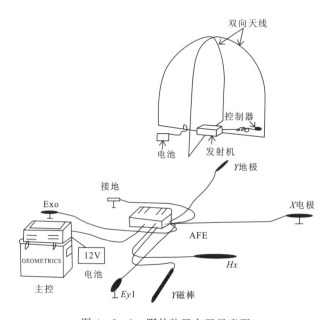

图 4-8-3　野外装置布置示意图

(三)数据采集

音频大地电磁测深数据质量的好坏是获得理想地质效果的关键,而评价数据质量主要取决于信噪比。人文和环境噪声主要来源于人类的活动,工业游散电流、电台、铁路、高压线、风、工作人员的走动等都会形成干扰噪声。

音频大地电磁测深数据质量评价通常采用相关度:一是单个测点单个频率误差分析;二是布置检查点进行数据质量检查。

三、数据处理

在音频大地电磁测深数据处理中,要进行数据编辑、删除奇异点、静态校正、反演解释等。推断解释包括划分地层、确定断裂和推测矿致异常等步骤。

四、应用实例

新疆萨吾尔金矿带是哈萨克斯坦扎尔马-萨吾尔铜金成矿带的东延部分,其中发育众多的金矿床(点),阔尔真阔腊金矿床是火山晚期热液型金矿床。

矿区出露的地层为下石炭统黑山头组钙碱性火山岩,容矿岩石为安山岩和英安岩。矿区构造为火山机构断裂系和区域近东西向断裂构造,二者叠加控制了矿体产出。矿体呈弧形脉状产出,控制斜深为100～200m。矿化类型为充填脉状和交代浸染状矿化,矿石主要有石英黄铁矿矿石等,金属硫化物发育(>5%)。围岩蚀变主要为硅化、黄铁矿化、绢云母化等,矿化强度与黄铁矿化正相关。

由表4-8-1岩(矿)石标本电性测量结果可以看出,本区充填脉状和交代浸染状矿化的两种矿化类型均发育不同程度黄铁矿化,电性特征类似,电阻率相近,但与矿体的围岩安山岩、火山角砾岩及闪长玢岩等差别明显,具备了地球物理测量的物性前提。

表4-8-1 岩(矿)石标本电性测量结果

岩石类型	样品块数	电阻率(室内)$\rho/\Omega \cdot m$	电阻率(野外)$\rho/\Omega \cdot m$
闪长玢岩	4	18 940～5 684	1 054～5 179
玄武安山岩	1	2 368	327～781
安山质熔角砾岩	2	2 708～7 261	—
块状黄铁矿矿石	1	7～138	1～147

选择有强烈矿化地段垂直构造线方向布置了6条测线(125、95、77、53、4、44勘探线)。测量选择1(10～1 000Hz),7(1.5～99 000Hz)频段,信号弱的观测点叠加了4(300～3 000Hz)频段甚至几个频段多次叠加,电偶极距为10m,为了实现场源的卡尼亚条件,将发射机放在距接收机大约3～5个趋肤深度远的距离(250～300m)的位置上,测量E_x和H_y,随着频段改变,获得每个频点的卡尼亚电阻率值。

图4-8-4上部是对95线、77线EH4测量结果进行2D反演图,视电阻率-深度剖面图清晰地反映了地下存在3种不同的电性体:①低电阻率(1~150Ω·m)电性体,剖面上呈浅部发散、深部收敛的漏斗状;②中等电阻率(350~800Ω·m)电性体分布广泛,构成本区电性体的主体;③高电阻率1 000~5 179Ω·m)电性体,呈脉状和透镜状产于中等电阻率电性体之中。

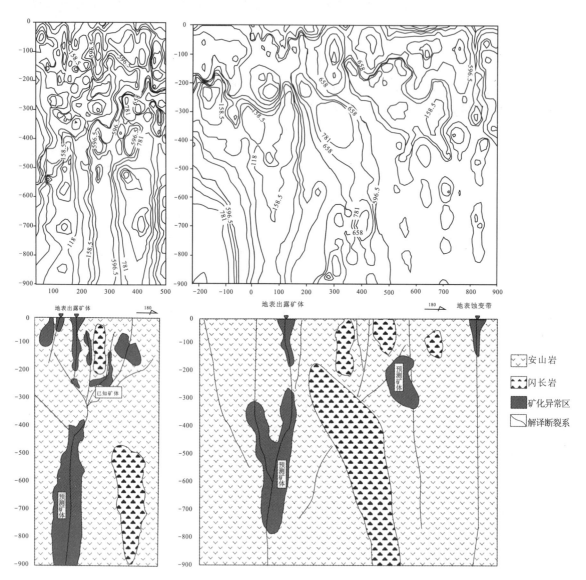

图4-8-4　阔尔真阔腊金矿床95.77勘探线EH4测量
电阻率-深度(m)剖面图(上图)及地质解译图(下图)
(据沈远超,2008)

结合本区围岩产状特点综合分析,高电阻率(1 000~5 179Ω·m)电性体为次火山岩;广泛分布的中等电阻率(350~800Ω·m)电性体应为本区主体岩石即安山岩;低电阻(1~150Ω·m)电性体产出位置与浅部已知矿(化)体和钻孔见矿位置吻合,因此,浅部低电阻率电性体与已知矿化蚀变体相对应,地下 200Ω·m 以下的低电阻率异常与浅部已知矿体的低电阻率异常相同,其延深与浅部已知矿体向深部延伸的趋势一致;认为深部低电阻率异常亦可能反映的是矿化异常。

2004 年实施的地球物理异常验证钻孔(ZK9502 和 ZK5301)发现了矿(化)体,其中工业矿体出现的深度为 385m,品位$(1.32 \sim 71.95) \times 10^{-6}$,矿化体出现的深度是 750m,将矿体产出深度由原来的 100~200m 延深到 385m。钻孔显示低电阻率异常(1~150Ω·m)为矿致异常,由此确定本区含金成矿带的电阻率小于 150Ω·m,矿体围岩的电阻率大于 350Ω·m。

*第九节　探地雷达法

一、探地雷达的基本原理与方法技术

探地雷达法(GPR)是利用一个天线发射高频宽带(1MHz~1GHz)电磁波,另一个天线接收来自地下介质界面的反射波而进行地下介质结构探测的一种电磁法。由于它是从地面向地下发射电磁波来实现探测的,故称探地雷达,有时亦将其称作地质雷达。它是近年来在环境、工程探测中发展最快,应用最广的一种地球物理方法。20 世纪 70 年代以后,探地雷达的实际应用范围迅速扩大,其中有:石灰岩地区采石场的探测;淡水和沙漠地区的探测;工程地质探测;煤矿井探测;泥炭调查;放射性废弃物处理调查以及地面和钻孔雷达用于地质构造填图,水文地质调查,地基和道路下空洞及裂缝调查,埋设物探测,水坝、隧道、堤岸、古墓遗迹探查等。探地雷达利用以宽带短脉冲(脉冲宽为数纳秒以至更小)形式的高频电磁波(主频十几兆赫至数百以至千兆赫),通过天线(T)由地面送入地下,经底层或目标体反射后返回地面,然后用另一天线(R)进行接收(图 4-9-1)。脉冲旅行时为

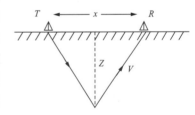

图 4-9-1　反射雷达探测原理

$$t = \sqrt{4z^2 + x^2}/v \quad (4-9-1)$$

当地下介质中的波速 v(m/ns)为已知时,可根据精确测得的走时 t(单位为 ns,1ns=10^{-9}s),由上式求出反射点的深度(m)。

波的双程走时由反射脉冲相对于发射脉冲的延时进行测定。反射脉冲波形由重复间隔发射(重复率 20 000~100 000Hz)的电路,按采样定律等间隔地采集叠加后获得。考虑到高频波的随机干扰性质,由地下返回的反射波脉冲系列均经过多次叠加(叠加次数几十至数千)。这样,若地面的发射和接收天线沿探测线以等间隔移动时,即可在纵坐标为双程走时 t(ns)、横坐标为距离 x(m)的探地雷达屏幕上绘描出仅仅由反射体的深度所决定的"时-距"波形道的轨迹图(图 4-9-2)。与此同时,探地雷达仪即以数字形式记下每一道波形的数据,它们经过数字处理之后,即由仪器绘描成图或打印输出。

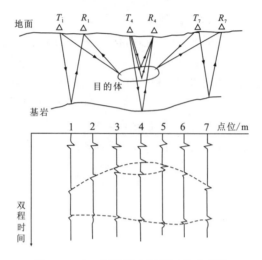

图 4-9-2 探地雷达剖面记录示意图

探地雷达图像由于呈时-距关系形式,因此,类似于地震记录剖面,画面的直观性较强,波形图面上同一反射脉冲起跳点所构成的"同相轴"可用来勾画出反射界面。当然,对于有限几何体的界面,只要返回的能量足够,图面的各道记录上均可追踪反射脉冲同相轴,这自然就歪曲了目的体的实际几何形态。图 4-9-3 为点状反射体的理论计算图像。图上画了六种不同介质波速度条件下的同相轴曲线,从公式(4-9-1)可以看出,点状体的异常成双曲线的一叶形态,其峰顶的横向和纵向位置即为点状体的地面位置和深度。介质速度越小,异常峰尖就越明显;埋深越大、天线距越大,双曲线就越平坦。类似于地震剖面,为达到直观效果,必须对图像进行偏移归位校正。图 4-9-4 给出了有限几何体(充气排球)放入水中后在水面上的实测图像,它证实了计算的规律。由图可见,在有限体的边、角部位,常因绕射现象而使图像复杂化。

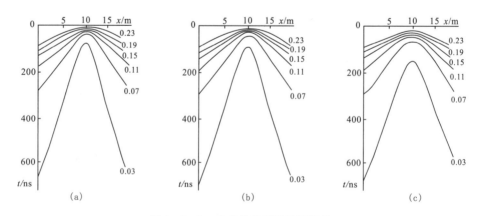

图 4-9-3 点状体的雷达计算图像

v 值/m·ns^{-1}:0.23,0.19,0.15,0.11,0.07,0.03

(a)天线距 0m,埋深 1m;(b)天线距 1m,埋深 1m;(c)天线距 1m,埋深 2m

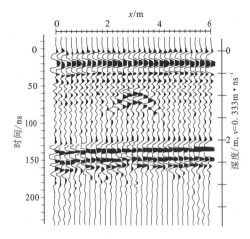

图 4-9-4 放入水中充气排球的探地雷达探测结果

球径 21cm,顶深 0.85m,波速 0.033m·ns^{-1}

二、探地雷达法应用实例

(一)划分花岗岩风化带

图 4-9-5 为长江三峡宜昌三斗坪坝区用探地雷达划分花岗岩风化带的一条实测剖面。它是用 50MHz 天线于雨后的探测结果。根据波形特点,雷达图可以清晰地分辨出表土以下全风化带、强风化带、弱风化带之间的界面,甚至弱风化带内的子界面以及与弱风化带的交界面也可以识别,它们的位置和相对厚度均与钻探结果吻合甚好。由于未进行高程校正,图上见到的台阶形界面系山坡或地表台阶陡坎的反映。

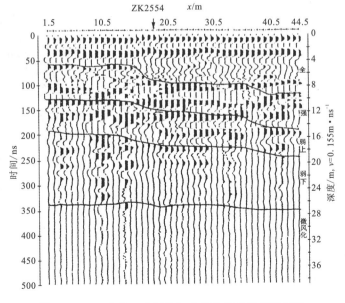

图 4-9-5 宜昌三斗坪长江北岸花岗岩风化带探测

(二)隧道探测

下面列举广西天生桥水电站引水隧道洞内两个雷达探测的案例来说明其效果。图4-9-6为某隧道内侧壁方向纵深灰岩溶蚀情况的探测图。灰岩的溶蚀带因含水,对高频电磁波吸收较强而不同于其他部位。图上左侧(0~10号测点)直至24m纵深仍有很强信号,说明图中10号测

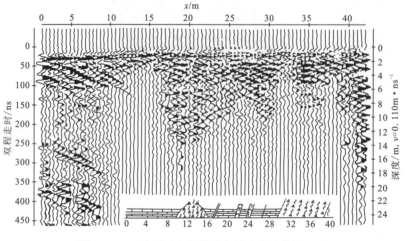

图4-9-6 广西天生桥隧道内侧壁溶蚀带的探测

点以右的大部分地段出现的弱信号应与溶蚀吸收有关。在这一地段内,强信号的最深部位仅止于14m,显然,整个地段均受溶蚀。以10~16号点这一段溶蚀最甚;30~40号点次之;16~30号点最弱。这一现象大致与所观察到的地质剖面一致(图下方所附剖面)。10~16号点的溶蚀并不完全始于洞壁,2m以内的浅表仍有强信号,内部的溶蚀强于浅表,并有向两侧扩展之势,不像地质观察剖面所描述的那样向壁外收敛。30~40号点,浅表溶蚀更弱且不均匀,其中35号点附近、8m纵深仍有强信号,表明该处的溶蚀现象应在更深部。同样,整个这一段的溶蚀也是向深部及两侧扩展的。中部20号点附近虽有较深延的强信号,但与剖面左侧部分显然不同,说明该处应仍属溶蚀带。图4-9-7为另一隧道洞内直径为10.8m刚爆破掘进的掌子面上测得的雷达剖面。图上仅仅见到浅表处的强信号。根据工区灰岩的雷达探测规律,这一现象显然不是介质强吸收的反映,而是前方没有波的反射,浅表强信号实系爆破造成的不均匀松动带所引起。由此推知,掘进方向前方无溶洞-裂断等地质隐患存在,这一推断为继续掘进的结果所证实。

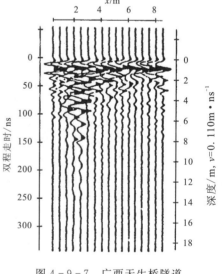

图4-9-7 广西天生桥隧道掌子面的前方探测

*第十节 地面核磁共振找水方法

核磁共振找水方法是利用核磁共振(NMR)技术探测地下水的一种新的地球物理方法,它是 NMR 技术应用的新领域,是目前唯一的直接找水的新方法。与传统的地球物理勘查地下水的方法相比具有高分辨力、高效率、信息量丰富和解唯一性等优点。特别是探测地下淡水时更显示出新方法的优越性。利用核磁共振找水仪(图 4-10-1)可以高效率地进行区域水文地质调查,确定找水远景区,圈定地下水的三维空间内的分布,进而可靠地选定水井位置。

图 4-10-1 法国 IRIS 公司 NUMIS 核磁共振找水仪

一、方法原理

水中氢原子核(质子)具有核子顺磁性,氢原子核是地层中具有核子顺磁性的物质中丰度最高的核子,用一定的方法使地下水中氢原子核形成宏观的磁矩,这一宏观磁矩在地磁场中产生旋进运动,其进动频率为氢原子核所特有。用线圈(框)拾取宏观磁矩进动产生的自由感应衰减信号(NMR 信号),即可探测地下水的存在。因为 NMR 信号的强弱直接与水中质子的数量有关,即 NMR 信号的幅值与所研究空间内的水含量成正比(结合水和吸附水除外),因此,构成一种直接找水技术,形成了一种新的找水方法。

在利用核磁共振找水仪进行野外工作时,采用正方形(或圆形、八字形)的不接地回线,回线大小和形状视水的埋深和工区电磁噪声而定。回线中通以具有一定宽度和强度的交变电流脉冲(脉冲频率等于水中质子在当地地磁场中的旋进频率),使水中质子形成宏观磁矩。断电后用同一线圈作接收线圈,测量 NMR 信号,NMR 信号经选频放大后进入记录装置。可以采用各种弱信号处理技术提高信噪比,突出有用信号。

对于一层薄水层,自由感应衰减信号具有以下形式:

$$E = E_0 \exp(-t/T_2^*) \sin(2\pi f_0 t + \varphi_0)$$

式中:T_2^* 为水中质子的自旋-自旋弛豫时间(单位:ms);E_0 为与进动水分子总数和仪器参数有关的一个函数,为 NMR 信号的初始振幅;t 为观测时间;f_0 为质子共振频率。磁共振找水仪测定 NMR 信号 E,即可探测地下水的存在与否。

为了检验核磁共振找水方法的有效性,苏联20世纪80年代中期在封冻的鄂毕河水库上进行了一次试验,试验结果如图4-10-2所示。水库存在一冰冻层(厚1.2m),在冰层下方,各测点(S15～S20)上均得到不同含水量的直方图。在河床部分,含水量明显变大。核磁共振找水仪Hydroscope确定的含水层深度与深度测量所得河床剖面深度几乎完全一样,说明了核磁共振找水方法的有效性。

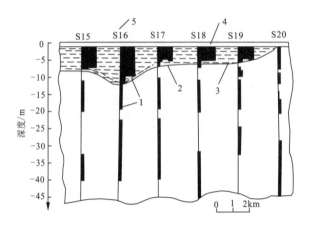

图4-10-2 俄罗斯鄂毕河水库上Hydroscope剖面
1.含水量直方图;2.由深度测量所得河床剖面;3.Hydroscope
确定的河床剖面;4.冰层(1.2m);5.测点位置

二、应用实例:在湖北某工区找到水质良好的岩溶水

工区位于丘陵区内,大部分为耕田,被第四系黏土所覆盖,前人认为是无水区。为了探测该区的地下水,NMR测深点沿上间洼地以200m点距布置,共完成12个NMR测深点。根据工区电磁干扰水平,分别采用大方(75m×75m)、大圆(直径$D=100m$)、"八"字形天线($D=50m$)。

图4-10-3是3个NMR测深资料反演结果与钻孔岩性资料的对比图。其中(a)(b)(c)分别为测深点XJJ-3、XJ♯1、XJI-1的含水量直方图,(d)为根据NMR资料布钻后的岩性柱状图,(e)(f)(g)分别为XJJ-3、XJ♯1、XJI-1点的NMR信号衰减时间(T_2^*)的直方图。

由图可以看出,I区有两个主要含水层,其中第一含水层位于23～42m深处,在各个测深点上都有反映,其中位于已知民用井附近的XJ♯1测深点,在32～41.5m深度段有一含水层,与已知民用井中水面深度(32m)符合甚好,其单位体积含水量为2.2%。距XJ♯1点70m处的XJJ-3点的第一含水层偏浅(24～32m),但是含水量增大为5.6%,距已知民用井200m的XJI-1点的第一含水层位于28～36.5m深处,其含水量为6.34%。

根据XJJ-3、XJ♯1点的NMR资料解释结果都预示在75.5～100m甚至100m以下,有第二含水层存在。

根据NMR测深反演结果确定了出水井的位置,建议钻进深度120m,目的层位于30m和100m左右。实际钻探(终孔深度130m)结果证实了上述解释的正确性。钻孔ZK1的岩性柱状图如图4-10-3(d)所示。由该图可见,本区的基岩为灰岩,主要含水层为破碎灰岩层,即在30～42.7m、74～130m的溶蚀、破碎灰岩是富水段,而在42.7～74m深度段为致密灰岩。

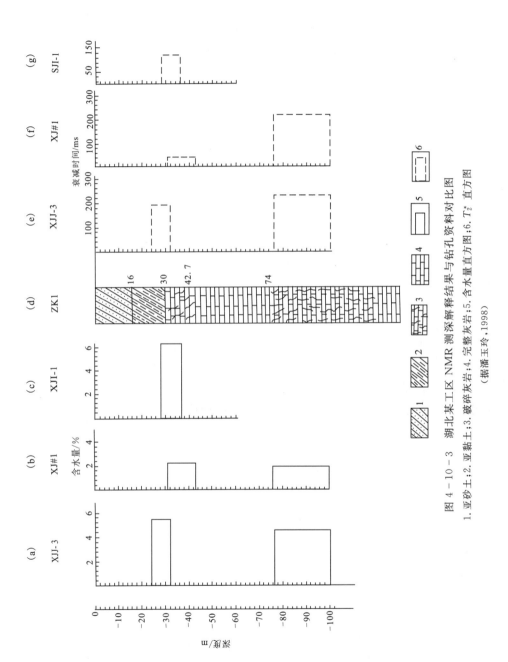

图 4-10-3 湖北某工区 NMR 测深解释结果与钻孔资料对比图
1. 亚砂土；2. 亚黏土；3. 破碎灰岩；4. 完整灰岩；5. 含水量直方图；6. T_2^* 直方图

（据潘玉玲，1998）

本区深部灰岩更加破碎,溶洞、裂隙发育,为主要含水层。含水体为碳酸盐岩类岩层。水质很好,单井日出水量超过 1 000 m³。结束了当地居民祖祖辈辈喝地表水的日子,同时提供了农牧业用水的水源地。

练习与思考题

1. 什么是电法勘探方法?电法勘探方法有哪些分类?
2. 电法勘探方法与重力、磁法勘探方法有何异同点?
3. 什么是岩(矿)石的电阻率?简述岩(矿)石电阻率的特点及影响因素。
4. 解释下列专业名词:①均匀各向同性半空间;②无穷远极;③点电源。
5. 请描述一个点电源、两个异性点电源的电场。
6. 为什么加大供电极距可以增加探测深度?
7. 什么是最佳电极距?
8. 解释下列名词:①装置系数;②地电断面;③联合剖面法正交点、反交点。
9. 什么叫视电阻率?为什么要引入视电阻率概念?什么情况下视电阻率等于真电阻率?
10. 简述电阻率法的仪器装备。
11. 什么是联合剖面法?联合剖面法适合寻找哪一类地质体?
12. 试分析联合剖面法装置通过直立良导脉时地下电流密度变化及视电阻率曲线的变化情况。
13. 为什么不同极距的联合剖面曲线可以判断地质体的倾向?
14. 简述联合剖面法的应用。
15. 在电法勘探中,是不是接地电阻越大越好或越小越好?
16. 什么是中间梯度法?中间梯度法适合寻找哪一类地质体?
17. 什么是电测深法?
18. 试分析二层地电断面的电测深曲线。
19. 请画出 H 型、A 型、K 型和 Q 型三层电测深曲线。
20. 简述电测深法的应用。
21. 什么是充电法?充电法的应用是什么?
22. 什么是自然电场法?自然电场的成因是什么?
23. 什么是不极化电极?试叙述它的结构。
24. 什么是激化极化法?极化率?视极化率?
25. 激化极化法适合寻找哪一类地质体?
26. 什么是电磁法(或称交流电法)?
27. 探地雷达的基本原理是什么?它的主要应用是什么?
28. 高密度电法与常规的传导类电法有何异同?
29. 什么是瞬变电磁法?举例说明它的应用。
30. 什么是大地电磁测深法?举例说明它的应用。
31. 什么是可控源音频大地电磁测深法?举例说明它的应用。
32. 什么是音频大地电磁测深法?举例说明它的应用。

33. 核磁共振找水方法与直流电测深法找水有何不同？

发展趋势

电法勘探的采集技术已经由传导类电法勘探发展到以感应类电法勘探为主，即通常所说的电磁法。电法勘探种类繁多，如瞬变电磁法（TEM）、大地电磁测深法（MT）、音频大地电磁法（AMT）、可控源音频大地电磁法（CSAMT）、高密度电法、探地雷达、管线探测、地面核磁共振找水等，电法勘探的数据处理方法广泛采用2D/3D有限元、有限差分等方法，也采用地震勘探中的偏移成像等方法，以及小波、分形、人工神经网络、模拟退火和遗传算法等各种非线性科学方法、计算机可视化技术。电法勘探方法广泛应用于能源、固体矿产、环境工程勘探等领域。

进一步阅读书目

陈仲候，王兴泰，杜世汉. 工程与环境物探教程[M]. 北京：地质出版社，1993.
傅良魁. 应用地球物理教程：电法、放射性、地热[M]. 北京：地质出版社，1991.
李大心，顾汉明，潘和平，等. 地球物理方法综合应用与解释[M]. 武汉：中国地质大学出版社，2003.
刘天佑，罗孝宽，张玉芬，等. 应用地球物理数据采集与处理[M]. 武汉：中国地质大学出版社，2004.
日丹诺夫 M C. 电法勘探[M]. 武汉：中国地质大学出版社，1990.
姚姚，陈超，昌彦君，等. 地球物理反演基本理论与应用方法[M]. 武汉：中国地质大学出版社，2003.
张胜业，潘玉玲. 应用地球物理学原理[M]. 武汉：中国地质大学出版社，2004.
Parasnis D S. Principles of applied geophysics[M]. London：Chapman & Hall，1997.
Telford W M，L P Geldast，R E Sheriff，et al. Applied Geophysics[M]. Cambridge：Cambridge University Press，1976.
В. К. Матвеев，Электроразведка，МОСКВА，Недра，1990.
В. К. Хмелевский，В. М. Вонборенко，Электроразведка，МОСКВА，Недра，1990.

第五章 地震勘探

地震勘探是通过观测和研究人工地震(炸药爆炸或锤击激发)产生的地震波在地下的传播规律来解决地质问题的一种地球物理方法。

如图 5-0-1 所示,人工地震引起震源附近岩石的质点发生振动。这种振动以震源为中心,由近及远地向四周传播,形成地震波。当遇到地下弹性性质不同的岩层界面时,地震波将被反射和(或)折射,从而改变前进的方向,并返回地面,引起地面的振动。用检波器接收反射和(或)折射信号,并通过电缆将它们送入地震仪中记录下来,就获得了一幅地震记录。从记录上查出波到达地面各检波点的时间,并利用一些已知的波速资料,就可以推断地下岩层分界面的埋深和产状,达到查明地质构造之目的。

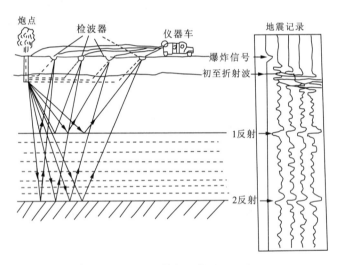

图 5-0-1 地震勘探反射波法示意图

根据产生波的弹性介质的形变类型,地震勘探可以分为纵波勘探和横波勘探两大类。而对每一类勘探,可以根据波传播方式的不同,分为反射波法、折射波法和透射波法 3 种。其中前两种是最基本的方法。

根据工作环境的差别,还可以将地震勘探分为地面地震勘探、海洋地震勘探和地震测井 3 类。与其他物探方法相比,地震勘探具有勘探深度较大、分辨率较高、解释结果较直观单一等特点,因此得到了广泛应用。目前,能源勘探的地震已普遍实现了数字化,不仅能迅速查明复杂的储油气构造和含煤构造,而且在岩性、岩相研究和直接找油方面也取得了重大进展。在水文、工程地质工作中,利用地震勘探可以确定地下含水层、查明地下水位、研究基岩起伏、追索断裂带、确定覆盖层厚度等。通过勘查地质构造,地震勘探还可以间接寻找与构造有关的矿产,如铝钒土、砂金、铁、磷、铀等。

第一节　地震勘探理论基础

一、地震波的类型

地震勘探中由人工激发产生的地震波有两种类型。

一种类型的波是在弹性介质内部向四周传播的称为体波。体波又可以分为两种类型：一种是质点振动方向与波的传播方向相同的波，称为纵波；另一种是质点振动方向与波传播方向垂直的波，称为横波。

另一种类型的波只在两种介质的界面传播，称为面波。面波也可以分为两类型：一种是沿自由表面（介质与大气层的界面）传播的波，称为瑞雷波；另一种是在低速岩层覆盖于高速岩层的情况下，沿两岩层界面传播的波，称为勒夫波。

理论证明，体波中纵波的传播速度比横波大 1.7 倍。一般激发方式产生的地震波中，纵波能量最强，易于观测。故目前地震勘探主要是应用纵波。此后如无特殊说明，本节所讨论的地震波都是纵波。横波虽然速度低、能量弱，但它的分辨率较高，故横波勘探一直在试验和改进之中，并已经取得了一定的进展。

二、地震波的反射和折射

假设地下存在着两种岩层（图 5-1-1），上部岩层的密度为 ρ_1，波在其中传播的速度为 V_1；下部岩层的密度为 ρ_2，波在其中传播的速度为 V_2。理论证明，当上、下岩层的波阻抗（即密度与速度的乘积）$\rho_1 V_1 \neq \rho_2 V_2$ 时，入射波 P_1 传播到两种岩层的界面 Q 上，就会使其中一部分能量返回原来的介质，形成反射波 P_{11}，且入射角 α_1 与反射角 α_2 相等。这种具有波阻抗差异的界面称为反射界面。

入射波 P_1 到达界面 Q 时，还将使一部分能量透过界面，在下层介质中传播，形成透射波 P_{12}（图 5-1-1）。令入射角为 α，透射角为 β，则它们之间的关系应满足斯奈尔定律：

$$\frac{\sin\alpha}{\sin\beta} = \frac{v_1}{v_2} \tag{5-1-1}$$

当下伏岩层具有较高的波速，即 $V_2 > V_1$ 时，$\beta > \alpha$。随着入射角 α 的增大，透射角 β 将更快地增大。当 α 增至某一临界角 i 时，$\beta = 90°$。此时出现与光学中的"全反射"类似的现象。透射波在下层介质中以速度 V_2 沿界面滑行，这种沿界面滑行的透射波又称为滑行波。由式（5-1-1）可知，临界角 i 应满足下列关系：

$$\sin i = \frac{v_1}{v_2} \tag{5-1-2}$$

以临界角 i 入射的 A 点称为临界点。由于界面两侧的质点存在着弹性联系，因此在临界点以后，由于滑行波经过所引起的界面以下质点的振动必然会引起上层各质点的振动，于是在上层介质中就会形成一种新波，称为折射波或首波。

折射波射线是以临界角 i 出射的一簇平行线，其中第一条射线 AM 又是以 i 角出射的"临界"反射波射线。M 是折射波出现的始点，在区间 OM 内不存在折射波，该区间称为盲区。

折射波形成的基本物理条件是：界面下介质的波速应大于上覆介质的波速，且入射角α要达到形成折射波的临界角i。在多层介质中，要使任一地层顶面形成折射波，必须该层波速大于上覆所有各层的波速。如果上覆地层中某一层波速大于下伏所有各层的波速，则在这些下伏层顶面都不能形成折射波。与形成反射的条件相比，形成折射的条件较苛刻。于是，在同一层剖面中，折射界面的数目总是少于反射界面。因而用折射波法划分地质剖面的能力要比反射波法差。折射波法常用于调查近地表基岩面起伏，或地表低速覆盖层厚度。

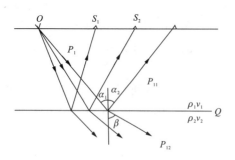

图 5-1-1　反射和透射

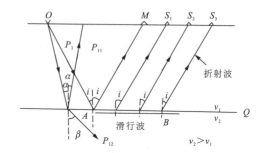

图 5-1-2　折射波的形成

三、有效波和干扰波

在地震勘查中，有效波与干扰波的概念是相对的。一般用于解决所提出地质问题的波称为有效波，而所有妨碍分辨有效波的其他波都属于干扰波。例如，在折射波法中，折射波是有效波，但在反射波法中，折射波又是干扰波了。但是，无论在哪种地震勘探方法中，爆炸引起的声波，风吹草动、机械、车辆等形成的微震都属于干扰波。

地震波遇到良好的弹性界面（如地面、基岩面、不整合面、低速带底面等）时，不仅能形成一次反射，而且能再次反射，形成多次反射波。有时还形成折射反射波、反射折射波等（图5-1-3）。这些多次波的存在，降低了对一次波的分辨能力。因此，分辨和压制多次波是地震资料处理和解释中的重要环节。

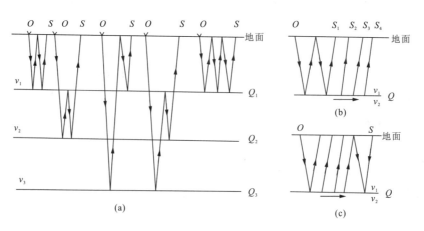

图 5-1-3　一些常见的多次波
(a)多次反射波；(b)反射-折射波；(c)折射-反射波

四、地震波在岩石中的传播速度

速度是地震资料处理和解释的重要参数。表 5-1-1 列举了纵波在一些岩石和介质中的传播速度。由表可见，岩浆岩和变质岩的波速一般比沉积岩的波速大；沉积岩中，灰岩的波速又比砂岩和页岩的波速大；即使同一种岩石，它们的波速也有较大的变化范围。

表 5-1-1 岩石与介质中纵波的传播速度

岩石或介质	纵波速度 $v_p/\mathrm{m\cdot s^{-1}}$	岩石或介质	纵波速度 $v_p/\mathrm{m\cdot s^{-1}}$
空气	330	岩盐	4 200～5 500
水	1 430～1 590	石灰岩	3 400～7 000
冰	3 100～4 200	白云岩	3 500～6 900
砂	600～1 850	大理岩	3 750～6 940
泥岩	1 100～2 500	片麻岩	3 500～7 500
泥灰岩	2 000～3 500	花岗岩	4 750～6 000
砂岩	2 100～4 500	闪长岩	4 600～4 880
页岩	2 700～4 800	玄武岩	5 500～6 300
石膏	2 000～3 500	辉长岩	6 450～6 700
硬石膏	3 500～4 500	橄榄岩	7 800～8 400

影响波速的主要因素是岩石的密度与孔隙度。一切固体岩石都是由矿物颗粒构成的岩石骨架和充填有各种气体或液体的孔隙组成，波在孔隙的气体或液体中传播的速度要低于在岩石骨架中传播的速度。孔隙度增大时，岩石密度变小，速度也要降低。

岩石中的波速还与岩石的生成时代和埋藏深度有关。埋藏深、时代老的岩石要比埋藏浅、时代新的岩石速度大。

值得指出的是，地表附近岩石受风化作用而变得疏松，波在其中的传播速度很低，一般为 $400\sim1\ 000\mathrm{m\cdot s^{-1}}$，这种地带称为低速带。地震波穿过低速带将使其旅行时增大，消除地表低速带的影响是处理地震资料必不可少的环节。

*第二节 地震波理论时距曲线

图 5-2-1 下部给出了理想情况下地震波在地下的传播路径示意图。图中 O 为震源（或称炮点），在测线上用 12 个检波器接收地震波。该图下部为 12 道地震记录组成的图像。每道记录都有一些振幅增大的地方，反映了传播路径不同的波（折射波、反射波和直达波。所谓直达波，是指从震源直接到达检波点的波）的到达。从图中可以找出各道记录振幅开始增大（或振幅最大）的点，将这些点连接起来，就构成了该种波的（初至）同相轴。这些同相轴反映了炮点至检波点的距离（称为炮检距）x 与波到达各检波点的旅行时 t 之间的函数关系。在 (x,t)

平面内,此函数关系即称为时(间)距(离)曲线。

一、直达波时距曲线

假设地下充满均匀介质(指在空间各点上速度相同的介质),波在其中传播的速度为 v。以震源 O 作为坐标原点,则在炮检距为 x 的点上直达波的旅行时可表示为

$$t = \pm \frac{x}{v} \tag{5-2-1}$$

式(5-2-1)就是直达波的时距方程。当测点在原点右方时,式中取正号,反之取负号。显然,直达波时距曲线是通过原点的对称直线(图5-2-2)。求此直线斜率的倒数即可得到波速 v。

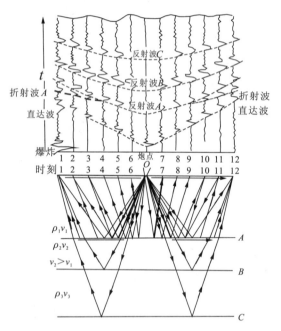

图 5-2-1　根据地震记录绘制时距曲线
（据 Shama,1978,稍加修改）

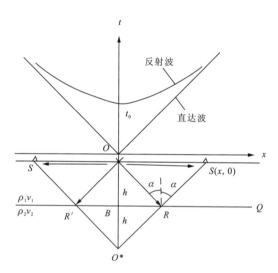

图 5-2-2　水平界面的直达波和
反射波时距曲线

二、反射波时距曲线

假设地面和反射界面都是水平的,波在其中传播的速度为 v_1,震源至界面的法线深度为 h。取震源 O 为坐标原点,当在地面任意点 S 观测时,波的行程为 ORS。根据几何光学的镜像原理,通过作图求得一个相对于界面与震源对称的虚震源 O^*（图5-2-2）。显然 $OB = O^*B = h$,且有:

$$OR + RS = O^*R + RS = O^*S = v_1 t$$

由直角三角形 O^*OS 可得出:

$$(2h)^2 + x^2 = v_1^2 t^2$$

式中:t 为波从 O 点出发经界面 R 点反射到达地面 S 点的旅行时。将上式化简,便得到水平界面的反射波时距方程:

$$t=\frac{1}{v_1}\sqrt{4h^2+x^2} \qquad (5-2-2)$$

反射波时距曲线是双曲线中位于上部的一条曲线,且以纵轴为对称(图5-2-2)。

波在震源 O 处是垂直入射和反射的,该处最先接收到反射波。令 $x=0$,则由式(5-2-2)可得到震源处的反射波旅行时 t_0 可表示为

$$t_0=\frac{2h}{v_1} \qquad (5-2-3)$$

t_0 为回声时间。

若反射界面为倾斜的平界面,则其反射波时距方程为

$$t=\frac{1}{v_1}\sqrt{x^2+4h^2\pm 4h\cdot\sin\varphi} \qquad (5-2-4)$$

式中:φ 为界面的视倾角。当界面下倾方向与 x 轴的正向一致时,根式中第三项前取正号,否则取负号。式(5-2-4)也是双曲线方程,但时距曲线的极小点不在震源上方,而在沿界面上倾方向的某一点上(图5-2-3)。

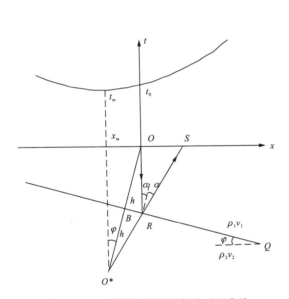

图 5-2-3 倾斜界面的反射波时距曲线

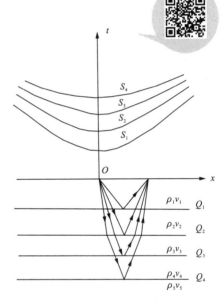

图 5-2-4 水平多层介质的反射波时距曲线

三、折射波时距曲线

取震源 O 为坐标原点,假设地面和折射界面都是水平的,震源至界面的法线深度为 h,上层介质的波速为 v_1,下层介质的波速为 v_2,且 $v_1<v_2$。当在盲区以外炮检距为 x 的任意点 S 观测时,波的传播路径如图5-2-5所示。

$$OKRS=OK+KR+RS$$

式中:$OK=RS=h/\cos i$,i 为临界角,于是波在上层介质中的旅行时为

$$t_1=\frac{1}{v_1}(OK+RS)=\frac{2h}{v_1\cos i}$$

波在界面 Q 上的滑行时间为

$$t_2 = \frac{KR}{v_2} = \frac{x - 2h\tan i}{v_2}$$

故折射波总旅行时为

$$t = t_1 + t_2 = \frac{2h}{v_1 \cos i} + \frac{x - 2h\tan i}{v_2} \quad (5-2-5)$$

由式(5-1-2)可知:

$$v_2 = \frac{v_1}{\sin i}$$

将上式代入式(5-2-5),可得到水平界面的折射波时距方程:

$$t = \frac{1}{v_1}(|x|\sin i + 2h\cos i) \quad (5-2-6)$$

式中:x 取绝对值是为了使该式在测线上的任何测点上都适用。

水平界面的折射波时距曲线是以 M 和 M' 为始点,以纵轴为对称的两条直线段 S_1 和 S_2,其中 OM 和 OM' 为盲区(图 5-2-5)。

如果折射界面为倾斜的平界面,则其折射波时距方程为

$$t = \frac{1}{v_1}[|x|\sin(i+\varphi) + 2h\cos i] \quad (5-2-7)$$

式中:φ 为界面的视倾角。当检波点相对震源位于界面下倾方向时,式(5-2-7)中 φ 取正,否则取负。倾斜平界面的折射波时距曲线也是两条直线段,但沿界面上倾方向较缓,盲区范围较小(图 5-2-6)。当 $x=0$ 时,由式(5-2-7)可得出:

$$t_0 = \frac{2h\cos i}{v_1} \quad (5-2-8)$$

式中:t_0 是两条时距曲线延长至纵轴的交点,称为截距时间。

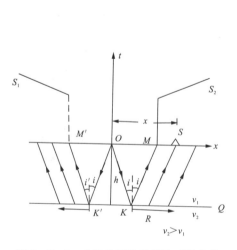

图 5-2-5 水平界面的折射波时距曲线

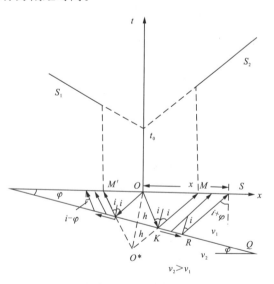

图 5-2-6 倾斜平界面的折射波时距曲线

第三节　地震仪和地震勘探工作方法

地震仪是获得地震记录必不可少的工具。由人工激发所引起的反射波或折射波到达地面时,地面产生的微弱振动被检波器接收下来并转换成电信号,经电缆送入放大器放大,再由记录器记录下来,一个检波器、一个放大器和一个记录器的组合称为一个地震道。一台地震仪大多有很多道(如 6、12、24、48 道甚至更多)。国产 DZQ12-1 型浅层地震仪有 12 道,主要用于解决水文地质、工程地质和浅层勘探等问题。

图 5-3-1　DZQ48/24/12 型浅层地震仪(重庆地质仪器厂)

地震勘探可分为路线普查、面积普查、面积详查和构造细测 4 个阶段。各阶段的地质任务不同,测网密度或测线上炮点的距离也不同。主测线应尽可能垂直于预测构造的走向,测线间距以不漏掉次级构造为原则。

炮点和检波点之间的相互位置关系称为观测系统。反射波法常用的是多次覆盖观测系统。所谓多次覆盖,是指对地下界面上的各反射点进行多次重复观测。图 5-3-2 为四次覆盖的情况。$O_1,O_2,\cdots\cdots$为炮点,相邻炮点间的距离等于相邻检波点间距离的 3 倍,每激发一次有 24 个地震道接收。图中示出了从 O_1 至 O_4 四次放炮时共反射点 A 至 F 的位置及相应的检波点。可以看出,第一炮的 19 道,第二炮的 13 道,第三炮的 7 道和第四炮的 1 道有一个共反射点 A。其他具有共反射点的道集见表 5-3-1。

折射波法常用的是相遇时距曲线观测系统。如图 5-3-3 所示,时距曲线 S_1 和 S_2 是分别在 O_1 和 O_2 激发时得到的,反映界面的 BD 和 CA 段(图 5-3-3 中,在折射波和直达波时距曲线交点前的折射波时距曲线,由于其到达地面的时间比直达波晚,初至不易辨认,故一般不用于解释),其中 BC 段是被重复覆盖的地段。利用互换时间(相遇折射剖面公共点上的旅行时间。从爆炸点 A 到检波点 B 的地面-地面时间,与爆炸点 B 到检波点 A 的地面-地面时间相等)相等,可对这两条时距曲线进行解释,将提高解释的可靠性。

表 5-3-1　四次覆盖共反射点叠加道表

炮点号＼共反射点＼道号	A	B	C	D	E	F	G	H	I	J	K	L	M	N	O	P	Q	R	S	T	U	V	W	X
1	19	20	21	22	23	24																		
2	13	14	15	16	17	18	19	20	21	22	23	24												
3	7	8	9	10	11	12	13	14	15	16	17	18	19	20	21	22	23	24						
4	1	2	3	4	5	6	7	8	9	10	11	12	13	14	15	16	17	18	19	20	21	22	23	24
5							1	2	3	4	5	6	7	8	9	10	11	12	13	14	15	16	17	18
6													1	2	3	4	5	6	7	8	9	10	11	12
7																			1	2	3	4	5	6
⋮																								

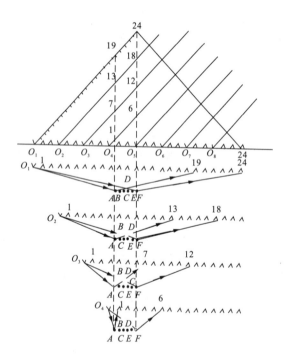

图 5-3-2　单边放炮四次覆盖观测系统

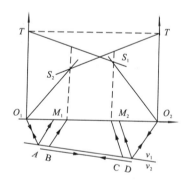

图 5-3-3　相遇时距曲线观测系统

*第四节 地震资料的处理

一、常规水平叠加基本处理

共反射点多次覆盖是目前反射勘探中最基本的工作方法,即常规方法。水平叠加资料的数字处理是配合共反射点多次覆盖工作所作的最基本的反射地震资料数字处理,即常规数字处理。经常规水平叠加处理之后,野外工作所获得的共炮点记录就转移为高质量的、可供解释工作使用的水平叠加时间剖面,简称叠加剖面。

(一)常规水平叠加资料处理流程

在对地震资料的数字处理中,需要先后使用许多种处理方法。人们总是将所采用的各种处理方法程序按一定次序组合起来,以实现计算机的自动处理,这就是所谓的地震资料处理流程。对于常规水平叠加资料处理而言也不例外,需要使用一定的处理流程。

不同公司、不同单位所使用的常规水平叠加资料处理流程的细节不尽相同,但所有的常规水平叠加资料处理流程都具有某些共性。图 5-4-1 给出了一个典型的常规水平叠加资料处理流程图。

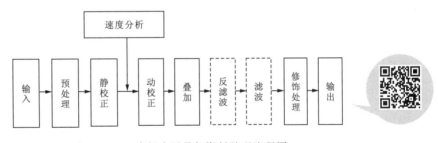

图 5-4-1 常规水平叠加资料处理流程图

通常可以将常规水平叠加资料处理流程分为五大部分:输入部分、预处理部分、实质性处理部分、修饰性处理部分和输出部分。

输入部分是将野外采集工作记录到的数字化采样后的数据(一般是记录在磁带上)输入到计算机中;输出部分是将处理好的水平叠加时间剖面(也是数字采样数据)用磁带保存起来或用剖面输出仪显示出来供解释使用,都比较简单。实质性处理中的滤波、反滤波工作一般总要进行,但在何时做(即它位于流程图中何处)则不一定;有可能只做一次,也可能会做多次,所以在流程图中它们用虚框表示,说明图中的位置仅仅是参考位置,而且滤波、反滤波工作还可以在其他非常规处理流程中出现。速度分析工作一般单独进行,其原因在于这一分析工作目前还需要人工干预,不能实现完全自动化,故其框图在主干线之外,其内容也有专门的介绍。实际上,常规水平叠加处理流程中最核心的实质性处理是静校正处理、动校正处理和叠加处理。本节将简略地讨论这三种处理方法及修饰性处理方法。

(二)预处理

预处理是对原始地震记录进行的初步加工和整理,是在实质性处理之前所必须完成的一些准备工作。预处理的目的是使野外反射地震资料转化为方便计算机处理的形式并进行一些简单的加工。

1. 地震记录在数字计算机中的表示和存储

检波器接收到的地表连续振动转换成连续的模拟电信号后经离散采样就成了数字化信号。数字化信号实际上就是大量离散的样值,也即大量的数据。这些数据存放在计算机的内存或外存中。一道地震记录记录了一个检波器在一段时间内接收到的地表振动,是一个时间的函数,即任一时刻 t 有一个相应的函数值 $x(t)$。离散采样后一道地震记录用 N 个有序的采样值 $x_n(n=1,2,\cdots,N)$ 表示,称为时间序列。这些采样值的大小表示函数值。它们对应的时间是多少呢?由于地震采样是等间隔采样,采样间隔为 Δt,显然时间可以由样值在时间序列中的序号表示:第 1 个采样值为零时刻函数值 $x(0)$,第二个采样值为 Δt 时刻函数值 $x(\Delta t)$,$\cdots$,第 i 个采样值为 $(i-1)\Delta t$ 时刻函数值,$\cdots$。当将这些采样值按道内顺序放在计算机内存或外存中时,样值在时间序列中的序号变为存储单元的相对地址。只要知道存入一个样值的存储单元的相对(于该道第一个样值的)地址就可知道这个样值对应的时间。因此,这种按道内顺序存放的方式十分有利于处理(易了解其对应时间),但地震资料刚输入计算机时的存放方式不是这样的,故需要进行调整,这就导致后面要讨论的重排处理。另外,对反射地震资料的数字处理方法有两种类型:一种为改变采样值(或称函数值),如将 $x(1s)$ 的样值由 20 变为 10,即处理前 $x(1s)=20$,处理后 $x(1s)=10$;另外一种不改变采样值,只改变此采样值对应的时间,如处理前 $x(1s)=20$,现在要将这个 20 处理成 0.5 秒时的采样值,即处理后 $x(0.5s)=20$。显然,前一种处理的方式是将某一单元中存放的数取出进行计算后又放入此单元,即单元序号没变但单元中存入的数字改变了;后一种处理的方式是将某一单元中存放的数取出不加计算直接放入另外一个相应的单元中,即数没变但数所存放的单元相对地址变了。当然,也有一些处理方法是数也变,单元地址也变。

2. 数据重排(解码)

由于地震仪器中多路开关的作用,反射地震资料在野外磁带上的记录形式为按时分道排列,即一次记录第一道第一个采样值 x_{11},第二道第一个采样值 x_{21},$\cdots$,第 n 道第一个采样值 x_{n1},第一道第二个采样值 x_{12},第二道第二个采样值 x_{22},$\cdots$,第 n 道第二个采样值 x_{n2},x_{13},x_{23},$\cdots$,x_{n3},x_{14},x_{24},$\cdots$,x_{n4},$\cdots$,第一道第 m 个采样值 x_{1m},$\cdots$,第 n 道第 m 个采样值 x_{nm}。这种排列方式使同一道记录的相邻采样值相隔较远,各样值所在单元的相对地址不具有时间含义,处理时很不方便。为便于以后处理,需要将数据转换成按道分时的形式(同一道记录的采样值放在一起),即 x_{11},x_{12},x_{13},$\cdots$,x_{1m},x_{21},x_{22},x_{23},$\cdots$,x_{2m},$\cdots$,x_{n1},x_{n2},x_{n3},$\cdots$,x_{nm}。这种预处理称为数据重排或解编。显然,数据重排只需将采样值存放的单元位置改变即可,不改变采样值本身。经重排后各样值所在单元的相对地址就具有了时间的含义。

3. 不正常道、炮处理

反射地震野外工作中经常会记录到一些不正常的道或整炮记录均不正常。为了避免不正常的记录道或炮记录参与叠加影响叠加效果,需要进行不正常炮、道处理。处理方法一般较为简单。

对于空炮、空道、废炮、废道,可借用相邻道(炮)上的数据代替,或取相邻两道(炮)的平均值代替,或干脆全充以零值;对于反道,可乘以一负号加以改正;对于个别显著大于一般数据值的野值则充零或用相邻的值代替。

显然,不正常道、炮处理会影响单元内的样值,但不改变其地址。

4. 抽道集

原始野外反射地震记录是共炮点道集的形式,即同一炮的各记录道放在一起。为方便水平叠加中的各种处理,需按观测系统将各个共中心点道集中的道放在一起,此即抽道集或共中心点选排工作。

抽道集也是一种数据的重新排列,不过不是针对单个采样值,而是以一道为一个单位进行。它不涉及单元内的采样值,只改变其存放单元的地址。应当注意的是,抽道集虽改变各种数值存放单元的绝对地址,但不改变每一样值与相应道第一样值间的相对地址,故并不变化其时间。

此外,预处理中还有增益恢复、初至切除等,就不一一加以介绍了。

(三)动校正

介质均匀时,水平界面的反射波时距曲线为双曲线。如图 5-4-2(a)所示,将各道记录的反射波旅行时 t_i 逐点地校正为各检波点(如 S_i)至炮点 O 的中点处(S_i')的回声时间 t_0,这时时距曲线就变成了一条水平直线,这种校正方法称为动校正。动校正值(称为正常时差)$\Delta t_i = t_i - t_0$。

为了反映界面反射段的长度,通常将校正后的直线长度压缩一半,并将时间轴翻转向下,此时 t_0 同相轴就可以近似地反映界面形态[图 5-4-2(b)]。

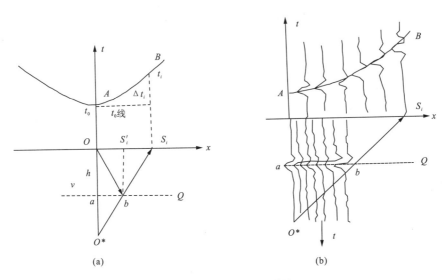

图 5-4-2 地震记录的动校正

（四）静校正

实际工作中,由于地形起伏、地下介质不均匀、地表低速带以及炮点深度的影响,会使反射波时距曲线产生畸变(图5-4-3)。这时即使动校正准确,时距曲线也仍存在畸变。也就是说,仅作动校正是不够的,还必须消除由于上述原因造成的反射时差 Δt,这种校正称为静校正。

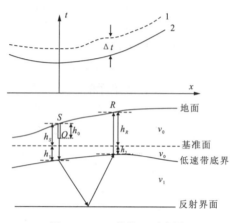

图 5-4-3 静校正示意图

计算静校正值时要任意选定一个基准面(一般选取地形起伏的中线),并将所有炮点和检波点都校正到这个基准面上。如图5-4-3所示,静校正包括三项内容:炮点深度校正(校正值 $\Delta t_{炮} = -h_0/v_0$)、地形校正(校正值 $\Delta t_{地} = (h_S + h_R)/v_0$)和低速带校正(校正值 $\Delta t_{低} = (h_1 + h_2)(1/v_0 - 1/v_1)$)。经过静校正后,就把实际观测得到的不规则曲线(图5-4-3曲线1)变成规则的双曲线了(图5-4-3曲线2)。

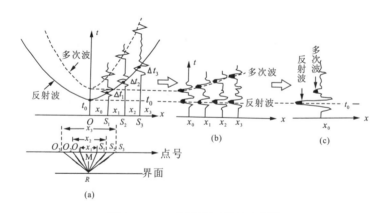

图 5-4-4 水平叠加原理示意图
(a)共反射点时距曲线;(b)动校正后的共反射点道集波形图;(c)共反射点叠加波形

(五) 叠加处理

如果我们将多次覆盖观测系统获得的来自同一反射点的地震记录道抽出,就可以绘成如图 5-4-4(a)所示的时距曲线,这种曲线称为共反射点时距曲线。对这种双曲线形态的时距曲线也可以进行动校正。经校正后属于同一反射点的反射波振动相位完全相同,将它们叠加(称为水平叠加)以后,反射信号幅度大大增强。其他干扰波,如多次波、随机干扰等,仍有剩余时差。由于它们的相位不相同,故叠加后干扰信号的幅度必然削弱。水平叠加是突出有效波、压制干扰波的有效手段。

当反射界面倾斜时,由于实际上并不存在共反射点,这时必须引入一种"偏移叠加"技术,才能使各种波归到地下正确的位置上。

(六) 时间剖面

实测地震资料经各种处理后,同相轴变换成地下界面的形状。由于同相轴代表的界面到地表的距离不是深度,而是时间,故这种剖面称为时间剖面。

时间剖面有不同的显示方式,我国常用的是波形变面积时间剖面(图 5-4-5)。所谓变面积,就是在地震波形极大值附近,按一定的阈值截取出的面积所形成的小梯形黑块。小梯形面积的大小和形状反映了地震波能量的强弱。根据该剖面上的波形还可以了解波的振幅和频率等。

通过对时间剖面中各反射同相轴的对比追踪,我们可以在时间剖面上识别出断层、隆起、不整合、尖灭、超覆等地质现象。

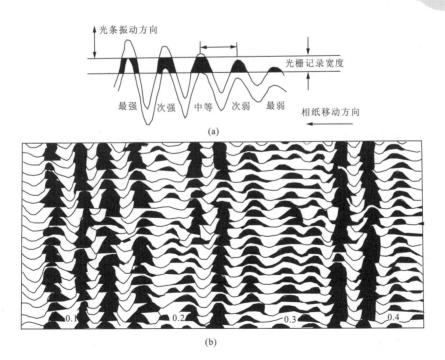

图 5-4-5 波形变面积时间剖面
(a)变面积的说明;(b)波形变面积时间剖面

(七) 修饰性处理

水平叠加时间剖面获得之后，为了改善剖面的面貌，使反射层次清晰、能量均衡，有时还要进行修饰性处理。修饰性处理的目的仅仅是修饰剖面面貌，并非实质性处理，因此，修饰性处理的使用必须慎重：使用得当可使剖面清晰、美观，否则会造成假象，影响解释。

修饰性处理方法很多，下面简介几种。

1. 道内平衡（动平衡）

同一地震记录道上浅、中、深层反射波的能量差异相当大，给输出显示造成困难。为了在同一张剖面上将浅、中、深层反射波同时清晰地显示出来，需要进行道内平衡处理。道内平衡处理的基本思想是将一道上能量强的波减弱，能量弱的波增强。所使用的方法是加权，即能量强的波乘以一个相对较小的权值，而能量弱的波乘以一个相对较大的权值。权值的确定由计算机自动进行：首先由浅到深计算不同到达时的各个波平均能量（时窗内记录幅值平方和或绝对值和）大小，再据此确定各个波的权值大小（平均能量大则权值小，平均能量小则权值大）。

2. 道间平衡

道间平衡也是一种振幅均衡处理，但不是均衡同一道内深、浅层反射波能量，而是为了均衡各道之间的能量大小。道间能量相异太大，一则会使剖面面貌难看，不便于显示；二则也不利于层位追踪解释。因此，道间平衡也是一种重要的修饰性处理。

道间平衡的基本思想与实现方法均类似于道内平衡，仅有的区别是其对象为地震道而不是单纯的一个个反射波。通过计算各道的平均能量可以确定各道的权值（能量强的道权值小而能量弱的道权值大），加权后则可以使能量强的道减弱能量，而能量弱的道加强能量。

3. 相干加强（相似波放大）

相干加强是改善时间剖面面貌的一种重要方法，其基本思想是使时间剖面上相邻道相似性好（称为相干性好）的波的能量得到相对加强，相似性不好的波则相对减弱。由于来自同一界面的地震反射波的相干性一般都较好而干扰波的相干性较差，故相干加强有可能加强有效波，压制干扰。相干加强可以使相干性好的波的连续性更好，故相干加强有可能加强剖面上反射波的连续性，使剖面面貌得到改善。当然，相干性好并不是反射波的本质特点。在反射能量较弱或地质构造复杂时，反射波的相干性并不好，此时使用相干加强就可能削弱反射波，模糊地下构造细节。另外，一些相干性好的干扰波（如多次波、断面波等）有可能因使用相干加强处理而能量得到加强。这些都是在实际使用中要加以注意的。

二、数字滤波与反滤波

广义而言，滤波可以看作为对某一信号的改造作用。改造之前的信号称为滤波输入，改造之后的信号称为滤波输出。输入、输出、滤波器就构成了滤波三要素（图 5-4-6）。反射地震资料数字处理中需改造的信号是含有干扰的地震信号，输出是不含干扰或干扰减少的地震信号。改造信号的滤波既可以用物理过程实现，也可以用数学运算实现。前者是所谓的电滤波器，后者即为数字滤波。

滤波器的设计一般在频率域中进行。首先利用傅立叶变换分析有效波、干扰波的频率成分。据此确定有效

图 5-4-6 滤波三要素

波、干扰波的频谱范围。例如，如图5-4-7所示，有效波的频率成分在中间频率范围内，干扰波分布在高、低频范围内。据此确定一个带通滤波器的频率响应 $H(\omega)$，然后经傅立叶反变换得到 $h(t)$ 在时间域中实现滤波，或者直接在频率域中进行滤波后再反变换得到滤波输出。图5-4-7所设计的滤波器称为门式滤波，边缘十分陡，滤波参数只有两个：高

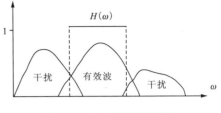

图5-4-7 滤波器的设计

截止频率和低截止频率。实际使用的滤波器边缘较为平缓，有一定坡度，故有4个滤波参数：f_1、f_2、f_3 和 f_4。f_1 和 f_2 之间为低频过渡带；f_3 和 f_4 之间为高频过渡带；小于 f_1 或大于 f_4 时 $H(\omega)=0$，f_2 和 f_3 之间 $H(\omega)=1$。设计一维频率滤波器就是根据干扰波和有效波的频谱分布确定这4个滤波参数。

所谓反滤波，仍然是一个滤波过程，只不过是一种特殊的滤波过程。这个滤波过程是针对另外某一个滤波过程而设计的，其作用恰好与另外那个滤波过程的作用相反，将该滤波过程的作用抵消。

设 $x(t)$ 是滤波器 $h(t)$ 的输入信号，$y(t)$ 为其输出。若设计一个滤波器 $a(t)$，使得当输入信号为 $y(t)$ 时的输出正好是 $x(t)$（图5-4-8），滤波器 $a(t)$ 的作用与滤波器 $h(t)$ 的作用正好相反，$a(t)$ 将 $h(t)$ 的作用抵消[即若将 $h(t)$ 和 $a(t)$ 看作为一个滤波器的话，则输入为 $x(t)$，输出仍为 $x(t)$]。因此，$a(t)$ 就称为 $h(t)$ 的反滤波器。当然，$h(t)$ 也是 $a(t)$ 的反滤波器。

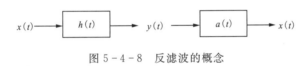

图5-4-8 反滤波的概念

由此可见，反滤波实际上是一种特殊的滤波，有极强的针对性，必须有"反"的对象。如果失去了"反"的对象，则反滤波就失去了意义。反射地震资料数字处理中正是根据反射地震勘探的实际情况，针对不同的对象设计不同的反滤波以达到不同的目的。

三、速度分析

速度是地震勘探中十分重要的参数，其用途相当广泛。例如，水平叠加中动校正工作能否准确地进行，多次反射能否消除，关键在于速度是否正确。 地震勘探中，获取速度的途径有二：一是依靠专门的野外工作如地震测井、声波测井等，但这些工作受到一定限制，只能在井中进行，获得的速度资料只是点上的资料，面上的资料难以求取；另一途径是在反射地震资料数字处理中利用多次覆盖资料求取速度，即速度分析方法。速度分析的方法很多，最常用的是叠加速度谱方法。由于速度谱计算结果需人工分析才能得到准确的速度，不能完全自动化地实现，故在常规水平叠加处理流程中它不位于中轴线上，单独进行，分析的结果供水平叠加处理（主要是动校正）和解释工作使用。

由速度谱求得的叠加速度仅是从校正、叠加效果上进行考虑得到的速度。这种速度有什么物理意义，它与学过的其他速度有什么关系，需要根据具体的地质情况具体分析。

（1）单水平界面介质情况下，反射波时距曲线是双曲线，公式中的速度是该界面以上介质

的速度,即真速度,所以,此时叠加速度就等于岩层的真速度。

(2)单倾斜界面介质情况下,反射波时距曲线仍然是双曲线,但双曲线公式中的速度不是真速度,而是有效速度,故叠加速度是有效速度。有效速度 v_φ 与真速度 v 之间的关系是 $v_\varphi = v/\cos\varphi$。故若已知界面倾角 φ,则可由叠加速度(有效速度)求出真速度来。

(3)多层水平介质情况下(即水平层状介质),反射波双曲线时距公式中的速度为均方根速度,故叠加速度即为均方根速度 v_{rms}。

(4)多层倾斜介质情况下,可知求出的叠加速度应为多层介质有效速度 $v_{rms}/\cos\varphi$,若已知 φ,则可求出 V_{rms}。

更复杂的情况下叠加速度的解释就比较困难了。一般在实际工作中往往将介质简单地认为是水平层状介质,认为叠加速度就是均方根速度,在解释工作中应当清楚它们之间的差别。

四、偏移归位

经过前述一系列常规叠加处理之后可以得到供解释使用的水平叠加时间剖面。水平叠加时间剖面是进行地质解释的基础资料,因为该剖面上各道反射波相同相位点的连线(同相轴)的几何形态与实际地层界面形态十分类似(例如,平界面反射波在剖面上组成的同相轴也是平的,倾斜界面反射波在剖面上组成的同相轴也是倾斜的,且倾向与实际界面倾向一致)。水平叠加时间剖面直观地反映了地下构造的分布状况。但是,仔细分析后就会发现,水平叠加时间剖面上反射层的表现(同相轴的几何形态和位置)与地下真实地层的构造形态和空间位置并非完全一致。

如前所述,一般认为水平叠加时间剖面相当于自激自收剖面。该剖面总是把界面上共反射点的反射波置于共中心点 M_1 的正下方。当界面水平时,自激自收剖面上每道反射波的到达时间都一样,共反射点位置正好在共中心点的正下方,各道反射波相同相位点的连线正好是一条水平线,与地下界面形状完全相同(图 5-4-9)。水平叠加时间剖面与地质剖面的区别仅在于一个是深度坐标,一个是时间坐标。若已知波速,经时深转换后二者完全一致。但是,当界面倾斜时,共反射点位置偏离了共中心点正下方的铅垂线,此时自激自收剖面上各道反射波相同相位点的连线虽然是一条倾斜直线,形状与倾斜界面类似,但反射点位置、界面长度、倾角等均存在问题。如图 5-4-10 所示,由 R_1、R_2 点反射的波经时深转换后在自激自收剖面上位于 R_1'、R_2' 处,$\overline{O_1R_1'}=\overline{O_1R_1}$,$\overline{O_2R_2'}=\overline{O_2R_2}$,故自激自收剖面上的视界面 $\overline{R_1'R_2'}$ 与真实界面 $\overline{R_1R_2}$ 在长度、倾角、位置等方面均不一致。

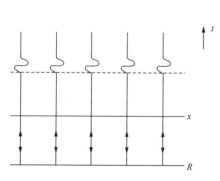

图 5-4-9 水平界面的时间剖面

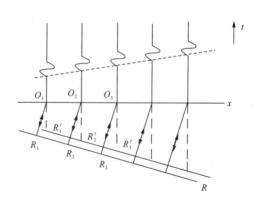

图 5-4-10 倾斜界面的偏移现象

当反射界面近于水平,或构造不太复杂时,这种反射界面的偏移现象不太严重,水平叠加时间剖面可以用于地质解释。但当构造复杂时,偏移的影响则不可忽略了,水平叠加时间剖面上由于视界面位置的不正确甚至会产生能量会聚、空白或干涉等现象,使剖面面貌复杂化(图 5-4-11),影响解释工作的进行。

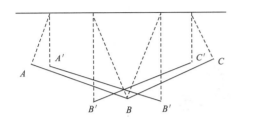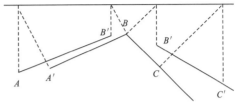

图 5-4-11　因偏移造成能量会聚、空白、干涉

所谓偏移归位,就是要将水平叠加时间剖面(自激自收剖面)上发生位置偏移了的反射层(同相轴)归位于其真实位置上,同时使干涉带自动得到分解,剖面面貌变得清晰,有利于正确地进行解释。

偏移归位的方法很多,大致可分为几何地震学方法和物理地震学方法两大类。几何地震学方法如绕射扫描叠加法,物理地震学方法如波动方程偏移法。

第五节　地震资料的解释

在进行地震资料解释之前,我们来看看一道地震记录与同一地点得到的地质柱状图、速度测井曲线之间的对应关系。

图 5-5-1 是在同一地点得到的地质柱状图,连接速度测井曲线和地震记录。其中,地质柱状图和连续速度测井曲线的纵坐标已经根据速度资料进行了变换,即按照与野外地震记录一样的时间坐标,而不是按深度的线性坐标画出的。图中野外地震记录上只有几组明显的反射,而地质柱状图上的不同岩性地层的分界面有 20 多个,在连续速度测井曲线上划分得更细致,可以看到整个剖面是由数目很多的(比 20 层还要多)速度不同的薄层组成的。也就是说,可能存在很多的波阻抗界面。这表明,并不是地层柱状图上的每一个地层分界面都在地震记录上对应有一个反射波。地震资料解释工作一般包括以下各项工作:地震记录上看到只有 0.6s、0.9s、1.2s 处有较明显的反射,如果同柱状图和连续速度测井曲线比较,就会发现,这 3 个反射波并不严格地对应着 3 个速度界面或 3 个地层界面。再进一步分析,又会发现:柱状图上的第二含白斑层,以及相应的速度曲线上 R_2 附近速度的明显变化,同地震记录上的 0.6s 的反射波是有密切联系的,0.9s 的反射波同柱状图上的含少量叠燧石石灰岩和速度曲线上的 $R_5 \sim R_6$ 段有密切联系;1.2s 的反射波同柱状图上的盐层和速度曲线上的 $R_8 \sim R_9$ 段有密切联系。

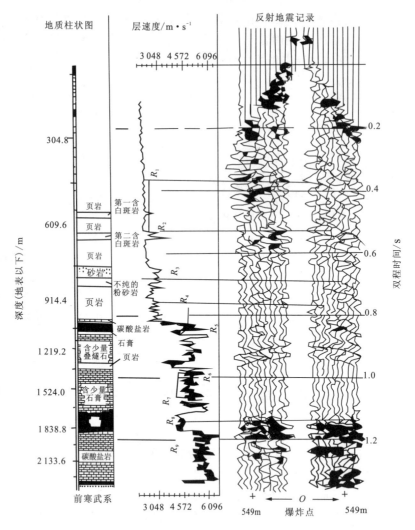

图 5-5-1 同一地点得到的地质柱状图、速度测井曲线和地震记录

(1) 地震资料的初步整理和评价。时间剖面整理后要进行评价工作,一般分优良、合格、废品三级。优良剖面要求处理无误,信噪比高,勘探目的层全,地质现象清楚等。凡达不到以上要求,但仍可用于作解释的剖面为合格,剖面质量差到已不能用于解释,就评为废品。

(2) 速度参数的研究。速度参数是进行资料解释必不可少的重要参数。我们知道时间剖面上只是反射波的时间信息,要使时间剖面变成地质剖面,这中间要进行时深转换,就要用到速度参数。速度参数的精度如何将直接关系到地质成果的可靠性。

地震勘探中速度资料的主要来源不外乎是地震测井、声波测井和速度谱,要对这些资料进行分析研究和综合解释,确定工区所使用的速度资料。

(3) 进行波的对比。对比工作的任务是运用地震波传播规律方面的知识,分析研究时间剖面上的反射同向轴的特征,识别和追踪来自反射界面的反射波,并且在一条或多条剖面上识别属于同一界面的反射波。

(4)进行地震剖面的地质解释。根据过井测线或井旁测线上各反射层的特征(指时间、振幅、频率、连续性等)与井孔资料的对比,推断各反射层所相当的地质层位。剖面地质解释的另一个任务是识别断层、地层尖灭、不整合、古潜山等在时间剖面上的空间几何形态。

(5)绘制平面图。在解释工作中要绘制深度剖面、构造和等厚度图等。构造图是根据工区所有测线上所得到的剖面,作出反映地下某一个地层界面的起伏变化的完整图件。它作为地震解释的主要成果图件。

(6)作出油气评价。根据地震资料解释的成果,结合地质资料,在应用石油地质等方面的理论,评价工区含油气的远景,并提出钻井井位,写出地震资料解释的成果报告。

一、速度参数的研究

(一)平均速度、均方根速度、射线速度及其相互关系

当地下为水平介质时,引出了平均速度、均方根速度、射线速度。地震波在地层中传播,实际各点的速度都是不同的,要求取这种速度是很困难的,一般近似看作为射线平均速度,射线平均速度随着炮检距的增大而增加。当把介质看成某种假想的多层水平层状均匀介质时,就引出了平均速度和均方根速度,对某一种介质,就只有一个平均速度和一个均方根速度。

举一个简单的例子来说明三者之间的关系。设有三层水平介质,第一层、第二层的厚度为 $h_1 = 500\text{m}$,$h_2 = 750\text{m}$,两层的波速为 $v_1 = 2\,000\text{m} \cdot \text{s}^{-1}$,$v_2 = 3\,000\text{m} \cdot \text{s}^{-1}$。

根据平均速度 $\bar{v}$、均方根速度 v_R 和射线速度 v_P 公式可分别求出:

$$\bar{v} = 2\,500\text{m} \cdot \text{s}^{-1}$$
$$v_R = 2\,549\text{m} \cdot \text{s}^{-1}$$

对于射线速度,当 $x = 0$ 时,射线速度就等于平均速度,$\bar{v} = v_P$,当炮检距 $x = 2\,020\text{m}$ 时,射线速度 $v_P = 2\,554\text{m} \cdot \text{s}^{-1}$,也就是说当炮检距约为 $2\,000\text{m}$ 时,射线速度约等于均方根速度。三者的关系如图 5-5-2 所示。从图中可以看出,当炮检距为零时,即 $x = 0$,射线平均速度与平均速度相等,而均方根速度比射线速度要大,可见在 $x = 0$ 时,平均速度为准确的速度值,而均方根速度存在误差,随着 x 的增加,平均速度越来越偏离射线速度,而均方根速度越来越接近射线速度,在某一 x 处,均方根速度与射线速度相等,可见在炮检距为某数值时($x = 2\,000\text{m}$ 附近),均方根速度又成了较准确的速度。x 再增加,射线速度随着增大,这使得均方根速度与射线平均速度的差别也逐渐增大,可见在炮检距较大时,均方根速度的误差也将很大,在一般情况下,均方根速度只能作为水平层状介质的一种近似速度。

(二)叠加速度与均方根速度

用速度谱求取的速度为叠加速度 v_a。对于水平层状介质,一般叠加速度就是均方根速度。对于倾斜界面,叠加速度应是等效速度即 $v_a = v_\varphi$,而 $v_\varphi = v_R / \cos\varphi$,所以叠加速度 v_a 比均方根速度 v_R 要大,这时均方根速度就为 $v_R = v_\varphi \cos\varphi$,或 $v_R = v_a \cos\varphi$。

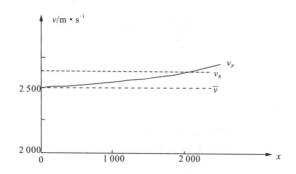

图 5-5-2 平均速度、均方根速度、射线平均速度的比较

(三) 用均方根速度计算层速度

层速度用 v_n 表示,它是一种对地震资料解释很有用的参数,特别是近年来随着岩性地震的发展,层速度就显得更为重要。

层速度可以通过地震测井和声波测井来求取,特别是声波测井可以得到细致、精确的层速度资料,它已越来越被人们所重视。但是,测井资料毕竟还是很少的。现在人们可以通过叠加速度来换算层速度,从而可以在一个面积内对层速度进行分析研究。在缺少钻井的情况下,后一种方法更有价值,因为通过层速度还可以求取无钻井工区的平均速度。

利用叠加速度 v_a,经过倾角校正可得均方根速度 v_R,由均方根速度可以进一步利用迪克斯(Dix)公式换算出层速度 v_n。

所以层速度 v_n 为

$$v_n^2 = \frac{v_{R,n}^2 t_{0,n} - v_{R,n-1}^2 t_{0,n-1}}{t_{0,n} - t_{0,n-1}} \tag{5-5-1}$$

式(5-5-1)就是利用均方根速度求层速度的迪克斯公式。当已知第 n 层、$(n-1)$ 层的均方根速度,以及这两层的 t_0 时间,就可由此公式计算出第 n 层的层速度。同理可计算出 n 层以上的各层的层速度值。由层速度求平均速度,实际是平均速度与均方根速度的关系。

有了以上这些关系式,就能够从速度谱资料计算出均方根速度、层速度、平均速度等。

(四) 速度资料的利用

平均速度的准确与否将直接关系到地震解释成果的可靠性,将直接关系到钻探井的深度。在一个工区要作出构造图,首先必须取得工区内的平均速度参数。如果工区内有钻井,则可以通过地震测井取得个别点的速度参数,但这样毕竟是很少数的,因此其他的速度资料要通过测线上大量的速度谱来求取,当然这个工作,计算量会很大。解释时应综合分析点上和线上(指测线上的速度谱)的速度资料,然后提出工区内使用的平均速度,以供工区内连片成图时使用。在一个无钻井的新工区,平均速度只能通过速度谱来求取。

平均速度在预报钻井中地层及其相应的深度也是必不可少的。根据地震资料提供某个井位钻遇的地层及深度时,一般应把解释后的时间剖面绘制为深度剖面(时深转换),在时深转换过程中,平均深度是关键,如果平均速度不准,预报钻井的深度误差也较大。

层速度也是目前资料解释很有用的一个参数,速度分层是地层岩性分层在速度信息方面的一个具体标志。因此,可利用层速度作地层和岩性对比,验证反射波组的地质属性,也可利用层速度帮助作时间剖面对比和构造解释。由声速测井的资料可以得到钻井剖面上不同深度的岩性及其相应的层速度,由此点可延拓到周围地震测线上层速度所相当的岩性。在砂(页)泥岩沉积为主的沉积盆地,还可以根据层速度的参数,作砂泥含量的估算。在地质上,一般深层的层速度其影响因素较简单,因此可作为时间剖面对比深层反射波的一个速度标志。例如华北地区,灰岩层速度达 $5.56 \text{km} \cdot \text{s}^{-1}$,与上覆地层的速度有较大的差异。因此,此速度可作为时间剖面最终对比基底反射的标志。层速度在平面上的变化往往与地质构造有一定的内在联系。因此,层速度平面图可作构造解释的一个重要参考资料。

由于影响速度的因素很多,加上用均方根速度计算层速度的精度不高。因此,利用层速度作为地层岩性和帮助作构造解释时,要应用地震、地质(钻井)的资料进行综合解释,并分析可能存在的误差及其产生的原因。

二、时间剖面的对比

时间剖面的对比工作是地震资料解释中的首要工作,它是整个解释工作中最基础的环节,对比工作正确与否将直接影响到地质解释工作和构造图的可靠性。

在时间剖面上反射层位表现为同相轴的形式。在地震记录上波动的相同相位的连线叫做同相轴。所以在时间剖面上反射波的追踪实际上就变为同相轴的对比。我们可以根据反射波的动力学和运动学的特点来识别和追踪同一界面的反射波。

来自同一反射界面的反射波,直接受该界面的埋藏深度、岩性、产状以及覆盖层等因素的影响。如果上述这些因素在一定范围内变化不大,具有相对的稳定性,这就会使得同一反射波在相邻接收点上反映出相似的特点,这一点正是我们对比同一反射界面的依据。属于同一反射界面的反射波,其同相轴有如下特征。

(一)反射界面反射波振幅显著增强

这是反射波的主要动力学特征之一。经过野外和处理中一系列提高信噪比的措施后,时间剖面上反射波的能量一般都大于干扰背景的能量,这种振幅显著增强的标志表现在时间剖面上,是有较大的梯形面积。

(二)波形相似

这是反射波的又一主要动力学特征。同一反射波在相邻地震道上的波形相似(包括视周期、相位数、包络线、各极值点的振幅比等),表现在时间剖面上,则是梯形"黑疙瘩"的形状、面积大小,"黑疙瘩"数目及其时间间隔相等或相似。

(三)同相性

这是波的运动学特点之一。由于同一反射波到达相邻检波器的路程是相近的,因而同一反射波相同相位在相邻地震道上的记录时间是相近的。同相轴应是一条圆滑的曲线,同一反射波的不同相位同相轴应彼此平行,这称为同相轴平行,或称为同相性。在时间剖面上,同相轴近似为一条直线,并有一定的长度。

同相轴在时间剖面上还具有渐变的特点,它在时间上、能量上和波形上都是连续、平滑和渐变的。因为地震波在介质中的传播也是渐变的,则波场是连续和渐变的。

以上3个波对比的标志,是从不同方面反映了同一反射波的特征,它们并不是彼此孤立、毫无联系的,也不是绝对的、一成不变的。因为反射波的波形、振幅、相位与许多因素有关,如激发接收条件,地下地质因素、处理等。一般来说,与激发、接收等地表条件有关的影响,会使同相轴从浅到深发生同样的畸变,而与地下地震地质条件变化有关的影响,往往只使一个或几个同相轴发生畸变。另外如沉积岩的岩性和厚度在纵向横向上发生了变化,则这3个特征也会发生变化。所以,在波的对比中要善于分析研究各种条件,弄清同相轴变化的原因,严格区分是地质因素,还是人为的因素。

三、时间剖面的地质解释

进行时间剖面地质解释之前,应尽可能搜集前人地质、地球物理、钻井等资料,了解工区区域地质概况,如地层、构造、构造发展史、断层类型及其在纵横方向上的分布规律,这些都有利于我们做好剖面的地质解释工作。

(一)剖面地质解释的主要任务

一般要选择有代表性的区域地震剖面进行地质综合解释,复杂地区应选择垂直构造走向的并且经过偏移处理的剖面。其目的是:①确定标准层及其相当的地质层位,确定地质构造层,了解地层厚度变化和接触关系,可能时确定沉积厚度;②了解构造形态及其基本特征;③了解断层性质、断距和断面产状等;④了解火山岩是否存在及其分布规律;⑤划分构造带。

(二)标准层地质层位的确定

1. 层位的确定

层位的确定主要依靠钻井资料或其他地质资料,可做工区或邻区内的连井测线,将标准层及各反射层与钻井地质层位连接起来。只有当界面倾角不大时才可直接引用钻井分层数据,而当界面倾角较大时,分层数据应经过适当校正才可展在剖面上,在没有钻井的地区,只能根据区域地质资料,结合剖面特征确定层位。

图5-5-3为华北地区的实例。根据多年地质、钻探和地震勘探工作,可以大致确定水平时间剖面上各反射层相当的地质层位,如T_0反射相当于新近系明化镇组地层底部的反射,T_2相当于馆陶组地层底部的反射,T_4反射相当于古近系沙河街组沙一段地层底部的反射,T_5相当于沙二段地层底部的反射,T_g反射层相当于古生界顶奥陶系灰岩的反射。在图上,可看出T_0与T_2反射层产状较平,可称为"平层",T_4与T_5反射层具有一定的倾角,T_g反射层为基底反射,它具有低频多相位强振幅的特点。这三大反射层组又与3个构造层相对应,在华北可分为新近系、古近系和基底(前第三系)3个构造层,构造层之间以两个区域不整合面隔开。

2. 标准层与沉积岩相的关系

反射标准层的好坏,由水平方向沉积的稳定性决定。实践总结了下列沉积岩与反射波形的关系,掌握这些规律有利于层位解释。

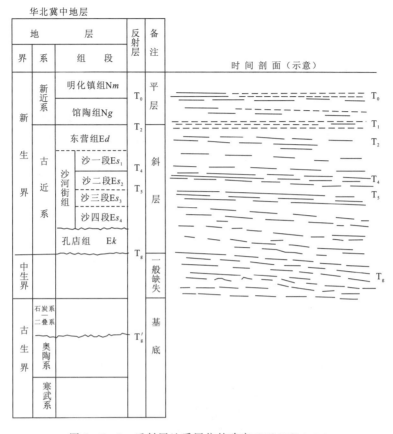

图 5-5-3　反射层地质层位的确定(据钱绍瑚,1984)

(1)海相灰质岩地层。这种地层的沉积条件最稳定,在水平方向的地层组合相似性保持最好,因而反射标准波的波形特征远隔数十甚至数百千米仍然不变,所以可得到最好的反射标准层。

(2)深水湖相薄层灰质地层组合。这种地层往往是由泥岩、油页岩、白云岩、泥灰岩以及薄层灰岩的互层组成,其稳定性和延伸范围虽然不及海相沉积,但仍然是比较稳定的。

(3)浅水湖相泥质岩为主夹砂岩地层及沼泽相煤系地层。这种沉积组合只有一定的稳定性,产生的反射波能在一定范围内追踪,能量也较强,但往往有对比中断、波形不太稳定、相位数变化较快等特点。

(4)河流三角洲的砂泥岩互层组合。这种沉积稳定性很差,岩性变化大,所以反射波波形不稳定,短反射段较多,范围较小,难于连续追踪。

(5)氧化条件下的河流相沉积。这种河流相沉积以红色砂岩为主,可得到反射波,但干涉现象严重。

(6)坡积相及洪积相的山麓快速砂砾岩堆积。由于胶结不好或没有光滑的界面,地震波在这里产生的多是散射,只有当砾岩层中夹有泥岩层时才会得到零星反射。

(7)较大沉积间断的不整合面。往往在不整合面两侧岩石性质差别较大,形成明显的波阻抗分界面,得到很好的反射。例如,在不整合面上往往存在稳定的底砾岩,呈区域性分布,形成连续追踪的反射波。有时在沉积间断期间,随着构造运动有基性火山岩的喷发物(如玄武岩等),分布在不整合面上,这些火山岩与上覆沉积地层间反射系数很大,产生强的反射波,但其范围较小,往往零星分布。由于强波阻抗界面的存在,玄武岩界面通常引起强的多次反射,甚至有些地区会形成陆上鸣震。

(三)标准层的追踪

选好标准层后,要在全区测网中选出质量好的作为基干剖面,包括主测线和联络测线,以构成基干剖面网。对基干剖面的要求是:①反射标准层特征明显,最易连续追踪;②剖面构造简单,断层少;③在工区内均匀分布,可控制全区。

根据同一反射界面在不同基干剖面网上,将所选的反射标准层对比追踪到全区的所有剖面上去。在反射标准层质量不好甚至没有标准层的地段,可以根据构造层的特征及其上下反射层的产状作为控制,可以认为在很小的地段内,标准层与上下反射层的时间间隔近似相等或者是渐变的,这样就可以人为地画出连续界面,这种人为画出的反射层位称为换算层,或叫假想层,在剖面上用虚线表示,以和真实的反射层位相区别。当然,在一个剖面上这种假想层的地段不能太多,否则这一层就不能叫标准层了。

(四)剖面的闭合

根据同一反射界面在不同剖面交点处的 t_0 时间应该相等来进行剖面交点闭合。除了交点闭合外还应推广到测线网的闭合,例如沿着由两条主测线和两条联络测线构成的矩形封闭测网,标准层追踪也应闭合。当闭合圈中有断层时,应把断距考虑在内。

剖面闭合是检查对比质量、连接层位、保证解释工作正确进行的有效方法。一般闭合差不能超过半个相位。如果不闭合,应找出导致测线交点闭合差的各种原因,其可能因素有:

(1)由于两条测线施工时间不同,导致波的传播时间确实发生了变化,例如陆上地震施工时间不同,地下潜水面可能会有较大变动,或者在海上勘探时潮汐造成水面高低的不同。

(2)地形测量误差。

(3)各条测线上采用不同的处理程序或不同的参数。

(4)两条测线的野外施工因素不同,这包括激发接收条件、所用仪器等。测线上所用仪器型号不同或型号相同但所选参数不同,也会导致测线间不闭合。

遇到这些情况要尽可能设法消除和减小平均闭合差。

四、断层的解释

实践积累了大量研究断层的经验,总结出下列识别断层的主要标志。

1. 反射波同相轴错断

由于断层规模不同可表现为反射标准层的错断和波组波系的错断,但在其两侧波组关系稳定,波组特征清楚。这一般是中、小型断层的反映。其特点是断距不大,延伸较短,破碎带较窄。

2. 反射波同相轴突然增减或消失波组间隔突然变化

这往往是基底大断层的反映。这种基底大断层多为长期活动,上升盘的基底长期地大幅度地抬起,遭受侵蚀,其上部沉积很少,甚至未接收沉积,造成地层变薄或缺失,因而在时间剖面上使断层上升盘的同相轴减少,变浅甚至反射波缺失。相反在下降盘由于不断地或大幅度地下降,往往形成沉降中心,沉积了较厚较全的地层,因而在时间剖面上反射波同相轴明显增多,反射波齐全。这类断层的特征是形成期早,活动时间长,断距大,延伸长,破碎带宽,它对地层厚度起着控制作用,一般是划分区域构造单元的分界线。

3. 反射波同相轴产状突变,反射零乱或出现空白带

由于断层错动引起两侧地层产状突变,相应在时间剖面上反射同相轴形状突变。由于断层面的屏蔽作用,引起断面下反射波的射线畸变和反射波能量减弱,造成断面以下反射层次不清,产状紊乱,出现资料空白带,一般断层越大,屏蔽作用越强,空白带也越宽。

4. 标准反射波同相轴发生分叉、合并、扭曲、强相位转换等现象

一般这是小断层的反映。但应注意,这类变化有时可能是由于地表条件变化或地层岩性变化以及波的干涉等引起的,为了区别它们,要综合考虑上下波组关系作具体分析。

5. 异常波的出现是识别断层的重要标志

在水平时间剖面上反射层次错动处,往往伴随着出现一些特殊波,如绕射波、断面反射波、回转波等。

五、特殊地质现象的解释

由于构造运动的影响,在地质发展过程中形成了一些特殊的地质现象,如不整合、超覆和退覆、尖灭、逆牵引、古潜山等,它们在时间剖面上的反映都有其特殊性。

(一)不整合

不整合反映了地区性的地壳运动,也反映了沉积间断前后的地层间的接触关系。因为不整合是指上下两套岩层为不连续沉积,中间有较长期的沉积间断,而沉积间断主要是侵蚀作用造成的,所以,至少缺失相当于一个阶段的地质时代的沉积。不整合对于油气聚集往往有很密切的关系,例如不整合遮挡圈闭就是一种地层圈闭油藏,又如任丘油田的高产油层就在不整合面的古潜山上。此外,查明不整合现象对研究沉积历史有重要作用。

不整合有平行不整合(假整合)和角度不整合两种。

1. 平行不整合

平行不整合主要是由于地壳升降运动而造成的,一般是经历了沉积—上升—沉积 3 个阶段,其特点是上下两旁地层的产状相互平行,但其间存在明显的沉积间断,缺失部分地层。由于这种沉积特点,在时间剖面上不易识别,一般靠区域性地质资料并结合剖面上的特征来识别平行不整合。它在时间剖面上有以下的特点:

(1)不整合面上的反射波振幅和波形发生较大的变化,这是因为平行不整合面是一个剥蚀面,由于风化剥蚀作用及残积层的存在,使不整合面粗糙而不均匀;因而在不整合面上反射波振幅和波形很不稳定。又因不整合上下岩层波阻抗相差较大,产生的反射波一般振幅较强。

(2) 由于剥蚀面凹凸不平,出现了许多波阻抗的突变点,因而常产生绕射波,称为侵蚀面绕射波。

2. 角度不整合

角度不整合又称斜交不整合,它的出现往往是在构造布局发生突变的时期,是地壳的某地段发生了褶皱、隆起、剥蚀和再沉陷的过程。它反映了上覆地层沉积之前,下伏地层发生过褶皱运动。

角度不整合较之平行不整合容易识别。它表现为两组或两组以上视速度有明显差异的反射波同时存在,沿水平方向这两组以上的波逐渐靠拢合并。不整合面以下的反射波相位依次被不整合面以上的反射波相位代替,以致形成不整合面下的地层尖灭,在尖灭点处,也常出现绕射波。不整合面上的波形,振幅也是不稳定的。

角度不整合如图 5-5-4(a)所示。

(二)超覆和退覆

超覆和退覆是地质时期中,某一地区(盆地)内水体的进侵与退出所造成的沉积,如果当某区水体不断进侵时(海侵),沉积物分布的范围也逐渐扩大,即新地层依次超越在较老的地层之上,便造成地层超覆现象,如图 5-5-4(b)所示。如果当某区水体退出时(海退),则沉积物的分布范围也相应减小,即新地层超越在较老的地层之上,但覆盖面积逐渐缩小,便形成地层退覆现象,如图 5-5-4(c)所示。一般在沉积盆地的边缘常可形成超覆和退覆现象,它是角度不整合的一种特殊现象。

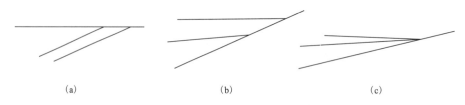

图 5-5-4 角度不整合和超覆、退覆
(a)角度不整合;(b)超覆;(c)退覆

在时间剖面上超覆和退覆都同时存在几组互不平行而逐渐靠拢合并和相互干涉的反射波同相轴,所不同的是超覆时不整合面之上的地层反射波相位依次被不整合面的反射波相位代替;而退覆时则是不整合面以上的上覆层内部,较新地层的反射波依次被下伏的较老地层反射波所代替。

时间剖面上超覆和退覆点附近常有同相轴分叉合并的现象。

(三)尖灭

尖灭就是岩层的厚度逐渐变薄以至消失。一般可分为岩性尖灭、超覆尖灭、退覆尖灭、不整合尖灭等,都属于楔形地层,在时间剖面上的反映都是同相轴合并,相位减少。但是时间剖面波的合并点并不是地层真正的尖灭点位置,由于地震反射波都有延续的几个相位,在未到真实尖灭点时,两个逐渐靠拢的地层到一定程度时,它们的反射波已发生合并与干涉了,所以,时间剖面上的"尖灭"点在地层真正尖灭点的前方。为了较准确地确定尖灭点的位置,可人工提取子波,作合成记录,看其两个尖灭地层地震子波在什么地方合并,从而确定尖灭点的位置。

(四)逆牵引

逆牵引现象的形成条件,是地层的岩性具有某些特点,例如适当比例的塑性地层(泥、页岩)及刚性地层(砂砾岩、灰质岩等)互相组成的岩性,并具有足够的弹性。又如当砂和泥比例为1:3时,这样的岩性也是弹性较好的。它们最易在受断层切割时形成逆牵引构造。逆牵引构造一般发育于古隆起周围较大断层的下降盘。生储盖条件组合适当,它是一种较重要的储油构造。

逆牵引构造在时间剖面上的特点:①断层两盘产状不协调;②深、浅层构造高点有偏移,而且构造高点的连线与主断层线平行;③构造幅度中层大,深层小;④构造幅度大小与断层落差成正比。

(五)古潜山

古潜山是我国华北油田的主要油气藏,华北任丘高产油田就是这种类型的油气田。

古潜山是指不整合面以下的古地形高,它往往是由碳酸盐地层组成的,在一定条件下能形成圈闭,成为古潜山为主体的油气藏。从它形成的条件及古潜山形态,这种油田的特点是外生内储,新生古储,潜山与大的生油凹陷呈断裂接触。新生古储是指新地层(古近系的沙河街、孔店组地层)生油,老地层(古生界的奥陶系或寒武系、震旦系等地层,岩性多为灰岩)储油。断裂是油气运移的通道。

古潜山在水平时间剖面上的形态比较复杂。潜山顶面是不整合面,波阻抗差大,所以对应的反射波能量强,具有不整合面反射波的特点,表现为低频强相位、多相位的波形,并伴有大量的绕射波、断面波、回转波、侧面波等,形态比较复杂,出现波之间的相切、斜交、"顶牛"等现象。在这种地区,除了出现我们曾讨论过的特殊波外,还出现了侧面波,因为有时潜山"山头"靠得较近,并潜山两翼较陡,当测线平行走向时,常接收到来自"山顶"和来自侧面"山头"或陡界面的反射波,这种波称为侧面波。

对这种水平时间剖面,对比时应特别仔细,要弄清各种波相互之间的关系,并可参考偏移后的剖面进行解释。

六、地震地层解释

利用地震剖面上反射波的振幅、连续性、丰度及结构等特征,进行地震相的划分,然后结合钻井资料,测井资料,重、磁、电资料,作出沉积相、岩性的推断。这样可恢复古沉积环境,认识沉积演变史,研究油气的生成、运移和聚集条件,对油气资源作出预测,提出评价意见。这种作法就是地震地层学的方法,它是地震资料解释中的一个分支。

常规(或称传统)的地震资料解释,主要是应用反射波运动学的特点和剖面上的构造信息,通过波的对比、定层、闭合等办法来确定构造、断层等地质形态,寻找构造油藏,地震地层解释工作是在常规构造解释之后进行的,它主要是利用反射波动力学的特点和剖面上蕴藏着的地层和沉积学方面的信息,通过划分地震层序,地震相分析与地质解释,来推断沉积环境和岩相的平面分析,寻找非构造油藏(地层岩性油藏)。

对地震资料采用传统的和地震地层的综合解释工作,可以较充分地利用地震剖面上的有用信息,更有效地寻找构造圈闭、地层岩性圈闭及其复合型的油气藏。

(一)划分地震层序

在一个沉积盆地中有几千米至上万米的沉积岩,要进行地震地层解释,首先必须要进行地震层序分析,划分成若干个时间地层单位分别进行研究。

时间地层单元也就是沉积层序中的地层单元,即为沉积层序,它是指上下统一的、相互连续的、成因上有联系的一套地层,其顶底界面为不整合面,或者与之相当的整合面为界,在利用地震剖面来划分层序时,可找出剖面中两个相邻的不整合面,分别追索到整合面处,则在两个整合面之间的地层就是一个完整的沉积层序。从某种意义上讲,沉积层序和地震中常说的构造层是相类似的,只是级次上可以更小一些。例如在华北,古近系、新近系呈区域不整合接触,在常规的时间剖面地质解释中,把此不整合面作为构造层的分界面,在地震地层解释中也可以把此不整合面看作沉积层序中的一个分界面。

要划分地震层序,关键在于取得质量良好并横穿整个沉积盆地的区域性地震剖面,然后从盆地边缘识别地震层序,再向盆地中央追踪。因为在盆地中央很少见到不整合,难以划分合适的时间地层单元,因此应以盆地边缘来寻找不整合现象。

(二)地震相分析

利用地震剖面进行沉积环境分析和沉积相解释叫地震相分析。

因为不同的沉积环境可形成不同的沉积岩系,而不同的沉积岩体因岩性和物性的差异,又会产生与之相应的地震响应,导致反射波特征如形态、振幅、连续性等的不同特点。这样就有可能利用地震剖面上反射波的特征来反演沉积环境,所以也可以说地震相分析实际上就是研究反射波的各种特征和沉积相之间的关系。

地震相分析工作是对地震剖面上的每一个层序来进行的,剖面上有几个层序,相分析工作也要分别进行几次。对其中一个层序来说,普遍采用地震相对比的方法是在横向上分析剖面上的反射特征,划分出若干个地震相单元。

1. 地震地层参数和地震相命名

在地震地层中所指的反射特征包括反射波振幅、连续性、层速度、内部反射结构、地震相单元外部几何形态等,也称作地震地层参数。有人又把前3个参数叫做地震相的物理参数,把后两个参数叫做地震相几何参数。

所谓内部反射结构是指地震剖面上反射波之间的延伸情况和其相互关系。它是鉴别沉积环境最重要的地震因素。内部反射结构的形态划分为平行与亚平行、发散或收敛、前积、杂乱和无反射等,如图5-5-5所示。平行与亚平行反射结构反映了均匀沉积的陆棚和盆地环境。发散结构反映了地层横向加厚和盆地的不均衡沉降。杂乱反射结构是指不连续的、不规则的反射,它可以是地层受到剧烈变形,破坏了连续性之后造成的,也可以是在变化不定相对高能环境下沉积的。在滑塌岩块、河道的切割与充填体、大断裂、褶皱的地层等都可能产生这种反射结构。另外礁、盐丘、火成岩体、泥岩刺穿等也可以形成杂乱反射。无反射反映了沉积的连续性。前积反射结构反映了水流搬运方向和沉积能量的高低以及沉积物的供应速度。这种结构一般分顶积层、前积层和底积层。顶积层反射振幅很强,它往往由砂质岩系组成。它的每个反射都随着振幅的改变延伸到中间部分(前积层)，在前积层单元的下部(底积层)反射波振幅较强呈水平状或微微下倾。

地震相单元的外部几何形态是指同一反射结构在空间及剖面上的分布状况，它对于了解单元的生成环境、沉积环境、地质背景及成因有着重要的意义。外部几何形态可分为席状、席状披盖、楔形、滩形、丘形、透镜状、充填形等，如图 5-5-6 所示。均匀、稳定、广泛的前三角洲、浅海、陆坡、半远洋和远洋沉积，一般为席状，它的主要特点是上下界面接近平行，厚度相对稳定。当它们盖在礁、盐丘、生长断块或其他古地貌单元之上时，可以出现席状披盖外形。超覆在海岸、海底峡谷侧壁、陆坡上的三角洲、海底扇等沉积，可以表现为楔形。滩是楔形的变种，出现在陆棚边角或台地边缘。透镜体多为古河床、沿岸砂体。它的主要特点是中部最厚，向两侧尖灭，外形呈透镜体。丘形体包括礁、海底扇、重力滑塌体、火山堆等形成的沉积体。它是一种凸起或层状地层上隆，高出于周围地层的地震相外形。充填型沉积包括河床充填、海底槽谷充填、盆地充填、斜坡充填等。

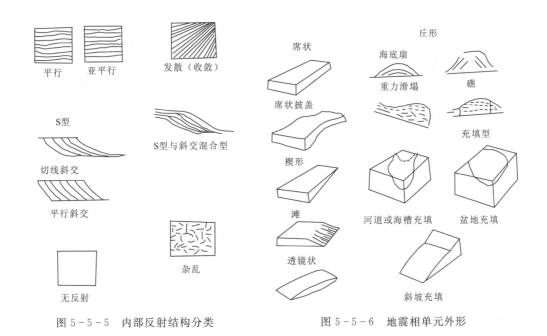

图 5-5-5　内部反射结构分类　　　图 5-5-6　地震相单元外形

因为地震相的外形和它的内部结构是互相关联的，可以联合起来一起作用，如席状外形，平行结构，反映在大陆架、三角洲平原等稳定环境下的沉积；楔形发散结构反映沉积物沉积速度沿一个方向均匀变化；河沟充填，平行结构，一般反映高能量的粗粒沉积。

地震相的物理参数，反映沉积的具体特点。反射振幅反映层间波阻抗的差异性。如果相邻地层的波阻抗相近，则不会产生明显的反射，如厚的泥岩、块状砂岩、厚的均化重力滑塌堆积，以及内部结构杂乱无章的礁块，都可能没有反射，而砂、泥岩交互层，则可形成高振幅强反射。为了便于描述，可根据工作地区地震剖面上振幅的相对强弱，而分为强、中、弱等级别。

反射的连续性反映了地层的连续性和沉积的稳定性。一些在开阔水域稳定条件下沉积的砂泥岩，如浅海、大陆斜坡、远洋沉积，其连续性很好，横向上可以追踪很长距离，则高连续一般代表海相或稳定的湖相。反之，三角洲中的河道、重力滑塌堆积、生物礁都不会有连续的反射，有些甚至形成无反射带,则不连续一般反映河流相或山麓相。一般将连续性分为好(连续)、中(较连续)、差(断续)等级别。

反射的频率反映了沉积的速度。沉积速度慢的深水地区比一般地区反射频率高些。频率可分为高、中、低三级。

2. 地震相的命名

根据以上几个主要标志对所研究的地震相单元给以命名,命名要求能反映该地震相参数的特点。若主要以几何参数确定的地震相,可以按外形+结构来命名。若主要以物理参数确定的地震相,可以按振幅+连续性来命名,如强振幅连续反射相、强振幅断续相等,也可以按频率+振幅+连续性来命名。有时也可以按形态+结构+地震物理参数来命名。采用何种命名的办法,可根据探区地震剖面的具体情况来定。一般在斜坡和大陆架边缘地区,地震相的划分几何参数起主要作用,显然地震相命名就采用上述第一种方法,在平坦地区,地震相的划分物理参数起主要作用,相命名就采用第二种方法。

3. 编制地震相平面图

把划分相单元的各地震剖面进行平面分析对比,并把它投到测线平面图上,相邻测线相单元分区线进行闭合后,把相同的相单元在平面上连接起来,就编制出一张地震相在平面上变化的地震相平面图。

(三)地震相的地质解释

地震相的地质解释就是把地震相转为沉积相,恢复其古地理,在我国把这项工作简称为转相。

如何对地震相平面图进行地质解释,这是地震地层解释的关键,大致有以下一些做法。

(1)用地震相单元反射特征直接推断沉积相,如我们已分析过的席状外形,平行结构就反映三角洲平原的沉积环境。我们还可以从勘探程度高的盆地中,总结已知沉积相和地震反射特征间的关系,选出不同沉积相在相应的地震剖面上的反射特征作为模式,再用这种模式直接推断沉积相。

(2)进行单井划相。利用钻井资料来确定不同时间地层单元在该井的沉积相,然后与过井地震剖面对比,来标定地震剖面上的沉积相。

(3)绘制和地震相平面图相应的时间地层单位的等厚图,辅助地质解释时判断岩相古地理环境。

(4)充分利用层速度资料进行岩相岩性解释。根据工区钻井,声速测井资料取得该井层速度与岩相岩性对应的关系,然后用过井地震剖面上的层速度与井剖面的层速度类比,从而推断地震剖面上反射层位的岩相。

(5)作合成地震记录。利用钻井取得的声速测井曲线合成地震记录,寻找钻井的地质剖面和地震反射特征间的关系,以确定每个时间地层单元的地质时代及不同反射特征所反映的岩性。

通过以上种种方法,相互借鉴,取长补短,综合利用,可以将地震相平面图转换成沉积相平面图。图5-5-8是图5-5-7的沉积环境图。

从图5-5-8中可以看出,本区是一个多物源以河流为主的三角洲泛滥平原沉积环境,来自北、东北和西3个方面的水流在凹陷中部汇合后,沿盐城大断裂的前缘向东流。在大断层下降盘陡崖一侧的杂乱反射相的特征表明,沉积物在加积过程中,砂砾相逐渐变为砂泥相,并连续或断续消失在泥岩之中,这是水下冲积扇的特有形态和性质,并由于重力滑塌的作用,下降盘接受由隆起搬运而来的沉积物,所以此处也是物源方向。

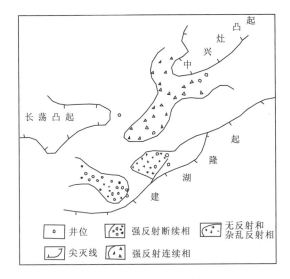

图 5-5-7 苏北盐城凹陷新生界
B_6 亚层序地震相平面图
(据地质部石油物探研究大队,1982)

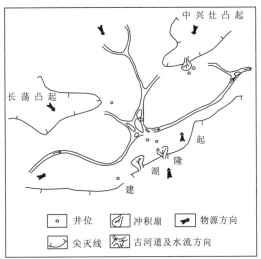

图 5-5-8 苏北盐城凹陷新生界
B_6 亚层序沉积环境图
(据地质部石油物探研究大队,1982)

第六节 固体矿产地震勘探的应用实例

地震勘探作为地质勘查的一种手段,现已成功地应用于石油、煤田、盐类等一些沉积矿产的勘查方面。如何把这种有效的方法应用到金属矿产的勘探中来,是当前国内许多地球勘查工作者研究的课题之一。众所周知,由于金属矿区表层和深部的地震地质条件复杂多变,因而几十年来,金属矿地震勘探工作断断续续,一直未能突破。江西省地矿局先后在安徽铜陵、江西九瑞、德兴、宜春五宝山等金属矿区开展地震试验工作,为寻找与铜、金、钴等有关的隐伏侵入岩(矿)体提供深部地层及构造资料并积累了一定的经验。

江西九瑞测区有大面积的沉积岩和零星的火成岩出露,地层倾角大,常达45°～70°,局部直立或倒转,褶皱紧密,断裂发育。金属矿产资源与燕山期火成岩侵入体关系密切,已发现的金属矿均为非沉积成因。因此,火成岩体是本区形成金属矿的必要条件。要找金属矿,就得先找到隐伏火成岩侵入体。所以,利用地震方法除了要提供地层、构造地质信息外,还要提供地下隐伏火成岩的信息——岩体规模、空间位置、埋藏深度以及它与围岩的接触关系等。

一、数据采集方法与技术

工作方法一般采用反射波法多次叠加,叠加次数 4～6 次。工作中应安排足够的试验工作,以了解区内不同测段的激发、接收条件和干扰波出现情况,指导生产中采用相应的技术措施和选择工作因素。

（1）激发。采用单孔小药量或浅孔小药量组合激发都能有足够的能量和较高的弹性波频率，满足工作需求。单孔深度为 10～12m，浅孔深度为 4～5m，药量一般为几百克至几公斤。

（2）接收。为了有利于高频成分的接收，采用主频 38Hz 检波器，单点 1～3 串的形式检波。基岩裸露段，要采取措施使检波器与地表介质耦合好。

（3）仪器因素。记录长度：可依据探测目的层深度、速度等参数进行估计；采样间隔：考虑接收高频成分的需要，采用 0.25～1ms 采样间隔；低阶滤波与去假频滤波：经试验分别确定为 20Hz 和 180Hz。

（4）观测系统。为确保浅目的层信息获得，排列长度不宜过大，高分辨率要求检波点距为 5～10m。

采用单边放炮，必须坚持下倾方向激发、上倾方向接收的原则。采用中间放炮，在资料处理时，激发点两边的数据应分别处理，以便区分大倾角地层上倾激发与下倾激发产生的影响。

二、速度参数测量

（1）表层速度参数测量。金属矿区的地震资料处理时，对静校正的要求较高，需全面了解测线上表层速度结构和数值。为此，我们根据不同的地形，布置了浅层折射波法测量、微地震测井、基岩露头速度测定工作，取得了丰富的表层低、降速带速度资料。

（2）深部速度参数测量。选定区内较为平坦的测段，布置速度剖面；利用正在施工的深孔进行地震测井，为资料处理和解释时使用。

通过对特殊处理的三瞬资料（即瞬时振幅、瞬时频率和瞬时相位）分析对比，与已知岩体、航磁资料对比，都说明瞬时振幅、瞬时频率对隐伏的火成岩侵入体反映很灵敏，异常清晰、直观。同时，三瞬资料对断裂构造也有一定的反映。

利用三瞬资料信息解释的地质成果，主要是发现并探明地下隐伏或半隐伏的侵入岩体。特别是地质构造复杂地段，常规时间剖面难以进行地质解释的部分测段，可充分利用地震波瞬态动力学特征信息，发现隐伏侵入岩体，并查明它的形态、埋深以及它与围岩的接触关系等。如地震 40 线南段三瞬剖面中 M_9 号岩体，出现明显的低振幅异常、低频率异常，相位也变宽，成蚯蚓状，对岩体分布形态和埋深显示清晰。这个岩体位于桩号 16 500～17 200 之间，处在赛湖向斜北翼。在赛湖向斜中存在次一级背斜，岩体就出现在背斜的核部。岩体由下部侵入，到达二叠系茅口组之上。根据瞬时振幅和瞬时频率剖面，岩体顶部出现的时间约为 350ms，推断其埋深约 600m。

验证孔定在 40 线桩号 16 700，设计孔深 800m。实际验证孔终孔深度为 704.96m，孔中揭示岩性见表 5-6-1。从取出的岩芯中见到，二叠系灰岩多处出现角砾岩，岩石破碎。经岩芯取样分析，在 580m 以上含金量一般在 8×10^{-9}，品位属低贫。从 583m 开始至终孔深度，即岩体和接触带段有金矿化，一般为 100×10^{-9}，背景值明显增高，个别样品达到边界品位 1.1×10^{-6}，与现已开采的洋鸡山金矿背景类同，表明金矿化受石英闪长玢岩岩体控制，围绕岩体和接触带段富集。

钻探揭示结果和地震资料推断的地质成果相吻合，本区地下存在一个规模较大、埋深较浅的隐伏岩体。在岩体和接触带段有好的金矿化显示，说明该区具有良好的成矿条件和寻找隐伏金矿资源的前景。

表 5-6-1 测区钻孔岩芯显示的地层岩性

层位深度/m	地层	岩性
0~31.90	第四系	黏土碎砾石层
31.90~375.05	中、下三叠统	白云质灰岩夹少量页岩
375.05~559.99	二叠系	灰岩、含少量煤系地层
559.99~561.54	燕山期	煌斑岩
561.54~565.14	二叠系	灰岩
565.14~567.80	燕山期	煌斑岩
567.80~651.99	二叠系	灰岩
651.99~704.96	燕山期	石英闪长玢岩

练习与思考题

1. 什么是地震勘探方法？地震勘探方法的分类？
2. 地震勘探方法的主要应用领域是哪一方面？地震勘探方法与非地震（重、磁、电法）方法有何异同点？
3. 解释下列名词：①体波与面波；②纵波与横波；③瑞雷波与勒夫波。
4. 什么是地震波的反射与透射？
5. 简述斯奈尔定律。
6. 折射波形成的基本物理条件是什么？
7. 什么是有效波与干扰波？
8. 地震波在岩石中传播速度有何特征？影响地震波速的因素是什么？
9. 分析直达波的时距方程并画出它的时距曲线。
10. 分析反射波的时距方程并画出它的时距曲线。
11. 分析折射波的时距方程并画出它的时距曲线。
12. 倾斜平界面与水平界面反射、折射波时距曲线有何不同？
13. 解释下列名词：①观测系统；②炮检距；③同相轴。
14. 什么是反射波法常用的多次覆盖系统？
15. 什么是动校正？
16. 什么是静校正？
17. 什么是叠加处理？
18. 写一篇 3 000 字读书报告或制作一篇多媒体报告，介绍什么是地震勘探。

发展趋势

地震勘探采集与处理经历了 4 个阶段：①30～50 年代光电地震仪、单次覆盖观测方法和手工解释；②50～60 年代模拟地震仪和多次覆盖观测系统方法；③60 年代以后数字磁带地震仪、高次覆盖和三维勘探；④80 年代以来的多波多分量、高分辨率三维地震勘探。仪器道数从 70 年代的 48 道发展到数万道，三维地震解决了二维地震长期未能解决的复杂波场归位问题，以及可以发现二维地震所无法发现的小构造、小断层等，在解决复杂构造、断陡构造、小幅度构造中发挥了巨大的作用。三维三分量（3D3C）精细地震勘探技术、时移地震（4D，或称四维地震）、井地联合采集技术、井间地震、多波勘探、全波列测井、核磁共振测井、成像测井以及叠前深度偏移处理、聚焦成像等各种新方法技术得到广泛应用。

进一步阅读书目

何樵登.地震勘探原理与方法[M].北京:地质出版社,1986.

加德纳 G H F,等.三维地震勘探[M].北京:地质出版社,1983.

李大心,顾汉明,潘和平,等.地球物理方法综合应用与解释[M].武汉:中国地质大学出版社,2003.

刘天佑,罗孝宽,张玉芬,等.应用地球物理数据采集与处理[M].武汉:中国地质大学出版社,2004.

陆基孟.地震勘探原理[M].北京:石油工业出版社,1996.

谢里夫 R E,吉尔达特 L P.勘探地震学(第二版)[M].北京:石油工业出版社,1999.

姚姚,陈超,昌彦君,等.地球物理反演基本理论与应用方法[M].武汉:中国地质大学出版社,2003.

张胜业,潘玉玲.应用地球物理学勘查原理[M].武汉:中国地质大学出版社,2004.

Parasnis D S, Principles of applied geophysics[M]. London: Chapman & Hall,1997.

Telford W M, L P Geldast, R E Sheriff, et al. Applied Geophysics[M]. Cambridge: Cambridge University Press,1976.

第六章 综合地质地球物理方法

第一节 不同勘探阶段的综合地质地球物理方法

一、成矿远景预测阶段

矿产勘查中要解决的首要问题是到什么地方去找矿,为此首先要选择成矿的远景靶区。地质、地球物理及地球化学人员通过地质调查与地球物理、地球化学测量获得的资料研究区域的构造、矿源层、成矿规律、成矿环境和成矿条件,预测成矿的远景区。

(一)地质任务

1. 成矿的地质前提研究

在评价固体矿产成矿区的远景时,要研究岩浆控制条件、地层条件、岩性条件、地球化学条件及地貌条件等。其中主要的是岩浆、构造和地层控制条件,而区域和深部地质构造是控制全局的。已知与超基性岩紧密相关的矿床有铬、铂、金刚石和磷灰石等;与基性岩共生的矿床有钛磁铁矿和硫化镍矿;与中性和酸性火成岩有关的矿床有钨、锡、钼、铜、铅、锌、金、铀与石英等。区域性和深部地质构造控制着成矿区、成矿带、矿田和矿床的位置。在成矿区的划分时,区域性和深部地质构造有很重要的作用。断裂带是岩浆侵入的通道,褶皱与大断裂交叉处往往是控制成矿的远景区。在评价内生矿区时,岩浆和构造控制是主要的;而在评价海相沉积矿床时,地层及构造控制则是主要的。前寒武纪是最古老和规模最大的鞍山式铁矿的成矿时期;震旦纪是宣化式铁矿的成矿时期;上泥盆统是宁乡式铁矿的成矿期;奥陶纪是灰岩侵蚀面上的中石炭纪底部的山西式铁矿的成矿期;二叠纪是涪陵式铁矿的成矿期。铀矿、锰矿、铜矿、铝土矿等都受地层控制;有些内生矿床受不透水盖层的控制,如汞矿、锑矿、多金属矿。

2. 含矿性标志

在确定成矿远景区时,除了要考虑成矿的地质前提外,远景区内还应有含矿性标志存在。凡能直接间接证明被评价地区地下存在着矿产的任何地质、地球化学、地球物理或其他因素,都可算作含矿性标志。成矿作用的直接标志有:①天然或人工露头(矿产露头)上的矿产显示;②有用矿物和元素的原生晕和分散晕区;③有用矿物和元素的次生机械晕、岩石化学、水化学、气体和生物化学晕、晕区和分散流;④地球物理异常;⑤古探矿遗迹和矿产标志。成矿作用的间接标志包括:①蚀变的近矿围岩;②矿化的矿物和伴生元素;③历史地理和其他间接资料。

(二)地质、地球物理与地球化学综合预测成矿远景区

矿产在地壳中的分布受各种成矿条件的控制,不同类型矿床,其成矿控制条件不同,研究的重点也不同,如内生矿床着重研究岩浆岩、构造以及围岩岩性条件,沉积矿床应着重研究地层、岩性、岩相和构造条件,风化矿床还应研究风化作用条件,对各类砂矿主要研究地貌条件,对变质矿床要研究变质作用条件。

1. 地质、遥感与物探结合查明构造条件

收集测区的地质、地球化学和地球物理区测成果资料,特别是遥感、航磁资料,了解测区的构造格架,在此基础上对主要构造形迹进行地质测量和地球物理调查,确定各种构造组合关系,为成矿预测提供构造条件依据。

重磁异常形态轮廓、分布范围、幅值及梯度变化等特征与区域构造单元之间大致有这样的规律:重力高带往往反映为古生界以下老地层的隆起带、背斜褶皱带、断块凸起或地垒、结晶基底的凸起等;磁异常则反映结晶基底的变化、岩浆活动和断裂等。重磁异常的以下特征可作为断裂构造存在的依据:①重磁异常等值线的梯级带;②呈线状伸展的等值线两侧,重磁异常的主要特征(如异常轴走向、异常值变化的幅度和梯度、圈闭异常的形态特征等)存在明显差异;③等值线出现有规律的同形扭曲或突然转折;④在某一方向上出现一系列局部圈闭,俗称"串珠状异常带"。

2. 地质、地球物理与钻探结合进行地层与岩性研究

研究成矿的地层与岩性,不仅对沉积矿床而且对内生矿床预测也是有效的。因为对具体的成矿区来说,矿产常常产出在相当窄的地史时期或地层区间。例如中哈萨克斯坦,最盛产矿的成矿期是晚海西期的钨和铜矿化作用,在乌拉尔绝大多数铜硫化物矿显示与志留纪—早泥盆纪范围内一个狭窄的地层有关。

在测区有露头地区进行地质填图,建立测区标准地层剖面。在覆盖地区可以应用地球物理方法研究地层与岩性。应该根据测区的主要岩性特征选择地球物理方法,通常在沉积岩为主的地区应以电法和地震法为主;在火成岩和变质岩广泛分布的地区,应以磁法和重力方法为主。在有钻孔的地区应投入电法。

(三)成矿远景区划分

应用地质、地球物理、地球化学对测区的成矿地质前提与含矿标志进行综合评价后,可圈定有远景的成矿区。根据矿床的工业价值以及成矿前景评价不同,成矿远景区可划分为明显有工业价值的成矿区,地表有良好找矿标志的远景区,以及地表具有微弱和不明显找矿标志的待研究区。

以鄂东南地区大型铁、铜矿床为例。据文献记载和目前出土文物证实,早在春秋战国时期,就曾在鄂东南地区进行过采冶。解放后,在这一地区做了大量的地质调查研究工作,编制了铁矿成矿规律及预测图,鄂东南区域地质图,大比例尺地质图,以及大量矿产普查勘探工作。物探在该区进行了大比例尺航空磁测,还编制了异常分布图,以及几个主要岩体地质磁测综合图等。通过大量的地质和物探工作,在本区提交了铁、铜、钴、银、金等十余种矿产储量报告。其中有大型铁矿床和大型铜矿床,以及中小型铁矿床、铜矿床。目前鄂东南地区,已成为我国

铁、铜等矿产资源的重要产地之一。

鄂东南地区地面磁测中的明显异常经检查见矿效果良好,而航磁异常检查得还不够,这些航磁异常中还可能找到矿。该区地质和物探工作者进行了以下工作,有的已取得成效,有的正开展研究:①研究磁异常极大值附近的次级低缓磁异常及剩余磁异常,找到了深部矿和已知矿附近的盲矿;②研究岩体北缘接触带负异常中的相对升高部位,并找到了盲矿;③排除叠加场,如安山岩、辉绿岩等的干扰,从中分辨出矿异常;④在各岩体之间研究寻找深大盲矿体等。

再以辽宁昭盟北部地区大型铁(锡)矿床为例。区内出露地层较发育的是二叠系和中、上侏罗统,其次为志留系。中、上石炭统和白垩系局部出露,第三系玄武岩呈零星小块分布,第四系广布区内西南部、北东河谷两侧也有分布。区域构造主要为新华夏系和华夏系。从西到乌兰浩特北面有一条北东向的隐伏深断裂。二叠系海相火山喷发强烈,矿化地层为一套浅海相碎屑岩夹灰岩,其中大理岩、结晶灰岩及其上覆和下伏钙质碎屑岩矿化现象更好。从黄岗到甘珠尔庙一带,地表见一些小的铁矿露头或矿化点,而且有磁异常带,有的磁异常处有矿化点。仅在黄岗到富林140km长的地带,就分布有C-5-1等18个航、地磁异常,有可能构成一个铁、铜、多金属找矿区,是一个有待研究的地区。

1964年工作者对一个长达14km,ΔT_{max}约为8 000nT的M_6航磁异常,进行了地面磁法检查(图6-1-1)。1:50 000比例尺地面磁测圈定了异常范围和走向方向,异常断续延长为14km,宽100~600m,形态规则,ΔZ异常强度一般在1 000nT左右。异常位于花岗岩与晶屑凝灰岩及大理岩的接触带上,绝大部分为第四系所覆盖,仅见有矽卡岩及磁铁矿的零星露头。经地质勘探证实为一大型铁(锡)矿床,并伴生有大量锡、钨、铜、铅、锌等元素。类似情况者,可以划分地表具有微弱和不明显找矿标志的待研究区。

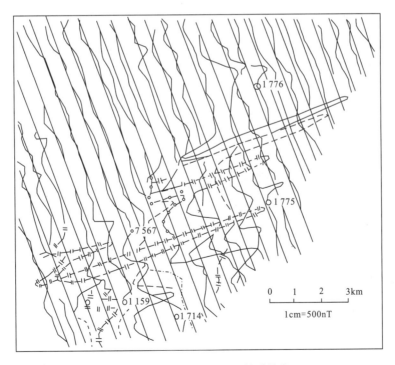

图6-1-1 辽宁昭盟 M_6 航磁异常

二、区域性普查找矿阶段

矿产普查是根据普查地区的具体情况,运用成矿地质理论和综合技术方法,开展寻找矿产资源的工作。矿产普查是在成矿预测的远景区内开展工作,因此普查区域应具有成矿地质条件及其存在含矿标志。矿产普查需要对区域成矿地质条件、区内矿产和物化探异常等找矿标志进行综合研究,总结矿产形成和分布规律,圈出进一步找矿远景地段,指明找矿方向。同时通过对工作区内已知的和新发现的矿点及物化探异常的检查,选择有希望的矿区和矿点,作为矿区评价或勘探的后备基地。

在绝大多数情况下,矿床不是孤立出现,而是群集为矿田。矿田是构造上统一的局部地壳地段,包含几组在空间上接近的矿床。单个矿床及分隔矿床的无矿地段,可看作矿田的非均质单元,它们在这一构造层次上自成体系。

应用地球物理方法研究矿田构造,矿田在矿体构造中的位置是由地壳上部结构特点,即由地壳和上地壳产出的构造断块决定的。许多矿田位于地壳断裂与不同级别和方向的区域构造断裂的交接或交错部位的构造中。应用地球物理方法查明断裂,研究断裂构造关系有利于矿田的发现,例如山东胶东招掖金矿带上用电阻率联剖装置,扫描400多平方千米,圈出了大小断裂构造17条。通过研究各构造断裂间关系,指出了蚀变岩型金矿成矿的大致范围和赋存空间,为招掖金矿带的发现做出了重要贡献。

三、矿床勘探阶段

(一)矿床勘探的任务

矿床勘探是在矿点评价的基础上,对最有工业价值的矿床,合理地应用各种有效手段和方法,对矿床全面系统地进行勘探和研究,详细查明矿床赋存的地质规律、矿石质量、数量及其空间分布、矿石的加工技术条件和开采技术条件等,最终完成国家下达的矿产储量任务并提交符合矿山企业建设设计要求的地质勘探报告。简单地说,勘探的任务就是查明矿床的质和量及采、选、冶条件,向矿山建设设计提供必需的矿产地资源和地质基础资料。

(二)勘探阶段物化探方法的综合应用

1. 物化探方法在矿床勘探阶段的综合应用

(1)结合矿床特点,在某些覆盖较薄的矿体上利用地质、物化探等综合手段,可代替部分地表探矿工程,进行地表矿体圈定。

(2)应用物化探等综合手段与探矿工程密切配合,可研究矿体深部的变化情况。例如在某些条件下可用物化探测定矿体的产状、埋深、延深、规模,指导矿床深部勘探工程布置,提高探矿工程的见矿率与地质效果,可以适当放稀勘探工程间距,节省探矿工程工作量。

(3)利用综合探矿手段,追索圈定深部矿体及寻找盲矿体(指导盲矿体的勘探有某些独到之处,是其他手段无法相比的)。

2. 物化探综合方法勘探矿体效果

(1)预测矿体形态,提高设计工程见矿率。TL山矽卡岩型铜铁矿床,主要盲矿体呈透镜状及不规则状产出。矿体主要由黄铜矿、磁铁矿和黄铜矿、斑铜矿、磁铁矿等矿石类型组成。在勘探初期,根据重力、磁法及电测深资料,配合个别钻孔,反复推断剖面上的矿体截面形态与产状,结合充电法的资料,初步确定了矿体沿走向的长度(图6-1-2)。经钻孔揭露证实,原来以综合方法推断的矿体形态、产状和矿体边界是正确的。物探成果为勘探工程设计与布置提供了重要依据,提高了设计钻孔的见矿率,节省了探矿工程的工作量。

(2) 预测矿体边界和中心部位,指导探矿工程布置。一般在矿区评价阶段或勘探初期,在探矿工程间距较稀的情况下,很难准确地确定矿体延伸边界,而利用物探测井方法或化探方法,可以有效地推断矿体尖灭点和矿体中心,指导探矿工程的布置。如安徽某铁矿采用磁测井方法确定矿体边界比地质推断法准确,应该根据ZK6测井结果,确定钻孔间距,控制矿体边界,而不应按等间距向南布置钻孔,这样可以节省钻探的工作量。因ZK6所见矿体厚度较大,故地质推断矿体南延较远,又据地表磁异常估算矿体南延也可达200m,但井中磁测表明矿体主要部分在ZK6钻孔以北,并推算矿体向南延伸小于30～40m。以后在ZK6钻孔之南120m处布置ZK10钻孔验证,证实果然无矿。据ZK10钻孔测井资料计算,矿体南端尖灭点距ZK10钻孔94m,与ZK6钻孔的计算结果十分吻合。

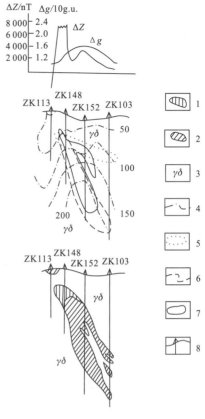

图6-1-2 TL山某矿体物探地质综合剖面图

1.含铜矽卡岩;2.铜铁矿;3.花岗闪长岩;4.电测深ρ_s等值线;5.第一次推断矿体边界;6.第二次推断矿体边界;7.第三次推断矿体边界;8.钻孔垂直磁化$J=0.04\times10^3 A\cdot m^{-1}$

又如江苏M山重磁异常区经过化探工作,用专门剖面研究与热液矿化有关元素的分布和其比值特征。从岩石地球化学剖面说明:$(TFe-FeO)/(TiO_2+V_2O_5)$和TF_e/V_2O_5异常反映了矿体的中心部位,为指导探矿工程的布置和矿体的圈定提供了重要依据。

3. 探测深部盲矿与漏矿

目前井中磁测是探测深部磁性盲矿体的主要方法之一。由于浅矿在地表引起的异常较大,而深矿则很小。所以,从地面总异常中很难区分出深部异常,磁测井可以深入地下,测出矿体侧旁异常,从而发现深部盲矿或避免漏矿。在勘探初期,对于变化较大的透镜状或囊状矿体,即使按一定网距布钻,也会存在漏矿,井中磁测则可以弥补这一缺陷。如图6-1-3所示,在地面异常中心打了ZK81钻孔,揭露主矿体后,接着布了ZK85与ZK83钻孔控制矿尾,但均未见矿。然而经过ZK83孔井中磁测后,却获得可符合ΔZ异常,具有"正S形"特征,且梯度很大。ZK85孔测井结果也有同样情况,说明ZK83孔与ZK85孔之间有矿体存在,经ZK85-1孔验证,在350m以下的预定深度打到了厚46m的磁铁矿,将漏掉的矿体找了出来。

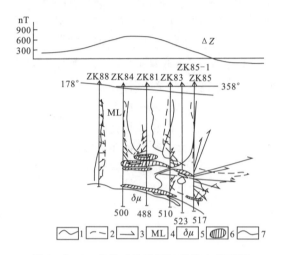

图 6-1-3 某铁矿体物探地质综合剖面图

1.ΔZ
2.ΔH ⎬ 模数比例尺,7 500nT·cm^{-1};4.灰岩;5.闪长玢岩;6.磁铁矿体;7.地质界线
3.$\Delta T'$

4. 研究矿体的产状与延深

当矿体倾斜较陡,地面物探资料反映不清时,采用井中磁测有助于解决矿体产状和延深问题。例如,在甘肃某地磁异常中心经 ZK1 钻孔揭露,深部见到较厚的富矿。由于勘探初期对矿体产状不清,误认为矿体向南倾斜,于是在 ZK1 孔南侧打了 ZK3、ZK7 孔,但均未见到富矿。通过此两孔井中磁测,表明 ΔZ 曲线全为负值,并随孔深逐渐变小,范围很宽,而由 Z_a、H_a 合成的 $\Delta T_\perp$ 在 100m 以下全部向南发散。这些特征表明矿头离地表近,矿尾延深较大,推测矿体可延深 300m,整个矿体是向北倾斜的。为了证实上述推断,在 ZK1 北侧布了 ZK9 孔,于 200m 深处见到富矿厚 40 余米,证实此推断是正确的(图 6-1-4)。

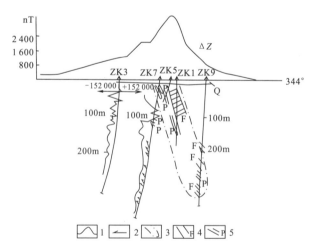

图 6-1-4 甘肃某矿体物探地质综合剖面图
1.ΔZ;2.$\Delta T_\perp$;3.推断磁性矿体断面;4.富矿;5.贫矿

*第二节　综合地质地球物理评价的数学方法

一、模糊数学方法成矿远景预测

模糊(fuzzy,或译作不分明、乏晰)集合论或者模糊数学是由扎德(Zadeh)在1965年提出的一种数学理论。

首先我们介绍一下模糊集合、隶属度的概念。

一个集合或集,通常是指满足某种性质的一批元素的总体。例如,在成矿预测中,所谓含矿点集指

$$D=\{X;X\text{处是已知矿点和远景矿点}\}$$

再设 $\Omega=\{X\}$ 是被研究的全体地点之集,那么,按照传统的观点,对于 Ω 中的每个元素 X,在 $X\in D$ 或 $X\notin D$ 两种可能中,必是有一种发生("为真"),也只能有一种为真。换句话说,X 或者是含矿点,或者不是,二者必居其一。

但在事实上,对任一个地点要作出这样确切的判断是困难的。我们也许只能说,X 点一定含矿、可能含矿或者只有矿化现象。

为了解决上面的不确定问题,扎德提出了模糊集和隶属度的概念。假设 $\Omega=\{X\}$ 是一个任意的普通集合。对于 Ω 中的每个元素 X 定义一个实函数 $\mu_D(X)$ 满足:

$$0\leqslant\mu_D(X)\leqslant1$$

并用 $\mu_D(X)$ 描述 X 属于 D 的"程度":若 $\mu_D(X)=1$,则 X 完全属于 D;若 $\mu_D(X)=0$,则 X 完全不属于 D;$\mu_D(X)=0.7$,则 X 属于 D 的"程度"是 70%,等等。这时我们说 D 是 Ω 的一个"模糊子集",由函数 $\mu_D(X)$ 决定。$\mu_D(X)$ 称为 D 的"隶属度"。

模糊数学方法在自动化控制、信息处理、人工智能、经济学、社会学等方面有广泛的应用。模糊聚类是一种无监督学习的识别方法,主要依据数据的内部结构进行模糊分类。模糊聚类又分为模糊聚类 K 均值法和模糊聚类协方差方法,我们以模糊聚类 K 均值法为例说明其聚类的原理。

假定已知样品集为 $\Omega=\{X_1,X_2\cdots,X_N\}$,每个样品取 n 个特征,首先确定要分成的类数,也就是凝聚点的个数。由于类数和凝聚点的位置是人为给定的,因此必须在聚类过程中对聚类中心的位置不断调整,最后得出合理的分类。这种方法就是传统聚类算法中的聚类 K 均值法。模糊聚类 K 均值法由上述方法派生而来,它用模糊数学中隶属度的概念代替聚类 K 均值法中距离的概念,用样品对某一聚类中心的隶属程度来衡量该样品从属某一类的程度,同样要经过反复的迭代才能求出相应的聚类中心。其基本步骤如下:

(1)确定聚类的类数 K,$1<K<N$,如把样品集分为含矿和不含矿两类,则 $K=2$。

(2)给出初始隶属度矩阵 $U^{(0)}=(u_{ij}^{(0)})$,一般的模糊聚类 K 均值法是根据经验来设定每一点对各类的隶属度,例如第 j 点我们认为含矿的可能性大,则可以把它归为 W_1 类(不含矿的归为 W_2 类),如使 $u_{1j}=0.9,u_{2j}=0.1$ 或 $u_{1j}=0.8,u_{2j}=0.2$ 等,注意到这里的每列元素之和等于1。显然凭经验来确定 $U^{(0)}$ 并不容易,我们这里借鉴于诱导聚类 K 均值法来生成初始隶属度矩阵。

(3)利用下式求各类的聚类中心 $V_i^{(l)}$：

$$V_i^{(l)} = \frac{\sum_{j=1}^{N}[u_{ij}^{(l)}]^m x_j}{\sum_{j=1}^{N}[u_{ij}^{(l)}]^m} \quad i=1,2,\cdots,K$$

(4)由于聚类中心在计算中需要不断调整，因此每得到一个新的聚类中心就必须重新计算新的隶属度矩阵，计算新的隶属度矩阵 $U^{(l+1)}$，表达式为：

$$u_{ij}^{(l+1)} = 1 \Big/ \sum_{p=1}^{K} \left(\frac{d_{ij}}{d_{pj}}\right)^{2/(m-1)} \quad i=1,2,\cdots,K; j=1,2,\cdots,N$$

式中：d_{ij} 为 x_i 与 x_j 的距离，d_{pj} 为 x_p 与 x_j 的距离；m 为权指数，通常取 $m=2$。

(5)重复步骤(3)(4)，直到收敛为止。结束迭代的标准可以取 $\max_{ij}\{u_{ij}^{(l+1)}-u_{ij}^{(l)}\}\leqslant\varepsilon$。初始隶属度矩阵是采用诱导的方法来产生的：

①确定类数 K，$1<K<N$。

②输入初始分类矩阵 $U^{*(0)}=[u_{ij}^{*(0)}]$，$i=1,2,\cdots,K; j=1,2,\cdots,N$。此处的 $U^{*(0)}$ 是使用者根据自己意愿简单划定的初始分类矩阵，通常把 $u_{ij}^{*(0)}$ 取为 0 或 1，例如定为不含矿取 0，含矿取 1，每列中必须有一个且仅有一个元素取 1，然后通过计算对此矩阵进行调整。

③诱导产生隶属度矩阵 $U^{(0)}=[u_{ij}^{(0)}]$，并有：

$$u_{ij}^{(0)} = \frac{N_i - \beta\sum_{t=1}^{N}u_{it}^{*(0)}d_{tj}}{N - \beta\sum_{t=1}^{N}d_{tj}}$$

把求得的 $U^{(0)}$ 作为初始隶属度矩阵 U，其中 $u_{ij}^{*(0)}$ 是 x_j 对第 j 类的隶属度，N 是总点数，N_i 是"硬"分类中 W_i 类的点数（所谓"硬"分类是按常规方法分类的），d_{ij} 是 x_i 与 x_j 的距离，β 是一个参数，其作用是保证 $u_{ij}^{(0)}$ 的值位于 0~1 之间，通常取作 $\max_{ij} d_{ij}$ 的某个倍数。

实例：某地矽卡岩铜矿区有 14 个已验证的异常，其中见矿异常有叶花香 1~4 个，石头壳等 7 个，未见矿异常有小刘胜、大刘胜等 7 个，每个异常的 Cu、Ag、Br 的 r 值几何平均值和对数值见表 6-2-1。

表 6-2-1　某地矽卡岩型铜矿区异常表

异常号		$x_{1i}(A)$Cu		$x_{2i}(A)$Bi		$x_{3i}(A)$Ag	
		r/g	对数	r/g	对数	r/g	对数
见矿异常	叶花香	380	2.58	8.9	0.95	0.08	0.9
		800	2.90	10.1	1.0	0.17	1.23
		3 550	3.55	10	1.0	0.14	1.15
		224	2.35	6	0.79	0.14	1.15
	石头壳铜井赤马山	3 500	3.54	6	0.79	0.7	1.85
		500	2.70	20	1.3	1.7	2.23
		500	2.70	3	0.48	0.5	1.70

续表 6-2-1

异常号		$x_{1i}(A)$Cu		$x_{2i}(A)$Bi		$x_{3i}(A)$Ag	
		r/g	对数	r/g	对数	r/g	对数
未见矿异常	Ⅰ	177	2.25	11.5	1.06	0.95	1.98
	Ⅲ	143	2.16	11.5	1.06	0.64	1.80
	Ⅴ	215	2.33	12.5	1.10	0.55	1.74
	Ⅶ	92	1.96	10.9	1.04	0.30	1.48
	Ⅷ	87	1.94	10	1.0	0.25	1.40
	小刘胜	1 000	3.00	10	1.0	0.20	1.30
	大刘胜	600	2.78	30	1.48	0.50	1.70

我们用此实例来检验模糊聚类方法的聚类效果，模糊聚类方法的分类结果见表 6-2-2。

第一类：石头壳、铜井、赤马山、大刘胜；第二类：叶花香 1~4、Ⅰ、Ⅲ、Ⅴ、Ⅶ、Ⅷ、小刘胜。不难看出，分类结果第一类多数为见矿异常，而第二类多数为未见矿异常，其中，叶花香 1~4 判为矿与非矿之间(结果为 0.471 356、0.484 027、0.491 749、0.475 776，接近 0.5)，大刘胜也判为矿与非矿之间(结果为 0.521 641)。

表 6-2-2 是模糊 K 均值聚类结果，左列中数值大于 0.5 为同一类，数值小于 0.5 为同一类。

表 6-2-2 模糊 K 均值聚类结果

0.471 356	0.528 644
0.484 027	0.515 973
0.491 749	0.508 251
0.475 776	0.524 224
0.625 830	0.374 170
0.509 105	0.490 895
0.640 415	0.359 585
0.421 708	0.578 292
0.408 939	0.591 061
0.390 686	0.609 314
0.241 733	0.758 267
0.358 390	0.641 610
0.483 804	0.516 196
0.521 641	0.478 359

二、灰色系统方法

金矿的形成和分布可视为多种控矿地质因素综合作用、相互关联、发展变化的灰色系统。应用综合物探信息,建立综合关联度预测模型,在招掖蚀变岩型金矿的4个已知金矿上做了预测检验,并预测了5个金矿床。所得结果表明,关联度异常的展布与金矿床的位置相对应,其幅值与金矿床规模位置相关联,灰色关联分析法在矿床预测上有广泛应用前景。

(一)方法原理

在金矿预测中,控矿地质因素和找矿标志信息与金矿形成和分布关系的密切程度,可用它们与已知金矿床上相应信息关联度的大小来定量评价。若以已知大型金矿床上某种控矿地质因素和找矿标志信息为参考数列,数列长度为 n,记为 x_0:

$$x_0 = [x_0(1), x_0(2), x_0(3), \cdots, x_0(n)]$$

以研究区同种信息为比较数列,数列长度为 m,记为 $x_i(i=1,2,\cdots,m)$

$$x_i = [x_1(1), x_2(2), x_3(3), \cdots, x_m(m)]$$

可以用下述关系式表示各比较数列与参考数列的关联性:

$$\xi_i(k) = \frac{\min\limits_i\min\limits_k |x_0(k)-x_i(k)| + \rho\max\limits_i\max\limits_k |x_0(k)-x_i(k)|}{|x_0(k)-x_i(k)| + \rho\max\limits_i\max\limits_k |x_0(k)-x_i(k)|} \quad k=1,2,\cdots,n \quad (6-2-1)$$

式中:$\xi_i(k)$ 称为 x_i 对 x_0 在 k 点的关联系数;ρ 为分辨系数,一般在 0 与 1 之间选取。在实际应用时,采用求平均值的方法作信息的集中处理,其表达式为

$$R_i = \frac{1}{n}\sum_{k=1}^{n}\xi_i(k) \quad (6-2-2)$$

式中:R_i 是比较数列 x_i 对参考数列 x_0 的关联度。关联度越大,表示两个数列的关联性越大,即在该地区寻找金矿越有利。

(二)模型构制

根据金矿的成矿理论和控矿规律,以已知金矿床的研究为基础,建立综合关联度预测模型。

1. 确定模建参数

预测模型建模窗口的大小与相应结构水平金矿的形成物(如矿田、矿床、矿体等)的分布范围存在相关性。

为了确定最佳的建模参数,在招掖金矿区大型金矿床上,应用 1:50 000 和 1:25 000 的重力、磁法、电法资料,通过试验的方法选定既具有横向分辨能力,又减少计算工作量的最佳窗口为9个采样点,采样点距 $\Delta x = 125$m,矿位于窗口的中心部位。分辨系数 ρ 采用 ρ 值扫描的方法确定。图6-2-1是在金矿床上应用剩余重力异常 Δg 作关联数列求得的关联度 $R_{\Delta g}$ 与 ρ 的关系曲线。当 $\rho = 0.7$ 时,曲线变化由

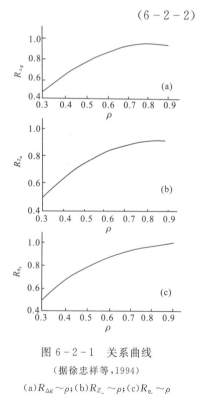

图 6-2-1 关系曲线
(据徐忠祥等,1994)
(a) $R_{\Delta g} \sim \rho$; (b) $R_{Z_a} \sim \rho$; (c) $R_{\eta_s} \sim \rho$

陡变缓。利用磁异常 Z_a 和激电异常 η_s 求 $R_{Z_a}-\rho$[图6-2-1(b)]、$R_{\eta_s}-\rho$[图6-2-1(c)]关系曲线,也有同样的结果。故选 $\rho=0.7$,以提高所建模型的分辨率。

2. 建立关联数列

用大型金矿床和另外4个同样类型的大型、中型金矿床的 Δg、Z_a、η_s 的剖面异常建立关联数列表。表6-2-3为 Δg 关联数列表,x_0、x_1 为大型金矿的关联数列,x_2 为中型金矿的关联数列。利用采集的 Z_a、η_s 信息,也可获得相应的关联数列。

表6-2-3 Δg 关联数列表

数列名称	1	2	3	4	5	6	7	8	9
x_0	0.84	0.82	0.70	0.40	0.30	0.20	−0.20	−0.40	−0.45
x_1	0.72	0.71	0.60	0.30	0.16	0.01	−0.08	−0.12	−0.16
x_2	0.87	0.74	0.41	0.27	0.18	0.16	0.13	0.10	0.06

3. 计算关联度

应用公式(6-2-1)、公式(6-2-2)所选定的窗口,沿剖面逐点滑动,求相应关联数列的关联度 $R_{\Delta g}$、R_{Z_a}、R_{η_s},记于窗口中心点对应的采样点处,其极大值见表6-2-4。它们的坐标与金矿的位置相对应。

4. 构造预测模型

若以 R_x 表示综合地球物理信息关联度,则可用下式:

$$R_x = R_{\Delta g} + R_{Z_a} + R_{\eta_s} \tag{6-2-3}$$

进行计算,并用同类型不同规模金矿床关联度极大值的平均值,建立综合地球物理信息关联度预测模型,见表6-2-5。$R_{\Sigma \max}$ 的坐标指示预测的金矿床的位置,$R_{\Sigma \max}>2.60$ 为大型金矿,$R_{\Sigma \max}=2.40\sim2.60$ 为中型金矿。

表6-2-4 Δg、Z_a、η_s 关联度极大值

关联度极大值	$x_0\sim x_1$	$x_0\sim x_2$
$R_{\Delta g\max}$	0.88	0.81
$R_{Z_a\max}$	0.82	0.74
$R_{\eta_s\max}$	0.95	0.92

表6-2-5 关联度预测模型(据徐忠祥等,1994)

关联度极大值	大型金矿	中型金矿
$R_{\Delta g\max}$	>0.86	0.75~0.85
$R_{Z_a\max}$	>0.80	0.75~0.80
$R_{\eta_s\max}$	>0.95	0.90~0.95
$R_{\Sigma\max}$	>0.95	0.90~0.95

(三)金矿预测

依据建立的综合地球物理模型,可以按照下述方法进行金矿灰色预测。

(1)确定扫描网度。在招掖金矿区1∶5万平面图上,垂直控矿断裂,采集 Δg、Z_a、η_s 信息,采样点距 $\Delta x=125\text{m}$,线距 $\Delta l=500\text{m}$。

(2)关联度扫描。以预测模型信息为参考数列系,研究区信息为比较数列系,应用式(6-2-1)与式(6-2-2)求各点的 Δg、Z_a、η_s 关联度。

(3)计算综合关联度。求各点的综合关联度 $R_{p\sum}$ 的表达式为

$$R_{p\sum} = \sum_{i=1}^{M} R_{pi} = R_{p\Delta g} + R_{pZ_a} + R_{p\eta_s}$$

(6-2-4)

式中:p 为综合关联度计算点;M 为综合关联度维数,在本次预测中 $M=3$。

图6-2-2显示存在两个大型金矿综合关联度异常,其中 $R_{\sum\max} > 2.60$。

(4)矿床定位预测。若用 $y^{(1)}(x)$ 表示综合关联度的一次累加生成(记为1-AGO),它是坐标 x 的函数,则矿床位置的确定,可以采用GM(1,1)预测模型。其微分方程为

$$\frac{dy^{(1)}(x)}{dx} + \hat{a} y^{(1)}(x) = u \quad (6-2-5)$$

式中:$\hat{a}$ 为系数向量,$\hat{a} = [a, u]^T$,它可用最小二乘法求解,其表达式为

$$\hat{a} = (B^T B)^{-1} B^T Y_N$$

式中:B 为累加矩阵

$$B = \begin{bmatrix} -\frac{1}{2}[y^{(1)}(1) + y^{(1)}(2)] & 1 \\ -\frac{1}{2}[y^{(1)}(2) + y^{(1)}(3)] & 1 \\ \vdots & \vdots \\ -\frac{1}{2}[y^{(1)}(N-1) + y^{(1)}(N)] & 1 \end{bmatrix}$$

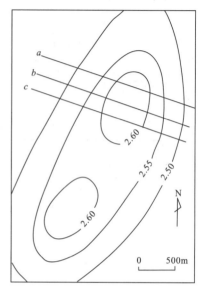

图6-2-2 综合关联度等值线图
(a、b、c 为金矿预测剖面)

Y_N 为常数向量

$$Y_N = [y^{(0)}(2), y^{(0)}(3), \cdots, y^{(0)}(N)]^T$$

将 $\hat{a}$ 代入式(6-2-5),求得:

$$y^{(1)}(x) = \left[y^{(1)}(0) - \frac{u}{a}\right] e^{-ax} + \frac{u}{a}$$

若令 $y^{(1)}(0) = y^{(0)}(1)$,则

$$y^{(1)}(x+1) = \left[y^{(0)}(1) - \frac{u}{a}\right] e^{-ax} + \frac{u}{a}$$

(6-2-6)

再求导,便得到:

$$y^{(0)}(x+1) = -a\left[y^{(0)}(1) - \frac{u}{a}\right] e^{-ax}$$

(6-2-7)

利用式(6-2-6)可以预测金矿的位置,图6-2-2中的 a、b、c 是布置的金矿定位预测剖面,若沿剖面 b,取得综合关联度数列:

$$y^{(0)} = [y^{(0)}(1), y^{(0)}(2), \cdots, y^{(0)}(5)] = (2.46, 2.48, 2.51, 2.55, 2.61)$$

它的1-AGO按下式计算：

$$y^{(1)}(k) = \sum_{m=1}^{k} y^{(0)}(m)$$

于是，$y^{(1)}$ 数列为

$$y^{(1)} = [y^{(1)}(1), y^{(1)}(2), \cdots, y^{(1)}(5)] = (2.46, 4.94, 7.45, 10.00, 12.61)$$

应用GM(1,1)模型，求得：

$$\hat{a} = \begin{bmatrix} a \\ u \end{bmatrix} = \begin{bmatrix} -0.0178 \\ 2.4138 \end{bmatrix}$$

代入式(6-2-5)，有：

$$\frac{dy^{(1)}(x)}{dx} - 0.0178 y^{(1)}(x) = 2.4138 \qquad (6-2-8)$$

解上述方程，求出预测值表达式为

$$y^{(0)}(x+1) = 2.4576 e^{0.0178x}$$

令 $x=5$, $y^{(0)}(6) = 2.69$。它是 $a、b、c$ 三条剖面求出的最大预测值，其坐标确定为预测金矿的位置。

应用上述方法预测的部分金矿如图6-2-3所示。在图6-2-3(a)中，A_1、A_2 为已知大型金矿，其位置与本方法推断的位置相符。该处综合关联度极大值 $R_{\sum \max}$ 大于2.60，按构制的综合关联度预测模型，预测 A_1、A_2 为大型金矿，亦与已知金矿的规模相吻合。图6-2-3(b)中，B_1、B_2 为预测的大型金矿，其综合关联度极大值 $R_{\Delta \max}$ 大于2.60。图6-2-3(c)中，C_1 为预测的中型金矿，其综合关联度极大值在2.40~2.60之间。从图6-2-3可以看出，关联度异常区具有明显的地质特征：①它们位于胶东群发育区，该地层金的丰度值高，是金矿的矿

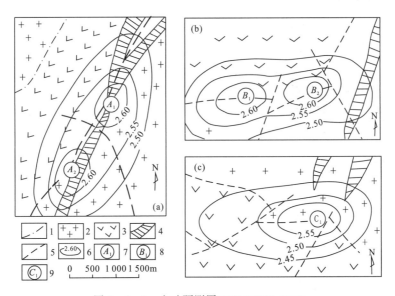

图6-2-3 金矿预测图(据徐忠祥等，1994)

1.地层岩体界线；2.玲珑花岗岩；3.胶东群；4.蚀变岩碎裂带；5.推断断裂；6.综合关联度等值线；7.已知大型金矿及编号；8.预测大型金矿及编号；9.预测中型金矿及编号

源层;②它们位于玲珑花岗岩与胶东群的接触带上,多次岩浆侵入活动为成矿物质的聚集创造了条件;③它们位于断裂构造的交会区,有利于矿液的运移富集定位成矿。这反映了关联度异常区是多种控矿地质因素综合作用成矿的有利部位。

应用所建模型预测了5个金矿床,其中大型的3个,中型的2个,表明该方法具有矿床定量预测的功能。

三、BP人工神经网络方法

(一)方法原理

人工神经网络是由大量的类似人脑神经元的简单处理单元广泛地相互连接而成的复杂的网络系统。理论和实践表明,在信息处理方面,神经网络方法比传统模式识别方法更具有优势。人工神经元是神经网络的基本处理单元,其接收的信息为 $x_1, x_2, \cdots, x_n$,而 ω_{ij} 表示第 i 个神经元到第 j 个神经元的连接强度或称权重。神经元的输入是接收信息 $X = (x_1, x_2, \cdots, x_n)$ 与权重 $W = \{\omega_{ij}\}$ 的点积,将输入与设定的某一阈值作比较,再经过某种神经元激活函数 f 的作用,便得到该神经元的输出 O_i。常见的激活函数为 Sigmoid 型。人工神经元的输入与输出的关系为

$$y = f(\sum_{i=1}^{n} \omega_i x_i - \theta) \qquad (6-2-9)$$

式中:x_i 为第 i 个输入元素,即 n 维输入矢量 X 的第 i 个分量;ω_i 为第 i 个输入与处理单元间的互联权重;θ 为处理单元的内部阈值;y 为处理单元的输出。

常用的人工神经网络是 BP 网络,它由输入层、隐含层和输出层 3 部分组成。BP 算法是一种有监督的模式识别方法,包括学习和识别两部分,其中学习过程又可分为正向传播和反向传播两部分。正向传播开始时,对所有的连接权值置随机数作为初值,选取模式集的任一模式作为输入,转向隐含层处理,并在输出层得到该模式对应的输出值。每一层神经元状态只影响下一层神经元状态。此时,输出值一般与期望值存在较大的误差,需要通过误差反向传递过程,计算模式的各层神经元权值的变化量 $\Delta \omega_{ij}^{(p)}$。这个过程不断重复,直至完成对该模式集所有模式的计算,产生这一轮训练值的变化量 $\Delta \omega_{ij}$,在修正网络中各种神经元的权值后,网络重新按照正向传播方式得到输出。实际输出值与期望值之间的误差可以导致新一轮的权值修正。正向传播与反向传播过程循环往复,直到网络收敛,得到网络收敛后的互联权值和阈值。

(二)BP 神经网络计算步骤

(1)初始化连接权值和阈值为一小的随机值,即 $W(0) =$ 任意值,$\theta(0) =$ 任意值。
(2)输入一个样本 X。
(3)正向传播,计算实际输出,即根据输入样本值、互联权值和阈值,计算样本的实际输出,其中输入层的输出等于输入样本值,隐含层和输出层的输入为

$$net_j = \sum \omega_{ij} O_i \qquad (6-2-10)$$

输出为

$$O_i = f(net_j) \tag{6-2-11}$$

式中：f 为阈值逻辑函数，一般取 Sigmoid 函数，即

$$O_j = 1 / \left[1 + \exp\left(-\frac{net_j + \theta_j}{\theta_0}\right)\right] \tag{6-2-12}$$

式中：θ_j 表示阈值或偏置；θ_0 的作用是调节 Sigmoid 函数的形状，较小的 θ_0 将使 Sigmoid 函数逼近于阈值逻辑单元的特征，较大的 θ_0 将导致 Sigmoid 函数变平缓，一般取 $\theta_0 = 1$。

（4）计算实际输出与理想输出的误差

$$E_p = \frac{1}{2} \sum_k (t_{pk} - O_{pk})^2 \tag{6-2-13}$$

式中：t_{pk} 为理想输出；O_{pk} 为实际输出；p 为样本号；k 为输出节点号。

（5）误差反向传播，修改权值

$$\Delta \omega_{ji}^{(p)} = \eta \delta_{pj} O_{pi} \tag{6-2-14}$$

式中：

$$\delta_{pj} = O_{pj}(1 - O_{pj}) \sum_k \delta_{pk} \omega_{kj} \quad (\text{隐含层}) \tag{6-2-15}$$

$$\delta_{pk} = (t_{pk} - O_{pk}) O_{pk}(1 - O_{pk}) \quad (\text{输出层}) \tag{6-2-16}$$

（6）判断收敛，若误差小于给定值，则结束，否则转向步骤（2）。

（三）塔北某地区 BP 神经网络预测

以塔北某地区 S4 井为已知样本，取氧化还原电位 ET，放射性元素 Rn、Th、Tc、U、K 和地震反射 T_5^0 构造面等 7 个特征为识别的依据。T_5^0 构造面反映了局部构造的起伏变化，其局部隆起部位应是油气运移和富集的有利部位，它可以作为判断含油气性的诸种因素之一。在该地区还投入高精度重磁、土壤微磁、频谱激电等多种方法，一些参数未入选为判别的特征参数，是因为某些参数是相关的，如经提取后的剩余异常就与地震 T_5^0 构造面相关，有些参数如频谱激电则只做了两条剖面，未覆盖全区，不便使用。在使用神经网络方法判别之前，还采用 K-L 变换（Karhaem-Loeve）来分析和提取特征。

S4 井位于测区西南部 5 线 25 点，是区内唯一已知井，该井在 5 390.6m 深的侏罗系获得 40.6m 厚的油气层，在 5 482m 深的震旦系中获 58m 厚的油气层。取 S4 井周围 9 个点即 4~6 线的 23~25 点作为已知油气的训练样本，由于区内没有未见油的钻井，只好根据地质资料分析，选取 14~16 线的 55~57 点作为非油气的训练样本。BP 网络学习迭代 17 174 次，总误差为 0.000 1，学习效果相当满意。以学习后的网络进行识别，得出结果如图 6-2-4 所示。

由图 6-2-4 可见，由预测值大于 0.9 可得 5 个大封闭圈远景区，其中测区南部①号远景区对应着已知油井 S4 井；②③号油气远景区位于地震勘探所查明的托库 1、2 号构造，该两个构造位于沙雅隆起的东段，其西段即为 1984 年钻遇高产油气流的 Sch2 井，应是含油气性好的远景区；④⑤号远景区位于大涝坝构造，是 yh 油田的组成部分。

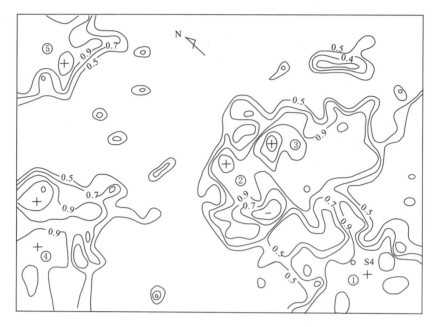

图 6-2-4　塔北某地区 BP 神经网络聚类结果(据刘天佑等,1997)

练习与思考题

1. 请说明采用综合地质地球物理方法的必要性。
2. 什么是地球物理反演解释的多解性？请举例说明。
3. 采用综合地质地球物理方法时要注意哪些问题？
4. 在使用地球物理资料进行综合解释时要注意哪些原则？

发展趋势

由于矿产资源的复杂性,在地质勘探中采用精细的综合地质地球物理方法已受到广泛的重视。近年来,无论是油气勘探还是固体矿产资源勘探,"联合反演"是资料处理与解释的重要手段,"联合反演"的理念是资料处理解释中要充分利用重磁电震等各种地球物理资料,要采用人机交互反演方法或广义反演方法进行反演解释,使各种地球物理资料得到充分利用,克服地球物理反演解释的多解性。另一方面,由于计算机科学的进步,三维可视化解释在矿产资源勘探中得到应用。可视化技术是用于显示描述和理解地下和地面诸多地质现象的一种技术,广泛应用于地质与地球物理解释。1990 年美国 SEG 年会以后,可视化技术在地球物理中的应用得到重视,尤其在三维地震解释中得到广泛应用。在第 69 届 SEG 年会上,Rio Tinto 公司开发了一种可视化系统,可以在野外工作过程中充分进行全 3D 分析,能在 3D 视窗中显示多种数据类型的图形,包括遥感、地球物理、地质矢量图和剖面图,测线剖面、平面和三度体的地球物理模型。利用该三维可视化技术,1994 年在西班牙南部发现 Las Crues 大型硫化铜矿藏。

这种三维可视化仅仅是数据体的一种表征形式,并非模拟反演技术。三维可视化反演是指利用三维可视化技术,实现解释人员与计算机的交互反演解释。20世纪90年代以来,高性能微机和工作站得到广泛应用,在固体矿产方面,地球物理资料三维可视化反演得到了长足的发展。

20世纪80年代以来,国内诸多单位开始用二度、二度半任意多边形截面水平柱体进行实时人机交互反演解释,该方法在剖面上通过不断修改模型角点来实现正演拟合并进行反演解释,十分方便快捷,是一种实用有效的反演技术,中国地质大学(武汉)在国家"863"项目"海洋深部地壳结构探测技术(820-01-03)"中进一步完善了这一技术。

在实际资料处理解释时,有时会遇到三度体或沿走向变化大的二度半地质体,此时就不能用二度半模型来解释。林振民、吴文鹂、田黔宁、管志宁等在研究重磁三维可视化反演(1994,1996,2001),采用一种橡皮膜技术及混合优化算法进行三维重磁反演,并把该方法应用于内蒙古布敦化地区航磁资料反演。

针对复杂的任意形状的三度体重磁场反演目前尚无有效的方法技术,刘天佑、杨宇山、魏伟(2005,2006)研究了任意形状三度体数值积分三维可视化反演方法和多个复杂形状三度体三维可视化反演方法,其基本思路是用一组相互平行的地质体截面来刻画一个任意形态的地质体,并采用数值积分的方法正演计算地质体的重磁场。在可视化反演过程中,通过修改地质体各个截面的形态来改变地质体的形状,达到实时反演的目的。在 Windows 2000 环境下,利用面向对象编程语言 Visual C++ 6.0 以及 OpenGL 技术,从公式的推导简化到实用性强的复杂模型的图形编辑中的拓扑关系分析、组织、实时策略进行了研究,实现了任意形状地质体三维可视化实时重磁异常正反演,将该方法用于大冶铁矿危机矿山的挖潜,获得良好的地质效果。而多个复杂形状三度体三维可视化反演方法则采用基于 AutoCAD 平台的三维可视化规则几何形体人机交互磁场反演技术。采用一些简单规则的几何模型,如有限长水平圆柱体、椭球体、走向与下延有限倾斜板状体。该方法操作简便,具有较强的实用性。

进一步阅读书目

陈少强,宋利好,姚敬金.可视化技术在物化探找矿中的应用及前景[J].物探与化探,2002,26(1):60-63.

郜延红,周云轩,刘万崧.地球物理位场可视化建模初步探讨[J].长春科技大学学报,2000,30(2):185-189.

国家地震局地震地质研究所.中国活动构造典型卫星影象集[M].北京:地震出版社,1982.

过仲阳,王家林,吴健生.应用遗传算法联合反演地震-大地电磁测深数据[J].石油物探,1999,38(1):102-108.

黎益仕,姚长利,管志宁.重磁资料的实时正演拟合[J].物化探计算技术,1994,26(3):192-196.

林振民,陈少强.三维可视化技术在固体矿产中的应用[J].物探化探计算技术,1994,16(4):338-344.

刘天佑,刘大为,詹应林,等.磁测资料处理新方法及在危机矿山挖潜中的应用[J].物探与化探,2006,30(5):377-381.

刘天佑,朱铉.综合地球物理数据处理新方法在西部油气勘探中的应用[J].勘探地球物理进展,2006,29(4):104-108.

王一新,廉西京.重力与地震联合解释在石油勘探中的应用[J].石油物探,1983,22(3):34-41.

魏伟,吴招才,刘天佑.基于AutoCAD平台三维可视化规则几何形体磁场反演[J].工程地球物理学报,2006,3(1):54-59.

谢广林.中国活动断裂遥感信息分析[M].北京:地震出版社,2000.

杨辉.重力、地震联合反演基岩密度及综合解释[J].石油地球物理勘探,1998,33(4):496-502.

杨文采,焦富光.利用联合反演技术进行反射地震的波速成像[J].地球物理学报,1987,30(6):617-627.

杨宇山,刘天佑,李媛媛.任意形状地质体数值积分法重磁场三维可视化反演[J].地质与勘探,2006,42(5):79-83.

杨振武,王家映,张胜业.一维大地电磁和地震数据联合反演方法研究[J].石油地球物理勘探,1998,33(1):78-88.

姚长利,黎益仕,管志宁.重磁异常正反演可视化实时方法技术改进[J].现代地质,1998,12(1):115-122.

张剑秋,张福炎.地球物理勘探可视化工作的挑战与机遇[J].石油地球物理勘探,1997,32(6):884-888.

中国地震学会地震地质专业委员会.中国活动断裂[M].北京:地震出版社,1982.

朱文孝,屠万生,刘天佑.重磁资料电算处理与解释方法[M].武汉:中国地质大学出版社,1989.

Savino J M, Rodi W L, Masso J F. Simultaneous inversion of multiple geophysical data sets for earth structure[J]. Presented at the 50th Ann. Internat. Mtg. Soc. Explor. Geophys., 1980:438-439.

Vozoff K, Jupp D L B. Effective search for a buried layer: An approach to experimental designing geophysics[J]. Expl. Geophysics, 1977, 8(1):6-15.

第七章 找矿案例

第一节 罗河铁矿

安徽罗河铁矿是比例尺为1∶10万的航空磁测发现的。矿区位于郯城-庐江深大断裂带东南侧的下扬子破碎带上,处于中生代火山岩盆地西北边部的突出转折端,区域性正、负磁异常与火山岩系及岩浆岩体相对应。反映铁矿的航磁异常位于大片正磁场背景的西北边缘,呈椭圆形,走向北东,正、负异常伴生,正异常极值达1 000nT。

矿区内主要分布上侏罗统中偏碱性熔岩和火山碎屑岩,其西侧和西北侧覆盖着第三系砂砾岩。火山岩系一般呈北东走向,向北西缓倾5°~12°,局部达20°,大体上是一个单斜构造,局部地段岩层稍有起伏(图7-1-1)。

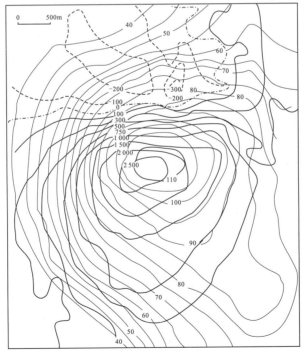

图7-1-1 工区重力异常、磁异常等值线图
1. Z_a 正等值线;2. Z_a 负等值线;3. Δg 等值线(10g.u.);4. Z_a 零值线

发现航磁异常后,曾进行比例尺为 1：50 000 的地面磁法检查,证实其存在。由于地面磁异常范围很大(1 000nT 等值线闭合范围约 5km²)、梯度缓、强度不高,所以误认为它由隐伏岩体所引起。6 年后对该异常重新评价,根据大量岩石标本的磁参数测量资料,并结合异常区具体地质、地球物理条件,认为磁异常有可能由矿体引起。于是采用磁法、重力和垂向电测深等综合物探方法对罗河矿区作进一步详查,其中重力和磁法的工作比例尺为 1：10 000。

综合物探方法的详查结果表明：

(1) Z_a 异常形态(图 7-1-1)与过去的成果基本没有差别,强度最高达 2 700nT,是深部磁性体的反映。

(2) 布格重力异常(图 7-1-1)异常叠加在区域重力背景值上,其位置与磁异常重合。因此可以认为,重、磁异常的场源是相同的。区内各种岩石密度在 2.4～2.7g·cm^{-3} 范围内,差别不大,不可能引起这样大的 Δg 异常,说明场源应当是高密度体。

(3) 垂向电测深的 ρ_s 曲线在初步推断的磁性体埋藏深度范围内(500～600m)有低阻层存在的显示,等 ρ_s 断面图中也出现低阻畸变(图 7-1-2)推断深部有低阻体存在。

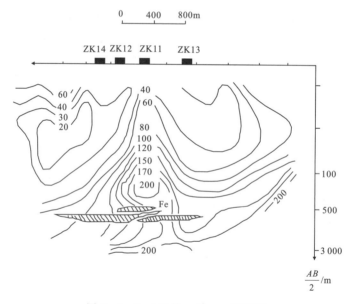

图 7-1-2　I 线等 $\rho_s/\Omega\cdot m$ 断面图

综合磁法、重力法和垂向电测深法所提供的信息,场源应具有强磁性、高密度和低电阻等特征,因而有充分理由判定异常是由相当规模的磁性矿体引起。通过布置在磁异常中心的 ZK11 孔验证,在 505m 深度下见到厚达 70m 的磁赤铁矿、含铜黄铁矿、黄铁矿和硬石膏矿,证实这里是一个以磁铁矿为主的大型综合性矿床。

仔细分析图 7-1-1 还可以看出,布格异常中心向东北方向偏离磁异常中心约 300m,且重力异常向矿区东南方延伸至大鲍庄附近,其等值线成鼻状,但此处无磁异常显示(Z_a 在 500～700nT 间变化,主要是地表安山岩的磁性反映)。于是对布格异常作垂向二次导数计算,并用重力场平均法求剩余异常,在大鲍庄果然出现了明显的局部异常,垂向二次导数极大值达 2.5×10^{-10}MKS,等值线闭合圈基本重合。

罗河矿体上的局部重力异常剩余值达40g.u.,重力垂向二次导数图对局部异常也有显示,且与剩余异常位置吻合。对比大鲍庄和罗河的两个局部重力异常,可以推测在大鲍庄也应有高密度矿体赋存。布置在剩余异常中心的ZK501孔验证结果表明,从284m深度起见到60多米的富赤铁矿体和厚约8m的黄铁矿体。

第二节 村前多金属矿

江西村前多金属矿区位于一个凹陷带的北缘,再往北有一个大断裂带。区域地质基本概貌是北东-南西向的构造体系。矿区内全为第四系覆盖,无基岩出露。矿区东北有中、上石炭统白云质灰岩分布,西部有零星下侏罗统煤系出露,东南及西南见到古近系砾岩层,西北部有断续出露的黑云母斜长花岗斑岩。矿区处于倾向南西的背斜轴部的倾伏端。以透镜状岩墙产出的黑云母斜长花岗斑岩的主岩体实际上位于矿区南部,走向东西,向北倾斜。主岩体北侧有一向北倾的主岩枝。

该矿区是航空磁测发现的,航磁异常编号为M43,推断可能由矿体引起。地面检查结果表明,地面磁异常梯度平缓,极大值约1 200nT,北部有几十纳特的负异常,100nT等值线的闭合范围约0.6km^2,钻孔验证未见矿。

为了重新研究该异常,又进行了中间梯度装置的激发极化法面积详查,并布置了101、901和1 710三个验证钻孔,都见到了富铜、富铁矿体。已经查明,村前矿区是一个以铜、铅、锌为主的多金属矿产地。

区内的一种矿体以接触带内成矿的主矿体为代表。产于主矿体和主岩枝夹持的三角地带的大理岩中,矿石类型主要是黄铜矿和铅锌矿。主矿体内以黄铜黄铁矿为主要组分之一的铅锌矿体位于黄铜黄铁矿体上方,而黄铁矿被氧化后形成褐铁矿体。由于接触带附近古近系砾岩盖层很薄,矿体,特别是矿化岩石都埋藏较浅,且黄铜黄铁矿、铅锌矿和褐铁矿都具有较高的极化率,因此η_s异常明显,但无磁异常显示。

区内另一种矿体是捕虏体成矿的矿体。赋存于岩体中的大理岩捕虏体内,以1线、9线、17线所见者规模最大,矿石类型主要为含铜磁铁矿,还有黄铜矿和黄铜黄铁矿。含铜磁铁矿和含磁铁矿的矽卡岩都有相当大的磁性,因而有磁异常与它们对应。含铜磁铁矿和主岩体(花岗斑岩)本身也有较高的极化率,但磁异常范围内的花岗斑岩上覆盖着较厚的古近系岩层,且工作中使用的AB极距(1 200m)还不够大,所以η_s异常没有把这种矿体反映出来。

矿区中段9线上的综合物探异常(图7-2-1),磁异常极大值达920nT。两条不同AB极距的η_s曲线形态相似且极大值皆为8%。根据钻孔资料,901孔和904孔都打到了含铜磁铁矿,且904孔仅在30多米深处就见到了褐铁矿。可以认为磁异常由含铜磁铁矿引起,而η_s异常则是褐铁矿的反映。

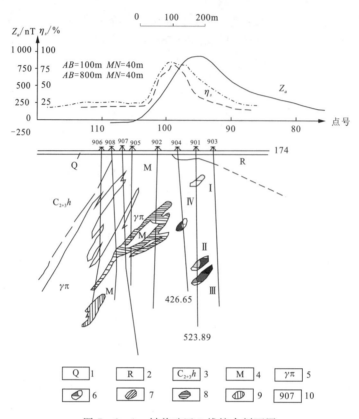

图 7-2-1　村前矿区 9 线综合剖面图

1.第四系；2.古近系；3.中上石炭统壶天群；4.大理岩；5.花岗岩；6.含铜磁铁矿体；
7.褐铁矿体；8.铅锌矿体；9.黄铜黄铁矿体或黄铜矿体；10.钻孔编号

第三节　小南山铜镍矿区

自 1959 年内蒙古地质局 204 队发现小南山铜镍矿以来，继有内蒙古地质局 103 队、内蒙古有色局综合普查队、华东局 814 地质队和其他地质及科研部门进行了大量的找矿勘探和科研工作，使小南山成为中型含铂族元素硫化物铜镍矿床，并在其外围黄花滩、土脑包等地发现了同类含矿岩体。研究前人资料，结合该区地质找矿工作来探讨该区找矿前景。

（一）区域成矿地质条件

小南山铜镍矿位于华北地台北缘狼山-白云鄂博台缘坳陷带白云鄂博褶断束中。高家夭-乌拉特后旗-化德-赤峰 42°线深大断裂带从其北侧通过，深大断裂带以北为温都尔庙—翁牛特旗加里东褶皱带及内蒙中部海西晚期地槽褶皱带。近东西向黄花滩-小南山构造复杂，侵入岩及火山岩大面积分布，从基性、超基性岩到酸性岩均有出露。海西中晚期花岗岩、辉长岩、闪长岩极为发育，构成近东西向构造岩浆岩带，与航磁异常的分布相一致，控制着区内多金属矿产的产布。岩浆型铜镍硫化物矿床就产于辉长岩、辉长闪长岩、角闪石岩等基性超基性岩中,岩体受深大断裂及其旁侧次级大断裂控制,黄花滩、小南山、八楞以力更等超基性、基性岩体主要受北东东向黄花滩-小南山大断裂控制,含矿岩体(矿体)则受更次级北东东向和北西向断裂控制。

(二)地球物理特征

多年来,在矿区及外围开展了多种物化探工作,有地面磁法、可控源音频大地电磁法(CSAMT)、瞬变电磁法(TEM)、激发极化法(IP)以及化探原生晕方法试验研究,获得了明显的物化探组合异常,且矿区及外围的异常组合特征基本一致(图7-3-1)。

1. 地表 ΔT 异常

小南山铜镍矿区矿体和蚀变辉长岩部位表现为地面弱磁异常。矿区外围地表 ΔT 异常主要分布于已知矿体的西南侧,ΔT 异常按各异常中心的排列展布方式呈现北东-南西向分布的两个平行异常带(图7-3-1),称为北亚带和南亚带。其中北亚带规模及强度相对较大。经全平面向上延拓数据处理,北亚带 ΔT 异常形态及位置变化不大,上延150m后南亚带及北亚带北东端次级异常中心逐渐消失,全区变为一个北东-南西向连续分布的规则带状异常。此特点反映了深部具有一定规模及埋深的基性岩体。在此基础上向上分支,形成北东-南西向分布的岩枝。

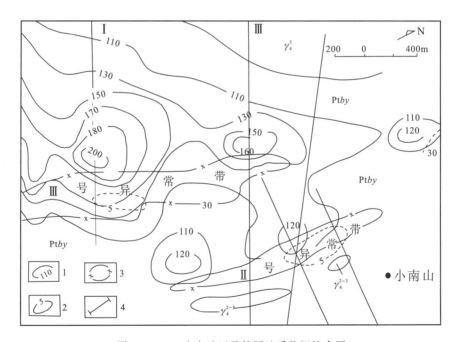

图 7-3-1 小南矿区及外围地质物探综合图

1.ΔT 的等值线/nT;2.$B(A)/I/\mu V \cdot I^{-1}$等值线;3.$\rho_z/\Omega \cdot m$等值线($f=8Hz$);4.剖面位置及编号;
Ptby.白云鄂博群,γ_4^3.海西晚期花岗岩,γ_4^{2-3}.海西中晚期辉长岩

1. CSAMT 异常

CSAMT 法主要表现为低阻高相位组合异常。已知矿 CSAMT 法试验结果,辉长岩卡尼亚电阻率普遍呈低阻,电阻率值小于 $50\Omega \cdot m$,含矿辉长岩卡尼亚电阻率更低,小于 $20\Omega \cdot m$,

最低达几欧姆·米,而在区内其他岩性卡尼亚电阻率较高,一般在300~800Ω·m。已知矿体外围CSAMT法特点表现为:低频段(f=8Hz以下)卡尼亚电阻率为北东-南西向分布的宽缓带状深部低阻域,东南界线十分明显,为弧形,西北未封闭,卡尼亚值一般小于10Ω·m,在东南边部小于50Ω·m(图7-3-2),表明在深部存在大范围的基性岩基侵入于白云鄂博群,向西北蚀变程度加强。低频段高相位异常分布形态基本与深部低阻域吻合,此特征更说明了在高阻覆盖层下部存在一个很厚的特低阻层,即蚀变辉长岩。同时还表现为在北东和北西两个方向上高相位值在平面上呈台阶式变化,充分反映了两组正交断裂的存在,且小南山铜、镍矿正处于北东与北西向断裂交汇部位北西向断裂带上(图7-3-2)。

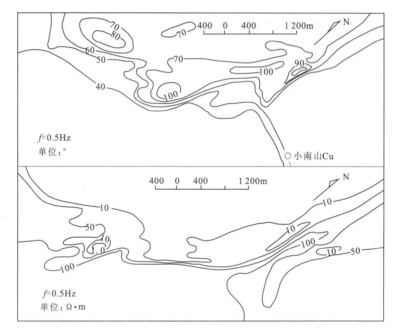

图7-3-2 CSAMT相位-频率、相位-电阻率平面图

在高频段(f=8Hz以上),卡尼亚电阻率低阻异常表现为一组近北东-南西向平行断续分布的带状(Ⅰ、Ⅱ、Ⅲ、Ⅳ号异常带)。卡尼亚电阻率值小于50Ω·m,个别地段小于10Ω·m。其中Ⅰ号低阻异常带位于深部低阻域的东南侧与断裂破碎带有关;Ⅱ号低阻带正处于深部低阻异常域的东南边缘;Ⅲ、Ⅳ号卡尼亚电阻率低阻异常带处于深部低阻异常域的内部,Ⅳ号卡尼亚电阻率低阻异常带尚未封闭。在断面图(以6线为例)上表现为在低频段(深部)为低阻高相位域。Ⅰ、Ⅱ号卡尼亚电阻率异常带为低阻高相位呈下通或贯通状(图7-3-3)。

上述特征说明了在深部低阻域基础上存在北东-南西向带状隆起带,结合ΔT异常分析认为,隆起带即为基性岩体(或岩墙)。其中Ⅱ、Ⅲ号(异常)隆起带,认为是与断裂有关的岩浆岩型含铜、镍矿辉长岩体,且埋深较浅,金属矿化较强,推测为隐伏铜、镍硫化物矿体。

TEM法$B(t)/I$异常在平面上呈带状,与Ⅱ号卡尼亚电阻率异常带十分吻合,Ⅲ号卡尼亚电阻率异常带部位也有微弱$B(t)/I$异常,其剖面形态表现为峰值高,形态圆滑,与铝板模拟试验曲线形态相似(图7-3-4、图7-3-5)。从异常点的衰减速度缓慢,时间谱曲线与霍各乞铜矿上的曲线基本吻合,即说明$B(t)/I$异常属矿致异常。

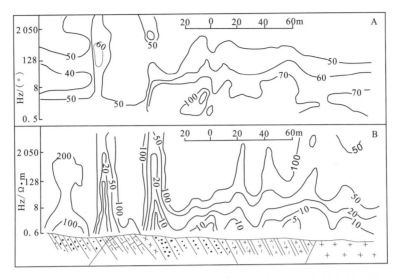

图 7-3-3 小南山铜镍矿区相位(E_x-E_y)-频率和电阻率频率断面图
A.相位(E_x-E_y)-频率断面图;B.电阻率频率断面图

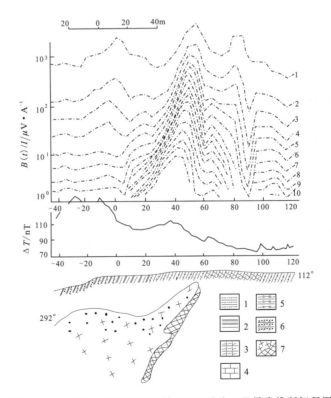

图 7-3-4 小南山铜镍矿区Ⅶ线 TEM 法和 ΔT 异常推断解释图
1.砂板岩互层;2.板岩;3.含流失孔粉砂岩;4.泥灰岩;5.钙质石英砂岩;
6.红柱石化斑点板岩;7.推断辉长岩及矿体

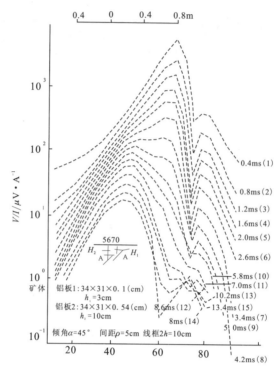

图 7-3-5 不同电导埋深的两倾斜板组合
TEM 异常剖面物理模拟曲线图

4. 找矿前景分析

地球物理找矿方法的试验研究表明：该区基性、超基性岩较其他岩性具一定的磁性，属中弱级。航磁及地面高精度磁法能够圈定出其岩体形态和规模及产状，效果较好。在不同频率，即不同深度的平面上又可反映基性、超基性岩体蚀变矿化带的分带特征及断裂的走向、位置。因此，CSAMT 测深可以从三维空间直观地反映出含矿基性、超基性岩及赋矿断裂构造的特征。TEM 法直接反映了地质体(矿体)的导电特点，该方法对本区具金属良导型的硫化物铜、镍矿反映敏感，涡流场衰减较缓慢。因此，在本地区应用高精度磁测、激发极化法、TEM 法、CSAMT 法及化探原(次)生晕方法相互配合，综合找矿是寻找隐伏铜、镍硫化物多金属矿床的较好手段。

第四节 小热泉子铜矿床

(一)矿床地质特征

小热泉子铜(锌)矿处于哈萨克斯坦古洋板块之准噶尔微型板块与塔里木古陆板块对接带北侧的哈尔里克-大南湖晚古生代陆缘弧带中。矿区地层以下石炭统小热泉子组(C_1x)及中石炭统底坎尔组（C_2d）为主，前者为矿区的主要含矿层。矿区内已知铜锌矿化，南北长约3km，东西宽约2.2km，由Ⅰ、Ⅲ号两个矿床，Ⅴ号矿点，Ⅱ、Ⅳ号矿化蚀变带组成。Ⅰ号矿床分布于矿区中部，是目前工作的主要对象，矿床规模已达中型。含矿层为下石炭统小热泉子组第一岩性段，岩性为火山凝灰岩及凝灰质碎屑沉积岩，矿床的矿石按自然类型可分为氧化铜矿石、次生富集带铜矿石和原生硫化物铜矿石。小热泉子铜矿成矿作用复杂，加之矿区地形平坦，第四系覆盖及盐碱沉积广泛，致使许多地质现象仅靠钻孔岩芯观察。不少专家、学者和研究者到矿区考察或研究工作后，根据某些地质现象，从不同侧面对矿床成因提出了3种认识：有的认为该矿床是与中酸性斑岩体或潜火山斑岩体有关的斑岩型铜矿床；有的认为属火山岩型块状硫化物矿床；有的认为是火山热液矿床。

（二）矿区岩（矿）石的物性特征

1. 密度特征

根据测定的密度结果和收集新疆物化探队的资料，分别对地表、钻孔的不同岩性分类，统计了矿区地表及钻孔岩（矿）石的密度参数值（表7-4-1、表7-4-2）。

由表7-4-1、表7-4-2可见，小热泉子矿区矿石的密度平均值为2.94g·cm^{-3}，矿化岩石的密度平均值为2.77g·cm^{-3}，各类岩石（围岩）的密度平均值为2.67g·cm^{-3}。所以在矿区的矿石、矿化岩石与围岩的密度差可达0.1～0.3g·cm^{-3}，当矿体和矿化岩石具一定规模时可引起明显的重力异常。

表7-4-1 新疆小热泉子铜矿区地表岩（矿）石密度（g·cm^{-3}）一览表

岩性	样品数	变化范围	均值
氧化矿石	40	2.54～3.13	2.78
砂岩、细砂岩、粉砂岩	18	2.61～2.71	2.66
凝灰质砂岩、粉砂岩、硅化凝灰砂岩、粉砂岩	253	2.52～2.78	2.67
晶屑、岩屑凝灰岩	6	2.62～2.72	2.67
硅质岩	2	2.32～2.63	2.48
安山（玢）岩	41	2.64～2.75	2.68
石英钠长斑岩、石英斑岩	33	2.63～2.70	2.66
闪长玢岩、闪长岩、蚀变闪长岩	22	2.64～2.69	2.67
细晶闪长岩、辉长闪长玢岩	46	2.73～2.80	2.75
花岗岩	2	2.69	2.69

注：据新疆物探队资料整理统计，1993。

表 7-4-2　新疆小热泉子铜矿区钻孔中岩(矿)石密度(g·cm^{-3})测定统计表

岩性	样品数	变化范围	均值
矿石	113	2.80~4.05	2.94
矿化岩石	139	2.58~2.79	2.77
凝灰质砂岩,粉砂岩硅化、角砾凝灰岩; 晶屑岩屑凝灰岩;粉砂岩	148	2.41~2.75	2.69
蚀变碱长流纹斑岩	4	2.67~2.74	2.69

2. 磁性特征

对矿区的 ZK701、ZK1104、ZK1201 孔采集的岩(矿)石标本进行高精度磁性测定,统计结果见表 7-4-3。据表 7-4-3 可见,在小热泉子矿区,各类岩石(围岩)的磁性微弱,仅能引起平稳的正常场背景值,而矿石和矿化岩石的磁性较强,可引起弱的局部磁异常,给高精度磁测提供了有利的物性前提条件。

表 7-4-3　新疆小热泉子铜矿区 ZK701、ZK1104、ZK1201 孔岩(矿)石磁性、密度统计表

岩性	样品数	磁化率/$4\pi10^{-4}$SI		剩磁/10^{-3}A·m^{-1}		密度/g·cm^{-3}	
		变化范围	均值	变化范围	均值	变化范围	均值
矿石	20	35.25~164.33	74.31	0.16~1.54	0.40	2.80~3.10	2.88
矿化岩石	10	35.25~60.00	49.06	0.17~0.37	0.26	2.74~2.79	2.76
硅化、角砾凝灰岩, 细火山灰凝灰岩	12	11.70~58.25	27.98	0.08~40.00	9.50	2.66~2.72	2.71
蚀变斑岩	2	8.60~13.81	11.21	0.16~0.24	0.20	2.67~2.70	2.68

注:岩(矿)石磁性由中国地质大学(北京)古地磁实验室测定,测定者:侯国良,1995。

上述特征说明了在深部低阻域基础上存在北东-南西向带状隆起带,结合 ΔT 异常分析认为,隆起带即为基性岩体(或岩墙)。其中Ⅱ、Ⅲ号(异常)隆起带,认为是与断裂有关的岩浆岩型含铜、镍矿辉长岩体,且埋深较浅,金属矿化较强,推测为隐伏铜、镍硫化物矿体。

3. 电性特征及地电条件分析

(1)对矿区部分钻孔岩芯分段取样进行极化率测定,见表 7-4-4。由表 7-4-4 可知,含铜锌矿石具有较高的极化率,极化率平均值为 8.3%,而围岩的极化率值小于 3%,它们之间存在明显的差异。碳化的岩石,极化率值偏高,但碳化在矿区并不发育。因此,充分利用极化率这个参数,在矿区开展电法工作,有可能取得好的找矿效果。

(2)根据地-井激发极化法和激发极化法测井工作,了解了矿区岩(矿)石的电阻率和极化率的变化特征。矿石、矿化岩石一般为低阻、高极化,一般视电阻率 ρ_s<300Ω·m,视极化率值 (η_s)一般均在 3% 以上;围岩的视电阻率值一般均在 1 000Ω·m 以上,视极化率小于 2%。因此,极化率值仍显示出较好的找矿效果,一般视极化率值(η_s)小于 3% 均有矿化显示,且随 η_s 值的增高,矿体的品位越高;而电阻率的影响因素较多,变化比较复杂。

(3)矿区所属的吐哈盆地及其南缘属典型的大陆性气候,为我国著名的高温、干旱荒漠区,年降水量仅 0.8~5.2mm,而蒸发量为降水量的 100 倍以上。此外,由于夏季酷暑、冬季严寒,四季多风沙,致使毛细作用很强,在地表形成高阻与低阻的"双层"结构。上层为 0.5~4m 的风成沙,使得供电电极 AB 和测量电极 MN 的接地电阻很大(一般 $50~200\mathrm{k}\Omega$,局部可达 $200~500\mathrm{k}\Omega$);下层为 0.1~3m 厚的盐碱层,电阻率较低,形成地面直流电法的"屏蔽层"。因此,这种地表地层的"双层"结构,大大影响了常规直流电法在地表的测量效果。

表 7-4-4 小热泉子铜矿区钻孔岩芯极化率测定结果统计

岩(矿)石名称	测定块数	极化率值($\eta/\%$)	
		变化范围	平均值
浸染状、细脉状、团块状铜锌矿石	5	4.5~13.0	8.3
星点状硫化物凝灰岩(矿化岩石)	3	2.5~3.0	2.8
褐铁矿化、绿泥石化含铜锌凝灰岩(矿化岩石)	11	1.9~3.0	2.6
含碳沉凝灰岩	4	3.3~3.6	3.4
沉凝灰岩	6	1.4~2.0	1.8
蚀变碱长流纹斑岩	6	2.0~3.5	2.7

(三)几种主要物探方法的找矿效果

1. 高精度重力

在区域地质图上,矿区处于阿奇克库都克以北断裂的转折部位,其区域重力场表现为重力梯级带的转向或弯曲处。在矿区通过高精度重力测量结果获得极其明显的剩余重力异常(图 7-4-1),异常范围近 1km^2,幅值达 $1.1\times10^{-5}\mathrm{m\cdot s^{-2}}$,分布在矿区的主要含矿层下石炭统小热泉子组的第一岩性段。在Ⅰ号矿床的剩余重力异常区已打 20 余个钻孔,孔孔见矿,有的见矿厚达 80m 以上,或者全孔矿化及多层矿体。根据对重力异常进行正、反演计算结果表明,已有钻孔控制的矿体、矿化岩石是引起该重力异常的主要因素,同时还有剩余异常,推测在深部或已有钻孔的旁侧还存在较大规模的矿体和矿化体,有待进一步验证。

2. 井中充电激发极化法

由于小热泉子矿区地处干旱戈壁区,气候干燥,无水系,无植被,地表岩石强烈风化,多为砂质层,盐碱壳覆盖广泛。在本区开展直流电法(如视电阻率法、直流激发极化法等),不仅接地条件极差,供电困难,而且由于电极极化效应致使电场产生畸变也影响观测效果。总之,地面直流电法的应用效果均不太好。为此,我们在矿区开展了井中充电激发极化法的试验,测量结果显示出高极化率异常和低电阻率异常与矿体、矿化岩石关系密切,且极化率异常与金属硫化物的富集程度呈正相关(图 7-4-2)。如在 ZK1202、ZK701 孔附近的高极化率异常,均由多层硫化物富矿体、矿体和矿化岩石引起。在Ⅰ号矿床的北部出现规模大、强度高的极化率异常带,经几个钻孔验证,孔孔见矿。这些都说明,井中充电激发极化法减弱了风沙层、盐碱壳盖层对直流电法的影响,充分发挥了激发极化法寻找多金属硫化物矿床的独特作用。

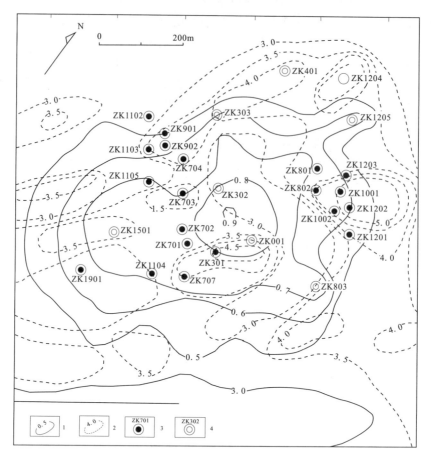

图 7-4-1　小热泉子铜矿 1 号矿床剩余重力异常及充电激发极化法
极化率异常等值线平面图

1.剩余重力异常等值线/$10^{-5}\mathrm{m \cdot s^{-2}}$；2.极化率异常等值线/％；3.已完工钻孔；4.设计钻孔

3. 高精度磁测

在区域磁场中，小热泉子铜矿区处于低缓正、负磁场的交接部位，且大部分处于负磁场中。根据矿区 1∶5 000 高精度磁测工作成果，可将磁异常分为 3 类：第一类异常是在主要含矿层下石炭小热泉子组第一岩性段出现的弱磁异常，其强度值在 10nT 左右，磁异常的分布范围与剩余重力异常基本一致，这类磁异常主要是由铜锌矿体和矿化岩石中的磁黄铁矿、磁性矿物富集引起；第二类异常是属于平稳的正常背景场，磁异常强度值小于 5nT，主要出现在下石炭统小热泉子组没有矿化的火山凝灰岩、凝灰质砂岩分布区；第三类异常是属于异常强度值大于 15nT 的高磁异常带，主要出现在中石炭统底坎尔地层、断裂构造带及岩浆岩分布地段。据此可以看出，在小热泉子矿区采用高精度磁测，不但可以划分地层界线、区分岩性段、识别构造蚀变带、圈定岩体、进行地质填图外，还可配合重力资料的解释，用于直接找矿。

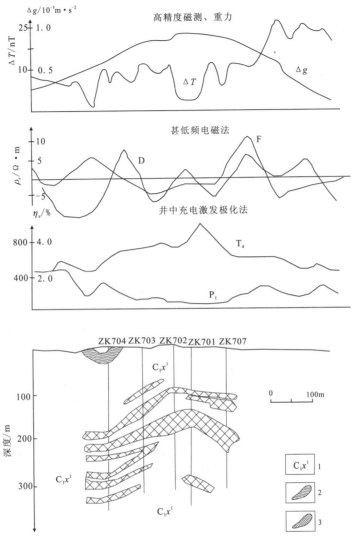

图 7-4-2 小热子泉铜矿 1 号矿床综合找矿模式图
1.下石炭统小热泉子组；2.矿化体；3.矿体

4. 综合找矿模式

(1) 小热泉子铜(锌)矿床位于觉罗塔格-大南湖晚古生代岛弧带，为古陆边缘构造岩浆活动带。矿床与火山机构、火山洼地有密切联系。矿床产于下石炭统小热泉子组，火山凝灰岩是重要的赋矿岩石。

(2) 矿床围岩蚀变较强烈，与矿有关的主要是绿泥石化、硅化、褐铁矿化、黄钾铁矾化及碳酸盐化。蚀变分带从外向内为绿泥石化→红化(硅化、褐铁矿化)→黄化(黄钾铁矾化)→绿化(氯铜矿、孔雀石)→黑化(黑铜矿及铁铜矾类矿物)。根据这种蚀变分带规律，有利于发现和追索矿体。

(3) 区域重力场的梯度带、航磁的低值带以及铜含量高背景区中的 Cu、Zn、Pb、Cd 组合异常是寻找该矿的重要区域物化探异常标志。

(4) 高极化率（$\eta_s > 3\%$）、低阻（$\rho_s < 300\Omega \cdot m$）的电异常和明显的甚低频电磁异常的组合异常，是追踪构造破碎带及地表氧化矿的物探异常标志。

(5) 激发极化法测井、地-井方式激电测量、天然电磁场测深、瞬变电磁法和分布式阵列电磁法异常对物探资料的综合解释、预测隐伏矿体和解决有关的地质问题具有一定的参考价值。

(6) 高重力异常（$\Delta g_{剩} > 300 \times 10^{-8} m \cdot s^{-2}$）、弱磁异常（$\Delta T = 5 \sim 20 nT$）以及明显的井中充电激发极化法异常（视极化率 $\eta_s > 3\%$、视电阻率 $\rho_s < 300\Omega \cdot m$）是发现和圈定深部原生硫化矿体的直接标志和重要的找矿线索（图 7-4-2）。

第五节　危机矿山接替资源勘查物探找矿案例

本节选用了《资源危机矿山接替资源勘查物探找矿百例》（刘士毅，颜廷杰，地质出版社，2013），书中的 10 个案例作为二维码阅读资料。《资源危机矿山接替资源勘查物探找矿百例》是"资源危机矿山接替资源勘查"专项的成果，2003 年国家设立了"资源危机矿山接替资源勘查"专项，为影响面大、资源即将枯竭的大型矿山寻找接替资源。专项历时 8 年，取得丰硕的找矿成果，物探为此做出了重要贡献。

一、辽宁弓长岭已知铁矿磁法深部找矿

弓长岭是一座开采几十年的老矿山，前人进行了多次地面磁法工作。本次危机矿山接替资源勘查的物探工作任务是在已知铁矿磁异常上开展 1∶2 000 磁法精测剖面工作，确定铁矿的深部变化和规模，为钻探工程布置提供依据。经过工作得出：

(1) 在老磁铁矿区深部找矿，应采用受已知矿体和磁性地质体约束的求剩余异常后再反演的方法或在已知矿体和磁性体严格约束下的直接拟合反演方法。

(2) 不受已知矿体和磁性地质体约束（在几何参数与物性参数两个方面）的反演是不允许的。精细反演中采用反演矿体不同深度的实测物性数据，而不是全区统计数据的做法，才是严谨的。

(3) 深部矿体（或矿体的深部延深部分）在地面引起的异常微弱，因此仅根据地面高精度磁测资料无法准确地对矿体的深部延深做出准确判断，利用井中磁测资料进行井-地联合反演才更可靠。

（刘士毅）

二、海南石碌赤铁矿区物探找矿效果

海南石碌铁矿在 20 世纪 70 年代进行过全国大会战。由于在主向斜轴这个关键部位的部分钻孔岩芯采取率低，厚大矿体变成了"薄矿"，赋矿主要空间的主向斜位置搞错了；物性测定

以北—矿区赤铁矿的测定结果为主要依据,得出赤铁矿无磁性,磁法无法指导区内找矿的结论;以及深部找矿方法单一,仅以重力资料直接找矿,当时重力测量精度不高等方面存在一系列技术问题,因此物探工作效果不佳。

危机矿山接替资源勘查项目开展了面积性地面高精度磁测详查 $56km^2$,TEM、CSAMT 各 1 200 个物理点进行深部勘查,取得了明显成果:圈定了含矿的石碌群第 6 层范围;赋矿主要空间的复向斜、主向斜轴的分布;发现一批有找矿意义的异常,尤其是利用 CSAMT 信息发现了三棱山向斜并钻遇厚大矿体。

(陈易玖)

三、在四川省平川玄武岩中根据磁测资料发现铁矿床

平川铁矿勘查区位于四川省凉山彝族自治州盐源县平川镇,位于扬子准地台西部,跨盐源-丽江台缘坳陷带和康滇地轴两个二级构造单元。金河-程海深大断裂带从工作区东侧通过。矿区原发现的富铁矿类型主要有破火山口环境铁矿(矿山梁子型)和辉长岩环境铁矿(道坪子型)。

平川铁矿属于中度危机矿山,矿山的接替资源勘查,主要在平川铁矿的矿山梁子深部寻找铁矿,物探工作由四川省冶金地勘院承担。

(1)平川铁矿区 1:20 万航磁发现的 M36、M37 异常已证实为铁矿引起。M38、M39 两处异常,前人解释为玄武岩和辉绿岩引起,但未查证。研究人员没有停留在前人认识的基础上,经过野外踏勘,提前半年在航磁异常区布置中大比例尺磁测面积性工作,发现与航磁对应的地磁 ΔT 异常,并经地表检查见到磁性强的磁铁矿露头,证实了对前人航磁异常解释的质疑。

(2)先开展 1:1 万的高精度磁测,发现具有找矿价值的异常后,进一步布置大比例尺的磁测工作,缩短了地质找矿的时间,节约了经费。

(3)定性解释工作中坚持每一个异常都必须到野外现场收集地质、物性资料,可能时布置探槽寻找异常源,保证定性解释的可靠性。

(4)在定性、定量反演解释较可靠的情况下,物探人员坚持自己的推断结果,地质人员尊重物探人员提出的调整孔位、孔斜的意见,双方密切配合是取得成功的不可缺少的条件。

(刘福生)

四、广西德保铜矿成矿预测中物探异常验证效果

广西德保铜矿始建于 1966 年 10 月 1 日,是广西最大的铜采选企业,是地下开采的广西唯一一座中型铜矿山,经过 40 余年的开采,资源已近枯竭,急需持续生产的接替资源。各种研究成果和成矿预测均认为矿区外围隐伏花岗岩体外接触带尚有铜矿资源潜力。

德保铜矿成矿预测中物探工作的目的是在成矿预测区内圈定有利成矿地段,为勘查工作提供靶位。在德保铜锡矿区外围钦甲岩体北部接触带Ⅷ号矿段西部、钦甲岩体西部接触带,开展 1:10 000 高精度磁测 $9km^2$,重点地段布置了激电测深剖面工作。

因为后期断裂破坏,已知矿体被切割为一个个豆腐块。地表连续的磁异常,反映的深部矿体不一定连续,查证孔若布置在矿体间断处,便要落空。根据矿体展布规律和物探异常反演结果,经多次分析,布置的唯一一个查证孔验证见矿,为该区进一步普查找矿提供了依据。

(黄启勋、陆怀成、黎海龙)

五、在湖北省鸡冠咀铜金矿深部找矿中物探的应用效果

2006年10月,湖北省鸡冠咀铜金矿深部找矿被列为全国危机矿山接替资源勘查项目。鸡冠咀铜金矿是一个铜、金共生的全隐伏大型矽卡岩型矿床。在矿床的发现、普查和勘探过程中,物探发挥了重要作用,尤其是重力资料的再认识,找矿效果显著。为此,本次物探工作安排在矿区及外围开展面积性1∶5 000高精度磁测(ΔT)和可控音频大地电磁(CSAMT)等工作,并辅以重力剖面测量,目的是探寻新的隐伏侵入岩、圈定隐伏大理岩捕虏体和成矿有利构造,以求发现新矿体。物探工作属于间接找矿。

(张宏泰、廖全涛、霍奎、郭光宇)

六、湖南某铅锌矿区物探应用效果

该矿田位于湖南省郴州市。矿田已探明的铅锌资源经过多年开采,已经呈现严重危机。2007年该铅锌矿区深、边部找矿被列为危机矿山勘探项目。为配合地质找矿,湖南省湘南地质勘查院投入以地面高精度磁测为主、激电测深为辅的物探工作,取得了较好的找矿信息。

(郭海、张国华等)

七、吉林红旗岭镍矿深部找矿中TEM工作的成果与教训

2006年底在吉林省磐石市红旗岭镍矿3号岩体ZK3-01、SK303钻孔中进行了井中瞬变电磁(TEM)测量工作。依据SK303孔井中瞬变电磁在3号岩体深部-750～-1 100m之间发现了低阻异常,2007年在危机矿山找矿项目中,又对该区1号和3号岩体开展了地面瞬变电磁(TEM)大回线测测量、可控源音频大地电磁测深(CSAMT)剖面性和地-井激电工作。矿致异常具有"三高一低"特点,应当充分利用重磁与激电异常的资料。

(钟立平等)

八、利用激电老资料发现隐伏金铜矿——以山东七宝山金铜矿为例

山东七宝山隐爆角砾岩型金铜矿床,为中型露采矿山,是一资源危机矿山。由于矿坑等人文干扰,无法重新开展激电测量。因此,在本次"探边摸深"勘查中,开发利用激电老资料,为确

定找矿靶区提供依据,取得了良好的找矿效果。

（王兴军、龚兴兴）

九、3D井-地磁异常联合反演方法

3D井-地磁异常联合反演方法是全国危机矿山接替资源勘查专项"井-地磁异常联合反演技术示范"项目的成果。该项目的目标是研究井-地磁测资料联合反演方法与软件系统,并应用于实际资料处理,以找矿成果来说明其有效性。立项的初衷是想通过地面高精度磁测与井中三分量磁测异常的联合反演来提高井、地磁测反演的精度与可靠性。

地面高精度磁测对深部矿体的细节反映不够清晰,甚至没有反映。井中磁测由于仪器可以靠近深部矿体,对深部矿体的细节反映清晰,但是受钻井的限制,控制的范围有限。如果将地面高精度磁测资料和井中磁测资料结合起来,进行联合反演解释,势必能够发挥两种方法的优点,达到优势的互补。

采用任意形状三度体模型,数值积分法近似计算,在 Windows 环境下,用 Visual C 语言、OpenGL 函数编制了 SWMI3D 软件,实现了井-地磁测资料人机交互反演,同时给出了 3D 井-地磁异常联合反演方法的步骤与使用方法,并以大冶铁矿和金岭铁矿的实例说明了方法的有效性。

在此之前,我国的井中磁测通常只能进行半定量反演或简单定量反演,如切线法、特征点法等,由于这类方法只利用极大值、极小值及拐点等特征点,并且这类方法多是基于简单的模型得出的,因此反演精度不高;同时这类方法需要人工作图解释,效率也不高。软件给出井中磁测资料的定量反演方法,除 3D 任意形状地质体人机交互反演方法以外,还提供了 2.5D 任意截面水平柱体人机交互反演、2D 磁化强度成像、粒子群非线性反演等多种方法。

（刘天佑、杨宇山、冯杰等）

十、泛华北地区煤矿接替资源勘查中地震勘探的效果

全国煤矿危机矿山接替资源勘查项目中,在泛华北地区大多以石炭系—二叠系含煤地层为勘查目标,只有山东省龙口市梁家煤矿是以古近系含煤地层为目标。通常以地震勘探为先行,钻探根据中间成果进行设计优化,并对地震成果进行验证,地震再依据验证结果重新解释并综合利用测井、采样化验等手段获得好的地质效果。

（介伟、祝乃仓）

主要参考文献

别列兹金 B M. 物探数据的总梯度解释法[M]. 陆克,刘文锦,焦恩富译. 北京:地质出版社,1994.

成都地质学院,武汉地质学院,河北地质学院,等. 应用地球物理学——磁法教程[M]. 北京:地质出版社,1980.

陈善. 重力勘探[M]. 北京:地质出版社,1987.

《地面磁测资料解释推断手册》编写组. 地面磁测资料解释推断手册[M]. 北京:地质出版社,1979.

邓聚龙. 灰色系统基本方法[M]. 武汉:华中理工大学出版社,1992.

冯得益,楼世博. 模糊数学方法与应用[M]. 北京:地震出版社,1983.

傅良魁. 应用地球物理教程——电法、放射性、地热[M]. 北京:地质出版社,1991.

高德章,侯遵泽,唐健. 东海及邻区重力异常多尺度分解[J]. 地球物理学报,2000,40(6):842-849.

管志宁. 地磁场与磁力勘探[M]. 北京:地质出版社,2005.

管志宁,安玉林. 区域磁异常定量解释[M]. 北京:地质出版社,1991.

侯遵泽,杨文采. 中国重力异常的小波变换与多尺度分析[J]. 地球物理学报,1997,40(1):85-95.

吉洪诺夫,阿尔先宁. 王秉忱译. 不适定问题的解法[M]. 北京:地质出版社,1979.

李大心,顾汉明,潘和平,等. 地球物理方法综合应用与解释[M]. 武汉:中国地质大学出版社,2003.

李金铭. 地电场与电法勘探[M]. 北京:地质出版社,2005.

李世雄,刘家琦. 小波变换与反演数学基础[M]. 北京:地质出版社,1994.

刘天佑. 重磁异常反演的理论与方法[M]. 武汉:中国地质大学出版社,1992.

刘天佑. 位场勘探数据处理新方法[M]. 北京:科学出版社,2007.

罗孝宽,郭绍雍. 应用地球物理学教程——重力、磁法[M]. 北京:地质出版社,1991.

穆石敏,申宁华,孙运生. 区域地球物理数据处理方法及其应用[M]. 长春:吉林科学技术出版社,1990.

内特尔顿 L L. 石油勘探中的重力法和磁法(Gravity and Magnetics in Oil Prospecting)[M]. 苏盛甫,高明远译. 北京:石油工业出版社,1987.

潘玉玲,张昌达,等. 地面核磁共振找水理论与方法[M]. 武汉:中国地质大学出版社,2000.

朴化荣. 电磁测深法原理[M]. 北京:地质出版社,1990.

申宁华,管志宁. 磁法勘探问题[M]. 北京:地质出版社,1985.

史辉,刘天佑. 利用欧拉反褶积法估计二度磁性体深度与位置[J]. 物探与化探,2005,29(3):230-233.

谭承泽,郭绍雍. 磁法勘探[M]. 北京:地质出版社,1984.

王家林,王一新,万明浩. 石油重磁解释[M]. 北京:石油工业出版社,1991.

魏伟,吴招才,刘天佑.基于 AutoCAD 平台三维可视化规则几何形体磁场反演[J].工程地球物理学报,2006,3(1):54-59.

特尔福德 W M,等.吴荣祥译.应用地球物理学[M].北京:地质出版社,1982.

吴文鹏,管志宁.任意三维体重磁异常可视化反演技术[C]//勘查地球物理地球化学文集(24).北京:地质出版社,2004.

姚姚,陈超,昌彦君,等.地球物理反演基本理论与应用方法[M].武汉:中国地质大学出版社,2003.

杨宇山,刘天佑,李媛媛.任意形状地质体数值积分法重磁场三维可视化反演[J].地质与勘探,2006,42(5):79-83.

B. D. Ripley.模式识别与神经网络[M].殷勤业,杨崇凯,谈政编译.北京:机械工业出版社,1992.

于汇津,邓一谦.勘查地球物理概论[M].北京:地质出版社,1993.

袁学诚.中国地球物理图集[M].北京:地质出版社,1996.

曾华霖.重力场与重力勘探[M].北京:地质出版社,2005.

曾华霖,等.重磁勘探反演问题[M].北京:石油工业出版社,1991.

曾维鲁.GEM10B 地球模型全球自由空气重力异常场及勒让德函数计算的研究[J].地球物理学报,1985,28(6):599-607.

中国地图出版社.中国地形(Topography of China),见:中国综合地图集[M].北京:中国地图出版社,1990.

《重磁资料数据处理问题》编写组.重磁资料数据处理问题[M].北京:地质出版社,1997.

《重力勘探资料解释手册》编写组.重力勘探资料解释手册[M].北京:地质出版社,1983.

张胜业,潘玉玲.应用地球物理学原理[M].武汉:中国地质大学出版社,2004.

张玉芬.反射地震勘探的原理和解释[M].北京:地质出版社,2007.

周熙襄,钟本善,等.地球物理反问题中的最优化方法[M].北京:地质出版社,1980.

朱文孝,屠万生,刘天佑.重磁资料电算处理与解释方法[M].武汉:中国地质大学出版社,1989.

Baranov W. Potential Fields and their Transformation in Geophysics[M]. Berlin:Gebrüder Bortraeger,1975.

Bhattacharyya B K. Continuons spectrum of the total magnetic anomalies field anomaly due to a rectangular Prismatie bady[J]. Geophysics 1966,31:97-121.

Bhattacharyya B K,Leu Lei-kuang. Spectral analysis of gravity and magnetic anomalies due to rectangular prismatic bodies[J]. Geophysics,1977,42:41-60.

Bremaecker, Jean-Claude De. Geophysics:The Earth's Interior[M]. Hoboken:John Wiley & Sons,1985.

Chao C Ku,John A. Sharp,Werner deconvolution for automated magnetic interpretation and its refinement using Marquardt's inverse modeling[J]. Geophysics,1983,48(6):754-774.

Parasnis D S. Principles of applied geophysics[M]. London:Chapman & Hall,1997.

Juliuss Ostroeski,Mark Pikington,Dennis J Teskey. Werner deconwolution for variable[J].

Geophysics,1993,58(10).

Kearey P,Brooks M. An Introduction to Geophysical Exploration[M]. 2rd ed. London:Blackwell Scientific Publication,1991.

Pedersen L B. Interpretation of potential field data,a generalized inverse approach[J]. Geophysical Prospecting,1977,25:199 – 230.

Li Y,Oldenburg D W. 3D inversion of magnetic data. Geophysics[J]. 1966,61:394 – 408.

Parker R L,Huesties S P. The inversion of magnetic anomalies in the Presence of topoghy[J]. J. Geophys. Res. ,1974,79(11).

Parker R L. The rapid calculation of potential anomalies[J]. Geophys J R astr,soc. ,1973,31(4): 447 – 552.

Pierre B Keating,Mark Pikington. An automated method for the interpretation of magnetic vertical-gradient anomalies[J],Geophysics,1990,55(3).

Skeels D C. Ambiguity in geophysical interpretation[J]. Geophysics,1947,12:43 – 56.

Spector A,Grant F S. Statistivla models for interpretion aeromagnetic data[J]. Geophysics, 1970,35:293 – 302.

Telford W M,Geldast L P,Sheriff R E,et al. Applied Geophysics[M]. Cambridge:Cambridge University Press,1976.

А. Е. Мудрецова,К. Е. Веселов,Гравиразведка, Москва,Недра,1990.

Верзкин В М. Применение гравиразветкй для поисов месторождений нефтн и газа:Недра, 1973.

Верзкин В М. Метод полного градиента при геофизической разведка:Недра,1988.

В. Е. Никитский,Ю. С. Глебовский,Магниторазведка,Москва,Недра,1990.

В. К. Хмелевский,В. М. Бонбаренко,Электразведка ,Москва,Недра,1989.